Supported by Key Project for the Development of State Facilities and Information Infrastructure for Science and Technology: National Specimen Information Infrastructure (2005DKA21401)
国家科技基础条件平台：标本资源共享平台建设项目（2005DKA21401）资助

Type Specimens in China National Herbarium (PE)

Volume 3

PTERIDOPHYTA (3) GYMNOSPERMAE

中国国家植物标本馆（PE）模式标本集

第3卷

蕨类植物门（3） 裸子植物门

Institute of Botany, Chinese Academy of Sciences Edit
The editor of this volume LIN Qi

中国科学院植物研究所 编

本卷主编 林 祁

河南科学技术出版社
Henan Science and Technology Press

图书在版编目（CIP）数据

中国国家植物标本馆模式标本集. 第3卷：中国科学院植物研究所编；林祁分册主编. —郑州：河南科学技术出版社，2015.10

ISBN 978-7-5349-7508-0

Ⅰ.①中… Ⅱ.①中…②林… Ⅲ.①植物—标本—中国—图集 Ⅳ.①Q94-34

中国版本图书馆CIP数据核字（2014）第297953号

The editor of this volume LIN Qi

Edited by BAN Qin, CAO Ziyu, CHEN Shurong, DU Yufen, HE Dongdong, LIN Qi, LIN Yun, MA Xintang, SONG Li, TIAN Xiya, WANG Zhongtao, YANG Zhirong

(Names are arranged in alphabetical order)

主　编　林　祁

编著者（以姓氏拼音为序）

班　勤　曹子余　陈淑荣　杜玉芬　何东东　林　祁

林　云　马欣堂　宋　莉　田希娅　王忠涛　杨志荣

生物中国总策划：周本庆

出版发行：河南科学技术出版社

地址：郑州市经五路66号　　邮编：450002

电话：（0371）65737028　　65788613

网址：www.hnstp.cn

策划编辑：周本庆　杨秀芳

责任编辑：李义坤

责任校对：李振方

整体设计：张　伟

责任印制：张艳芳

印　　刷：北京盛通印刷股份有限公司

经　　销：全国新华书店

幅面尺寸：240mm×345mm　　印张：61　　字数：180千字

版　　次：2015年10月第1版　　2015年10月第1次印刷

定　　价：1200.00元

Introduction

Predecessors of China National Herbarium (abbreviated code PE), Institute of Botany, Chinese Academy of Sciences are the Herbarium, Department of Botany, the Fan Memorial Institute of Biology, Peiping (1928), as well as the Herbarium, Institute of Botany, the National Academy of Peiping (1929). Now PE has developed into the largest herbarium in Asia. The current collections contain more than 2,650,000 specimens in the herbarium, including mosses, ferns, seed plants, seed collections and plant fossil samples. Among them, there are about 20,000 type specimens (holotype, isotype, lectotype, isolectotype, neotype, isoneotype, epitype, isoepitype, paratype, isoparatype, syntype, isosyntype).

Type specimens in this book were produced by selecting the most important type specimen deposited at PE under the same scientific name (species, subspecies, variety and form), and then they were also reviewed and scanned. After compilation, ***Type Specimens in China National Herbarium*** (***PE***) which consists of 12 volumes is completed. The taxa are arranged by family according to the system of ***Flora Bryophytorum Sinicorum*** and ***Flora Reipublicae Popularis Sinicae***. Infra-family taxa are alphabetized by genera, species, subspecies, varieties and forms. The explanation of each taxon is listed in the figure caption with Chinese name, scientific name, original publication, nature of specimen (holotype/ isotype/ lectotype/ isolectotype/ neotype/ isoneotype/ epitype/ isoepitype/ paratype/ isoparatype/ syntype/ isosyntype), type locality (country/ province/ county/ mountain if present), altitude, collection date, collector and collection number. The collector and type locality in this book follow ***Index Herbariorum Sinicorum*** (L. K. Fu, 1993) and ***Gazetteer of China—An Index to the Atlas of the People's Republic of China*** (Chinese Academy of Surveying & Mapping, 1997) respectively.

This book is a very important work for researching and identifying Chinese plants. It could also be used as a reference by plant taxonomists and people from botanic research institutions, educational institutions and production departments at home and abroad.

Volume 3 of ***Type Specimens in China National Herbarium*** (***PE***) includes 432 type specimens from Dryopteridaceae (2) to Cyatheaceae, and Gymnospermae, comprising 342 holotypes, 50 isotypes, 15 lectotypes, 6 isosyntypes, 15 paratypes, 4 isoparatypes, and belonging to 24 families, 69 genera, 381 species, 2 subspecies, 37 varieties and 12 forms.

Greatest thanks to Prof. Li Liangqian and Prof. Zhang Xianchun, curators of China National Herbarium (PE), for their support and help throughtout the publication of the book.

LIN Qi

2014.2

前 言

中国科学院植物研究所国家植物标本馆（缩写代号 PE）的前身是 1928 年成立的北平静生生物调查所植物标本室和 1929 年成立的北平研究院植物研究所标本室，PE 现已发展为亚洲最大的植物标本馆，目前馆藏植物标本 265 万余份，包括苔藓植物标本、蕨类植物标本、种子植物标本、种子标本和植物化石标本，其中模式标本近 2 万份（含主模式、等模式、后选模式、等后选模式、新模式、等新模式、附加模式、等附加模式、副模式、等副模式、合模式、等合模式）。

书中所收录的模式标本是在同一学名下（种、亚种、变种、变型）遴选出一份最重要的馆藏模式标本，经整理并扫描后编撰而成《中国国家植物标本馆（PE）模式标本集》（共 12 卷）。全书各科依据《中国苔藓志》及《中国植物志》系统排列，属、种、亚种、变种、变型的名称按字母顺序排列。每张扫描模式标本相片的图注解释均标注中名、学名、原始文献、模式类型（主模式、等模式、后选模式、等后选模式、新模式、等新模式、附加模式、等附加模式、副模式、等副模式、合模式、等合模式）、采集地点（国名、省名、县名、山名）、海拔、采集时间（年月日）、采集人和采集号。本书中的采集人根据《中国植物标本馆索引》(傅立国，1993) 书写，采集地根据《中国地名录——中华人民共和国地图集地名索引》（国家测绘局地名研究所，1997）书写。

本书是一部研究与鉴定中国植物的重要著作，可供国内外植物分类学者及有关植物学科研、教学和生产部门人员参考。

第三卷包括鳞毛蕨科（Dryopteridaceae）（2）至桫椤科（Cyatheaceae）和裸子植物（Gymnospermae）的模式标本，共 432 份，含 342 份主模式、50 份等模式、15 份后选模式、6 份等合模式、15 份副模式、4 份等副模式，隶属于 24 科、69 属、381 种、2 亚种、37 变种和 12 变型。

感谢中国国家植物标本馆（PE）馆长李良千研究员和张宪春研究员在本书编撰过程中给予的支持和帮助。

林　祁

2014 年 2 月

Contents
目　录

Dryopteridaceae(2)

鳞毛蕨科 (2)

linmaojueke

尖头耳蕨 ***Polystichum acutipinnulum*** Ching & K. H. Shing in Wuyi Sci. Journ. 1: 9. 1981. **Holotype:** China. Fujian: Chongan, alt. 1300 m, 1980-08-31, Wuyishan Exped. 1576.

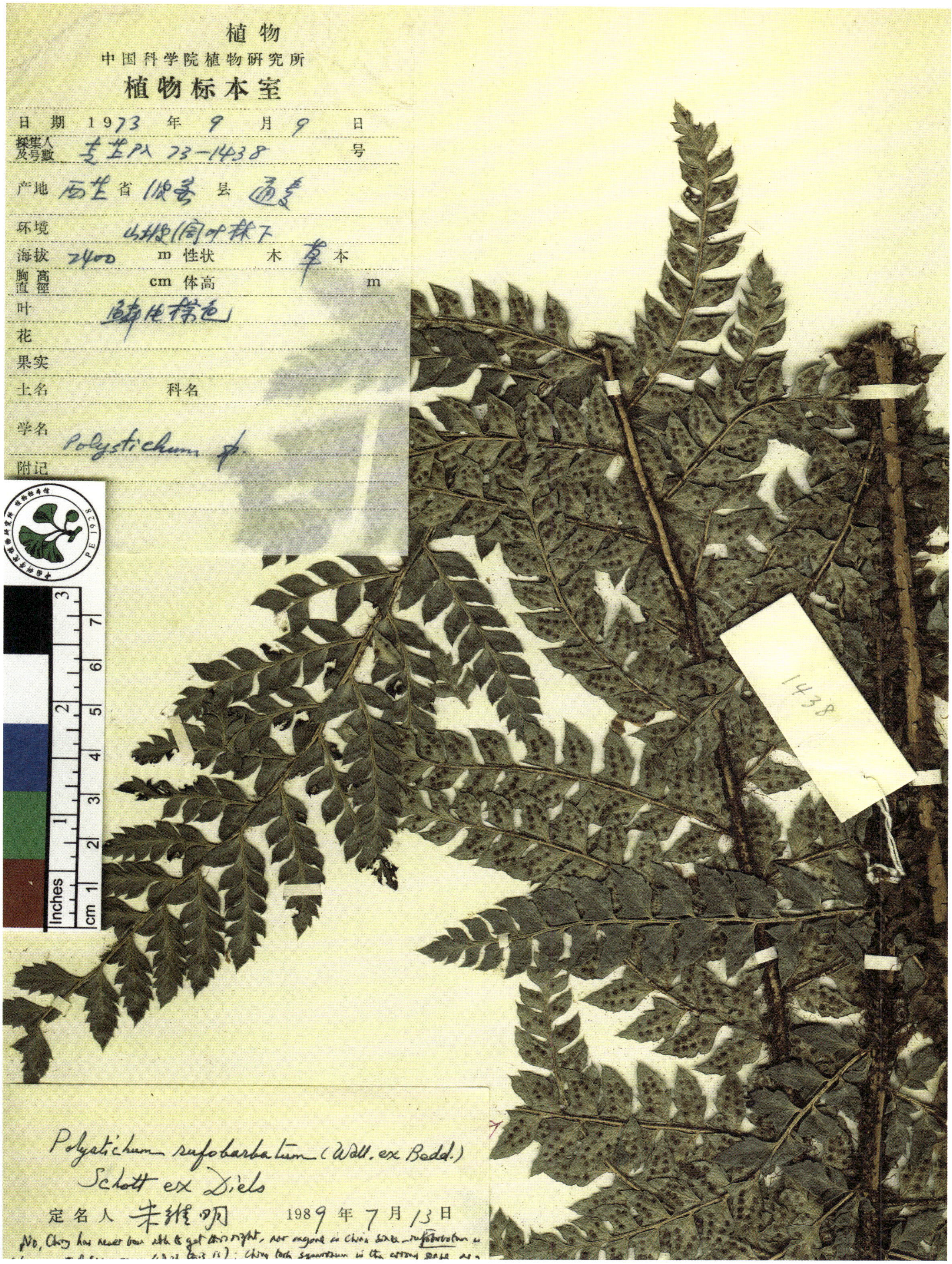

顶羽不育耳蕨 ***Polystichum apici-sterile*** Ching & S. K. Wu, Fl. Xizang. 1: 212. 1983. **Holotype:** China. Xizang: Bomi, alt. 2400 m, 1973-09-09, Qinghai-Xizang Exped. 73-1438.

德钦高山耳蕨 ***Polystichum atuntzeense*** Ching, Fl. Xizang. 1: 231, f. 56: 1-4. 1983. **Holotype:** China. Yunnan: Dêqên, alt. 2700 m, 1935-09-??, C. W. Wang 69946.

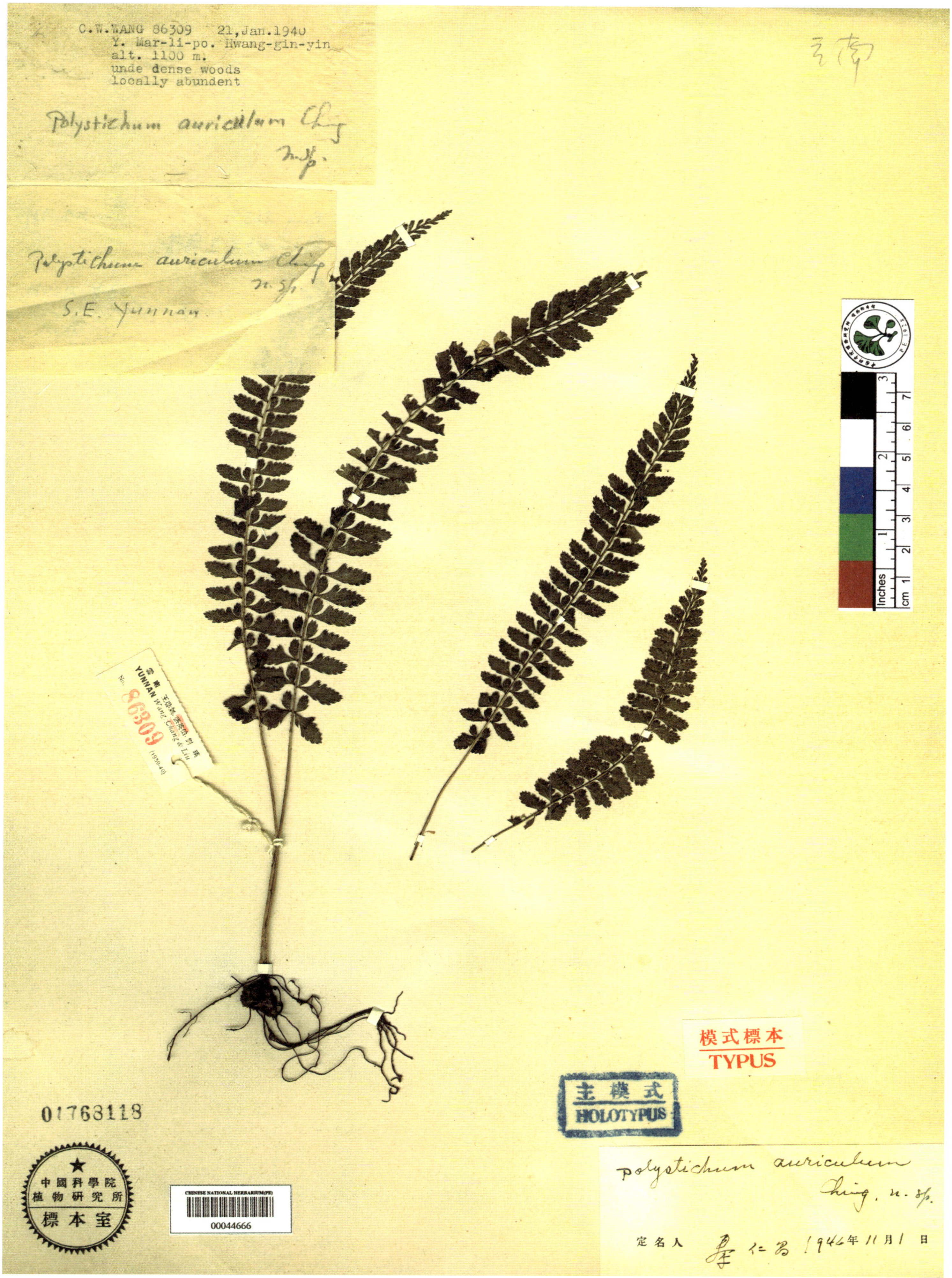

滇东南耳蕨 ***Polystichum auriculum*** Ching in Bull. Fan Mem. Inst. Biol., New Ser. 1(1): 309. 1949. **Holotype:** China. Yunnan: Malipo, alt. 1100 m, 1940-01-21, C. W. Wang 86309.

藏南高山耳蕨 ***Polystichum austro-tibeticum*** Ching & S. K. Wu, Fl. Xizang. 1: 233, f. 56: 9-12. 1983. **Holotype:** China. Xizang: Nyalam, alt. 3850 m, 1966-06-13, Y. T. Chang & K. Y. Lang 3957.

二色耳蕨 ***Polystichum bicolor*** Ching & S. K. Wu, Fl. Xizang. 1: 240, f. 58: 4-6. 1983. **Holotype:** China. Xizang: Gyirong, alt. 2650 m, 1975-07-04, Qinghai-Xizang Exped. 6352.

钳形耳蕨 ***Polystichum bifidum*** Ching in Icon. Fil. Sin. 5: pl. 242. 1958； S. Y. Jin, Catal. Type Specim. (Corm.) Herb. China 65. 1994. **Holotype:** China. Yunnan: Pingbian, alt. 1500 m, 1934-07-18, H. T. Tsai 62760.

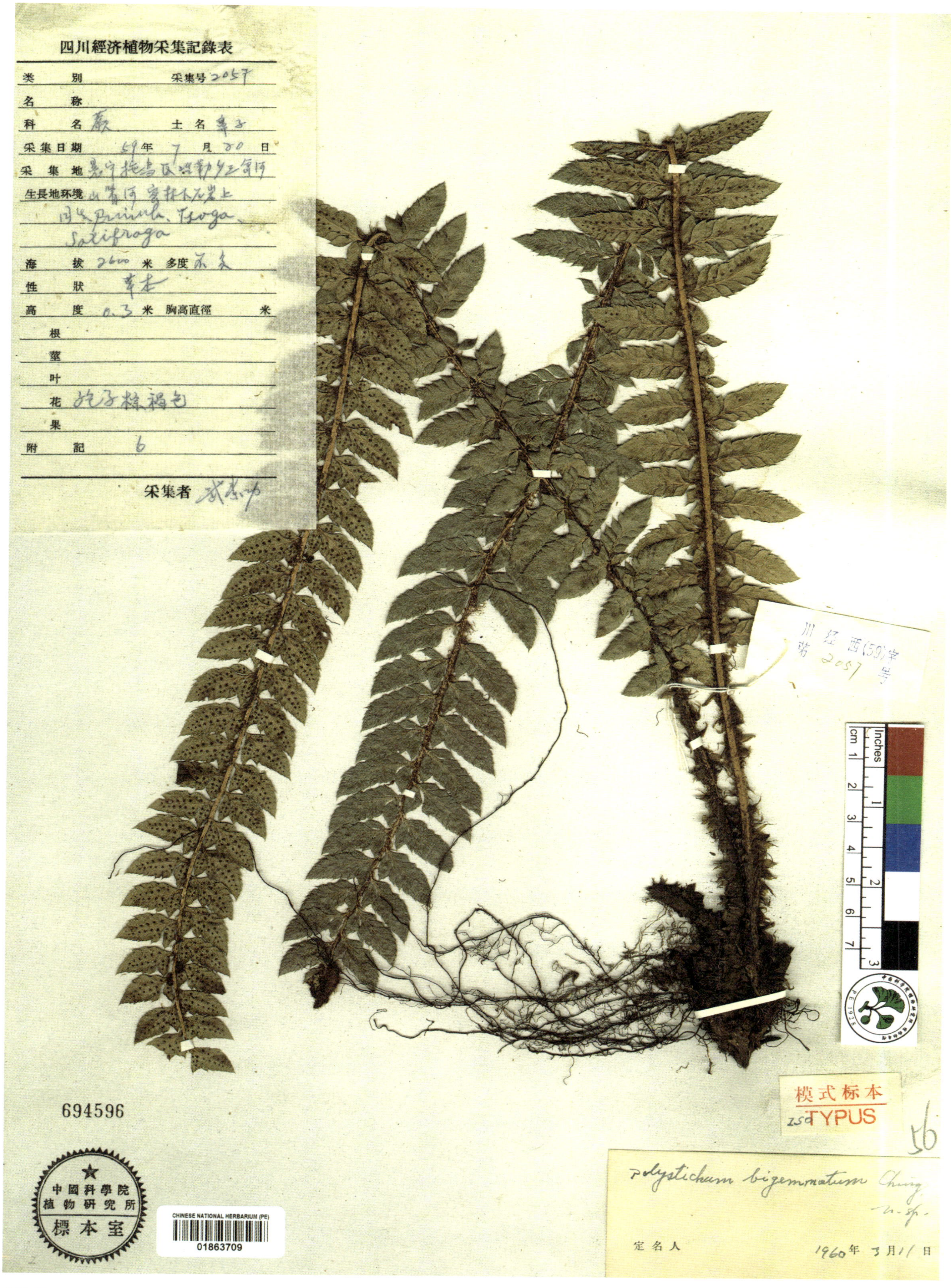

双胞耳蕨 ***Polystichum bigemmatum*** Ching ex L. L. Xiang in Chenia 3-4: 133, pl. 1-4. 1997. **Isotype:** China. Sichuan: Mianning, alt. 2600 m, 1959-07-20, S. K. Wu 2057.

波密高山耳蕨 ***Polystichum bomiense*** Ching & S. K. Wu, Fl. Xizang. 1: 223, f. 55: 1-3. 1983. **Holotype:** China. Xizang: Bomi, alt. 4000 m, 1965-08-23, T. C. Ying & D. Y. Hong 650974.

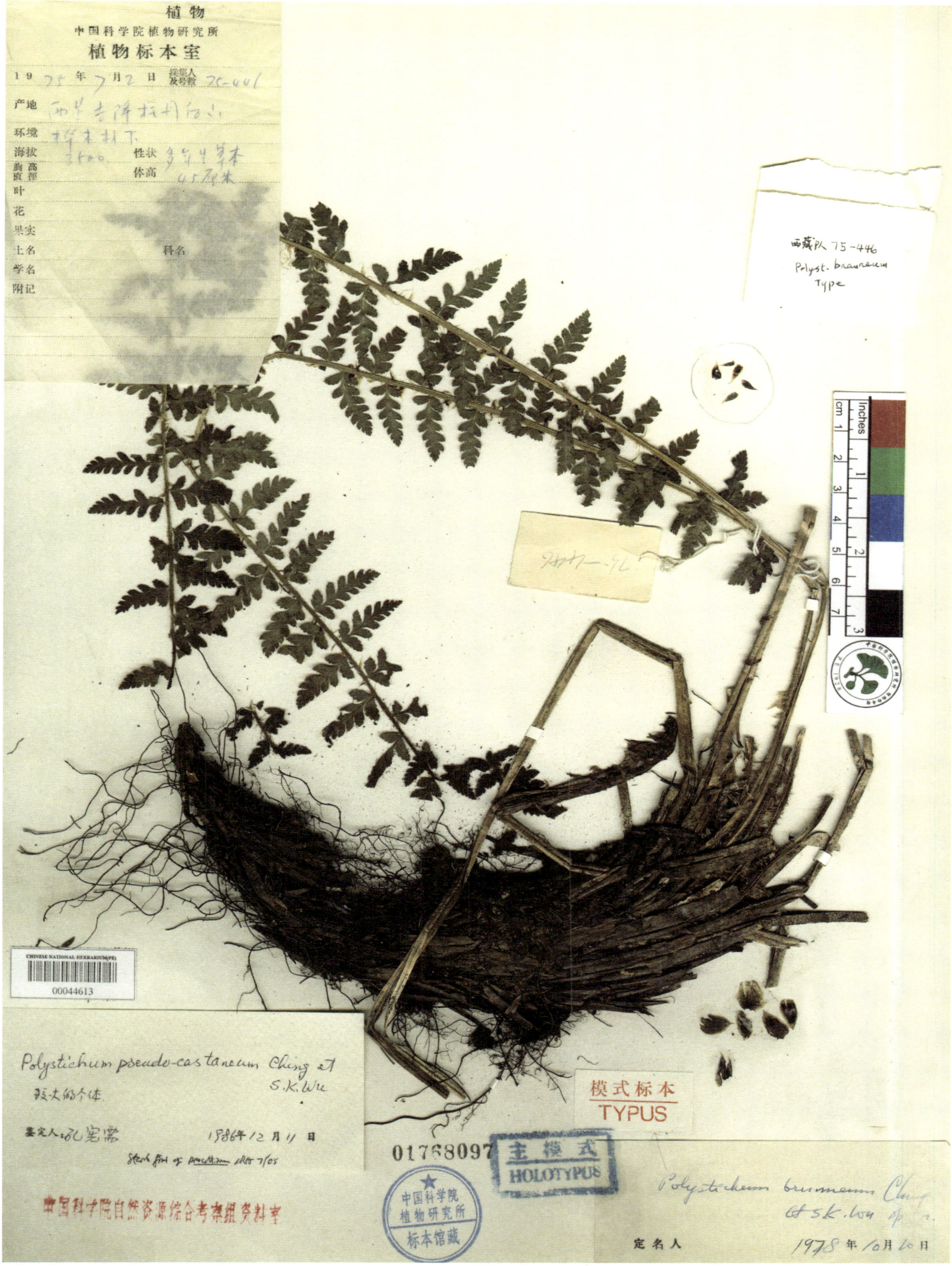

褐鳞高山耳蕨 ***Polystichum brunneum*** Ching & S. K. Wu, Fl. Xizang. 1: 224, f. 54: 9-12. 1983. **Holotype:** China. Xizang: Gyirong, alt. 3500 m, 1975-07-02, Qinghai-Xizang Exped. 75-446.

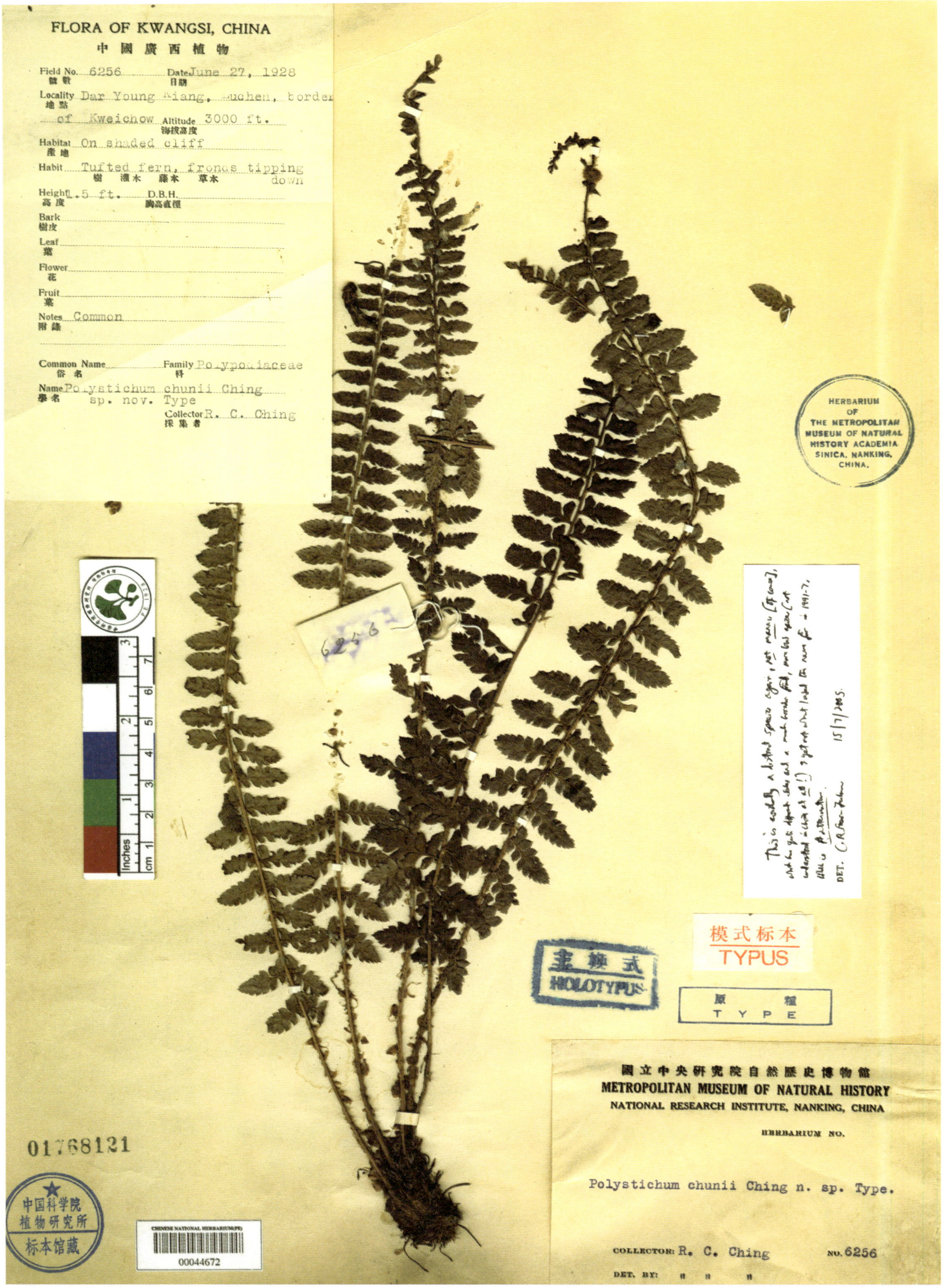

陈氏耳蕨 ***Polystichum chunii*** Ching in Sinensia 1(1): 2. 1929. **Holotype:** China. Guangxi: Luchen (=Luocheng), alt. 1000 m, 1928-06-27, R. C. Ching 6256.

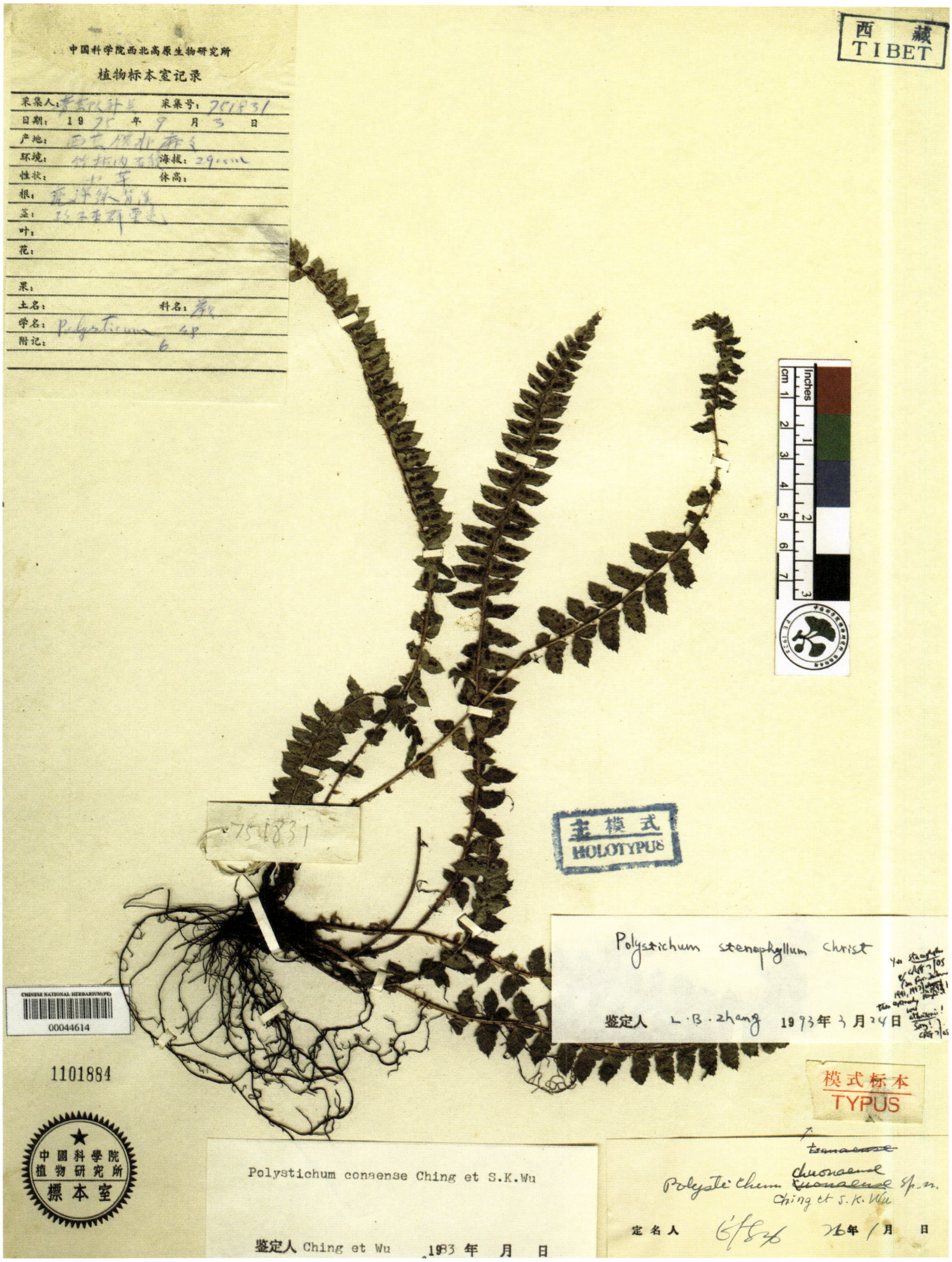

错那耳蕨 ***Polystichum conaense*** Ching & S. K. Wu, Fl. Xizang. 1: 217, f. 53: 7-9. 1983. **Holotype:** China. Xizang: Cona, alt. 2900 m, 1975-09-03, Qinghai-Xizang Exped. 75-1831.

轴果耳蕨 ***Polystichum costularisorum*** Ching ex W. M. Chu & Z. R. He, Fl. Reip. Pop. Sin. 5(2): 160, 224. 2001.
Holotype: China. Sichuan: Precise loclality not known, W. P. Fang 6266.

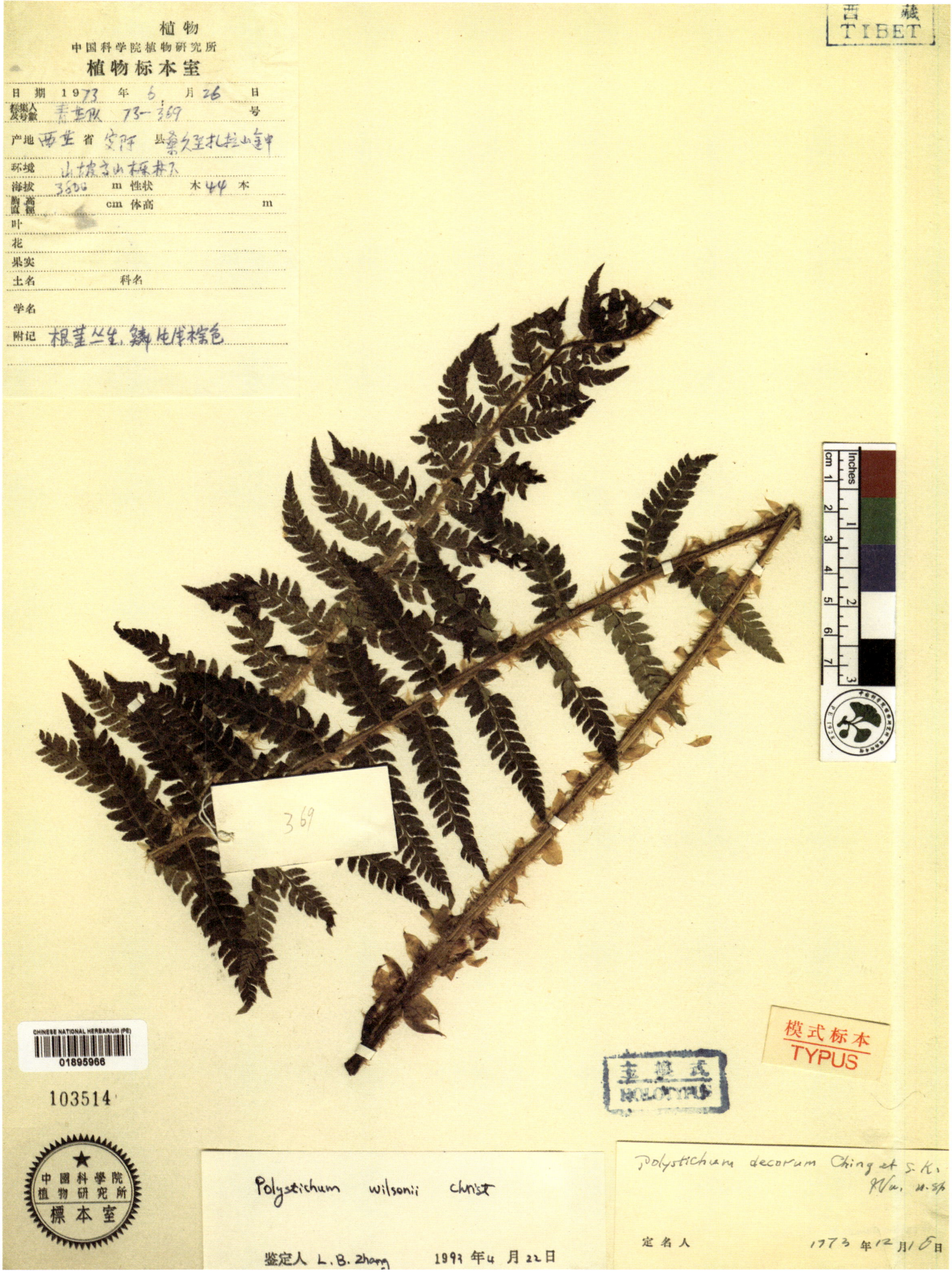

禾秆高山耳蕨 ***Polystichum decorum*** Ching & S. K. Wu, Fl. Xizang. 1: 229, f. 55: 7-9. 1983. **Holotype:** China. Xizang: Zayü, alt. 3800 m, 1973-06-26, Qinghai-Xizang Exped. 73-369.

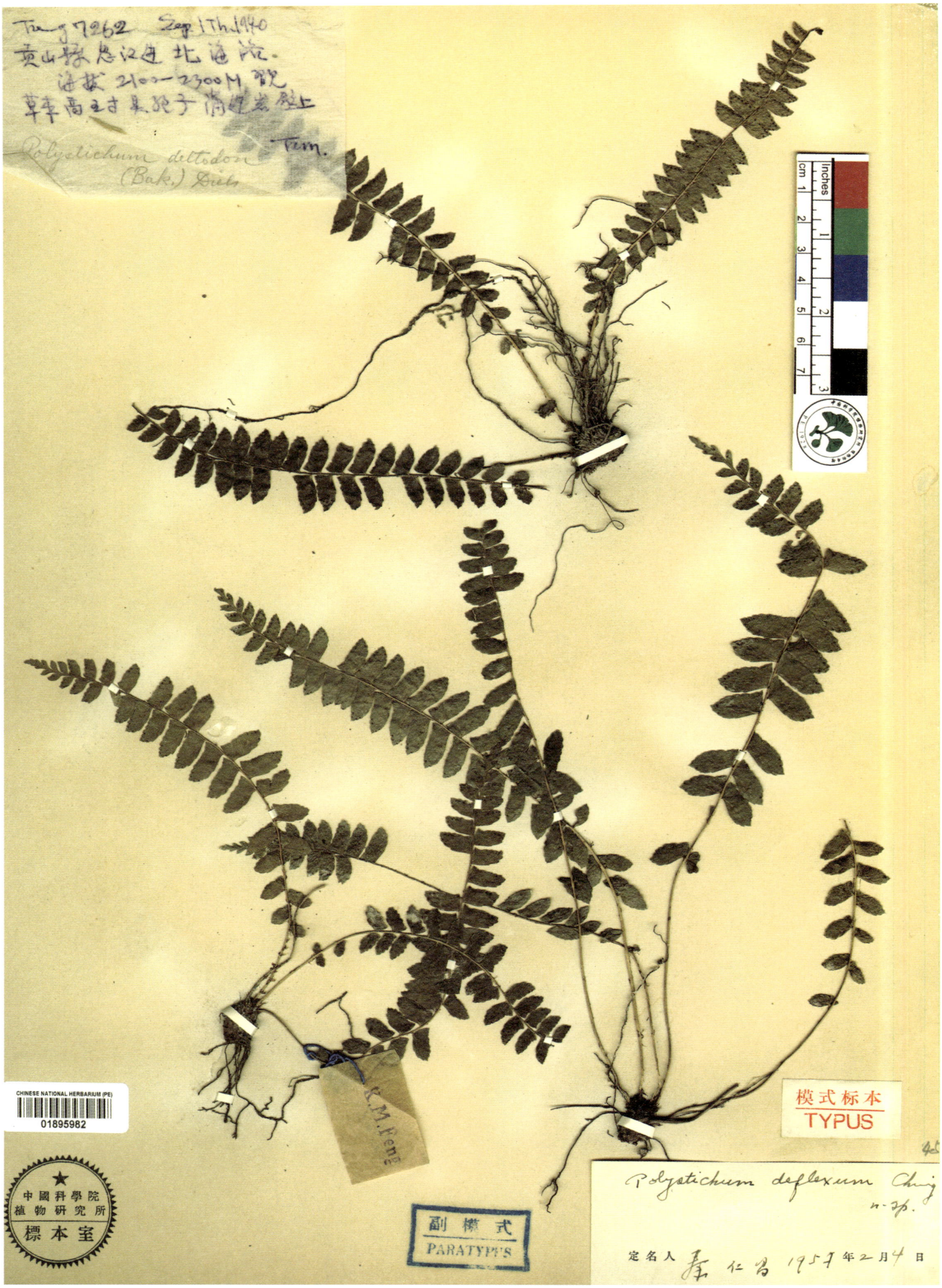

反折耳蕨 ***Polystichum deflexum*** Ching ex W. M. Chu in Acta Bot. Yunnan. Add. 5: 47, f. 27. 1992. **Paratype:** China. Yunnan: Gongshan, 2100~2300 m, 1940-09-01, K. M. Feng 7262.

深裂迷人鳞毛蕨 ***Polystichum diplazioides*** Christ in Bull. Acad. Int. Geogr. Bot. 11(153-154): 260. 1902. **Isotype:** China. Guizhou: Guiyang, 1898-05-11, Cavalerie 1577.

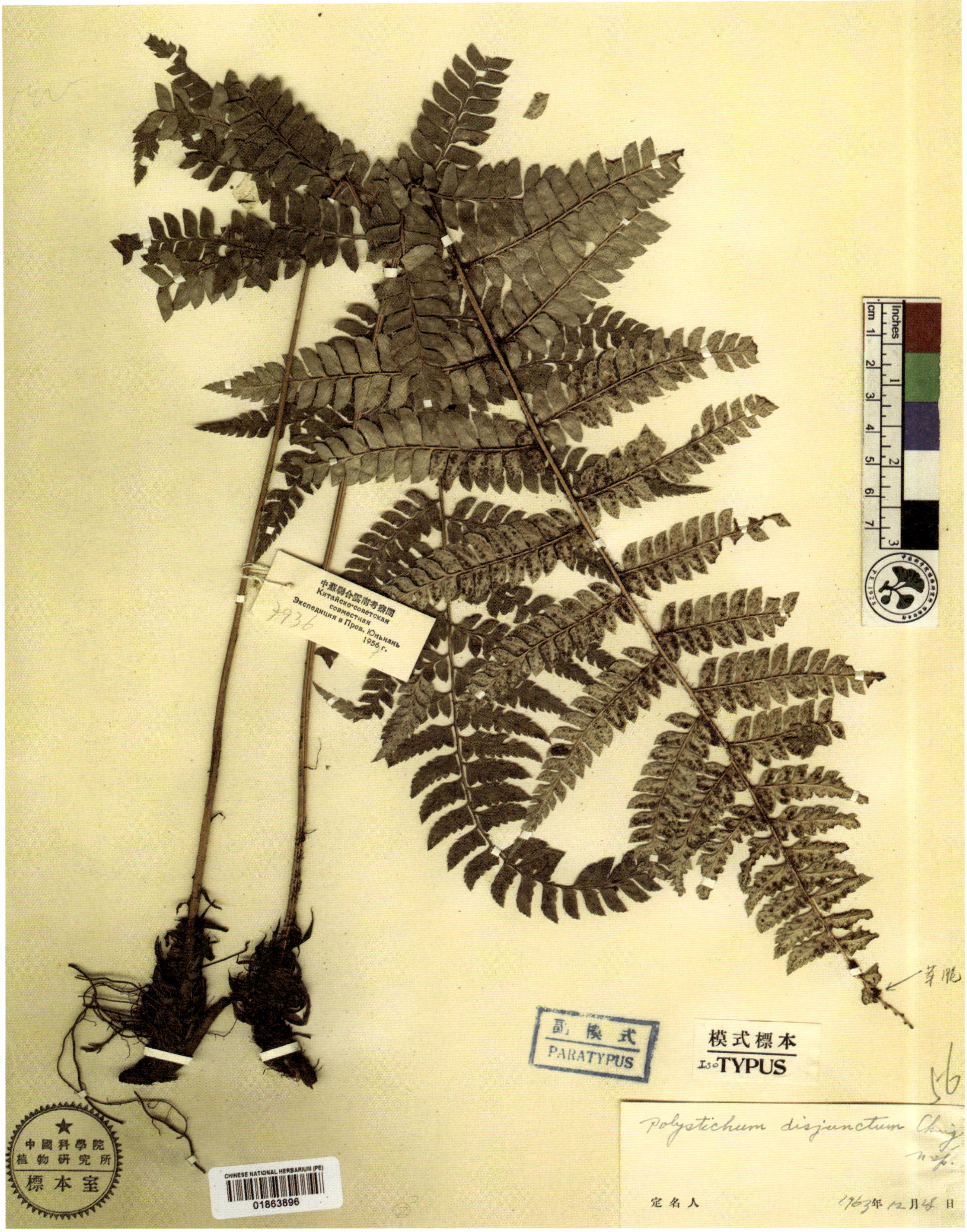

疏羽耳蕨 ***Polystichum disjunctum*** Ching ex W. M. Chu & Z. R. He, Fl. Reip. Pop. Sin. 5(2): 18, 226, pl. 3: 6-9. 2001. **Paratype:** China. Yunnan: Xishuangbanna, 1957-??-??, Sino-Russia Yunnan Exped. 7936.

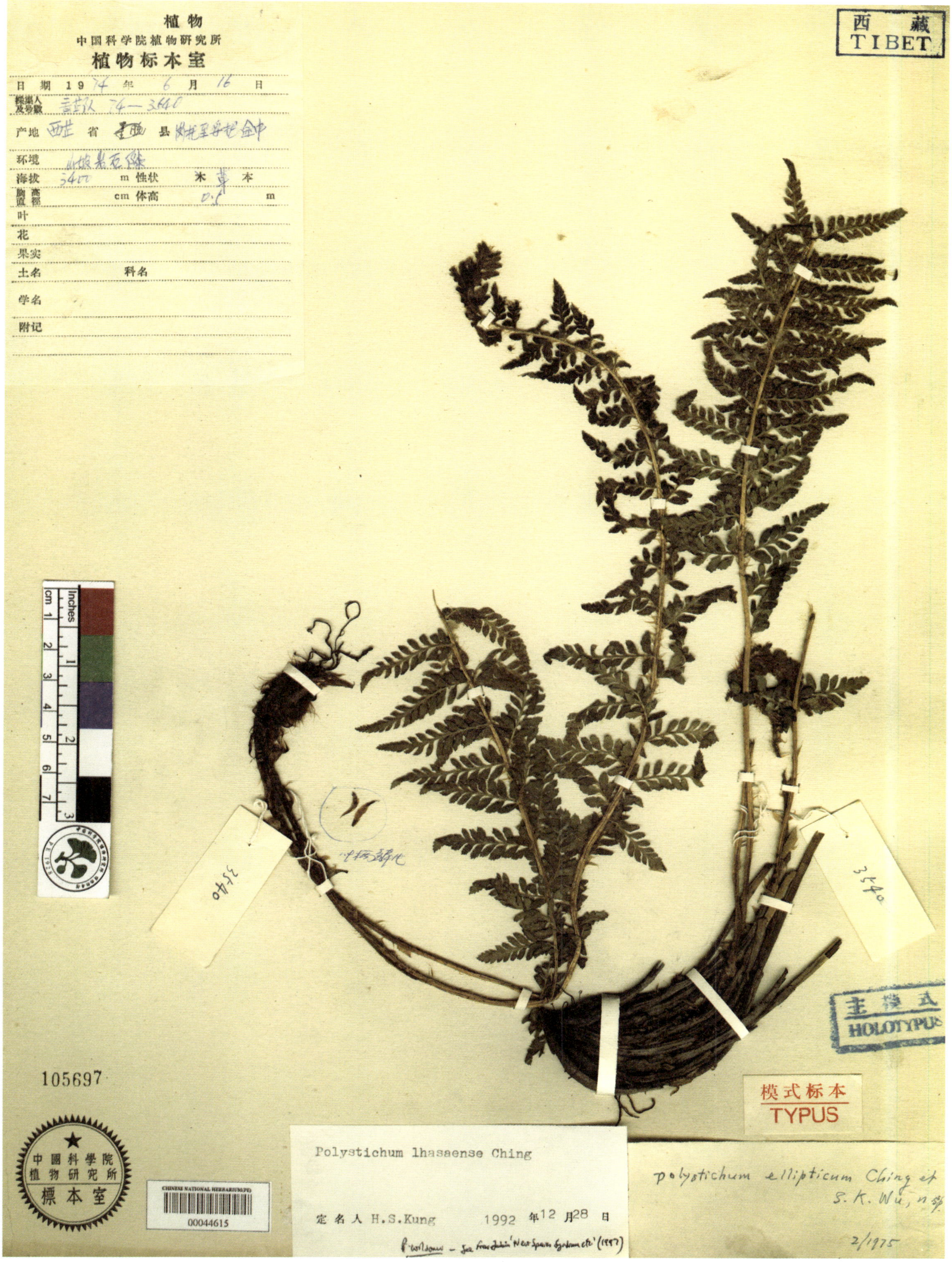

椭圆高山耳蕨 ***Polystichum ellipticum*** Ching & S. K. Wu, Fl. Xizang. 1: 233. 1983. **Holotype:** China. Xizang: Gamtog to Toba, alt. 3400 m, 1974-06-16, Qinghai-Xizang Exped. 74-3540.

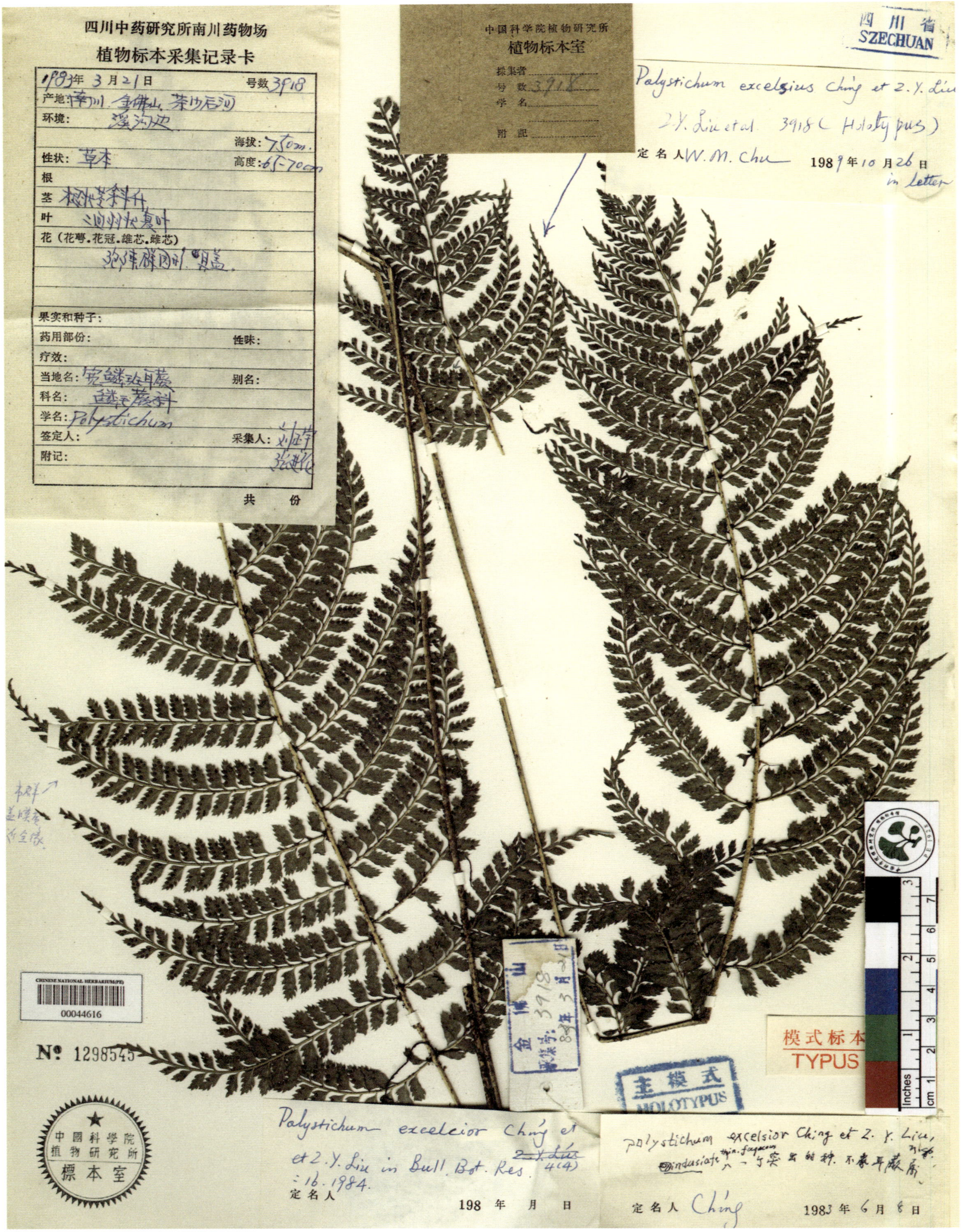

杰出耳蕨 ***Polystichum excelsius*** Ching & Z. Y. Liu in Bull. Bot. Res., Harbin 4(4): 16, photo. 44. 1984, “excelcior”.
Holotype: China. Chongqing: Nanchuan, alt. 750 m, 1983-03-21, Z. Y. Liu & J. L. Zhang 3918.

尖顶耳蕨 ***Polystichum excellens*** Ching in Icon. Fil. Sin. 5: pl. 234. 1958. **Holotype:** China. Yunnan: Pingbian, alt. 800~960 m, 1954-10-26, K. M. Feng 5173.

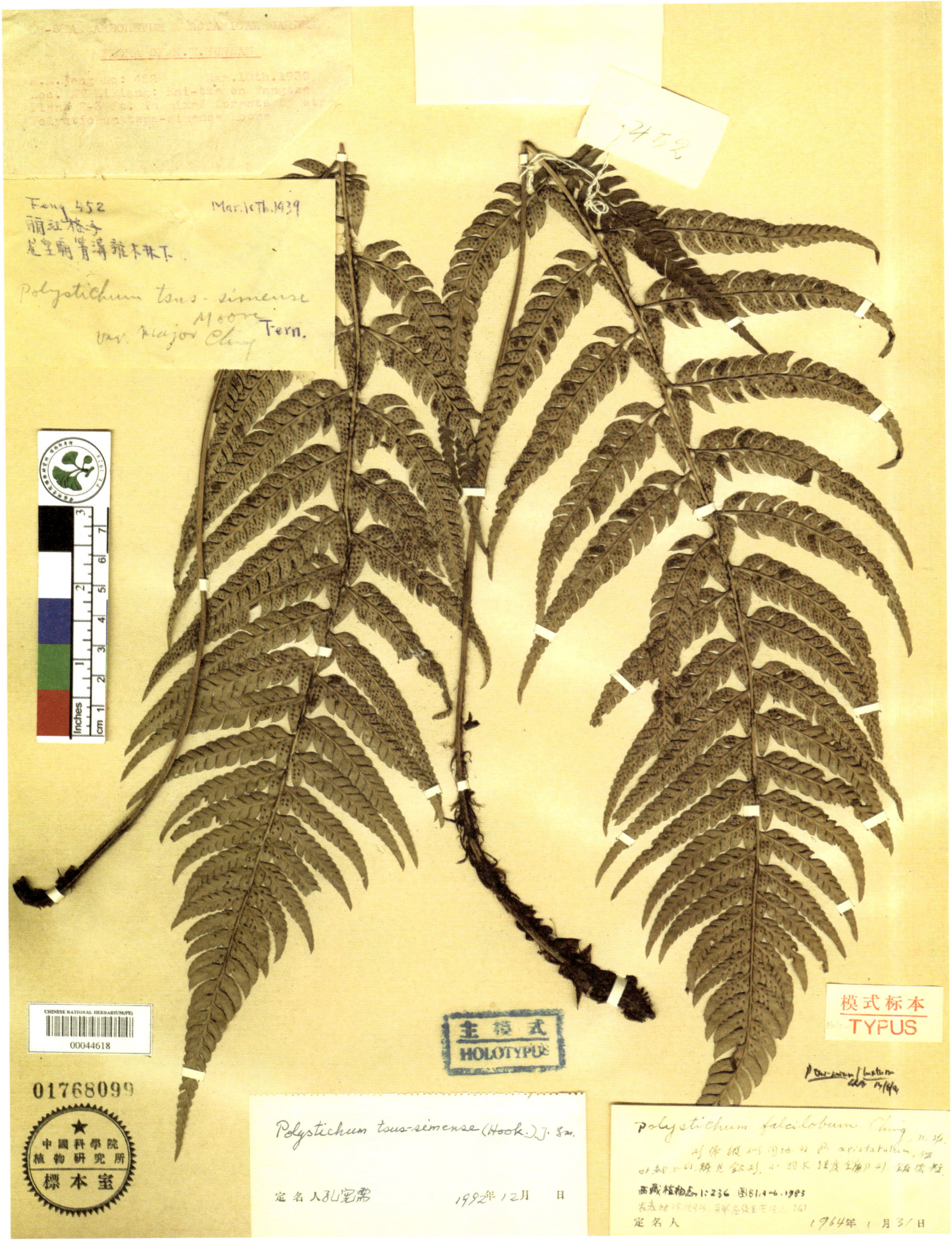

镰羽耳蕨 ***Polystichum falcilobum*** Ching, Fl. Xizang. 1: 236, f. 51: 4-6. 1983. **Holotype:** China. Yunnan: Lijiang, 1939-03-10, K. M. Feng 452.

格林耳蕨 ***Polystichum glingense*** Ching & Y. X. Ling in Acta Phytotax. Sin. 22(5): 397, pl. 1: 1. 1984. **Holotype:** China. Xizang: Mêdog, alt. 2000 m, 1980-08-10, W. L. Chen & al. 14144.

工布高山耳蕨 ***Polystichum gongboense*** Ching & S. K. Wu, Fl. Xizang. 1: 228. 1983. **Holotype:** China. Xizang: Gongbo'gyamda, alt. 3500 m, 1975-09-13, Qinghai-Xizang Exped. 7611.

吉隆耳蕨 ***Polystichum gyirongense*** Ching, Fl. Xizang. 1: 238, f. 58: 1-3. 1983. **Holotype:** China. Xizang: Gyirong, alt. 2450 m, 1972-06-10, Xizang Med. Herb. Exped. 202.

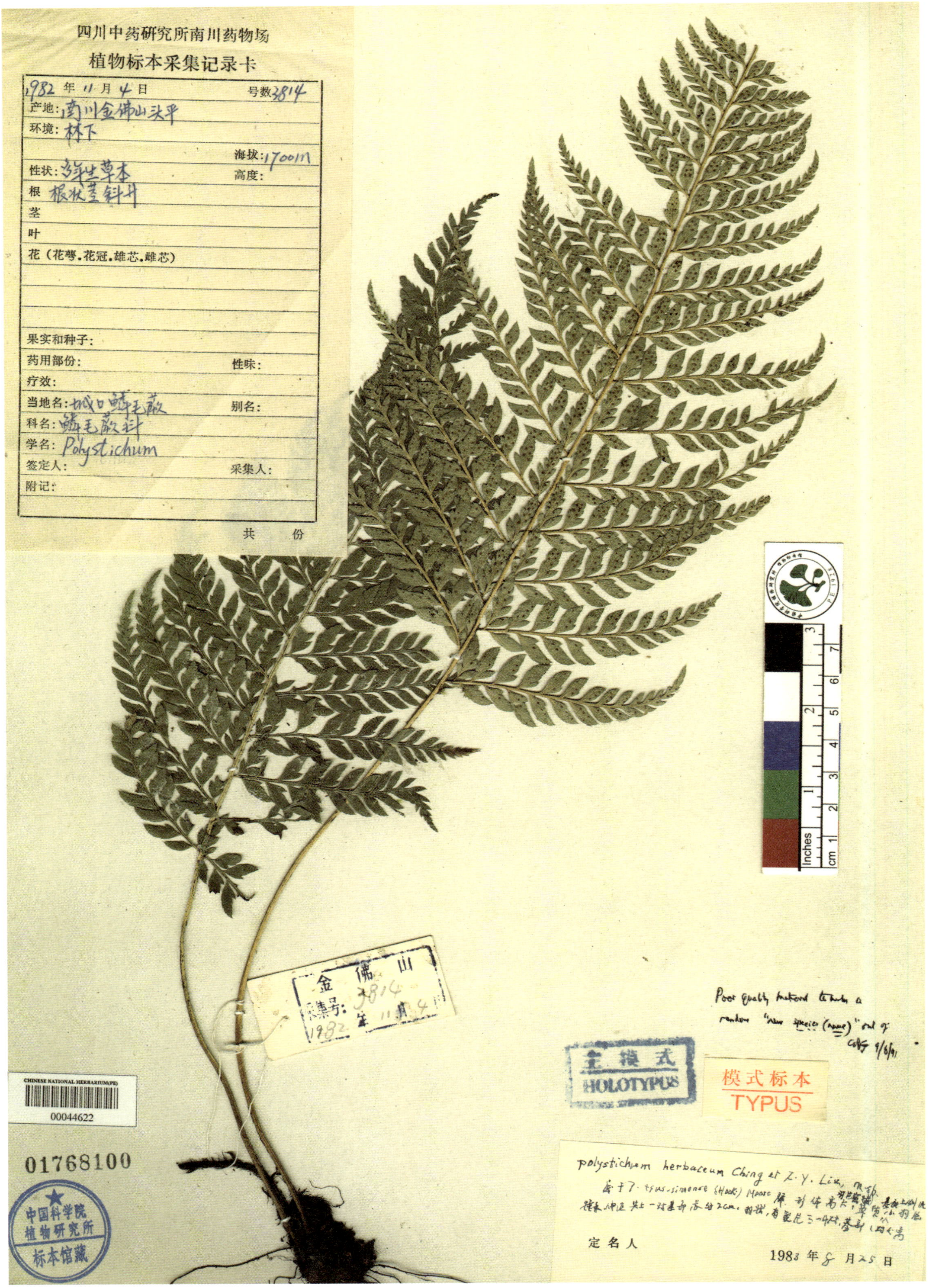

草叶耳蕨 ***Polystichum herbaceum*** Ching & Z. Y. Liu in Bull. Bot. Res., Harbin 4(4):20, photo. 49. 1984. **Holotype:** China. Chongqing: Nanchuan, alt. 1700 m, 1982-11-04, Z. Y. Liu 3814.

全缘刺叶耳蕨 ***Polystichum integripinnulum*** Ching, Fl. Xizang. 1: 210, f. 49: 7-8. 1983. **Holotype:** China. Xizang: Nyalam, Zham, alt. 2200 m, 1966-05-09, Y. T. Chang & K. Y. Lang 3253.

鸡足山耳蕨 ***Polystichum jizhushanense*** Ching, Fl. Xizang. 1: 238. 1983. **Holotype:** China. Yunnan: Binchuan, 1946-10-22, T. N. Liou 22156.

广东耳蕨 ***Polystichum kwangtungense*** Ching, Icon. Fil. Sin. 5: pl. 236. 1958. **Isotype:** China. Guangdong: Ruyuan, 1933-11-21, S. P. Ko 53790.

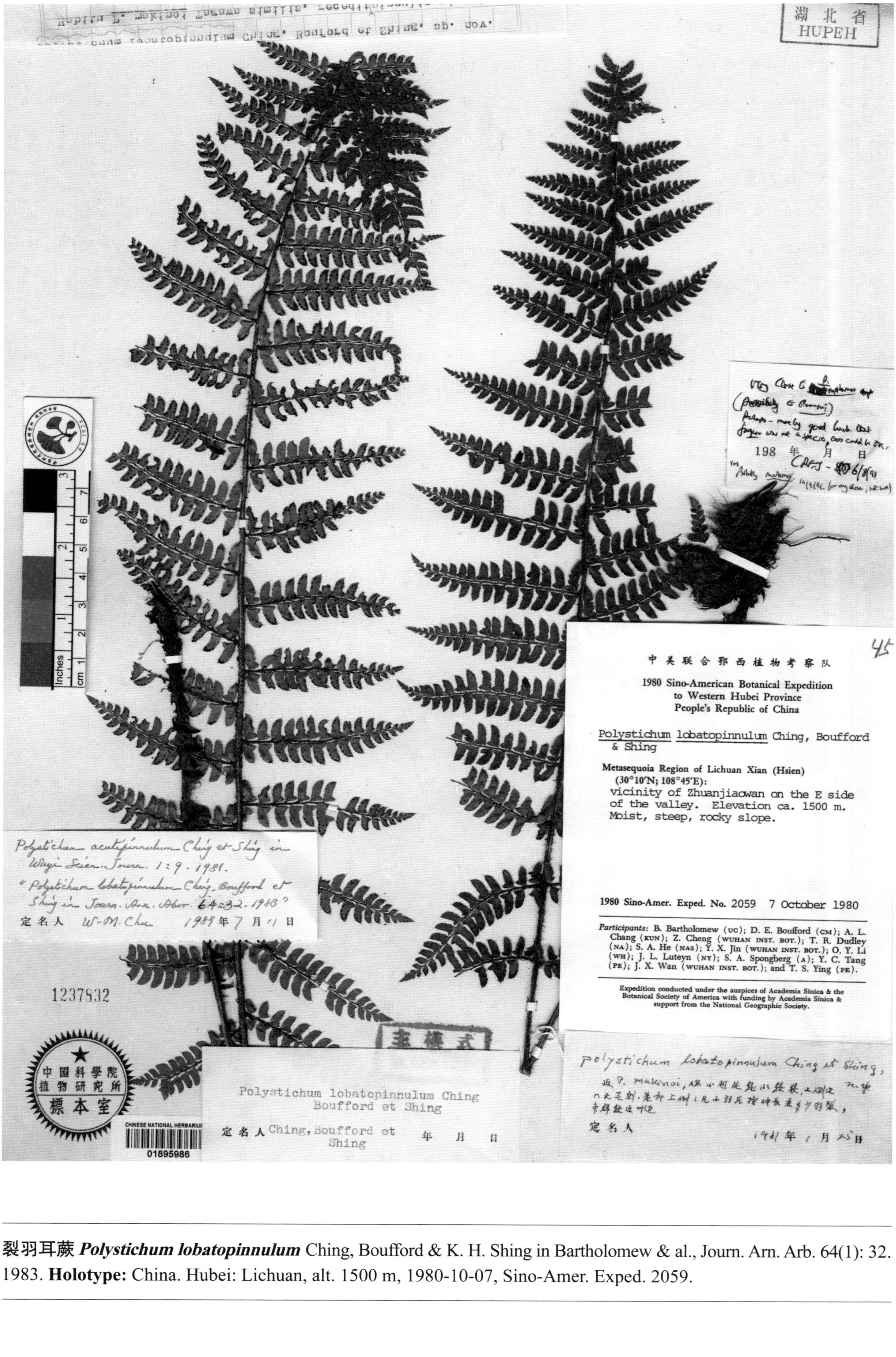

裂羽耳蕨 ***Polystichum lobatopinnulum*** Ching, Boufford & K. H. Shing in Bartholomew & al., Journ. Arn. Arb. 64(1): 32. 1983. **Holotype:** China. Hubei: Lichuan, alt. 1500 m, 1980-10-07, Sino-Amer. Exped. 2059.

长芒耳蕨 ***Polystichum longiaristatum*** Ching, Boufford & K. H. Shing in Bartholomew & al., Journ. Arn. Arb. 64(1): 33. 1983. **Holotype:** China. Hubei: Shennongjia, alt. 1780 m, 1980-09-13, Sino-Amer. Exped. 1248.

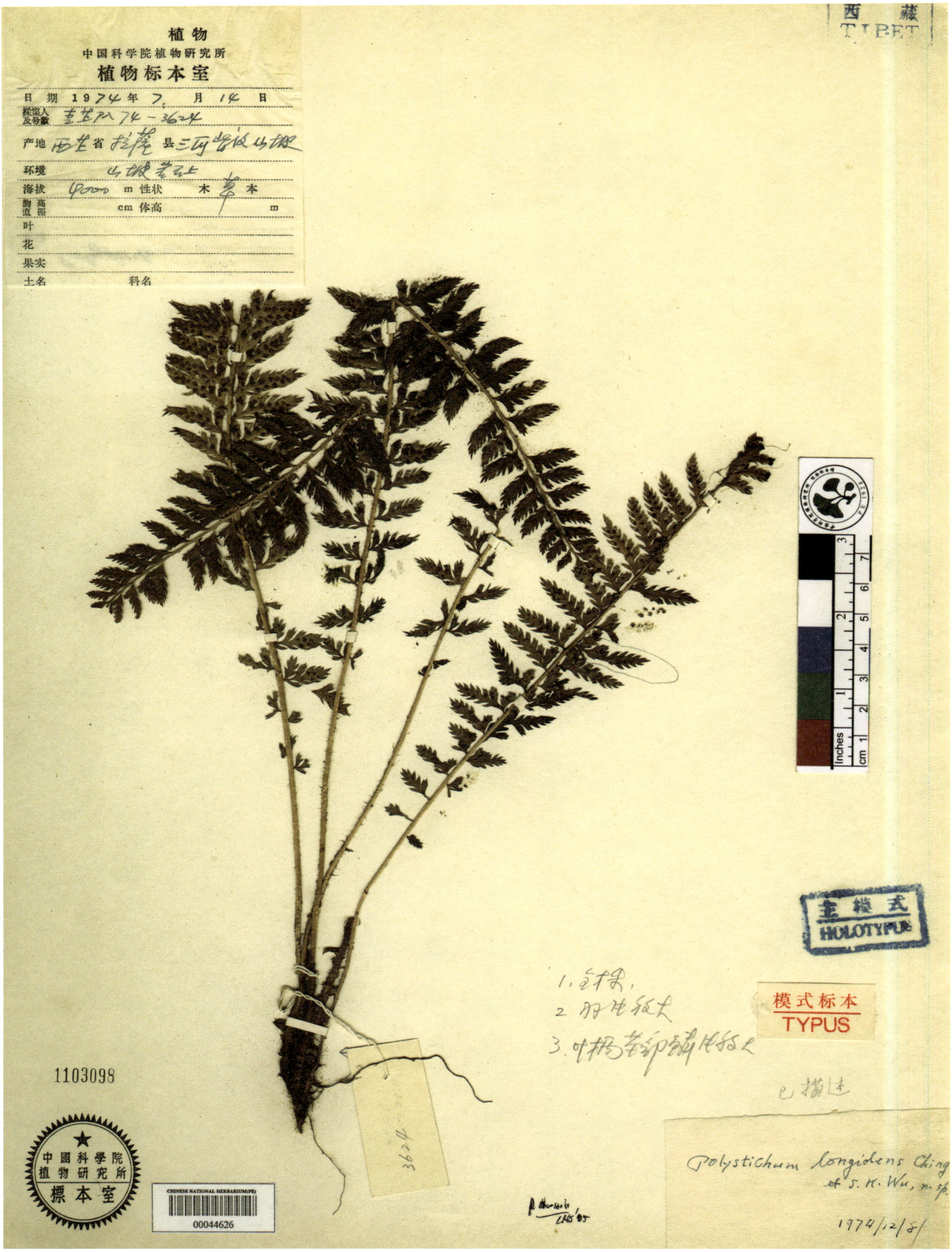

尖齿耳蕨 ***Polystichum longidens*** Ching & S. K. Wu, Fl. Xizang. 1: 217, f. 53: 1-3. 1983. **Holotype:** China. Xizang: Lhasa, alt. 4000 m, 1974-07-14, Qinghai-Xizang Exped. 74-3624.

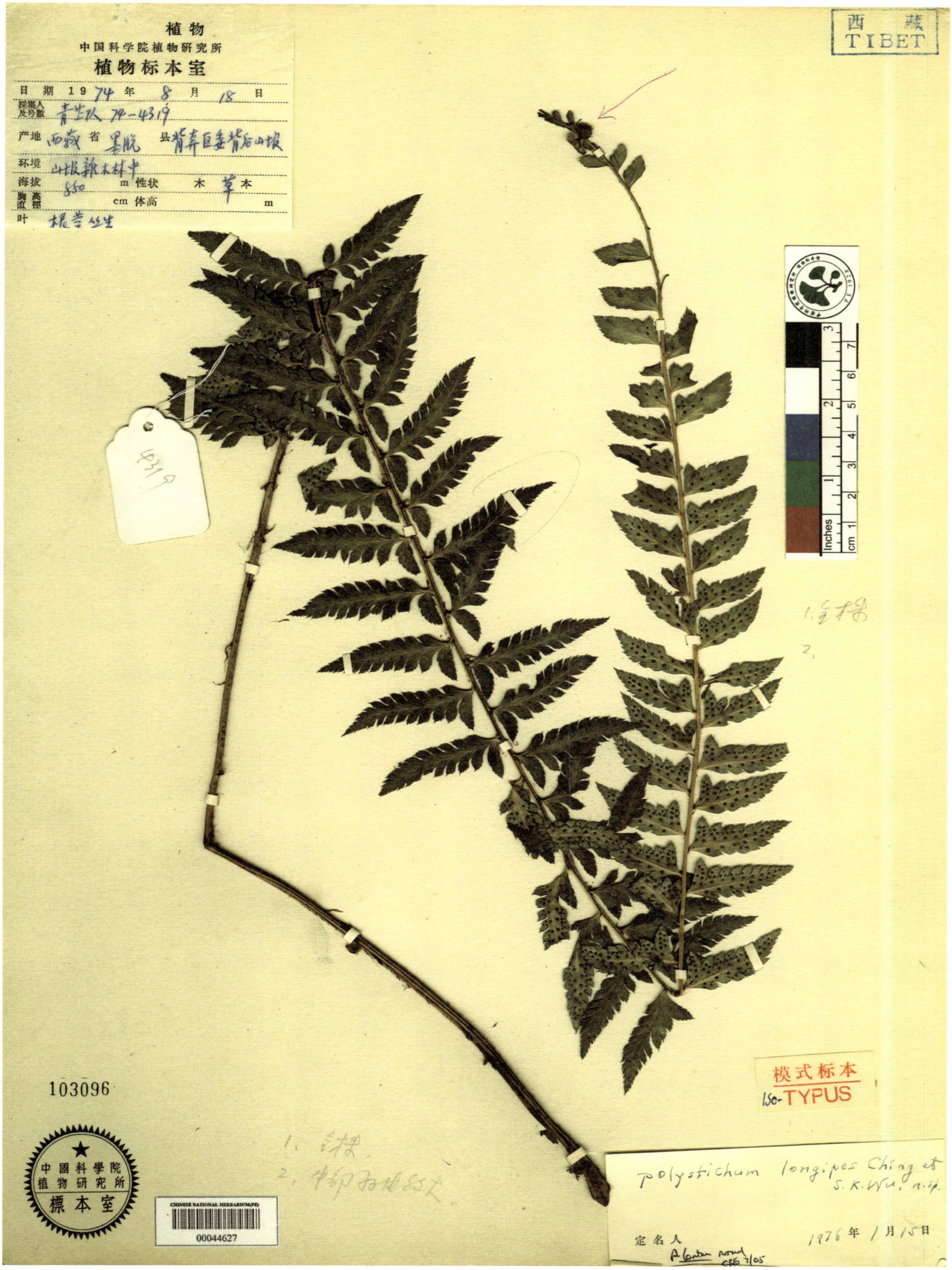

长柄耳蕨 ***Polystichum longipes*** Ching & S. K. Wu, Fl. Xizang. 1: 213, f. 52: 1-2. 1983. **Holotype:** China. Xizang: Mêdog, alt. 850 m, 1974-08-18, Qinghai-Xizang Exped. 74-4319.

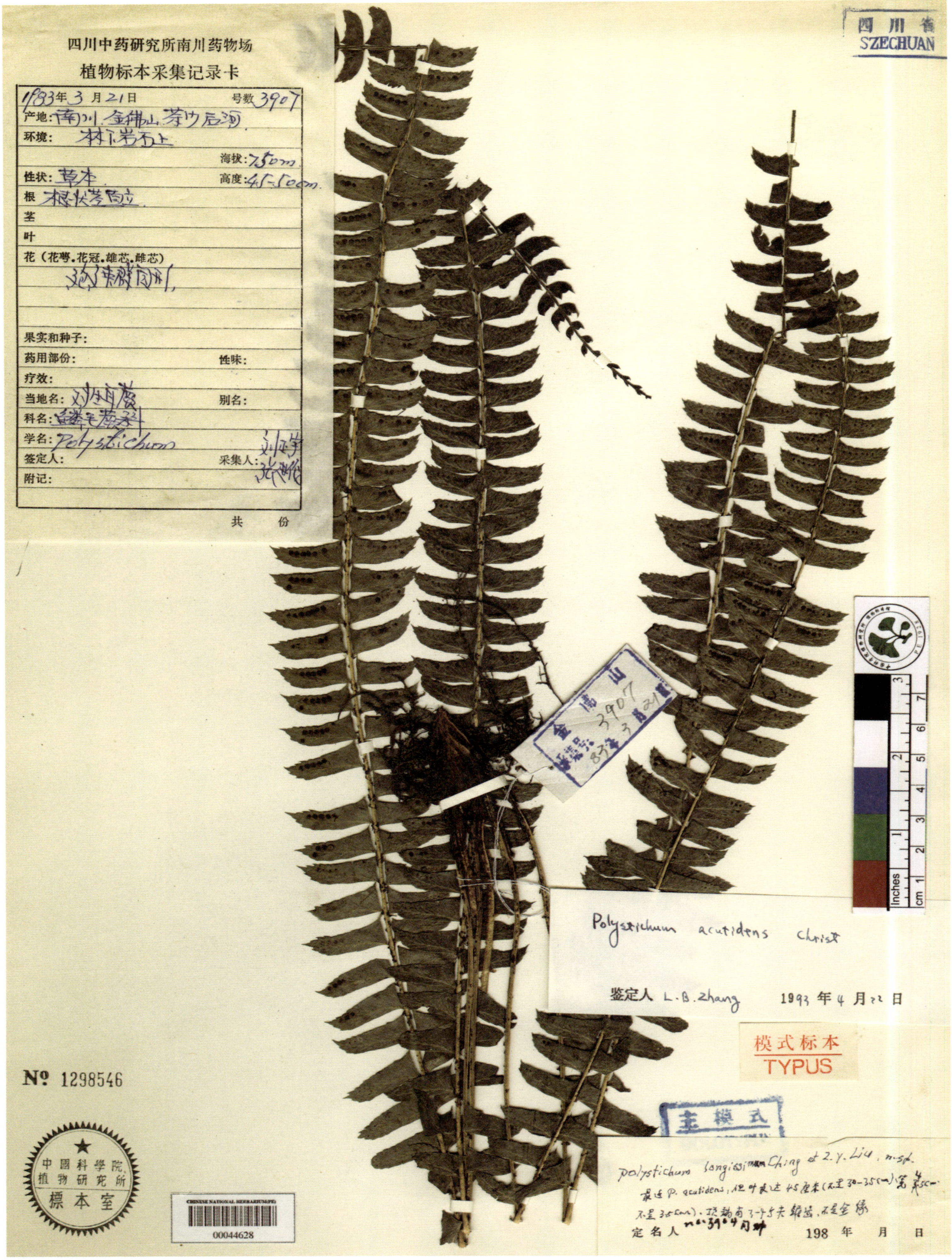

长叶耳蕨 ***Polystichum longissimum*** Ching & Z. Y. Liu in Bull. Bot. Res., Harbin 4(4): 16, photo. 45. 1984. **Holotype:** China. Chongqing: Nanchuan, alt. 750 m, 1983-03-21, Z. Y. Liu & J. L. Zhang 3907.

大盖高山耳蕨 ***Polystichum macrochlaenum*** Ching & S. K. Wu, Fl. Xizang. 1: 227, f. 53: 4-6. 1983. **Holotype:** China. Xizang: Zayü, alt. 4000 m, 1973-06-27, Qinghai-Xizang Exped. 73-443.

川藏耳蕨 ***Polystichum makinoi*** (Tagawa) Tagawa var. ***chuanzangense*** Ching & S. K. Wu, Fl. Xizang. 1: 239. 1983.
Holotype: China. Xizang: Bomi, Yigong, alt. 2300 m, 1965-07-11, T. S. Ying & D. Y. Hong 650506.

墨脱耳蕨 ***Polystichum medogense*** Ching & S. K. Wu, Fl. Xizang. 1: 214, pl. 52. f. 3-4. 1983. **Holotype:** China. Xizang: Mêdog, alt. 1600 m, 1974-08-06, Qinghai-Xizang Exped. 74-4154.

毛叶高山耳蕨 ***Polystichum mollissimum*** Ching, Fl. Xizang. 1: 232, f. 57: 5-8. 1983. **Holotype:** China. Shaanxi: Taibaishan, 1938-07-15, T. N. Liou & P. C. Tsoong 2264.

伴藓耳蕨 ***Polystichum muscicola*** Ching ex W. M. Chu & Z. R. He, Fl. Reip. Pop. Sin. 5(2): 140, 228, pl. 45: 1-2. 2001. **Holotype:** China. Sichuan: Luding, alt. 2800 m, 1934-11-16, H. Smith 13456.

聂拉木耳蕨 ***Polystichum nyalamense*** Ching, Fl. Xizang. 1: 241. 1983. **Holotype:** China. Xizang: Nyalam, alt. 2300 m, 1966-05-09, Y. T. Chang & K. Y. Lang 3240.

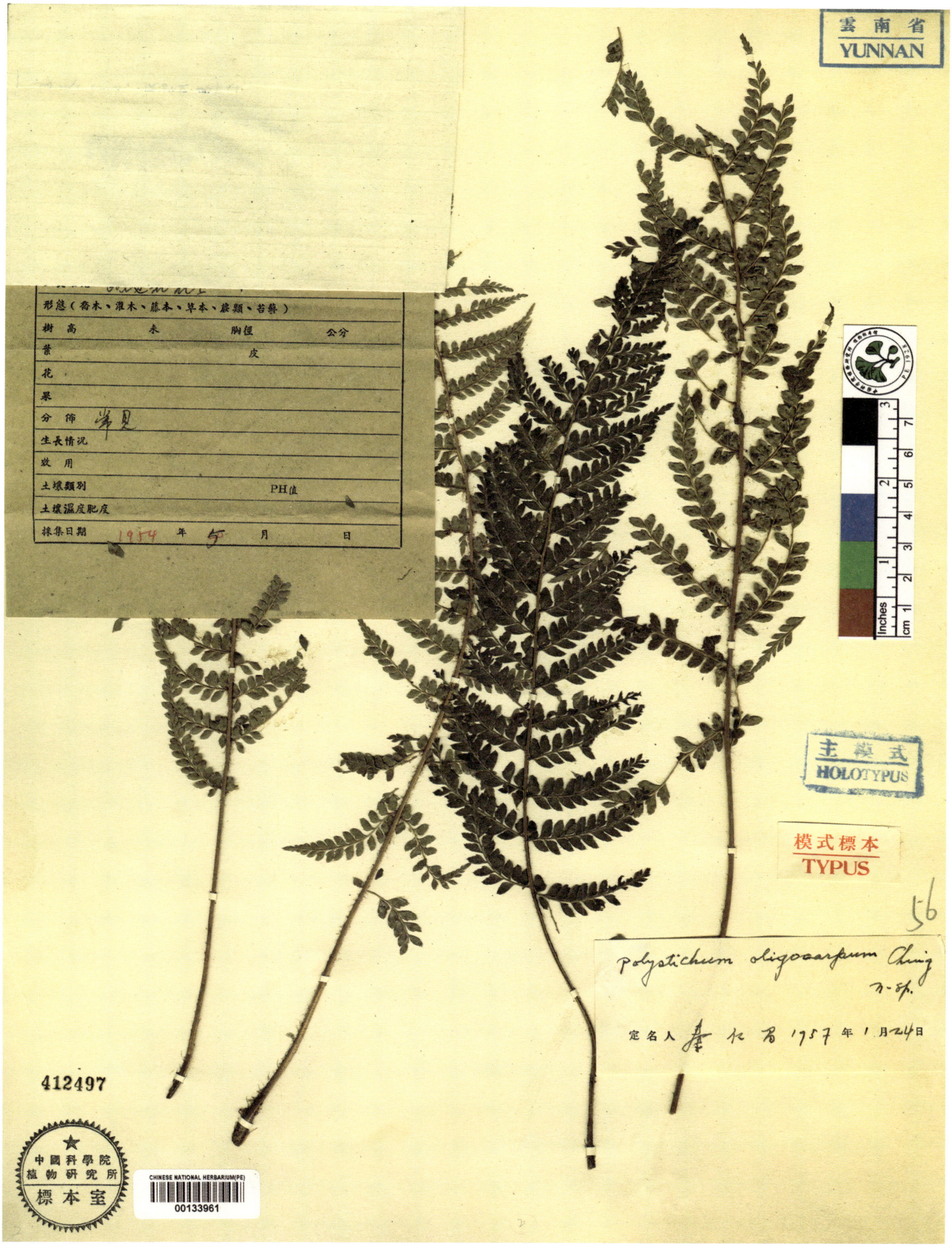

疏果耳蕨 ***Polystichum oligocarpum*** Ching ex H. S. Kung & L. B. Zhang in Acta Phytotax. Sin. 33(3): 308, f. 1: A-D. 1995. **Holotype:** China. Yunnan: Jingdong, alt. 2500 m, 1954-05-??, W. X. Wu 35.

藏东耳蕨 ***Polystichum orientalitibeticum*** Ching, Fl. Xizang. 1: 240. 1983. **Holotype:** China. Xizang: Bomi, alt. 2000 m, 1965-07-22, Y. T. Chang & K. Y. Lang 874.

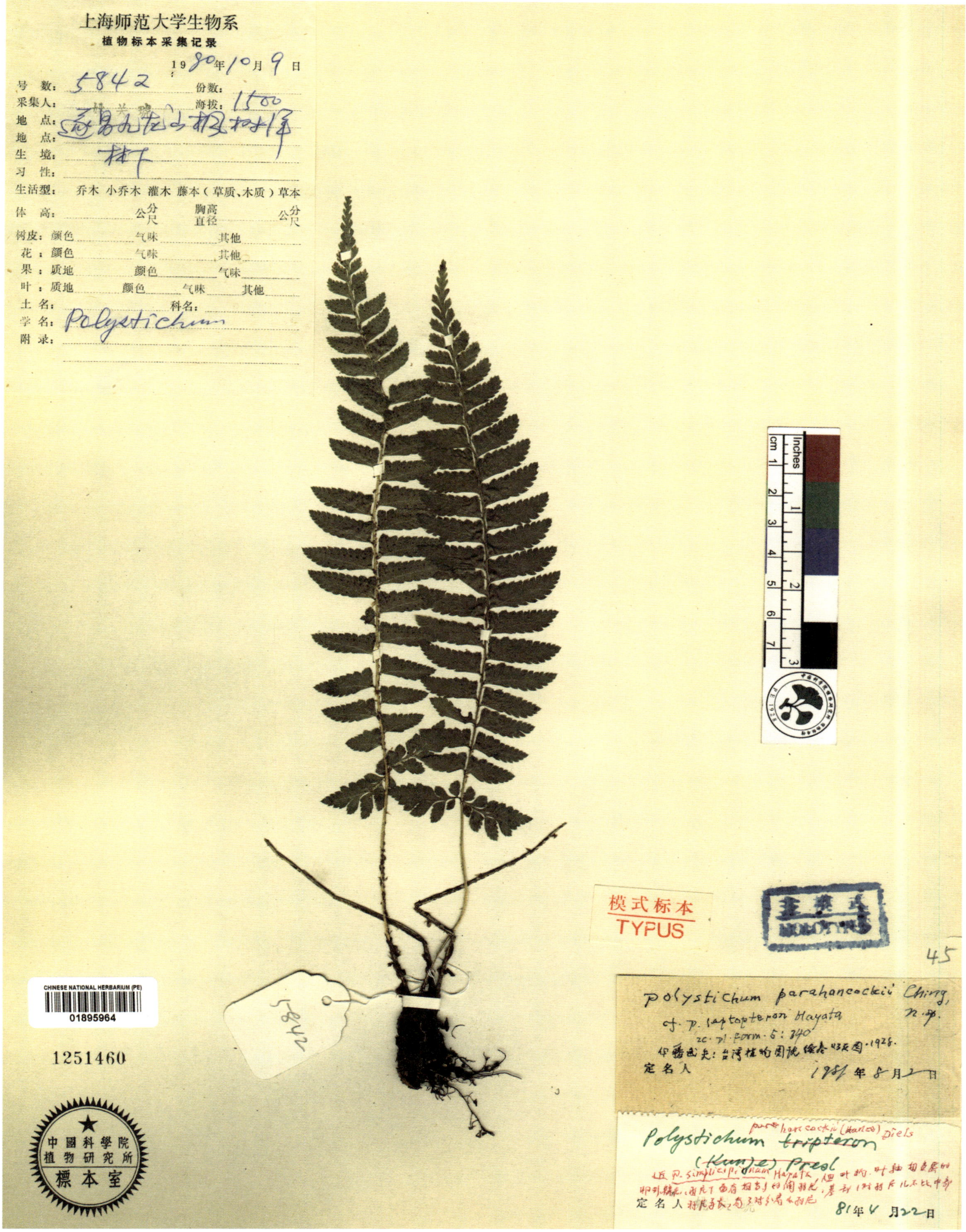

假亨氏耳蕨 ***Polystichum parahancockii*** Ching in Bull. Bot. Res., Harbin 2(2): 68, photo. 2: 4. 1982. **Holotype:** China. Zhejiang: Suichang, alt. 1500 m, 1980-10-09, G. H. Yao 5842.

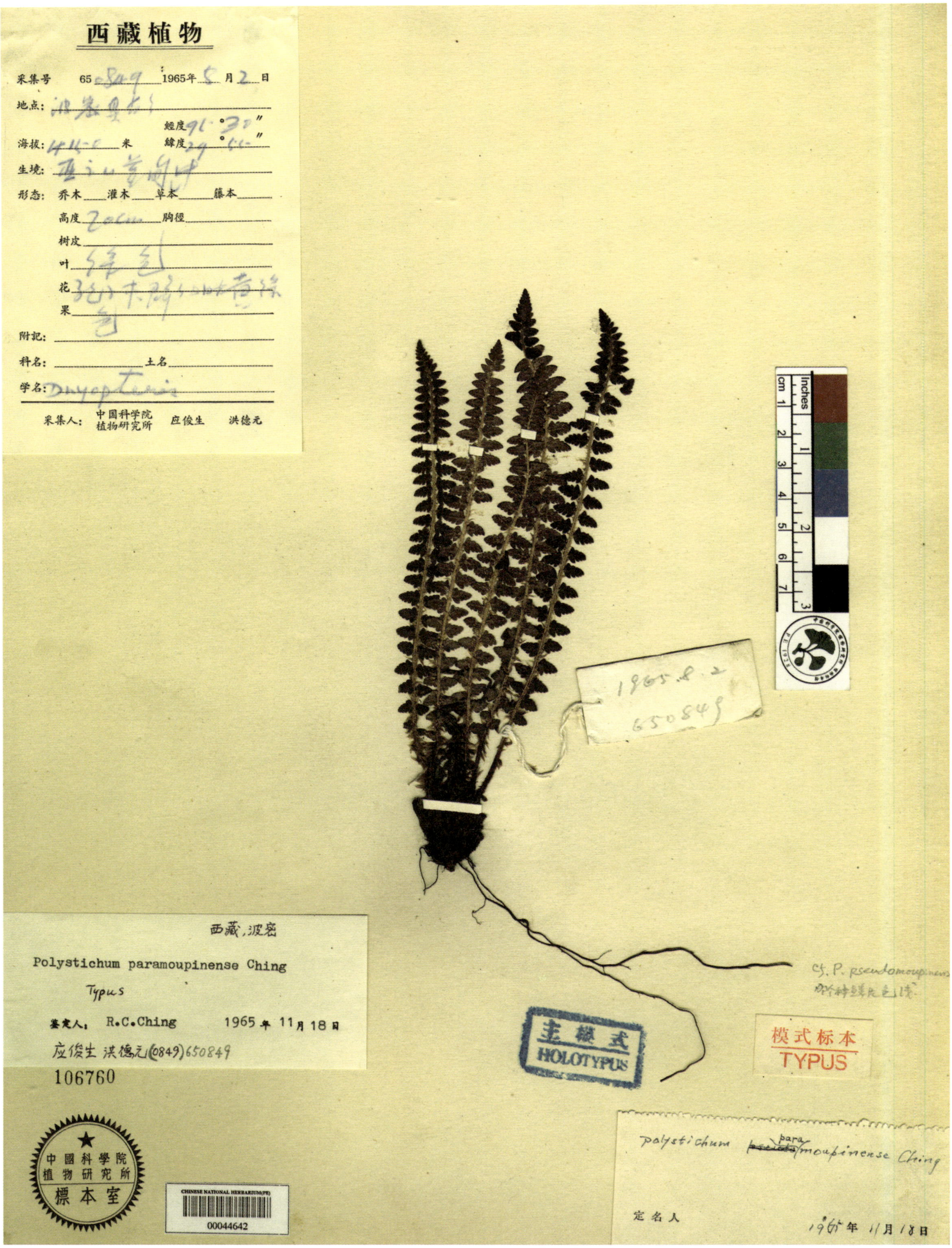

拟穆坪高山耳蕨 ***Polystichum paramoupinense*** Ching, Fl. Xizang. 1: 226. 1983. **Holotype:** China. Xizang: Bomi, alt. 4150 m, 1965-08-02, T. S. Ying & D. Y. Hong 650849.

阔鳞耳蕨 ***Polystichum platychlamys*** Ching, Fl. Tsinling. 2: 161, 224. 1974. **Holotype:** China. Chongqing: Chengkou, alt. 1500 m, 1958-09-11, T. L. Dai 104675.

拟栗鳞高山耳蕨 ***Polystichum pseudo-castaneum*** Ching & S. K. Wu, Fl. Xizang. 1: 222. 1983. **Holotype:** China. Xizang: Nyalam, alt. 3600 m, 1975-06-30, Qinghai-Xizang Exped. 6116.

假对生耳蕨 ***Polystichum pseudodeltoden*** Ching & Z. Y. Liu in Bull. Bot. Res., Harbin 4(4): 17, photo. 46. 1984.
Holotype: China. Chongqing: Nanchuan, alt. 1690 m, 1980-07-15, Z. Y. Liu 451.

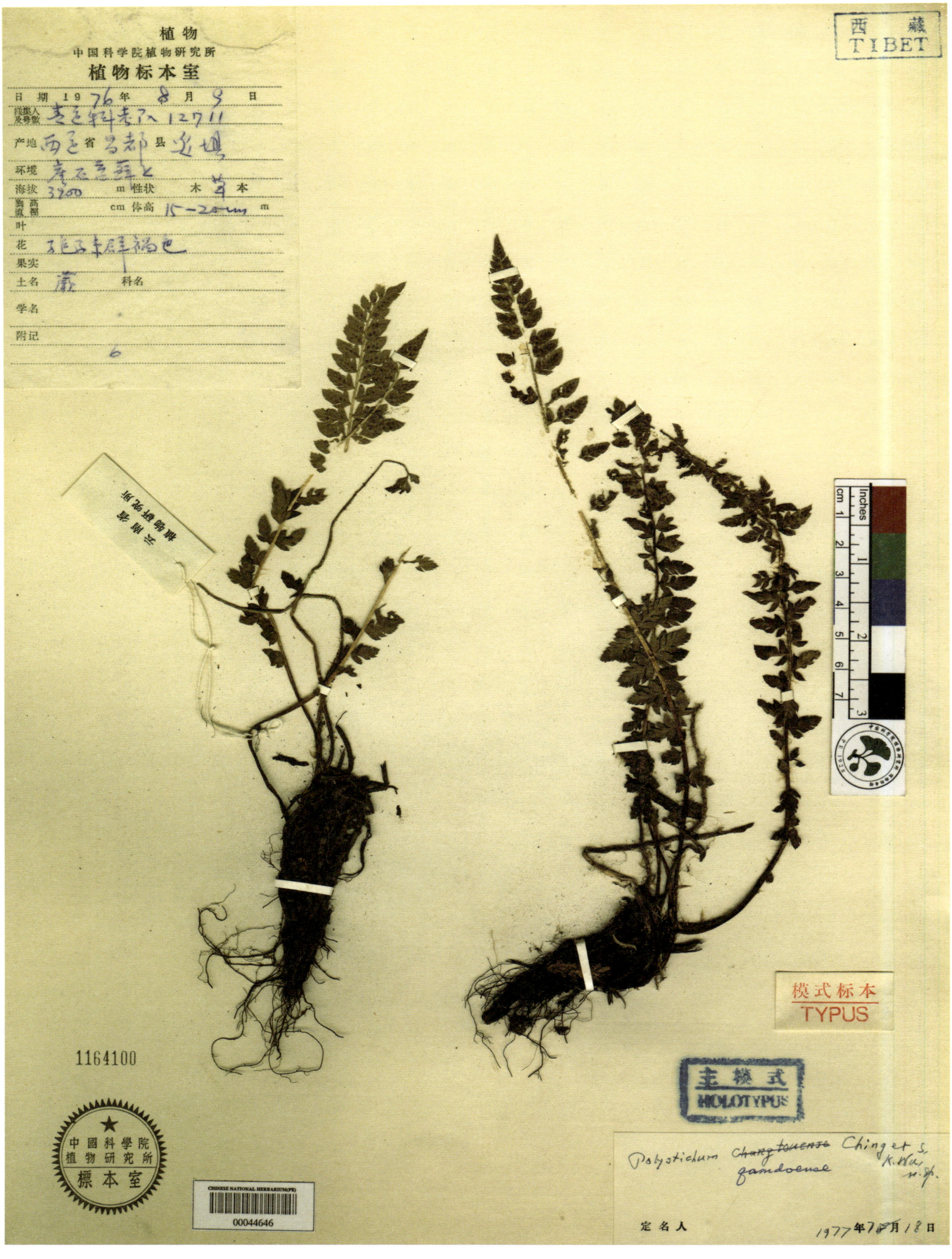

昌都高山耳蕨 ***Polystichum qamdoense*** Ching & S. K. Wu, Fl. Xizang. 1: 227. 1983. **Holotype:** China. Xizang: Qamdo, alt. 3900 m, 1976-08-09, Qinghai-Xizang Exped 12711.

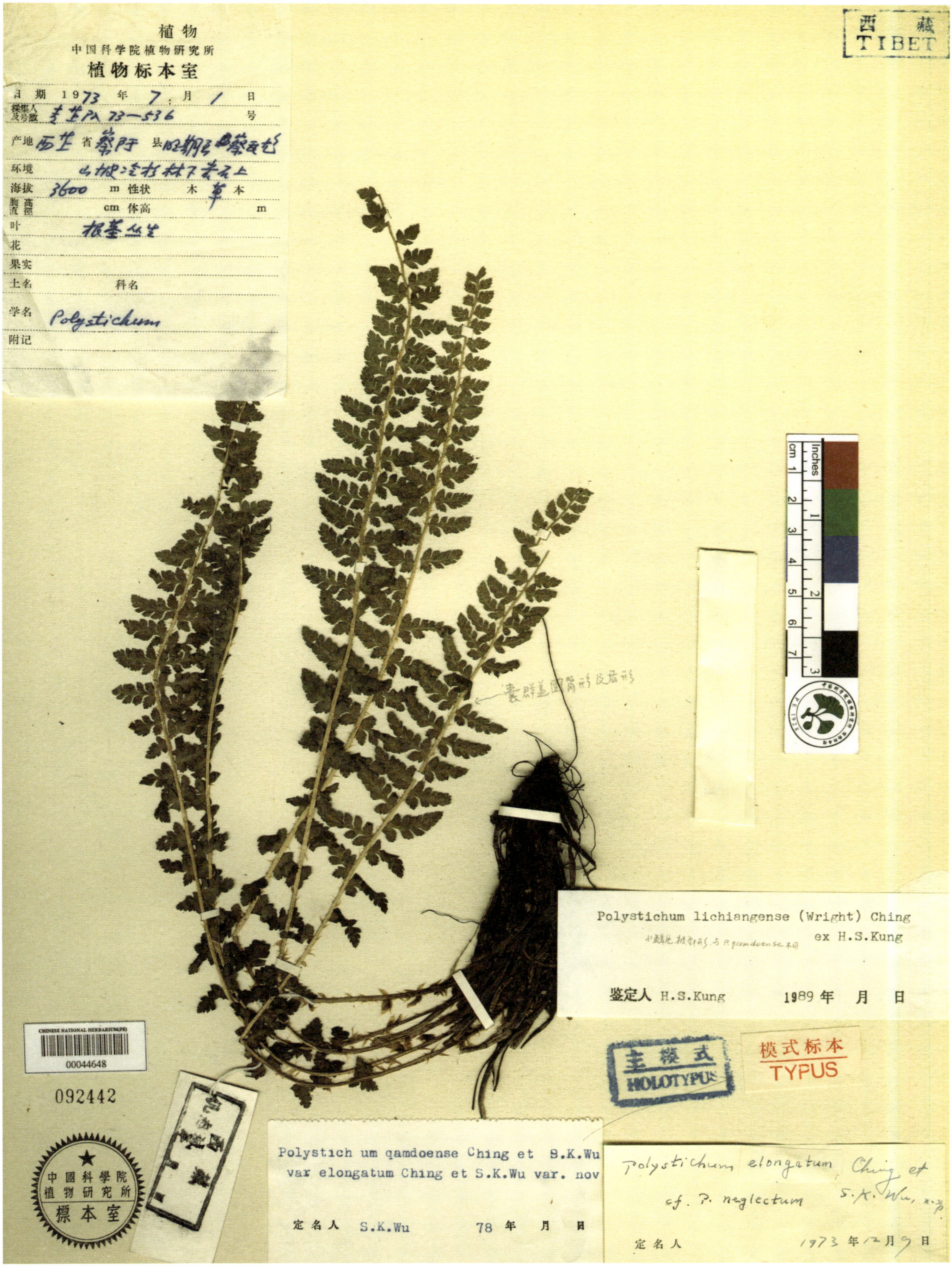

翠绿高山耳蕨 ***Polystichum qamdoense*** Ching var. ***elongatum*** Ching & S. K. Wu, Fl. Xizang. 1: 228. 1983. **Holotype:** China. Xizang: Zayü, alt. 3600 m, 1973-07-01, Qinghai-Xizang Exped 73-536.

稀见高山耳蕨 ***Polystichum rarum*** Ching & S. K. Wu, Fl. Xizang. 1: 230, f. 56: 5-8. 1983. **Holotype:** China. Xizang: Zayü, alt. 3800 m, 1973-06-22, Qinghai-Xizang Exped. 73-318.

菱羽耳蕨 ***Polystichum rhomboideum*** Ching, Fl. Tsinling. 2: 157, 223, pl. 39: 1-2. 1974. **Holotype:** China. Sichuan: Leibo, alt. 1250 m, 1934-06-01, T. T. Yu 3296.

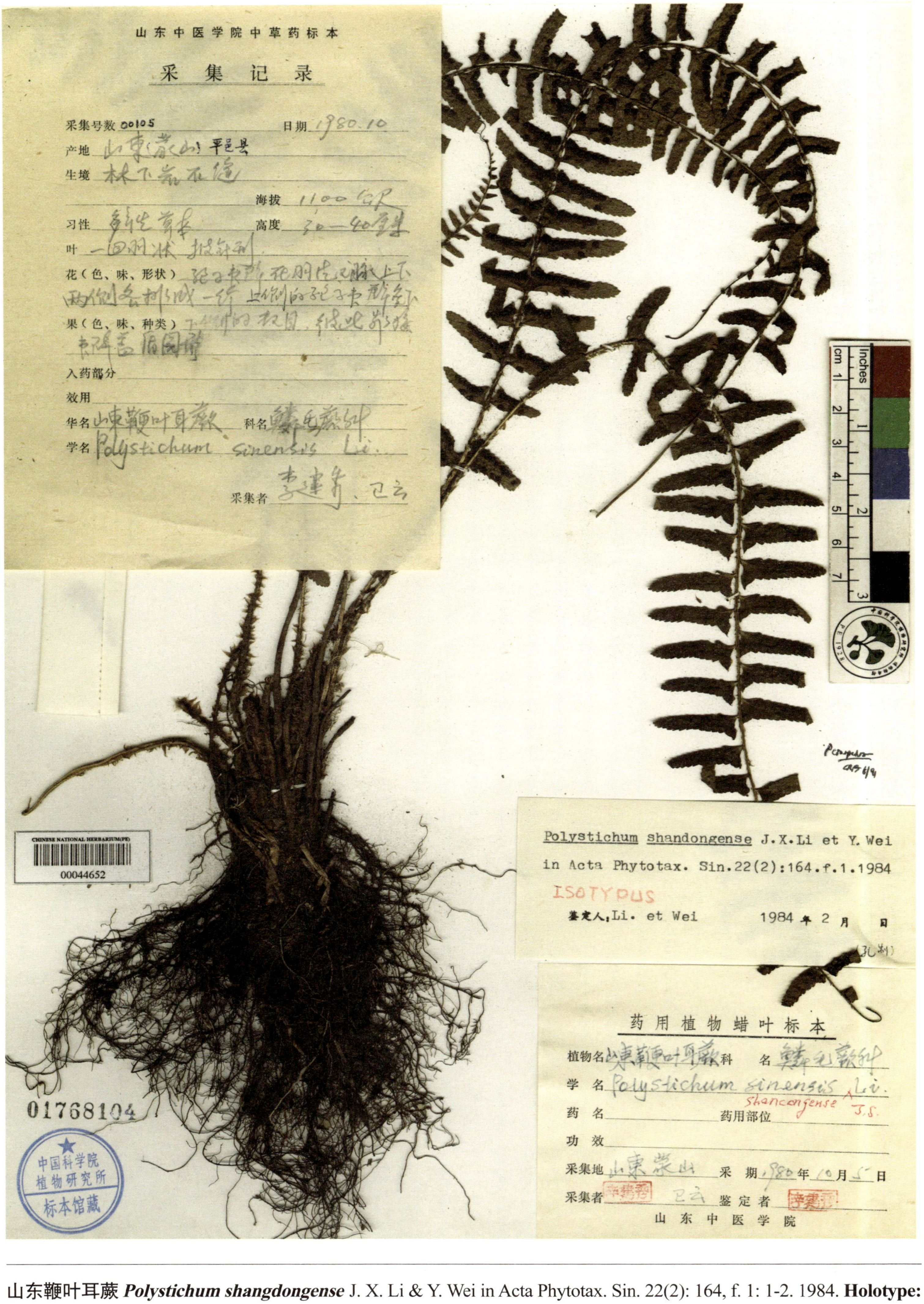

山东鞭叶耳蕨 ***Polystichum shangdongense*** J. X. Li & Y. Wei in Acta Phytotax. Sin. 22(2): 164, f. 1: 1-2. 1984. **Holotype:** China. Shangdong: Pingyi, Mengshan, alt. 1100 m, 1980-10-05, J. X. Li & Y. Wei 105.

神农架耳蕨 ***Polystichum shennongense*** Ching, Boufford & K. H. Shing in Bartholomew & al., Journ. Arn. Arb. 64(1): 34. f. 11 1983. **Holotype:** China. Hubei: Shennongjia, alt. 1780 m, 1980-09-13, Sino-Amer. Exped. 1236.

中华马祖耳蕨 ***Polystichum sino-tsus-simense*** Ching & Z. Y. Liu in Bull. Bot. Res., Harbin 4(4): 18, photo. 47. 1984.
Holotype: China. Chongqing: Nanchuan, alt. 1750 m, 1982-11-04, Z. Y. Liu 3800.

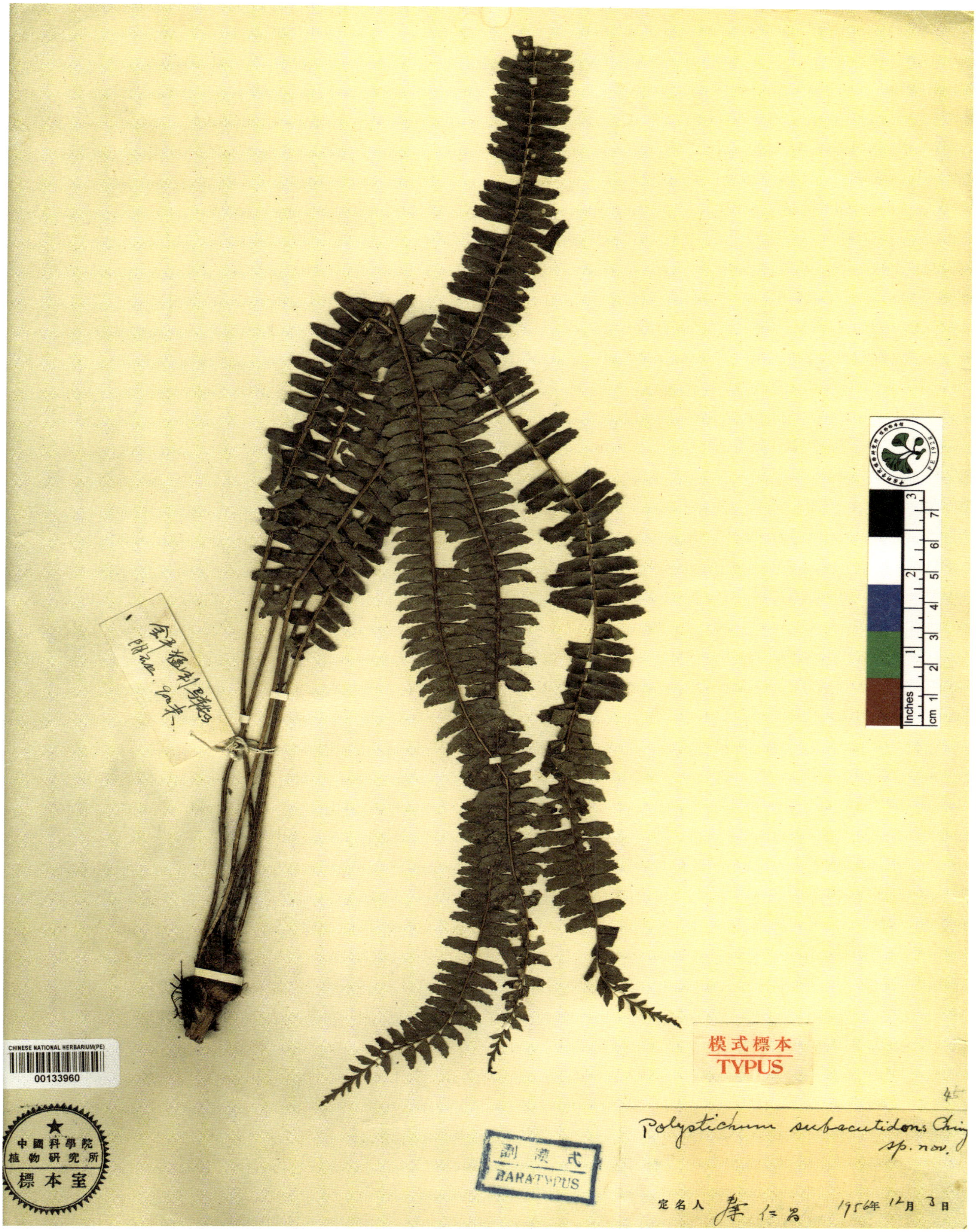

多羽耳蕨 ***Polystichum subacutidens*** Ching ex L. L. Xiang in Acta Phytotax. Sin. 32(3): 261, f. 2. 1994. **Paratype:** China. Yunnan: Jingping, alt. 900 m, 1956-??-??, Sino-Russia Yunnan Exped. 596.

长叶芽胞耳蕨 ***Polystichum subattenuatum*** Ching & W. M. Chu ex W. M. Chu in Acta Bot. Yunnan. Add. 5: 51, f. 32. 1992. **Paratype:** China. Yunnan: Shuangbai, alt.1500~1800 m, 1965-11-11, W. M. Chu 4606.

吊罗山耳蕨 ***Polystichum tialooshanense*** Ching in Acta Phytotax. Sin. 9(4): 366. 1964. **Paratype:** China. Hainan: Baoting, alt. 900 m, 1954-12-25, Diaoluoshan Exped. 3322.

西藏高山耳蕨 ***Polystichum tibeticum*** Ching, Fl. Xizang. 1: 219. 1983. **Holotype:** China. Xizang: Bomi, alt. 3600 m, 1965-08-21, T. S. Ying & D. Y. Hong 650956.

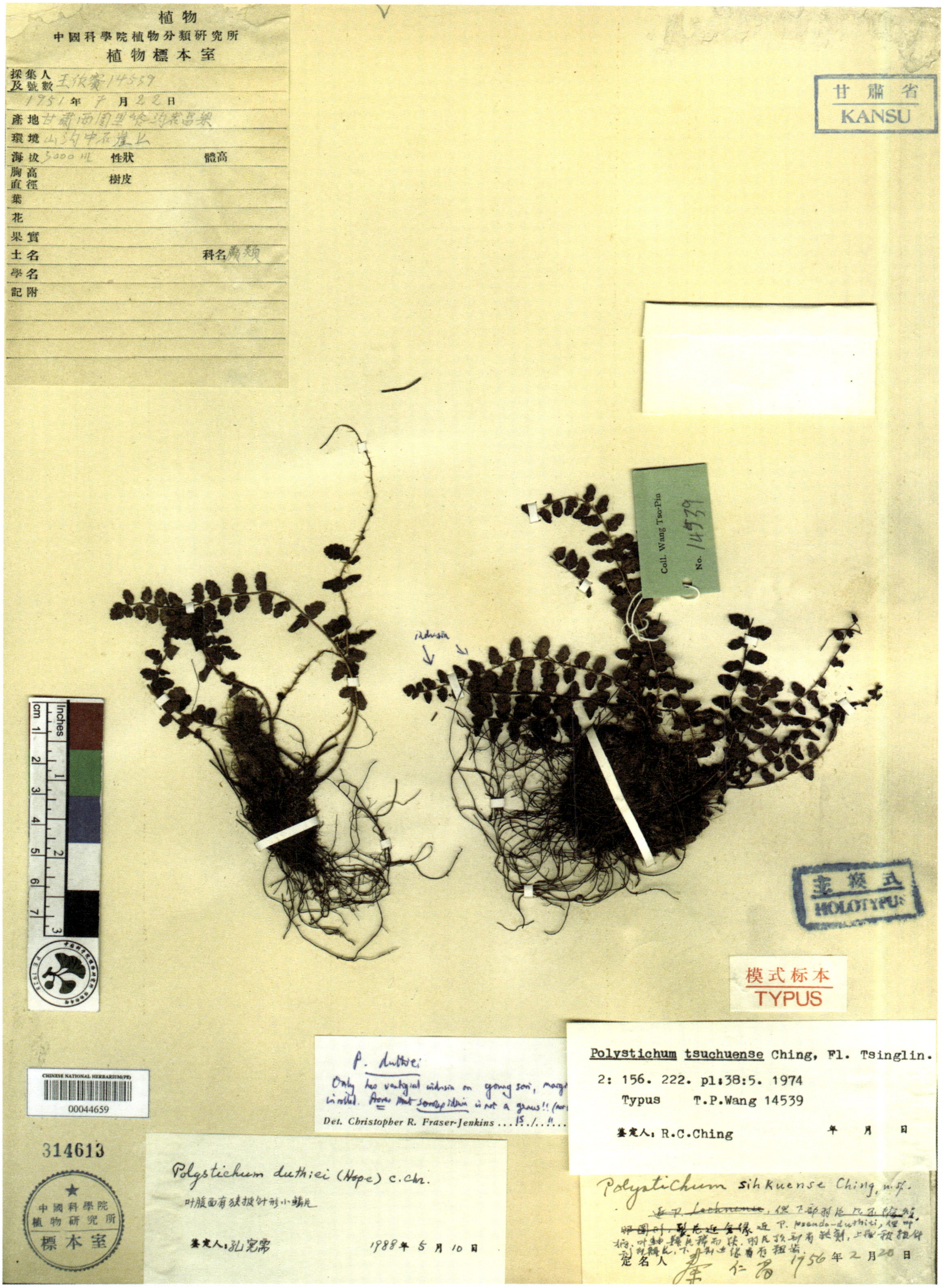

舟曲耳蕨 ***Polystichum tsuchuense*** Ching, Fl. Tsinling. 2: 156, 222, pl. 38: 5. 1974. **Holotype:** China. Gansu: Zhouqu, alt. 3000 m, 1951-07-22, T. P. Wang 14539.

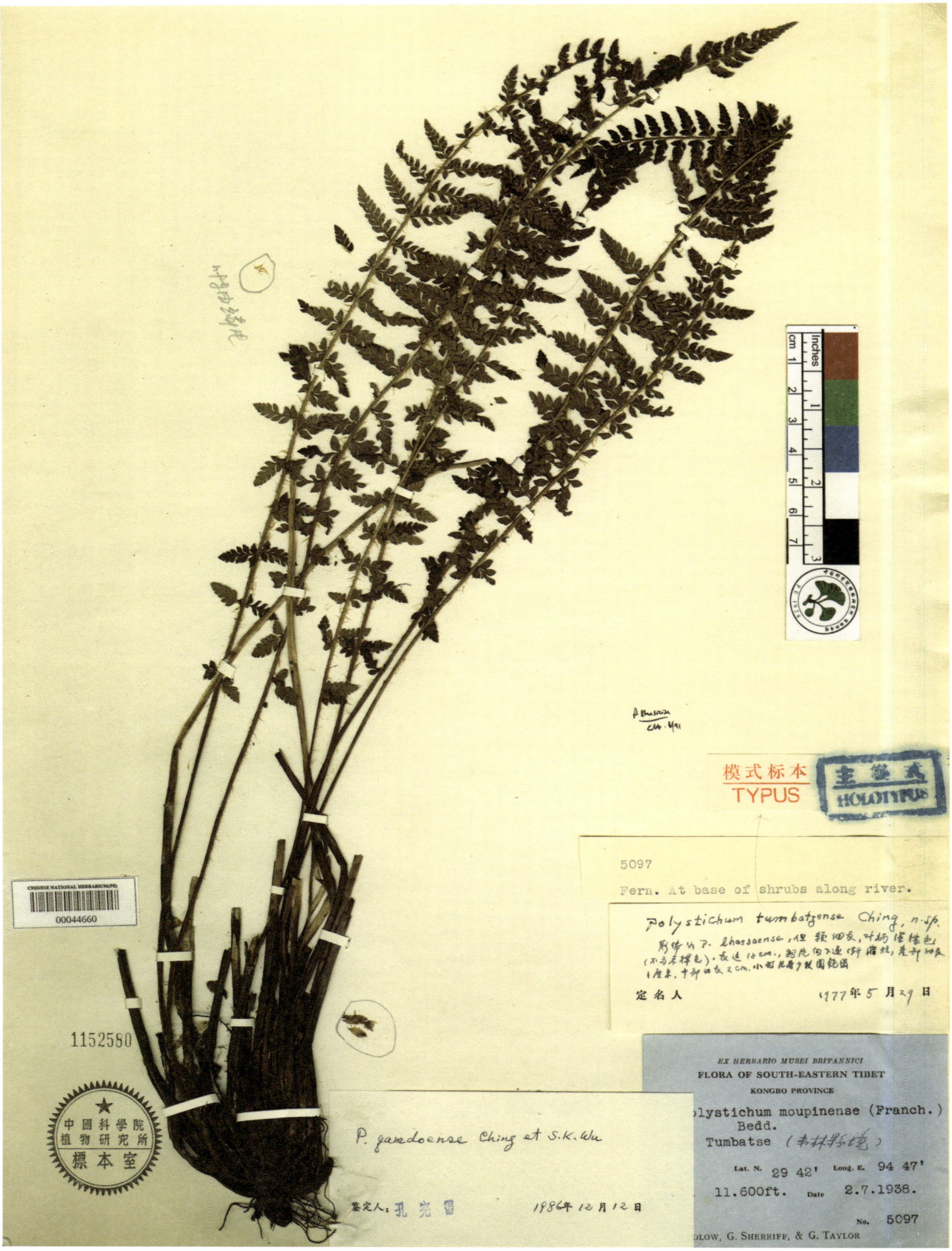

米林高山耳蕨 ***Polystichum tumbatzense*** Ching, Fl. Xizang. 1: 232. 1983. **Holotype:** China. Xizang: Mainling, alt. 3870 m, 1938-07-02, F. Ludlow & al. 5097.

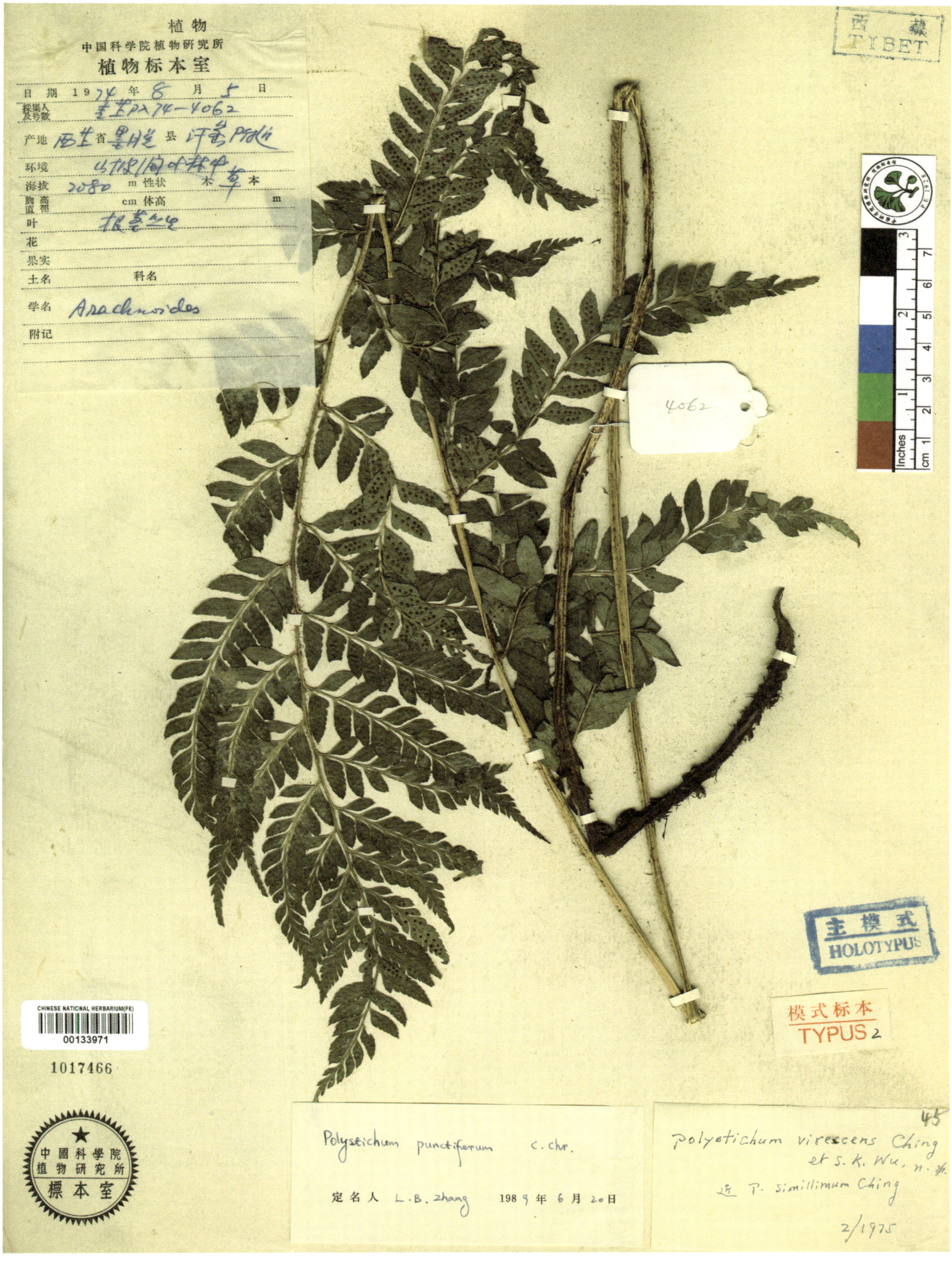

绿色耳蕨 ***Polystichum virescens*** Ching & S. K. Wu, Fl. Xizang. 1: 243, f. 58: 7-8. 1983. **Holotype:** China. Xizang: Mêdog, alt. 2080 m, 1974-08-05, Qinghai-Xizang Exped. 74-4062.

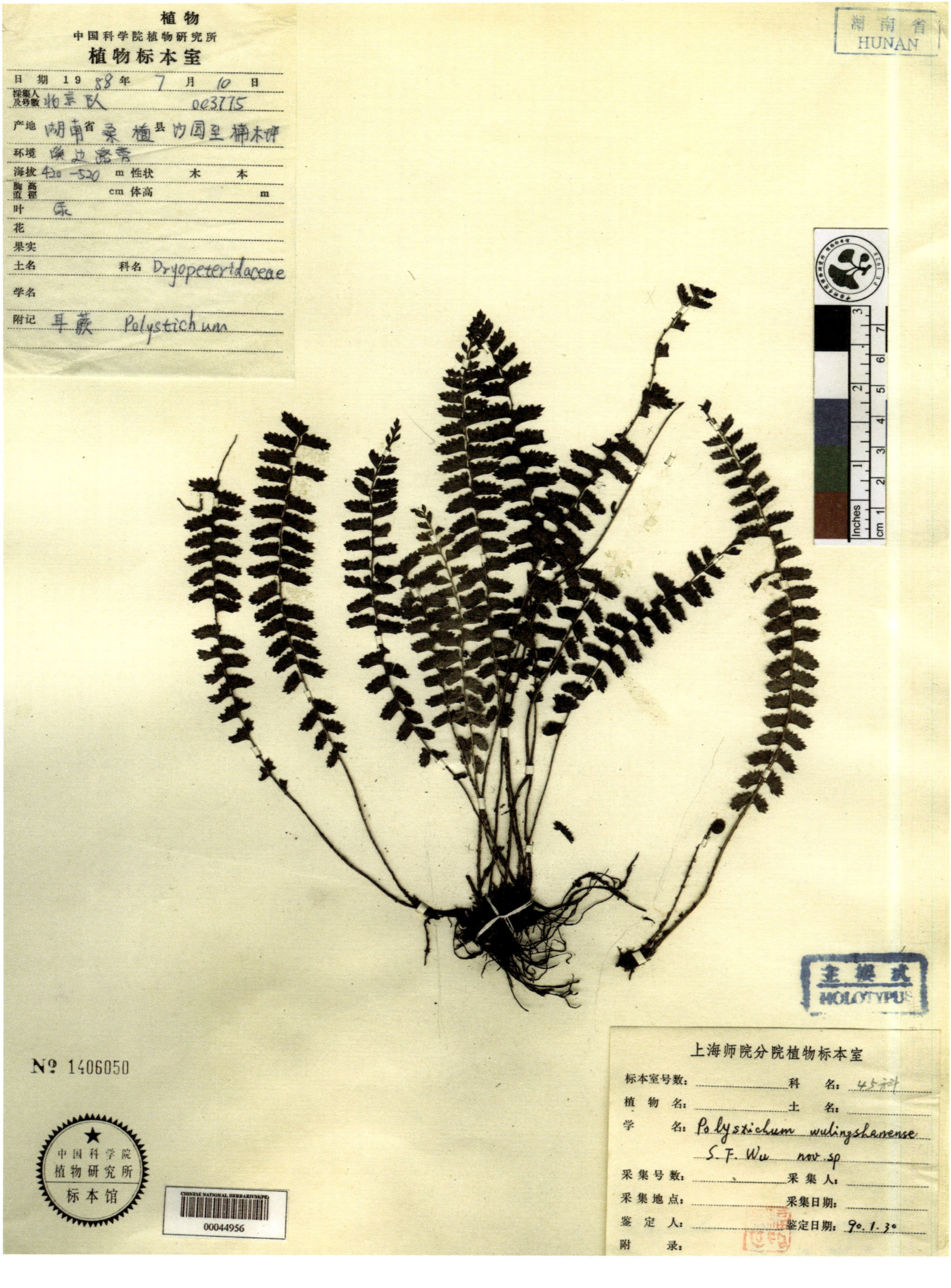

武陵山耳蕨 ***Polystichum wulingshanense*** S. F. Wu, Keys Vasc. Pl. Wuling Mt. 568, pl. 3. 1995. **Holotype:** China. Hunan: Sangzhi, alt. 420~520 m, 1988-07-10, Beijing Exped. 3775.

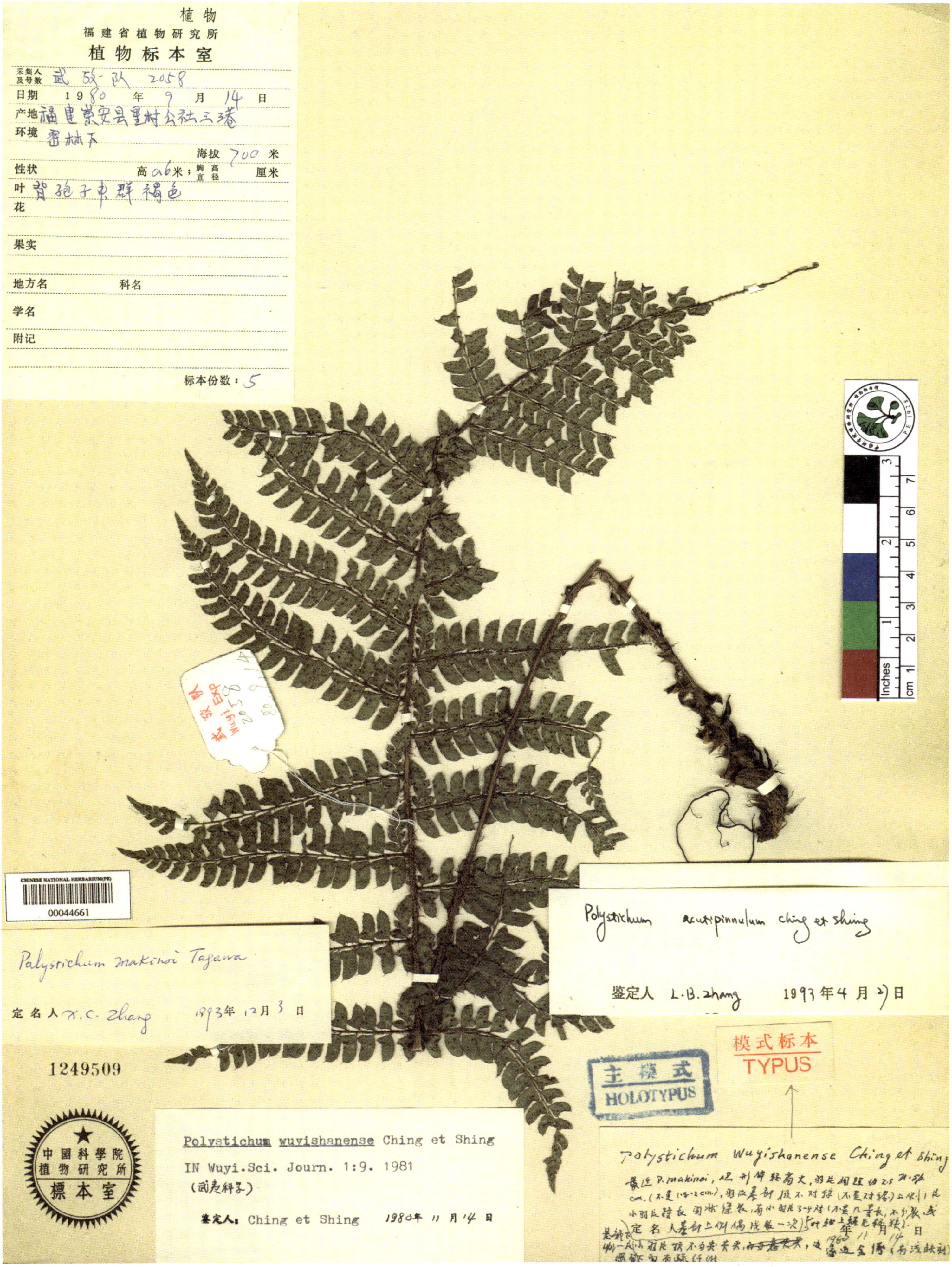

武夷耳蕨 ***Polystichum wuyishanense*** Ching & K. H. Shing in Wuyi Sci. Journ. 1: 9. 1981. **Holotype:** China. Fujian: Chongan, Wuyishan, alt. 700 m, 1980-09-14, Wuyishan Exped. 2058.

倒叶耳蕨 ***Polystichum yuanum*** Ching, Icon. Fil. Sin. 5: pl. 235. 1958. **Holotype:** China. Yunnan: Zhongdian, alt. 2200 m, 1937-05-14, T. T. Yu 11286.

Aspidiaceae

叉蕨科

chajueke

越南三叉蕨 ***Aspidium trichotomum*** Fée in Mém. Fam. Fouger. 5: 295. 1852. **Isotype:** Vietnam. Tourame, 1837-01-??, Gaudichaud 24.

钙岩肋毛蕨 ***Ctenitis calcarea*** Ching & C. H. Wang in Acta Phytotax. Sin. 19(1): 118. 1981. **Holotype:** China. Guizhou: Dushan, 1957-06-22, S. K. Wu s. n.

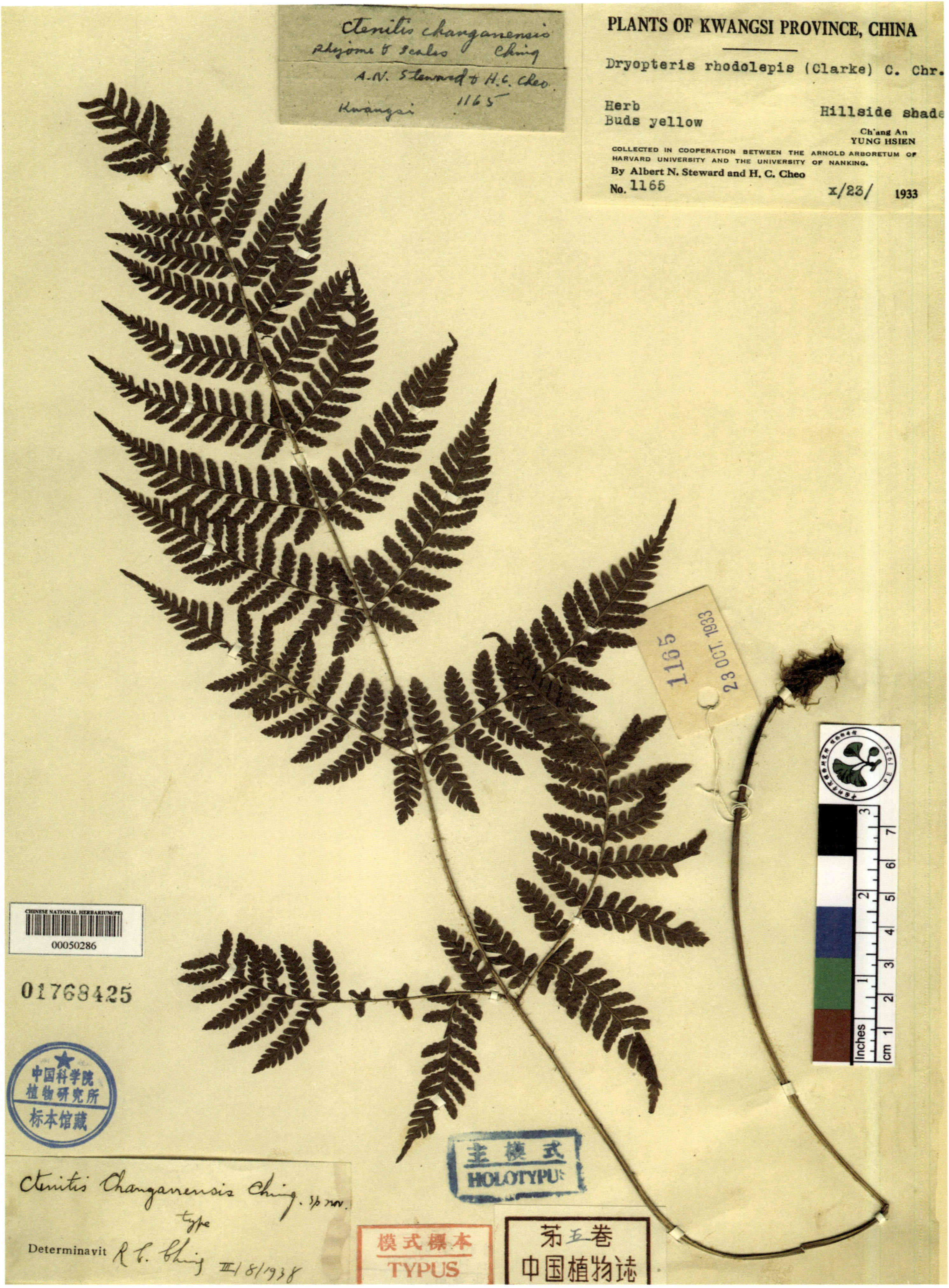

正安肋毛蕨 ***Ctenitis changanensis*** Ching in Bull. Fan Mem. Inst. Biol., Bot. Ser. 8: 297. 1938. **Holotype:** China. Guizhou: Yung Hsien, Changan, 1933-10-23, A. N. Steward & H. C. Chen 1165.

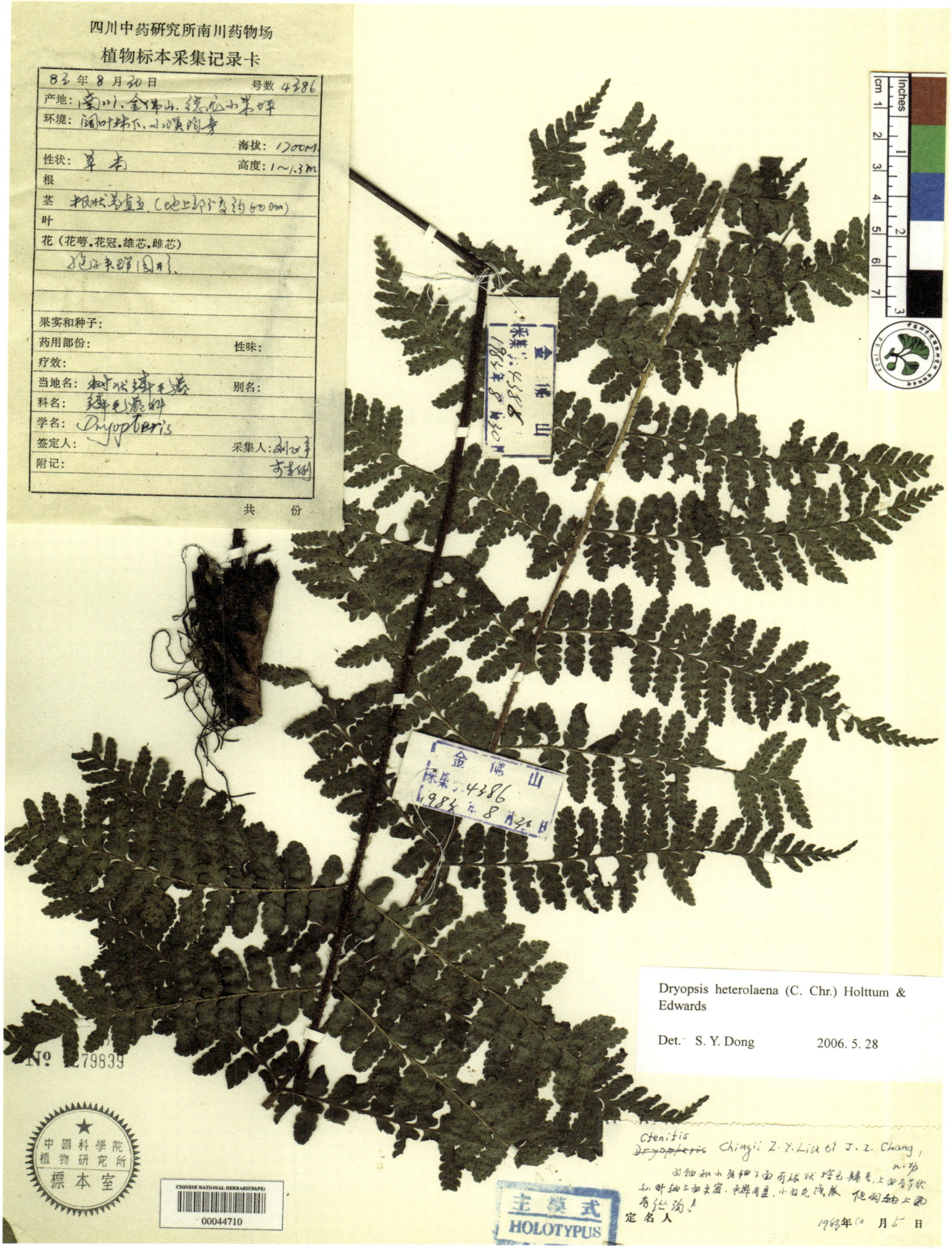

秦氏肋毛蕨 ***Ctenitis chingii*** Z. Y. Liu & J. I. Chang in Bull. Bot. Res., Harbin 4(4): 14, photo. 42. 1984. **Holotype:** China. Sichuan: Nanchuan, alt. 1700 m, 1983-08-30, Z. Y. Liu & L. L. Fang. 4386.

崇义肋毛蕨 ***Ctenitis chungyiensis*** Ching & C. H. Wang in Acta Phytotax. Sin. 19(1): 119. 1981. **Holotype:** China. Jiangxi: Chongyi, alt. 450 m, 1965-06-23, M. S. Ni & al. 9022.

密羽肋毛蕨 ***Ctenitis contigua*** Ching in Acta Phytotax. Sin. 19(1): 119. 1981. **Holotype:** China. Xizang: Bomi, T. S. Ying 68.

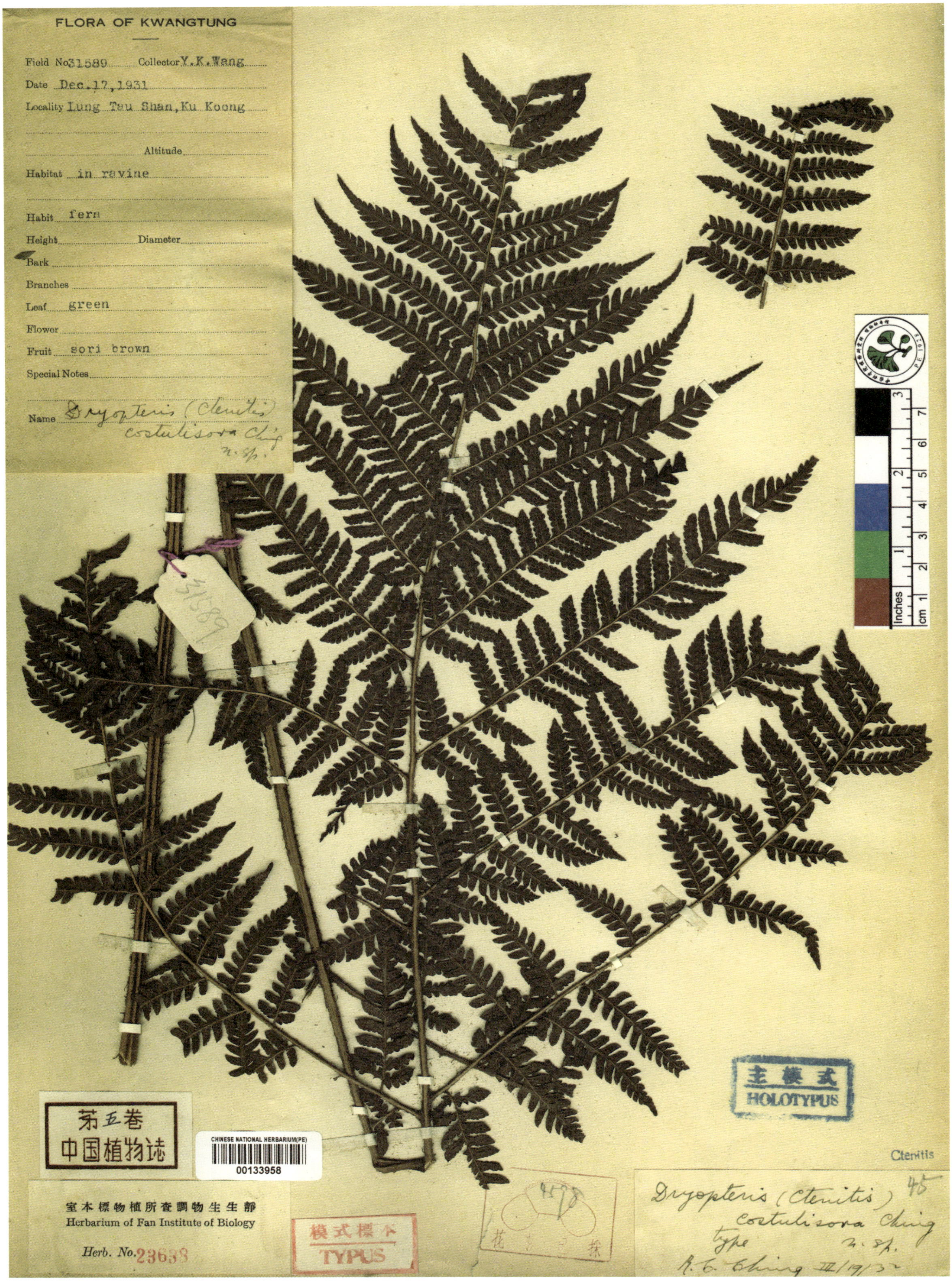

靠脉肋毛蕨 ***Ctenitis costulisora*** Ching in Bull. Fan Mem Inst. Biol., Bot. Ser. 8: 299. 1938. **Holotype:** China. Guangdong: Lungtaushan, Kukoong, 1931-12-17, Y. K. Wang 31589.

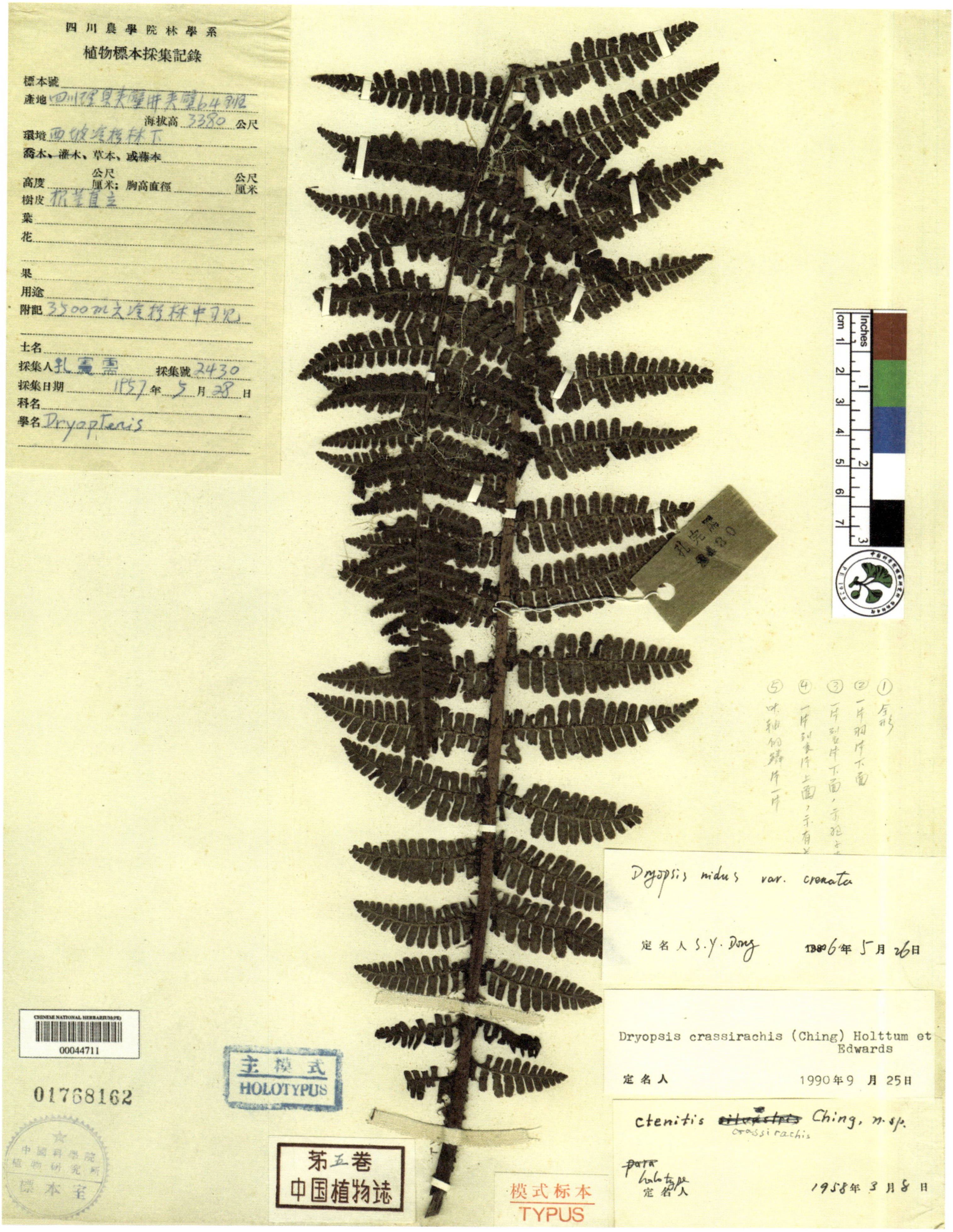

粗柄肋毛蕨 ***Ctenitis crassirachis*** Ching in Acta Phytotax. Sin. 19(1): 119. 1981. **Holotype:** China. Sichuan: Lixian, alt. 3380 m, 1957-05-28, S. H. Kung 2430.

波边肋毛蕨 ***Ctenitis crenata*** Ching in Acta Phytotax. Sin. 19(1): 120. 1981. **Holotype:** China. Sichuan: Leibo, alt. 2800 m, 1934-09-22, T. T. Yu 4022.

尖齿肋毛蕨 ***Ctenitis dentisora*** Ching in Bull. Fan Mem. Inst. Biol., Bot. Ser. 11: 67. 1941. **Holotype:** China. Yunnan: Dêqên, 2900~3300 m, 1940-07-16, K. M. Feng 5510.

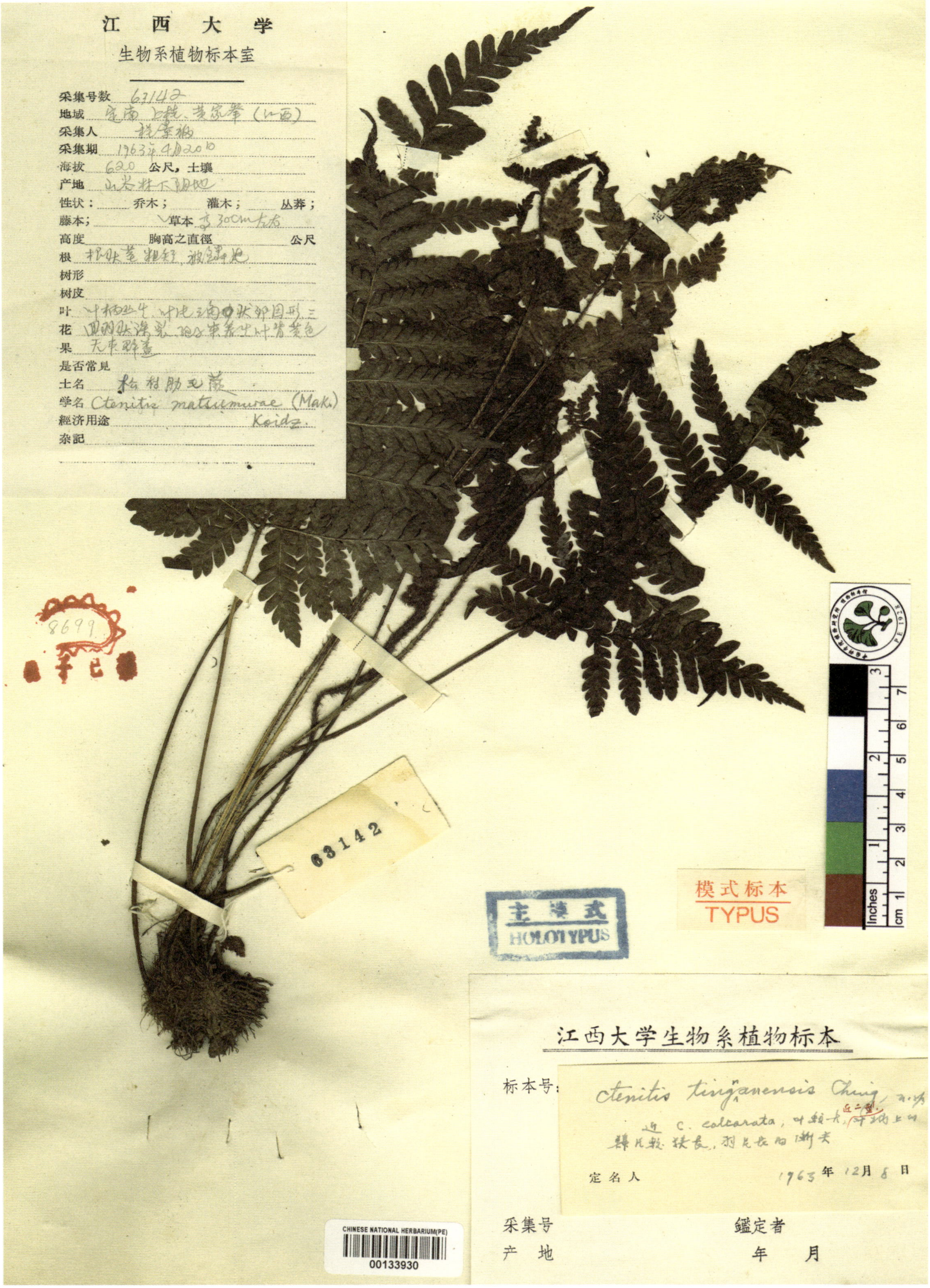

二裂肋毛蕨 ***Ctenitis dingnanensis*** Ching in Acta Phytotax. Sin. 19(1): 122. 1981. **Holotype:** China. Jiangxi: Dingnan, alt. 620 m, 1963-04-20, J. F. Cheng 63142.

贡山肋毛蕨 ***Ctenitis fengiana*** Ching in Bull. Fan Mem. Inst. Biol., Bot. Ser. 11: 69. 1941. **Holotype:** China. Yunnan: Gongshan, alt. 2000~2300 m, 1940-09-05, K. M. Feng 7486.

银毛肋毛蕨 ***Ctenitis fulgens*** Ching & C. H. Wang in Acta Phytotax. Sin. 19(1): 120. 1981. **Holotype:** China. Yunnan: Hekou, alt. 150 m, 1955-??-??, Department Biology, Yunnan University 2503.

金佛山肋毛蕨 ***Ctenitis jinfoshanensis*** Ching & Z. Y. Liu in Bull. Bot. Res., Harbin 4(4): 14, photo. 43. 1984; S. Y. Jin, Catal. Type Specim. (Corm.) Herb. China 23. 1994. **Holotype:** China. Sichuan: Nanchuan, alt. 700 m, 1983-04-28, Z. Y. Liu & al. 4049.

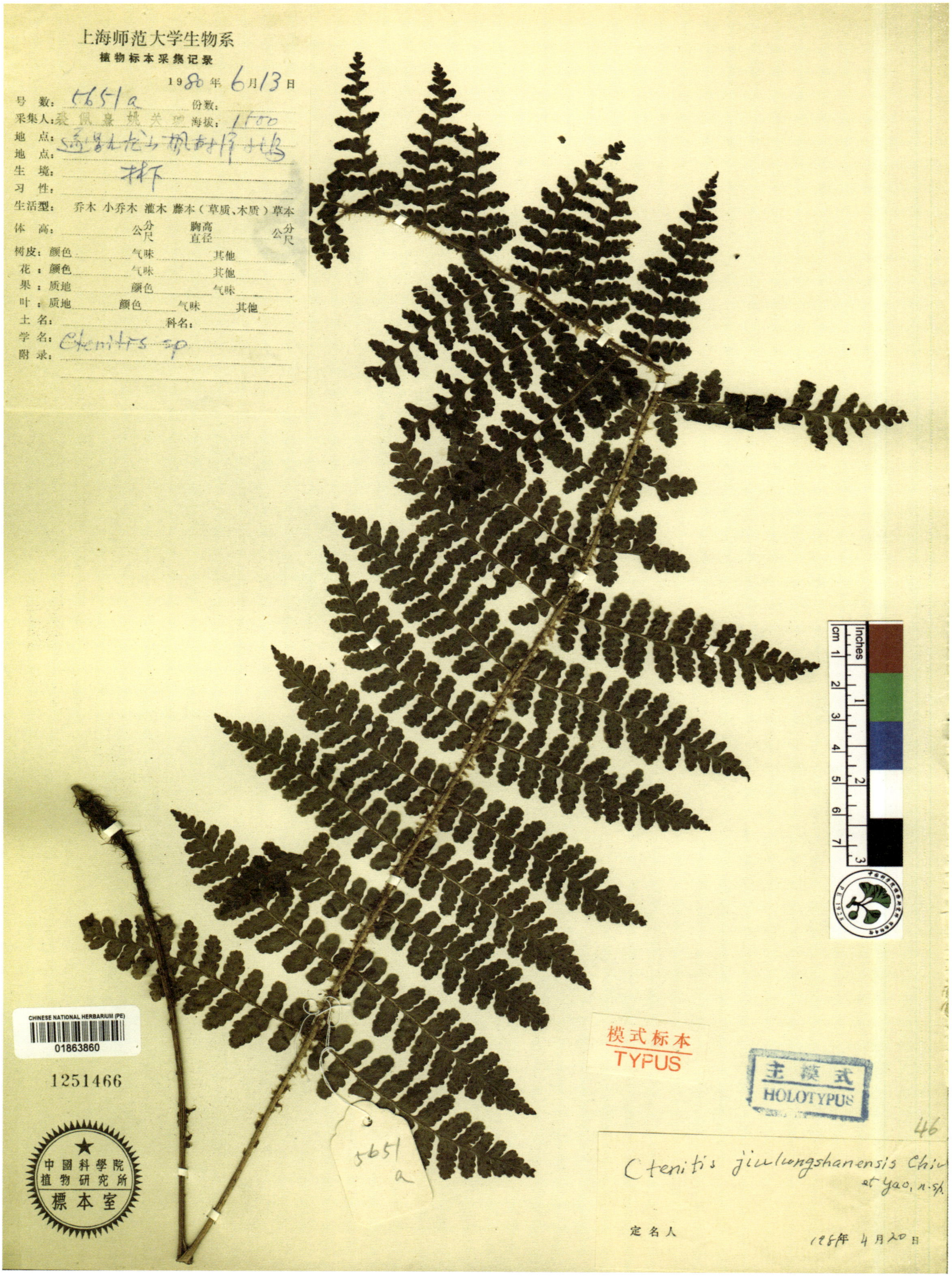

九龙肋毛蕨 ***Ctenitis jiulungshanensis*** P. S. Chiu & G. H. Yao ex Ching in Bull. Bot. Res., Harbin 2(2): 66, photo. 2: 2. 1982. **Holotype:** China. Zhejiang: Suichang, alt. 1500 m, 1980-06-13, P. S. Chiu & G. H. Yao 5651 a.

广西肋毛蕨 ***Ctenitis kwangsiensis*** Ching & P. S. Chiu in Acta Phytotax. Sin. 19(1): 120. 1981. **Holotype:** China. Guangxi: Wuming, alt. 800 m, 1977-07-15, P. S. Chiu 5061.

膜叶肋毛蕨 ***Ctenitis membranifolia*** Ching & C. H. Wang in Acta Phytotax. Sin. 19(1): 121. 1981. **Holotype:** China. Yunnan: Pingbian, alt. 800~960 m, 1954-10-26, K. M. Feng 5174.

峨眉肋毛蕨 ***Ctenitis omeiensis*** Ching & C. H. Wang in Acta Phytotax. Sin. 19(1): 121. 1981. **Holotype:** China. Sichuan: Emeishan, 1938-07-14, H. C. Chow 7806.

棕鳞肋毛蕨 ***Ctenitis pseudorhodolepis*** Ching & C. H. Wang in Acta Phytotax. Sin. 19(1): 121. 1981. **Holotype:** China. Sichuan: Emeishan, alt. 700 m, 1963-09-18, K. H. Shing & K. Y. Lang 1857.

圆齿肋毛蕨 ***Ctenitis silaensis*** Ching in Bull. Fan Mem. Inst. Biol., Bot. Ser. 11: 68. 1941. **Holotype:** China. Yunnan: Dêqên, 2800~3200 m, 1940-07-17, K. M. Feng 5564.

疏羽肋毛蕨 ***Ctenitis submariformis*** Ching & C. H. Wang in Acta Phytotax. Sin. 19(1): 122. 1981. **Holotype:** China. Sichuan: Ebian, alt. 2620 m, 1958-08-22, C. T. Kuan 6608.

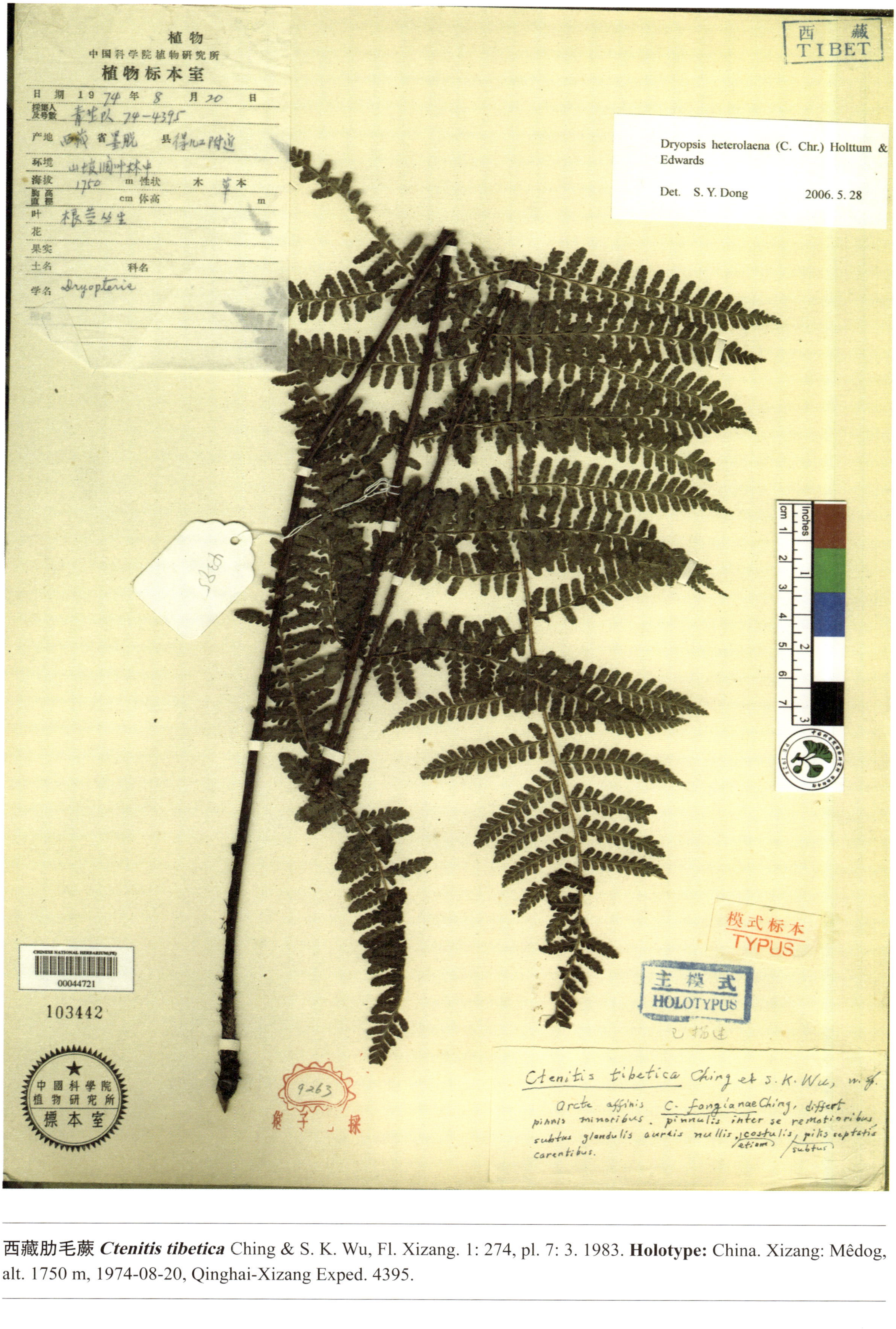

西藏肋毛蕨 ***Ctenitis tibetica*** Ching & S. K. Wu, Fl. Xizang. 1: 274, pl. 7: 3. 1983. **Holotype:** China. Xizang: Mêdog, alt. 1750 m, 1974-08-20, Qinghai-Xizang Exped. 4395.

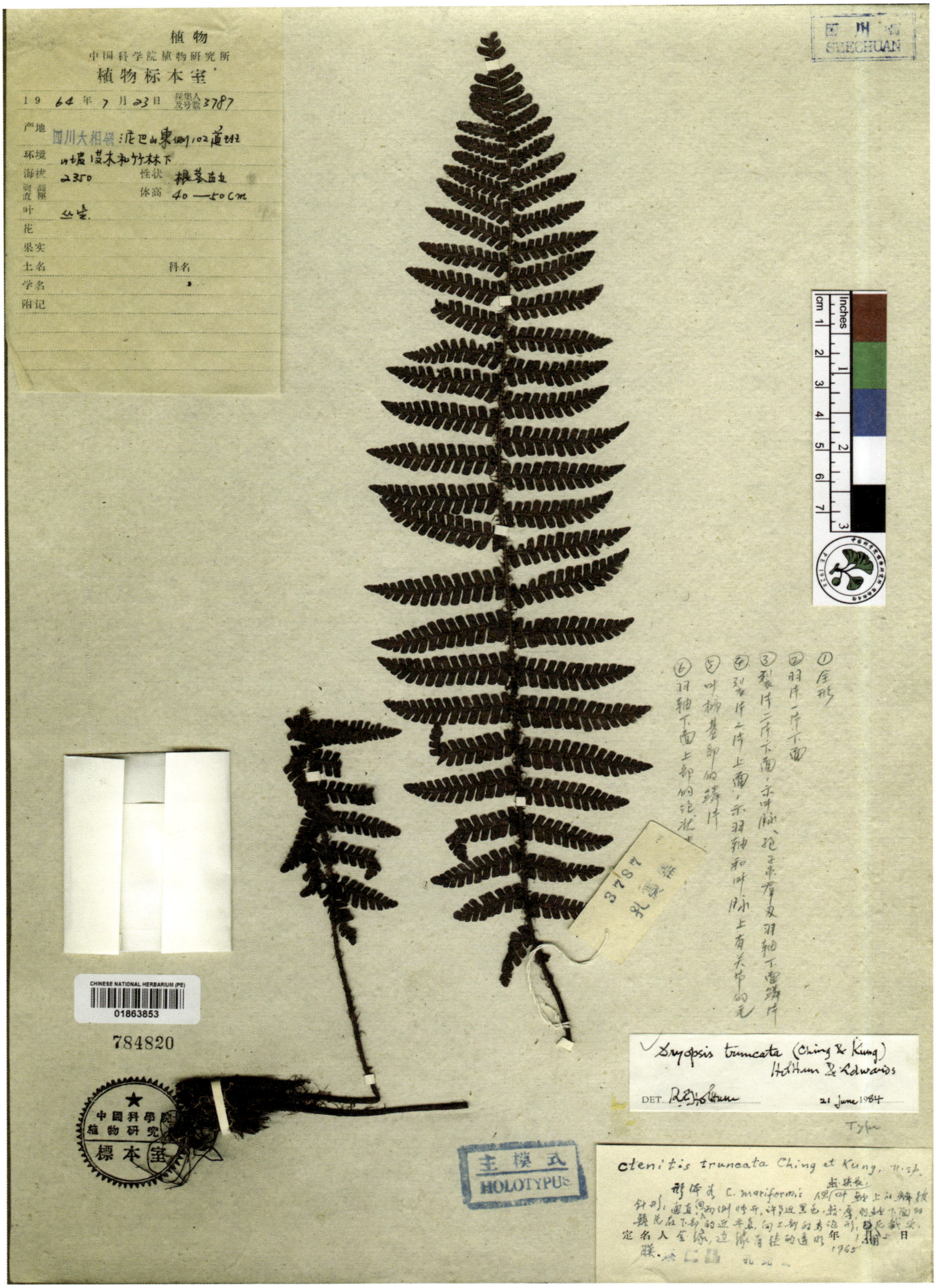

截头肋毛蕨 ***Ctenitis truncata*** Ching & H. S. Kung in Acta Phytotax. Sin. 19(1): 123. 1981. **Holotype:** China. Sichuan: Daxiangling, alt. 2350 m, 1964-07-23, H. S. Kung 3787.

梵净肋毛蕨 ***Ctenitis wantsingshanica*** Ching & K. H. Shing in Acta Phytotax. Sin. 19(1): 123. 1981. **Holotype:** China. Guizhou: Yinjiang, alt. 2000 m, 1963-09-25, C. B. Jian & al. 31845.

云南肋毛蕨 ***Ctenitis yunnanensis*** Ching & C. H. Wang in Acta Phytotax. Sin. 19(1): 124. 1981. **Isotype:** China. Yunnan: Precise locality not known, 1957-??-??, Sino-Russia Yunnan Exped. 5702.

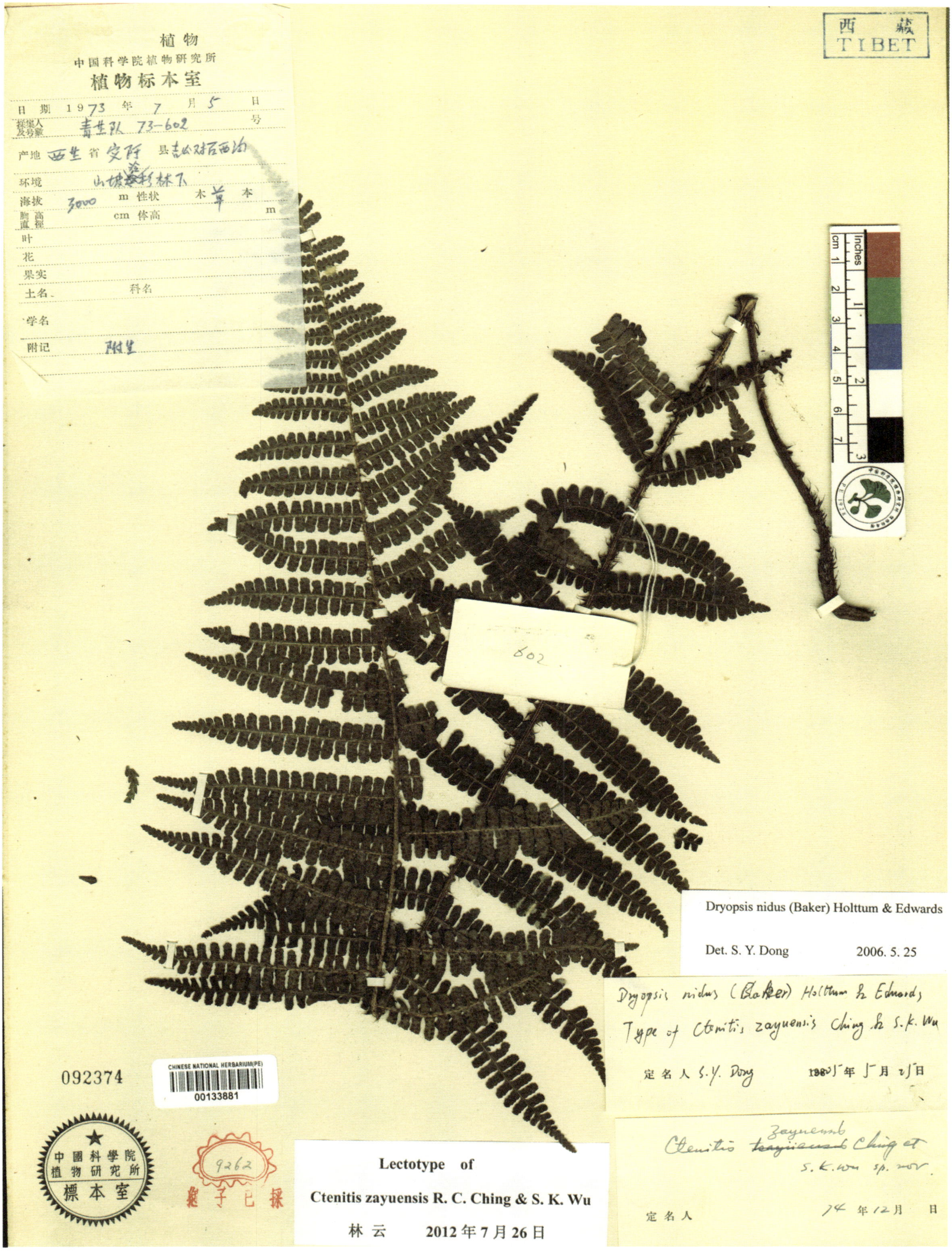

察隅肋毛蕨 ***Ctenitis zayuensis*** Ching & S. K. Wu, Fl. Xizang. 1: 273. 1983. **Lectotype** ［designated by Yun Lin & al. in Bull. Bot. Res., Harbin 33(5): 516. 2013.］: China. Xizang: Zayü, alt. 3000 m, 1973-07-05, Qinghai-Xizang Exped. 73-602.

浙江肋毛蕨 ***Ctenitis zhejiangensis*** Ching & C. F. Zhang in Bull. Bot. Res., Harbin 3(3): 34, photo. 25. 1983. **Holotype:** China. Zhejiang: Qingyuan, alt. 650 m, 1975-06-27, C. F. Zhang 7536.

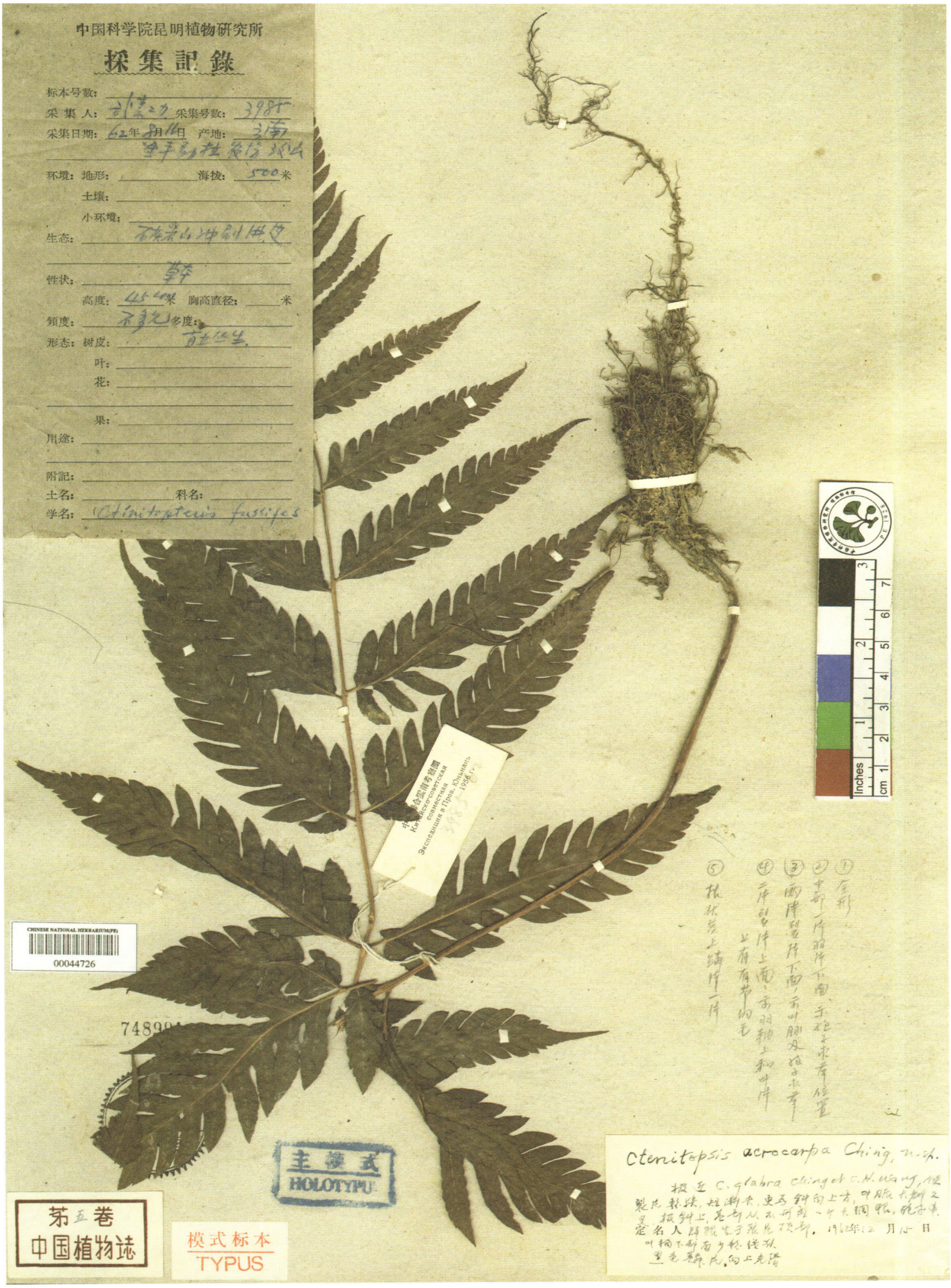

顶果轴脉蕨 ***Ctenitopsis acrocarpa*** Ching in Acta Phytotax. Sin. 19(1): 124. 1981. **Holotype:** China. Yunnan: Jinping, alt. 500 m, 1962-08-16, S. K. Wu 3985.

中华轴脉蕨 ***Ctenitopsis chinensis*** Ching & C. H. Wang in Acta Phytotax. Sin. 19(1): 124. 1981. **Holotype:** China. Yunnan: Hekou, alt. 100 m, 1955-??-??, Department Biology, Yunnan University 1957 Exped. 512.

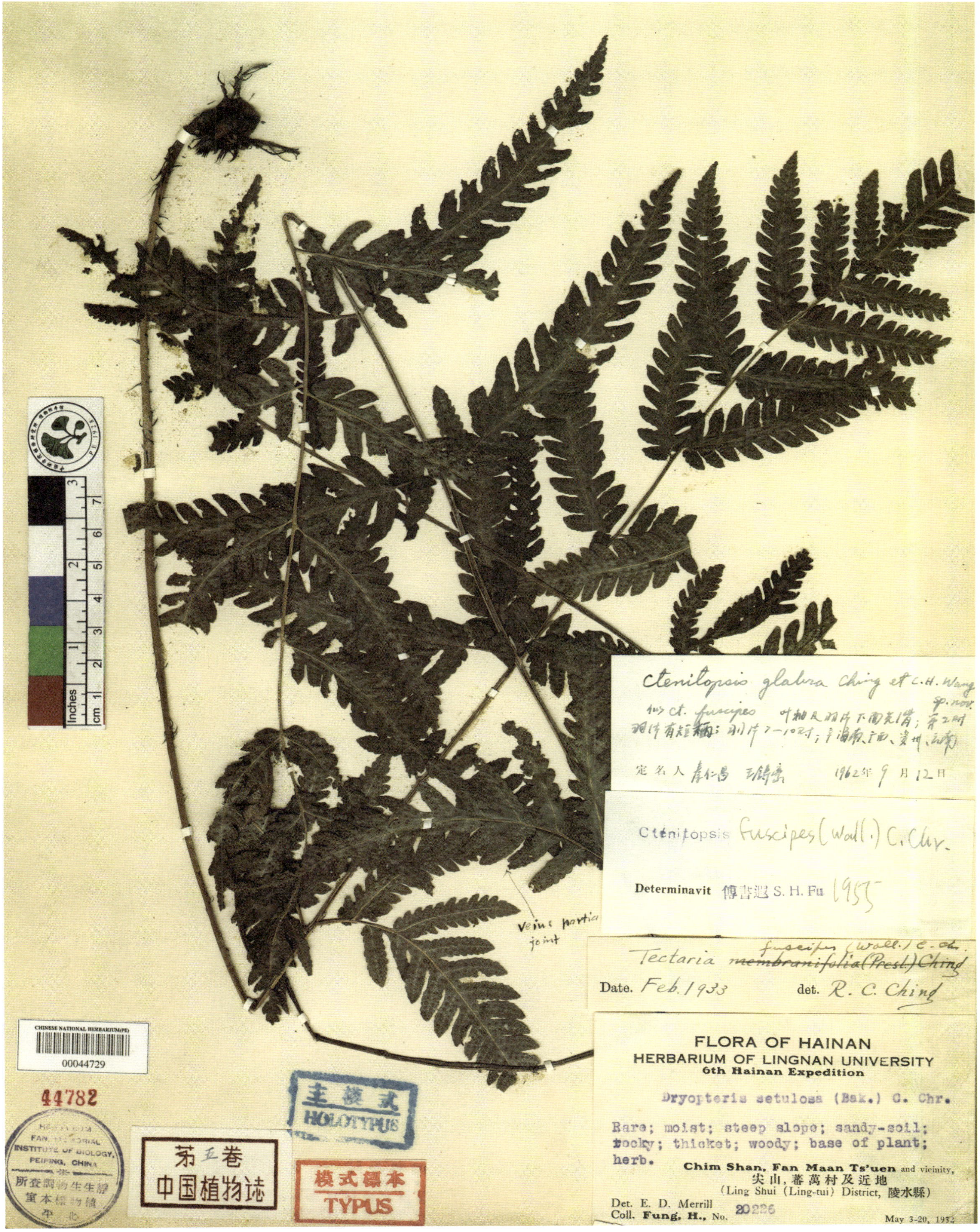

光滑轴脉蕨 ***Ctenitopsis glabra*** Ching & C. H. Wang in Acta Phytotax. Sin. 9(4): 370. 1964. **Holotype:** China. Hainan: Lingshui, 1932-05-(03-20), H. Fung 20226.

海南轴脉蕨 ***Ctenitopsis hainanensis*** Ching & C. H. Wang in Acta Phytotax. Sin. 9(4): 370. 1964. **Holotype:** China. Hainan: Baoting, 1954-11-21, E Hainan Exped. 795.

光叶轴脉蕨 ***Ctenitopsis sagenioides*** (Mett.) Ching var. ***glabrescens*** Ching & C. H. Wang in Acta Phytotax. Sin. 19(1): 125. 1981. **Holotype:** China. Yunnan: Hekou, alt. 150 m, 1955-??-??, Department Biology, Yunnan University 1674.

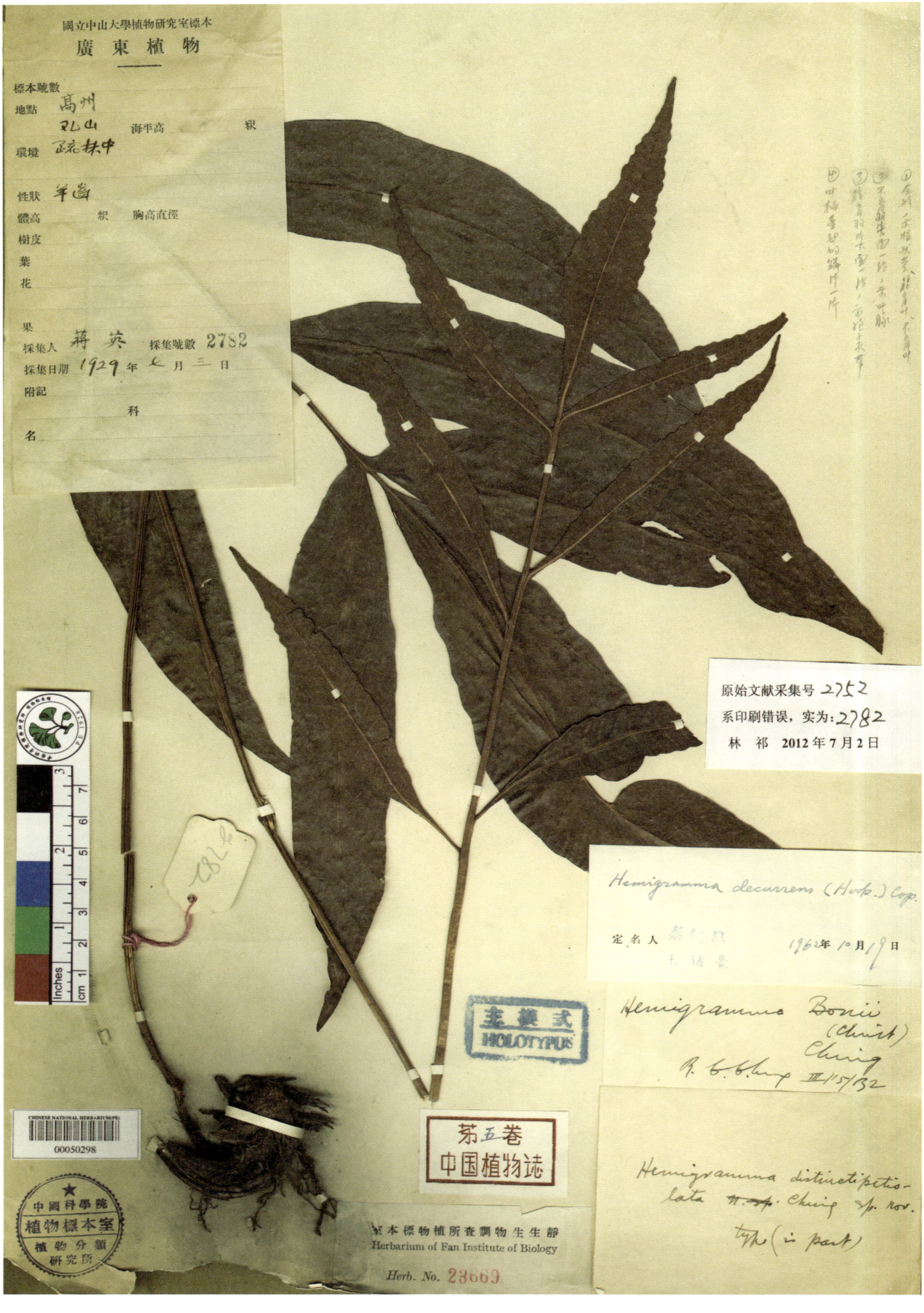

离柄沙皮蕨 ***Hemigramma distinctipetiolata*** Ching in Bull. Fan Mem. Inst. Biol. 1(9): 156. 1930. **Holotype:** China. Guangdong: Gaozhou, 1929-07-03, Y. Tsiang 2782.

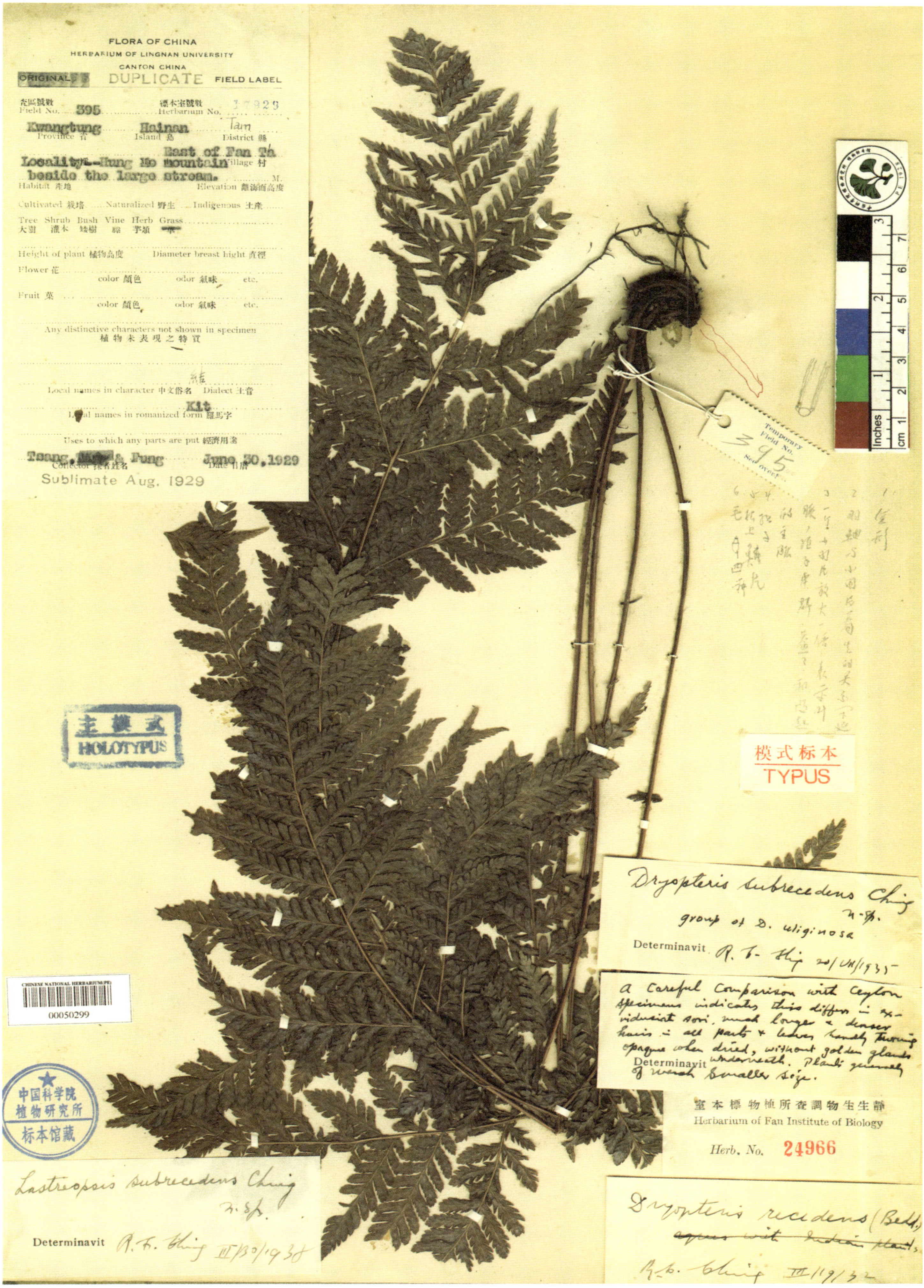

海南节毛蕨 ***Lastreopsis subrecedens*** Ching in Bull. Fan Mem. Inst. Biol., Bot. Ser. 8: 160. 1938. **Holotype:** China. Hainan: Hongmaoshan, 1929-06-30, W. T. Tsang 17929.

膜边肋毛蕨 ***Nephrodium clarkei*** Baker in Hook. & Bak., Syn. Fil. 497. 1874. **Isosyntype:** India. Sikkim, 1868-??-??, C. B. Clarke 8282.

狭翅鳞毛蕨 ***Nephrodium stenopteron*** Baker in Journ. Bot. 28(9): 265. 1890. **Isotype:** Vietnam. Tonkin, Mt. Bavi, 1887-??-??, B. Balansa 1857.

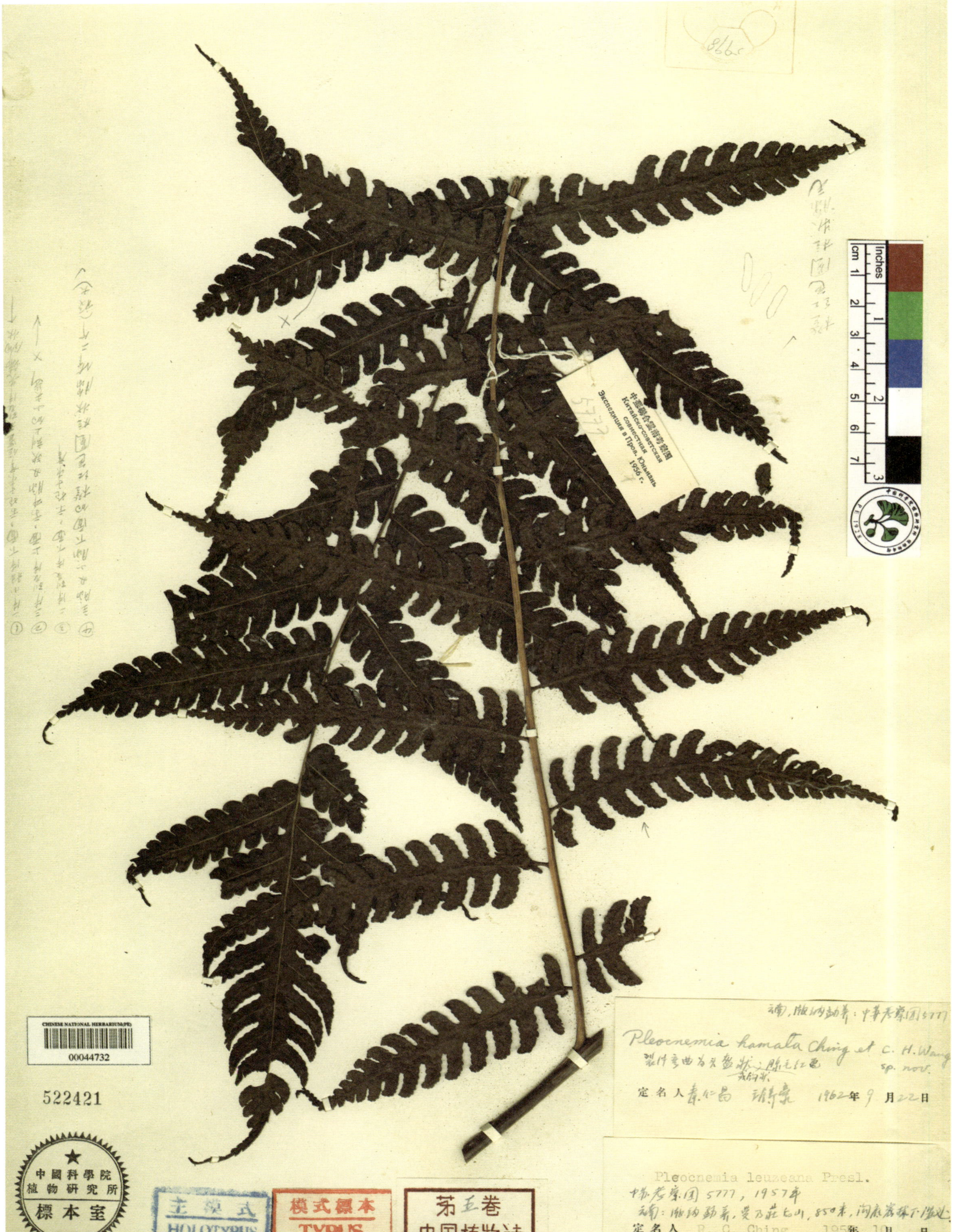

钩形黄腺羽蕨 ***Pleocnemia hamata*** Ching & C. H. Wang in Acta Phytotax. Sin. 19(1): 125. 1981. **Holotype:** China. Yunnan: Menghai, alt. 850 m, 1957-??-??, Sino-Russia Yunnan Exped. 5777.

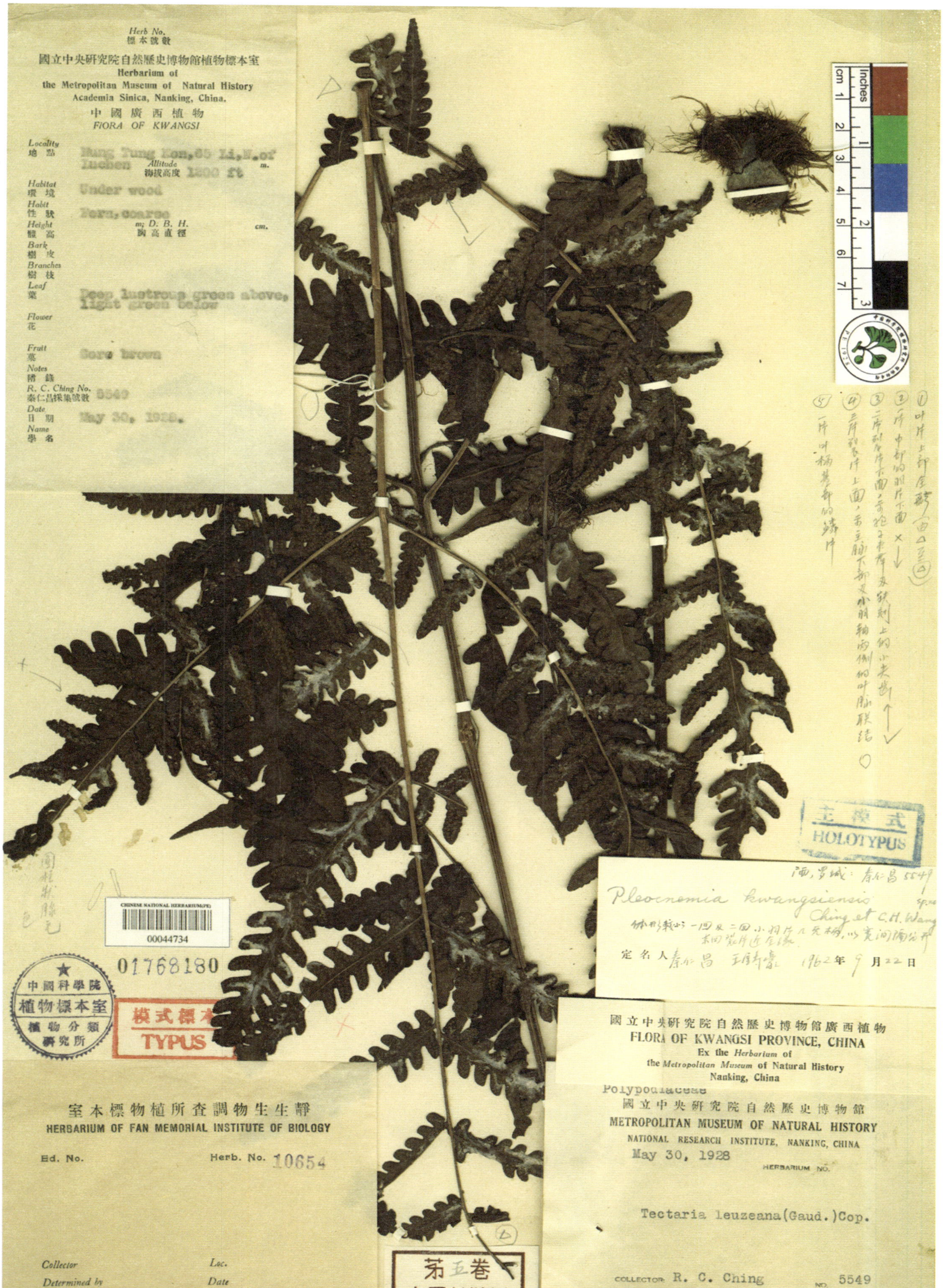

广西黄腺羽蕨 ***Pleocnemia kwangsiensis*** Ching & C. H. Wang in Acta Phytotax. Sin. 19(1): 125. 1981. **Holotype:** China. Guangxi: Luocheng, alt. 1200 m, 1928-05-30, R. C. Ching 5549.

黄腺羽蕨 ***Pleocnemia winitii*** Holtt. in Reinwardtia.1(2): 181. 1951. **Isoparatype:** China. Hainan: Chengmai, 1932-12-07, C. L. Lei 267.

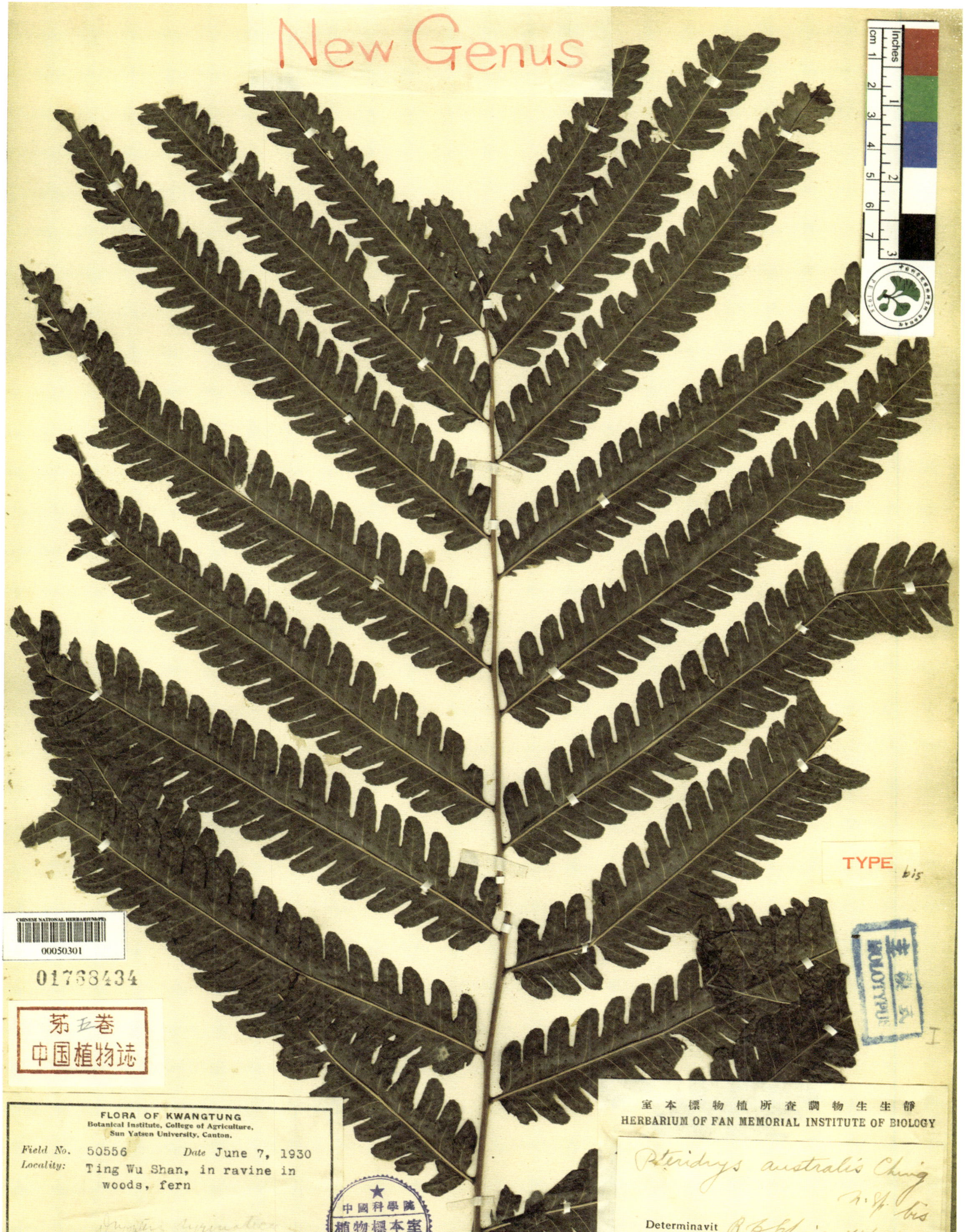

毛轴牙蕨 ***Pteridrys australis*** Ching in Bull. Fan Mem. Inst. Biol., Bot. Ser. 5: 142, pl. 15-16, 19, f. 12-13. 1934. **Holotype:** China. Guangdong: Zaoqing, Dinghushan, 1930-06-07, S. P. Ko 50556.

黑叶牙蕨 ***Pteridrys nigra*** Ching & C. H. Wang in Acta Phytotax. Sin. 19(1): 130. 1981. **Holotype:** China. Yunnan: Hekou, alt. 150 m, 1955-??-??, Department Biology, Yunnan University 1308.

棕柄叉蕨 ***Tectaria consimilis*** Ching & C. H. Wang in Acta Phytotax. Sin. 19(1): 126. 1981. **Holotype:** China. Yunnan: Xichou, alt. 1400~1450 m, 1947-09-18, K. M. Feng 11852.

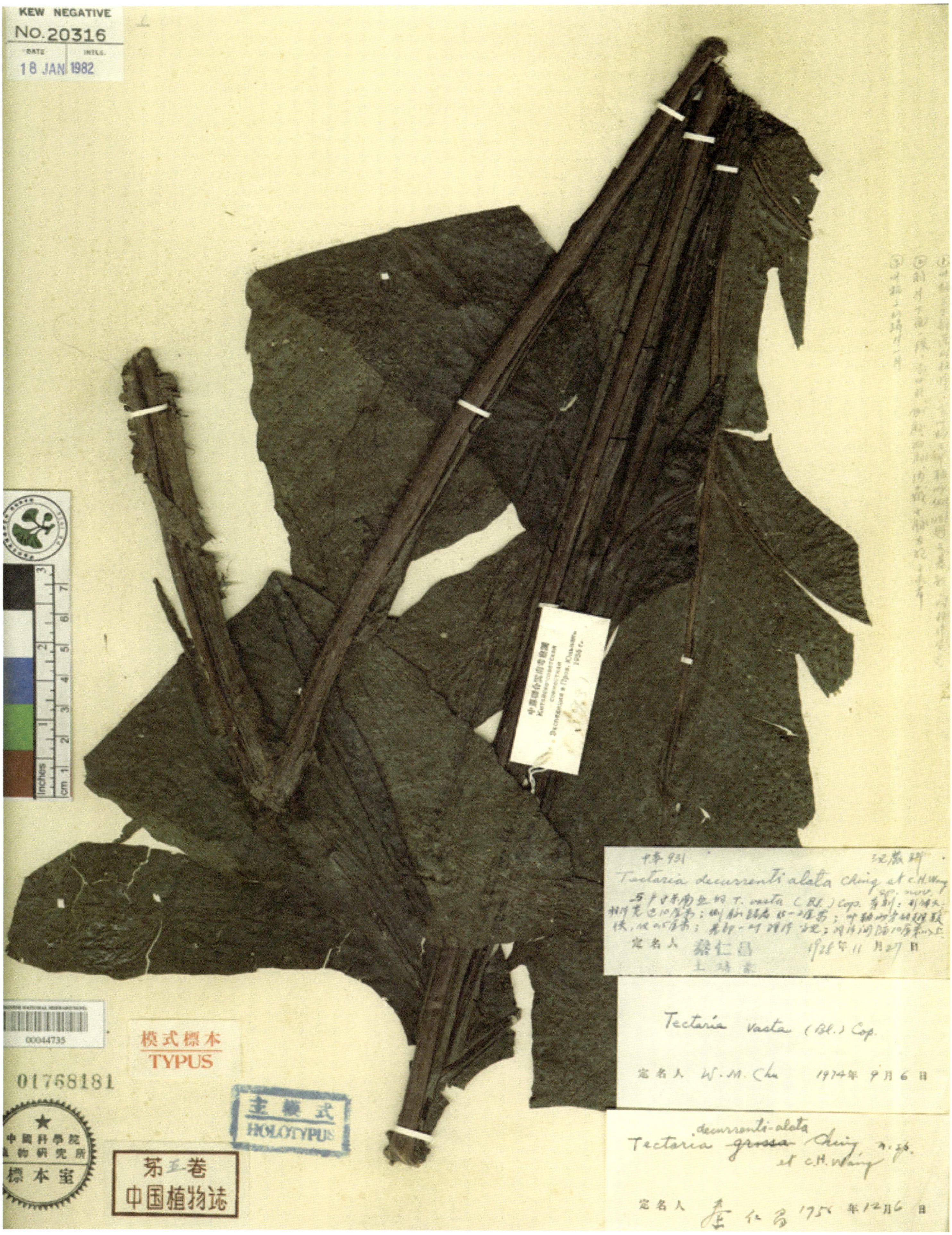

翅柄叉蕨 ***Tectaria decurrenti-alata*** Ching & C. H. Wang in Acta Phytotax. Sin. 19(1): 126. 1981. **Holotype:** China. Yunnan: Jingping, alt. 700 m, 1956-??-??, Sino-Russia Yunnan Exped. 931.

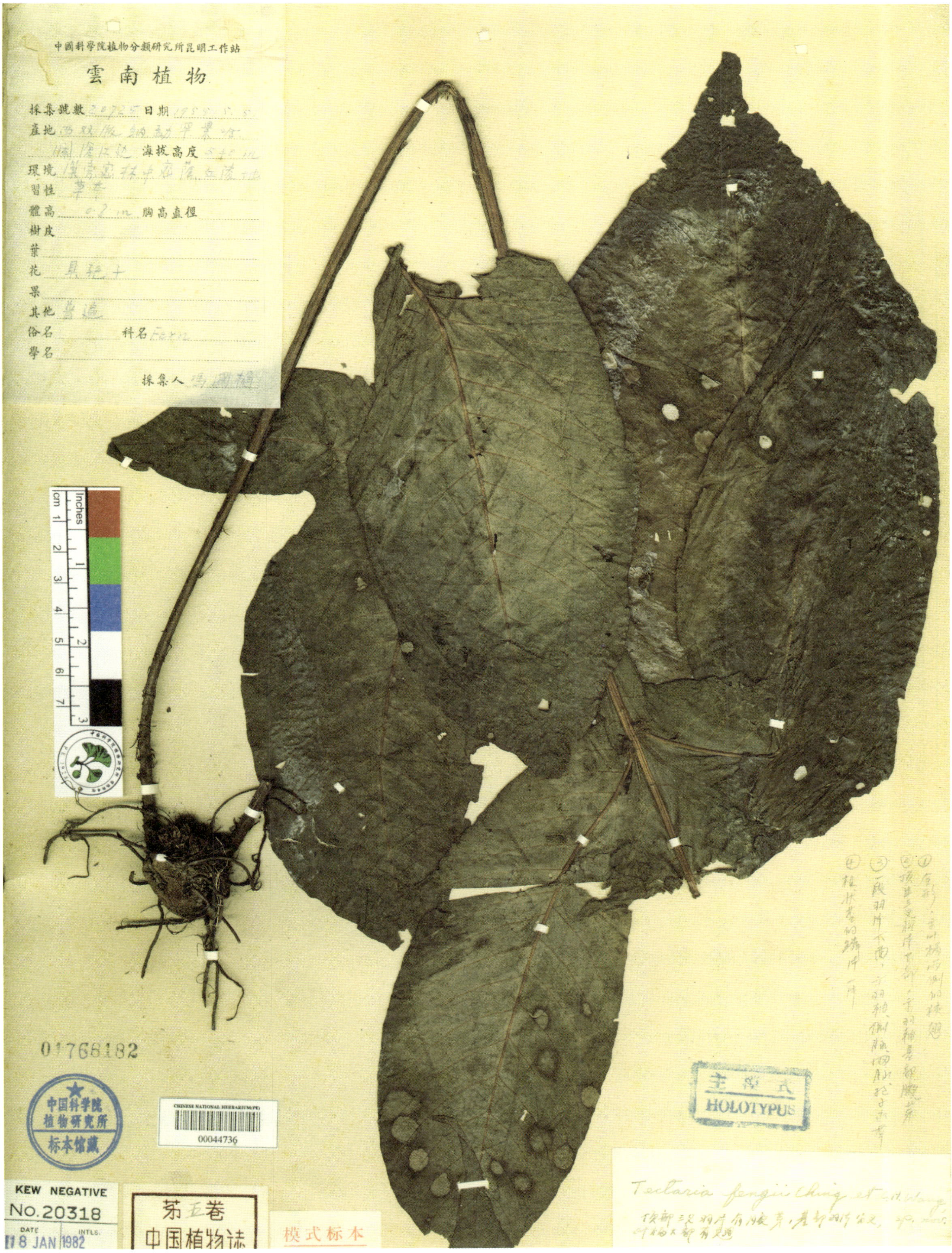

阔羽叉蕨 ***Tectaria fengii*** Ching & C. H. Wang in Acta Phytotax. Sin. 19(1): 127. 1981. **Holotype:** China. Yunnan: Jinghong, alt. 540 m, 1955-05-05, K. M. Feng 20725.

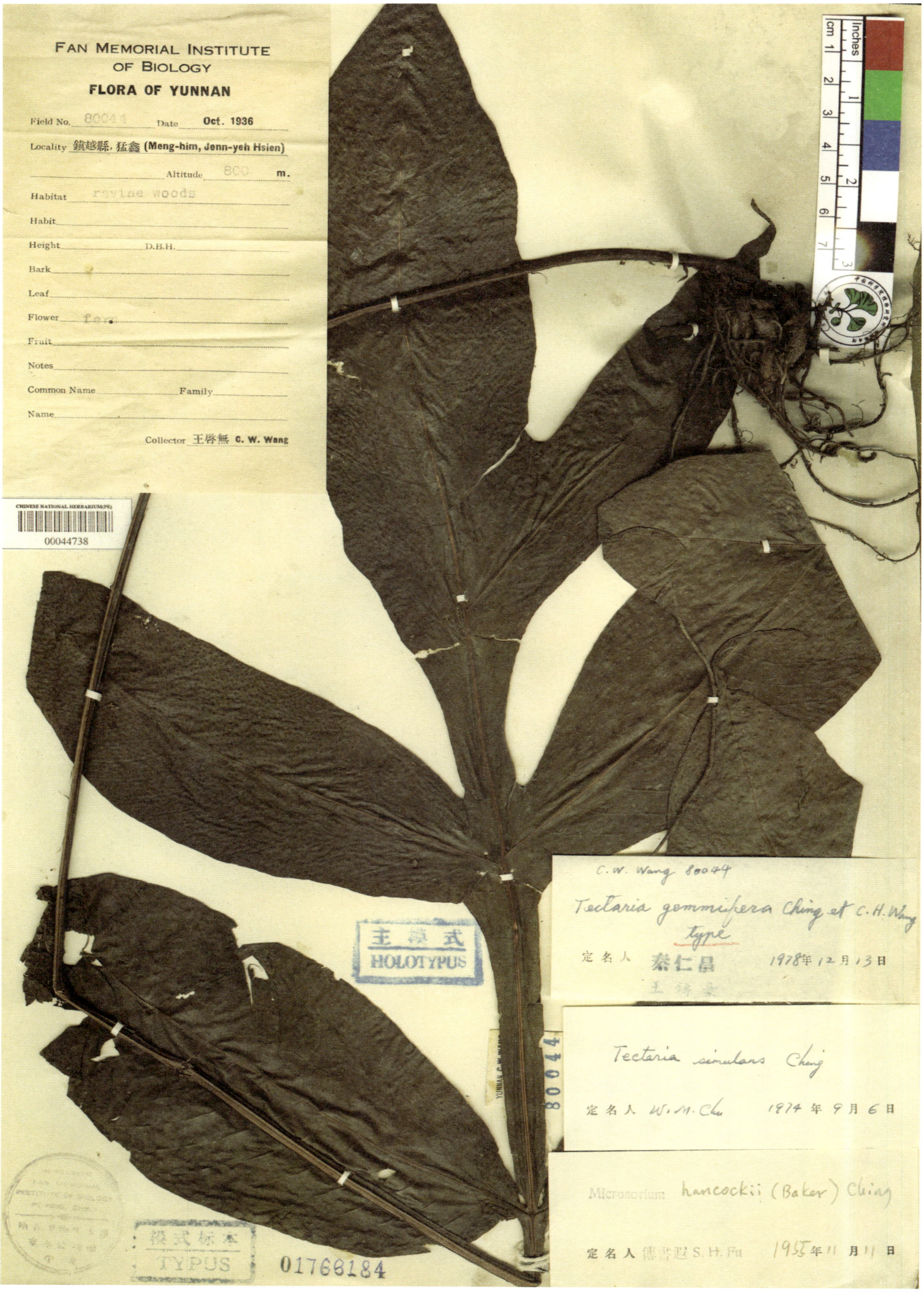

鳞芽叉蕨 ***Tectaria gemmifera*** Ching & C. H. Wang in Acta Phytotax. Sin. 19(1): 127. 1981. **Holotype:** China. Yunnan: Mengla, alt. 800 m, 1936-10-??, C. W. Wang 80044.

粗齿叉蕨 ***Tectaria grossedentata*** Ching & C. H. Wang in Acta Phytotax. Sin. 19(1): 127. 1981. **Holotype:** China. Yunnan: Jinping, 1956-??-??, Sino-Russia Yunnan Exped. 759.

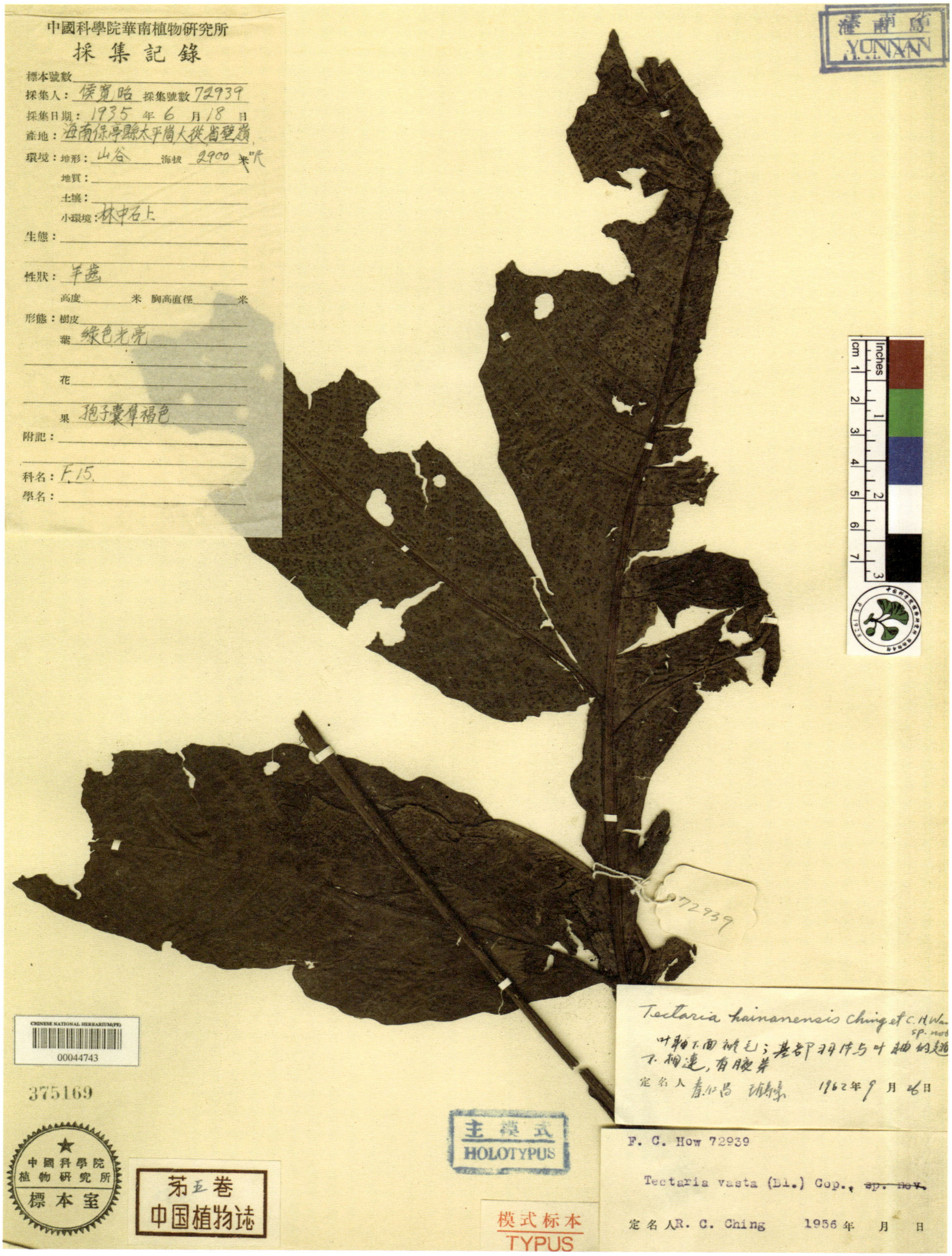

海南叉蕨 ***Tectaria hainanensis*** Ching & C. H. Wang in Acta Phytotax. Sin. 9(4): 371. 1964. **Holotype:** China. Hainan: Baoting, alt. 884 m, 1935-06-18, F. C. How 72939.

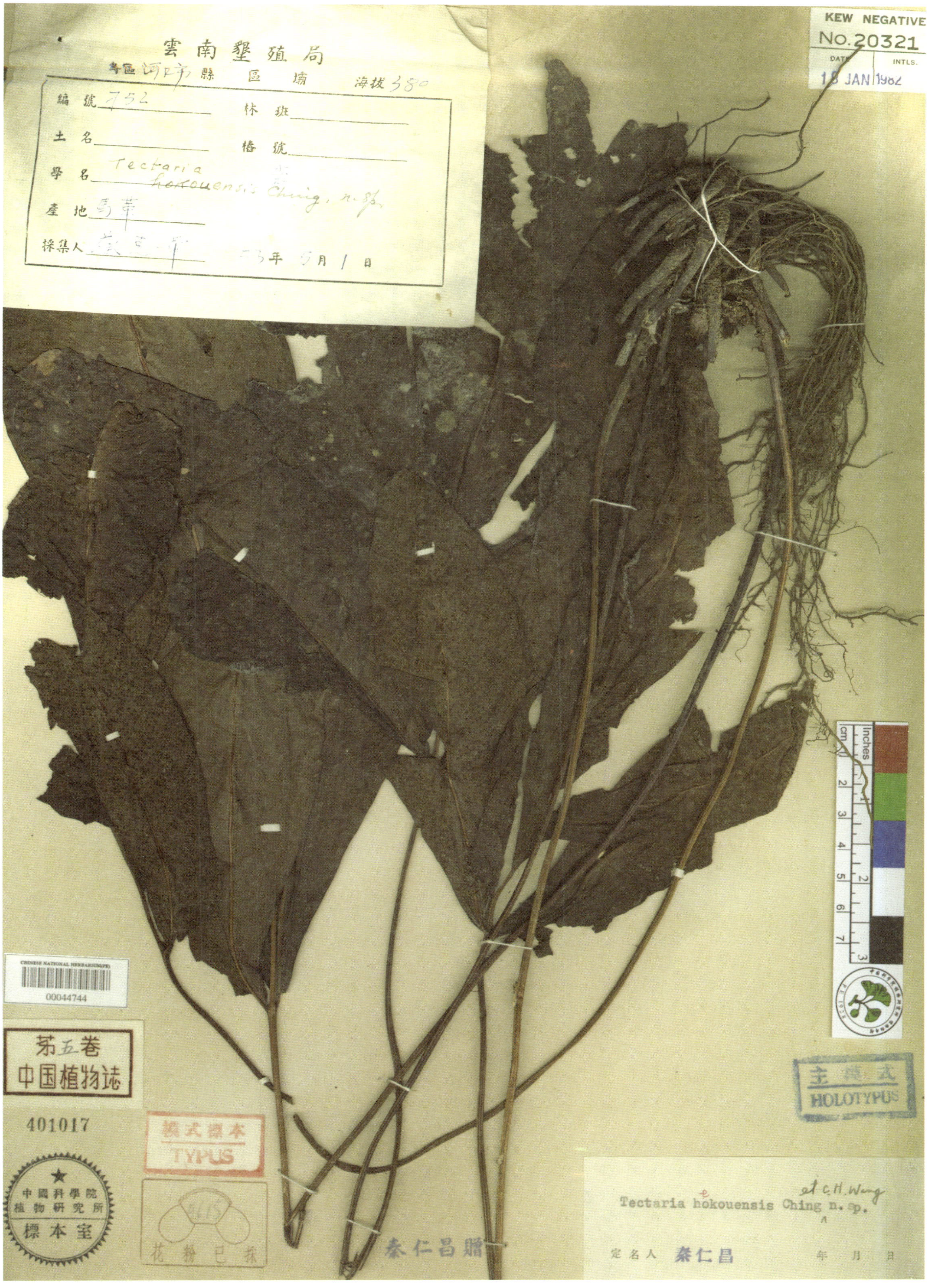

河口叉蕨 ***Tectaria hekouensis*** Ching & C. H. Wang in Acta Phytotax. Sin. 19(1): 127. 1981. **Holotype:** China. Yunnan: Hekou, alt. 380 m, 1953-05-01, K. H. Cai 752.

金平叉蕨 ***Tectaria jinpingensis*** Ching & C. H. Wang in Acta Phytotax. Sin. 19(1): 128. 1981. **Holotype:** China. Yunnan: Jinping, alt. 400 m, 1956-??-??, Sino-Russia Yunnan Exped. 299.

筠连叉蕨 ***Tectaria junlianensis*** Ching & C. H. Wang in Acta Phytotax. Sin. 19(1): 125. 1981. **Holotype:** China. Sichuan: Junlian, alt. 980 m, 1978-06-15, H. S. Kung 5237.

贵州叉蕨 ***Tectaria kweichowensis*** Ching & C. H. Wang in Acta Phytotax. Sin. 19(1): 128. 1964. **Holotype:** China. Guizhou: Precise locality not known, S. W. Deng 1655.

凌乐叉蕨 ***Tectaria linloensis*** Ching & C. H. Wang in Acta Phytotax. Sin. 19(1): 128. 1981. **Holotype:** China. Guangxi: Lingle, 1925-03-09, Department Biology, Guangxi University 70.

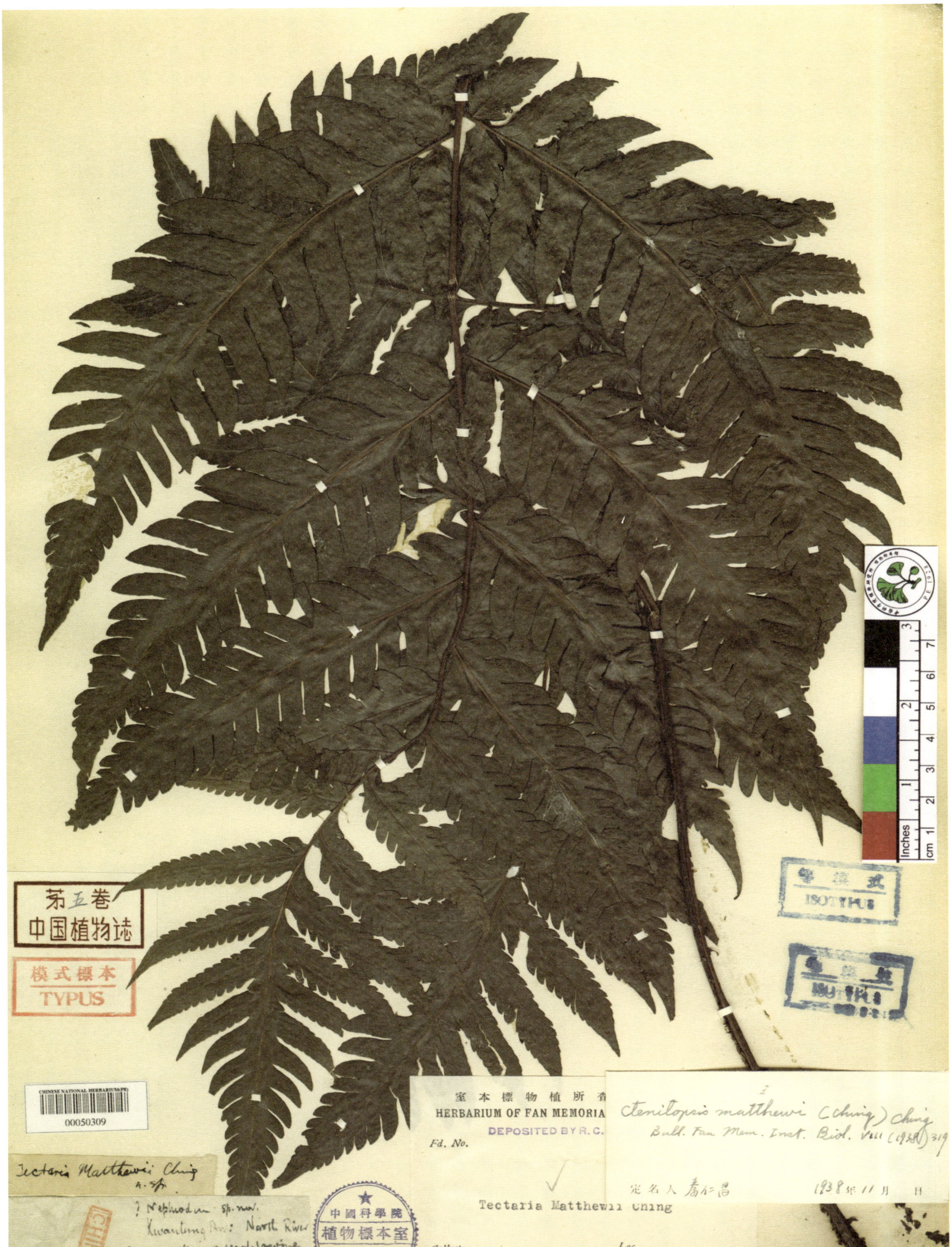

粤北轴脉蕨 ***Tectaria matthewi*** Ching in Bull. Fan Mem. Inst. Biol., Bot. Ser. 2: 199, pl. 13. 1931. **Isotype:** China. Guangdong: North River, 1907-12-12, C. G. Mattew s. n.

中型叉蕨 ***Tectaria media*** Ching in Acta Phytotax. Sin. 8(2): 169. 1959. **Holotype:** China. Hainan: Lingshui, 1932-05-(04-20), F. A. McClure 20071.

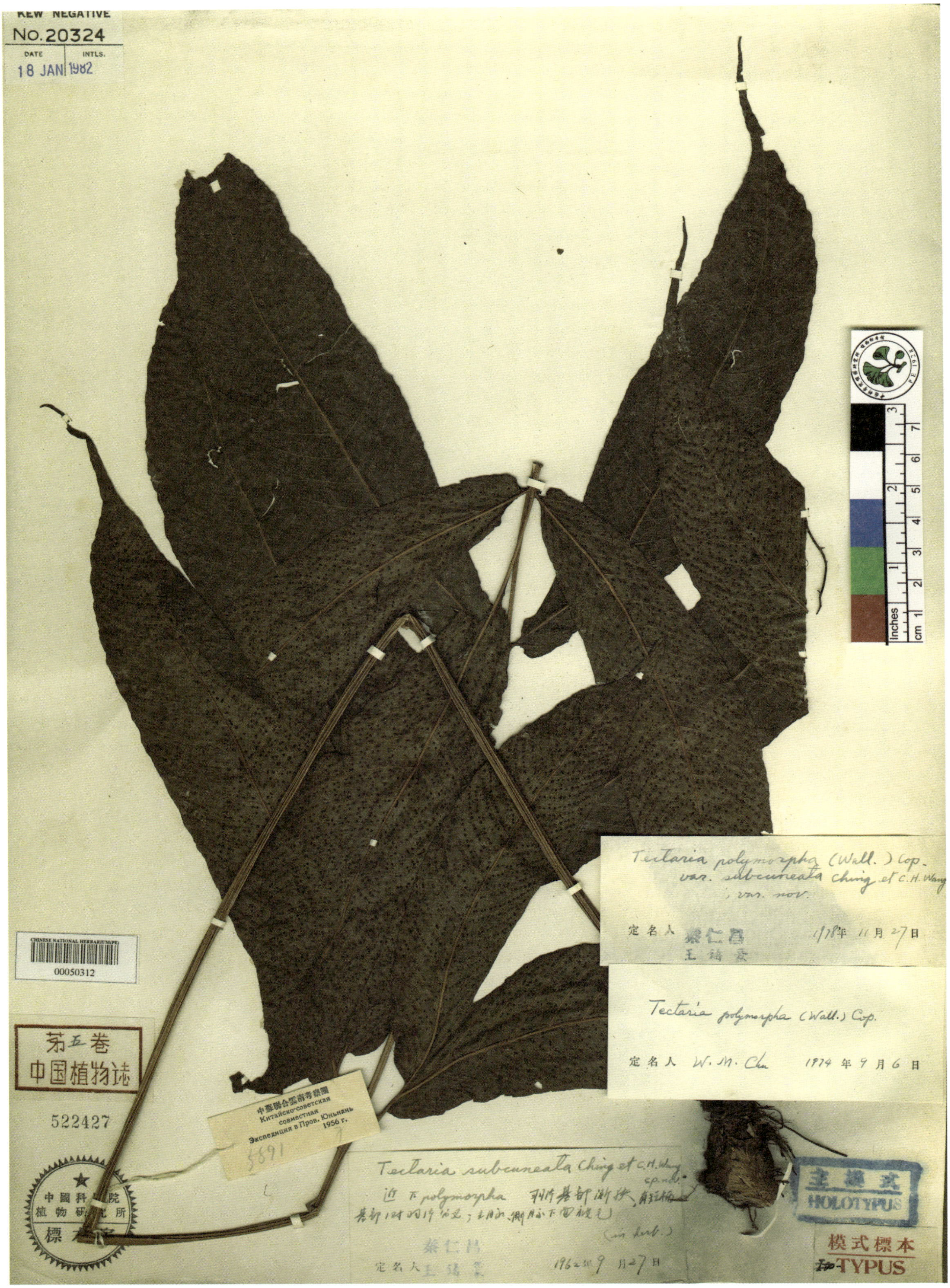

狭基多形叉蕨 ***Tectaria polymorpha*** (Wall.) Copel. var. ***subcuneata*** Ching & C. H. Wang in Acta Phytotax. Sin. 19(1): 129. 1981. **Holotype:** China. Yunnan: Xingping, 1957-??-??, Sino-Russia Yunnan Exped. 5891.

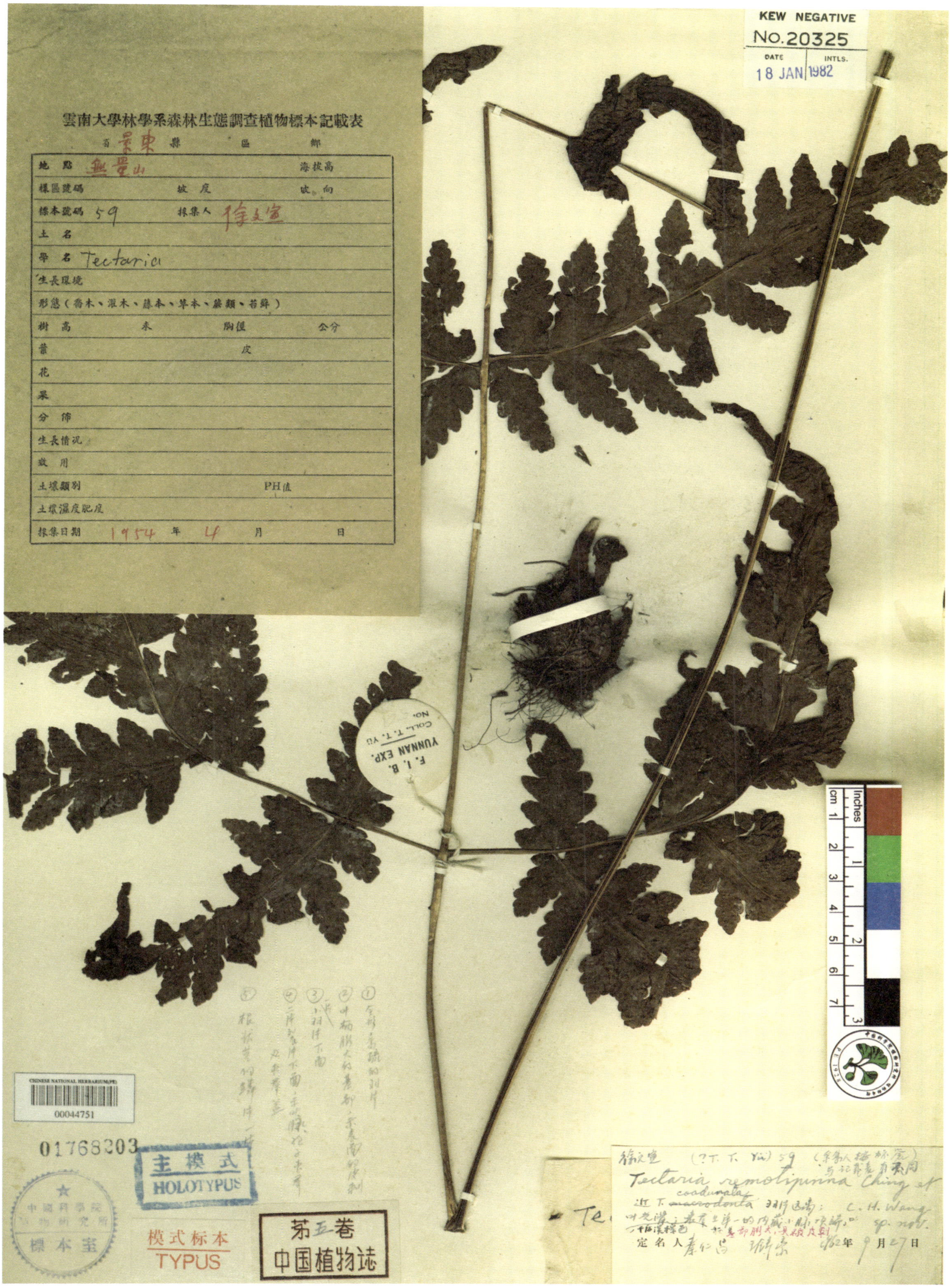

疏羽叉蕨 ***Tectaria remotipinna*** Ching & C. H. Wang in Acta Phytotax. Sin. 19(1): 129. 1981. **Holotype:** China. Yunnan: Jingdong, 1954-04-??, W. X. Xu 59.

思茅叉蕨 ***Tectaria simaoensis*** Ching & C. H. Wang in Acta Phytotax. Sin. 19(1): 130. 1981. **Holotype:** China. Yunnan: Simao, 1956-03-??, R. C. Ching 595.

中间叉蕨 ***Tectaria simulans*** Ching in Acta Phytotax. Sin. 19(1): 129. 1981. **Holotype:** China. Yunnan: Mengla, 1958-12-18, W. C. Wang 10347.

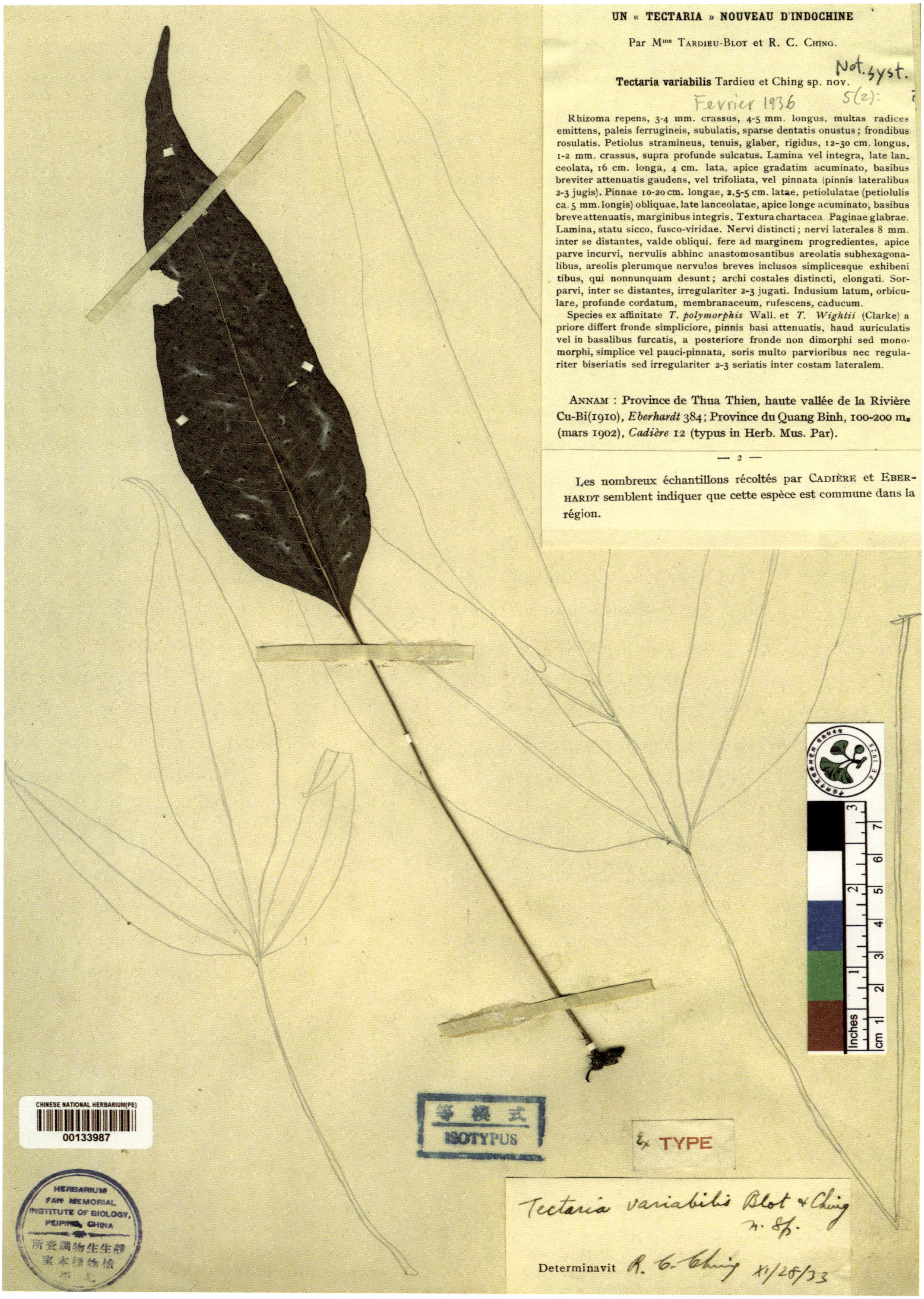

多变叉蕨 ***Tectaria variabilis*** Tard.-Blot & Ching in Lecomte, Not. Syst. 5: 81. 1936. **Isotype:** Vietnam. Annam: Quang Binh, alt. 100~200 m, 1902-??-??, Cadière 12.

绿叶叉蕨 ***Tectaria viridifrons*** Ching in Acta Phytotax. Sin. 19(1): 130. 1981. **Holotype:** China. Yunnan: Jingdong, alt. 1700 m, 1956-10-04, B. Y. Qiu 52625.

Bolbitidaceae

实蕨科

shijueke

广西实蕨 ***Bolbitis annamensis*** Tard.-Blot & C. Chr. in Not. Syst. 7: 100. 1938. **Isosyntype:** Vietnam. Annam: Thanh Tan, alt. 100~200 m, 1911-01-12, Cadiere 149.

密叶实蕨 ***Bolbitis confertifolia*** Ching in Acta Phytotax. Sin. 21(2): 211. 1983. **Holotype:** China. Yunnan: Mengla, 1958-??-??, Sino-Russia Yunnan Exped. 1851.

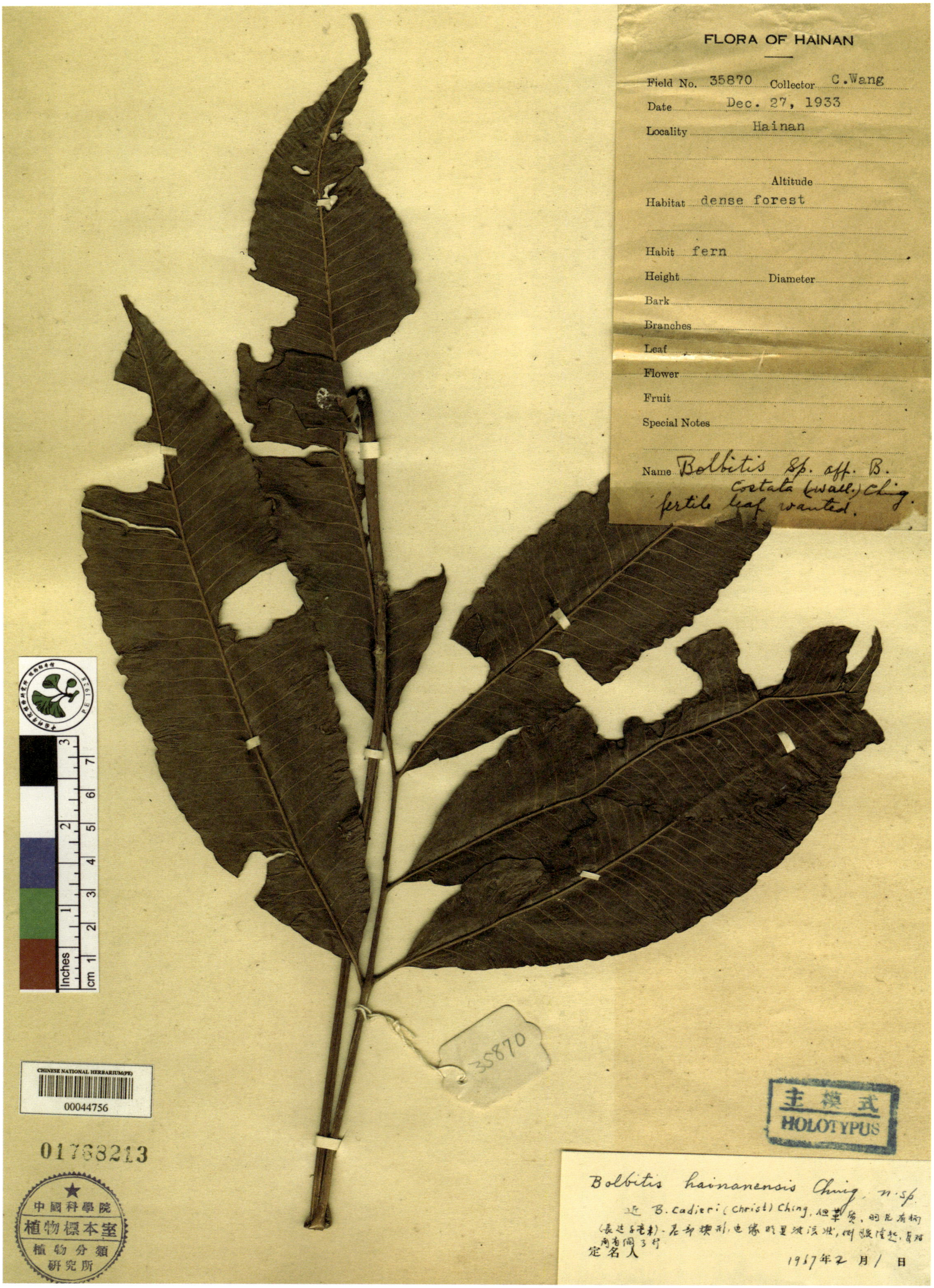

厚叶实蕨 ***Bolbitis hainanensis*** Ching & C. H. Wang in Acta Phytotax. Sin. 21(2): 214. 1983. **Holotype:** China. Hainan: Precise locality not known, 1933-12-27, C. Wang 35870.

河口实蕨 ***Bolbitis hekouensis*** Ching in Acta Phytotax. Sin. 21(2): 212. 1983. **Holotype:** China. Yunnan: Hekou, alt. 500 m, 1962-09-08, S. K. Wu 4056.

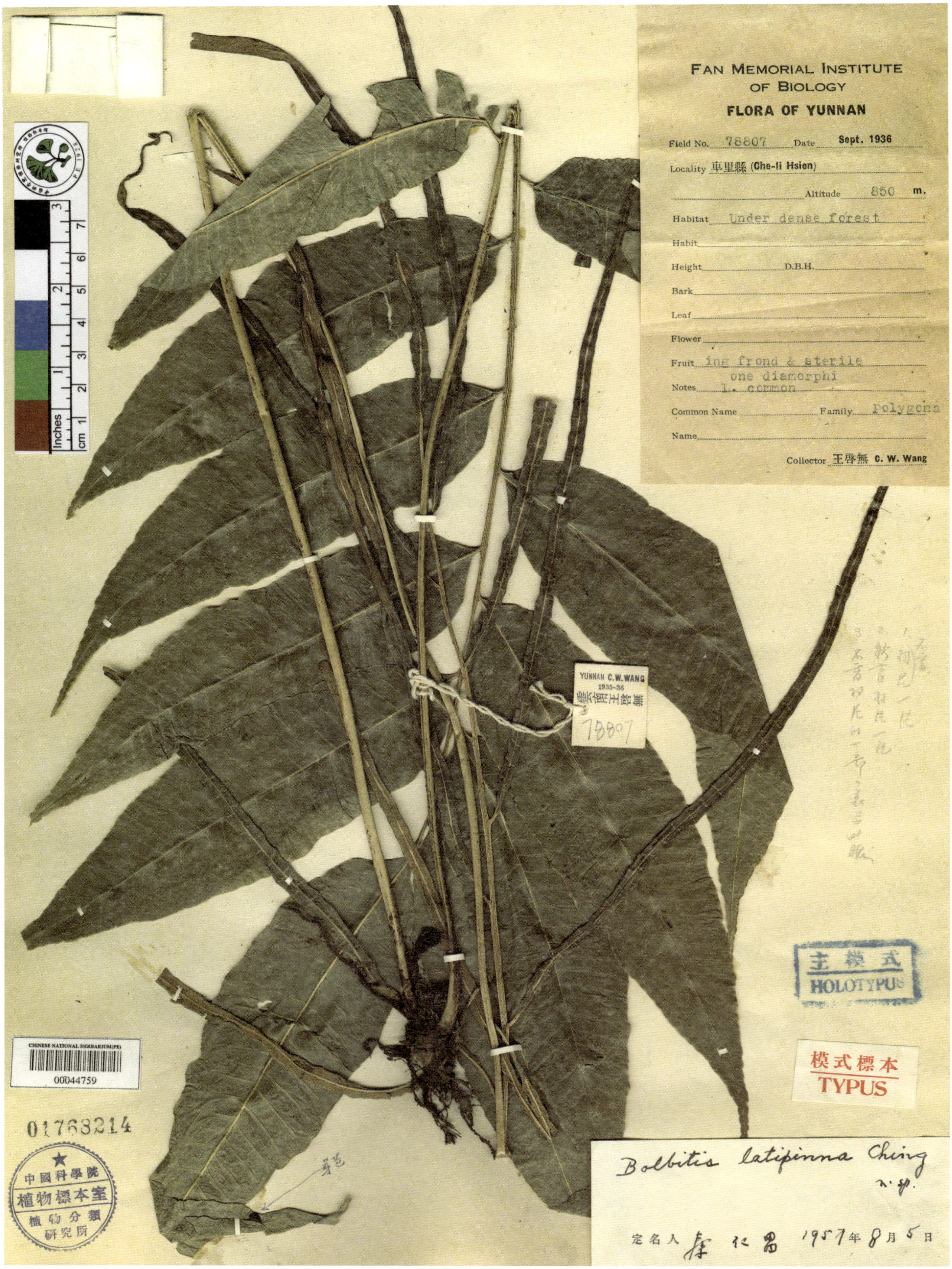

宽羽实蕨 ***Bolbitis latipinna*** Ching in Acta Phytotax. Sin. 21(2): 213. 1983. **Holotype:** China. Yunnan: Jinghong, alt. 850 m, 1936-09-??, C. W. Wang 78807.

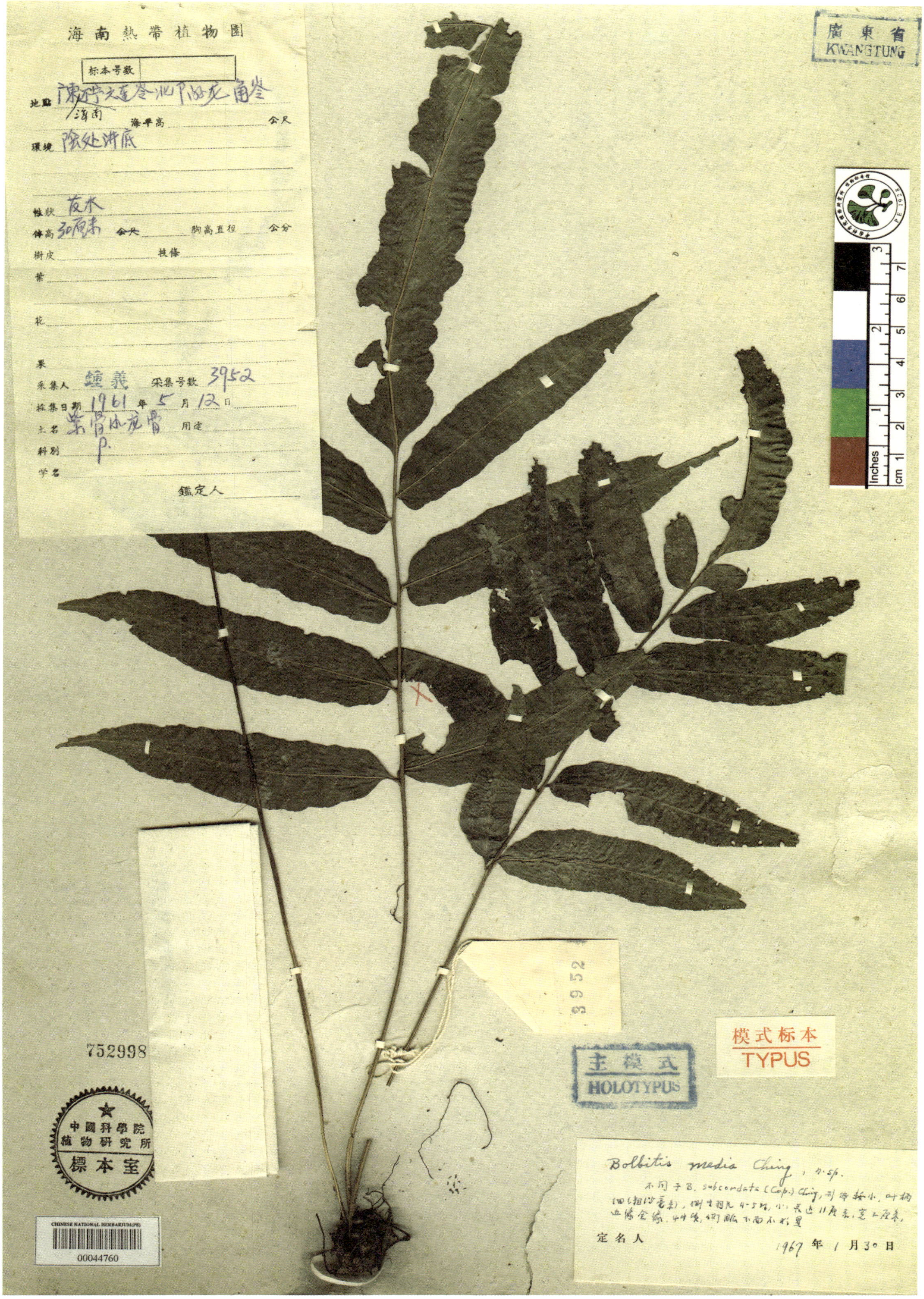

中型实蕨 ***Bolbitis media*** Ching & C. H. Wang in Acta Phytotax. Sin. 21(2): 212. 1983. **Holotype:** China. Hainan: Wanning, 1961-05-12, Y. Chong 3952.

附着实蕨 ***Bolbitis scandens*** W. M. Chu ex Ching & C. H. Wang in Acta Phytotax. Sin. 21(2): 213. 1983. **Isotype:** China. Yunnan: Luchun, 1976-06-19, W. M. Chu & al. 6733.

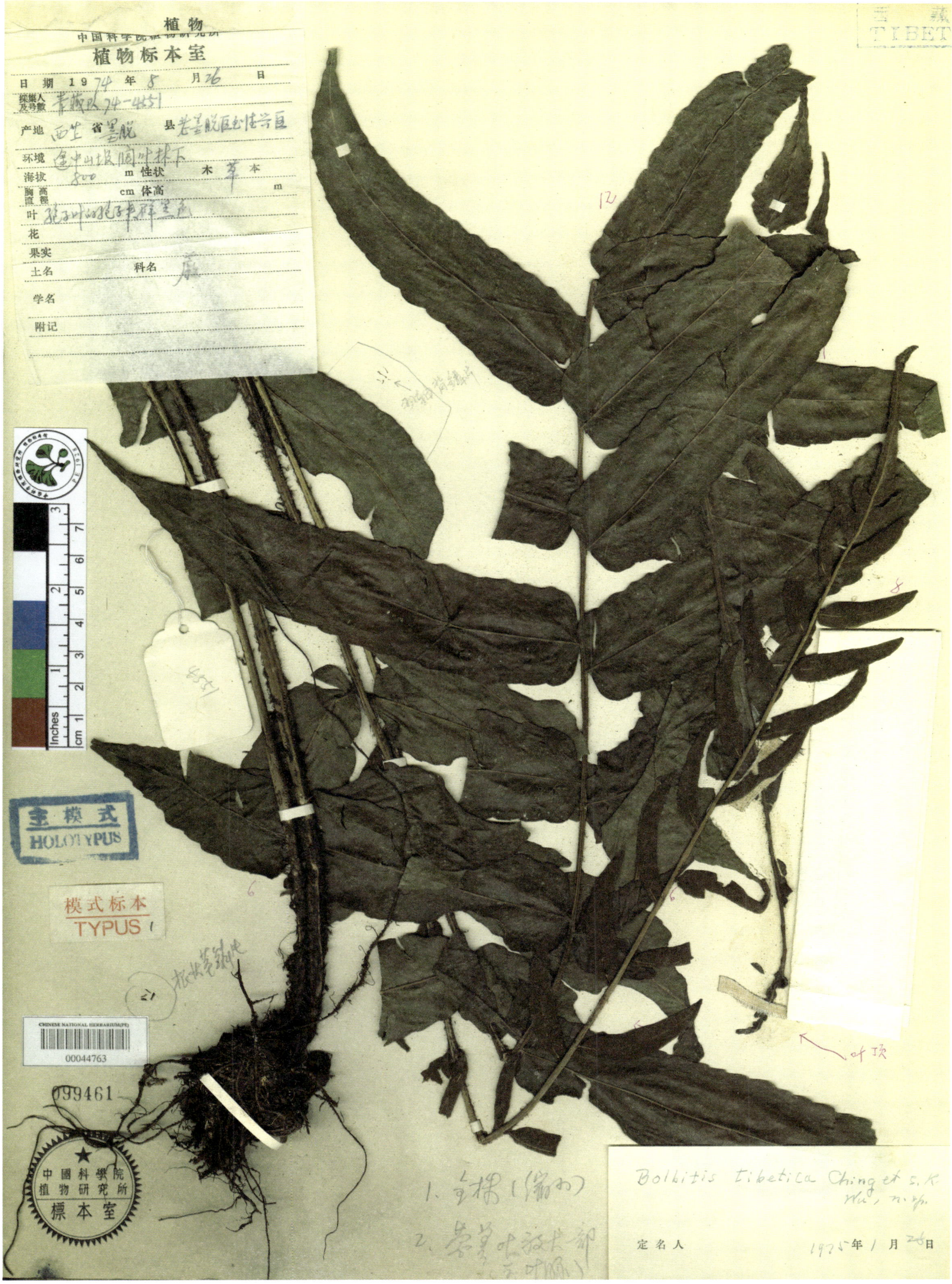

西藏实蕨 ***Bolbitis tibetica*** Ching & S. K. Wu, Fl. Xizang. 1: 276, f. 66: 4-6, pl. 7: 6. 1983. **Holotype:** China. Xizang: Mêdog, alt. 800 m, 1974-08-26, Qinghai-Xizang Exped. 74-4551.

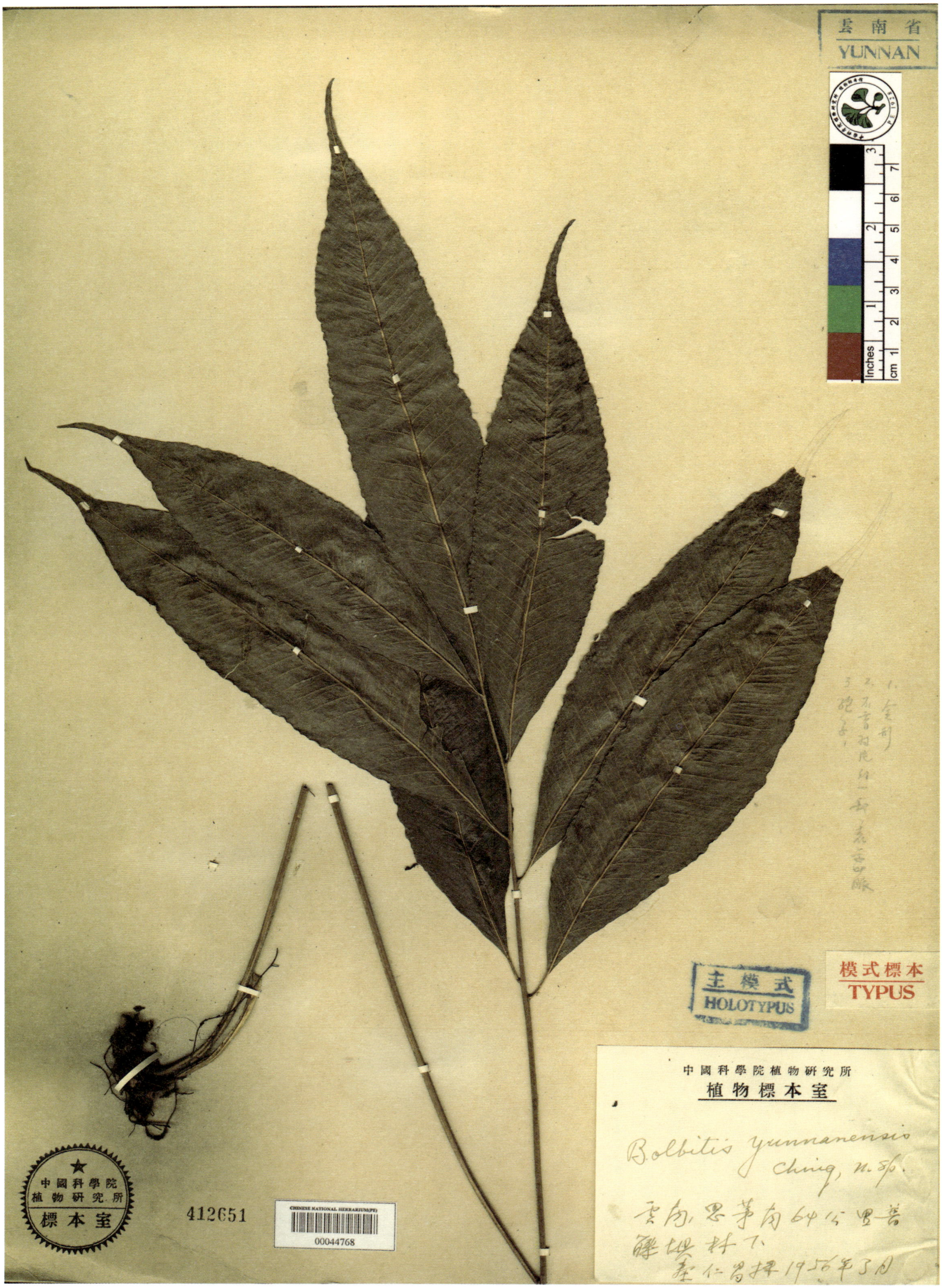

云南实蕨 ***Bolbitis yunnanensis*** Ching in Acta Phytotax. Sin. 21(2): 214. 1983. **Holotype:** China. Yunnan: Simao, 1956-03-??, R. C. Ching s. n.

厚叶刺蕨 ***Egenolfia crassifolia*** Ching in Acta Phytotax. Sin. 21(2): 216. 1983. **Holotype:** China. Yunnan: Lushui, alt. 1200 m, 1960-04-14, S. K. Wu 8117.

圆齿刺蕨 ***Egenolfia crenata*** Ching & P. S. Chiu ex Ching & C. H. Wang in Acta Phytotax. Sin. 21(2): 215. 1983.
Holotype: China. Yunnan: Jinping, alt. 950 m, 1956-??-??, Sino-Russia Yunnan Exped. 892.

云南刺蕨 ***Egenolfia yunnanensis*** Ching & P. S. Chiu ex Ching & C. H. Wang in Acta Phytotax. Sin. 21(2): 216. 1983.
Holotype: China. Yunnan: Xishuangbanna, alt. 850 m, 1957-??-??, Sino-Russia Yunnan Exped. 5775.

Lomariopsidaceae

藤蕨科

tengjueke

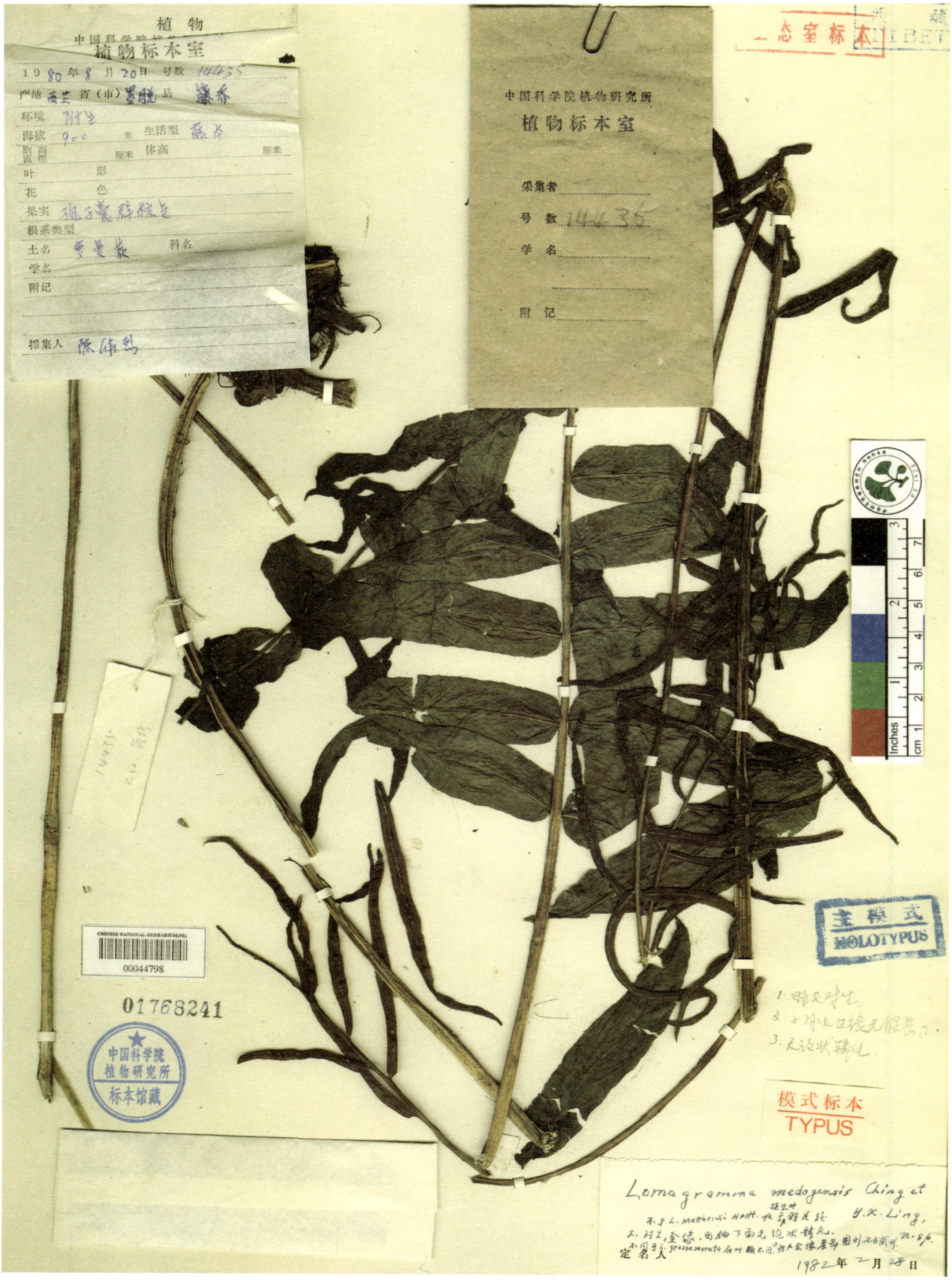

墨脱网藤蕨 ***Lomagramma medogensis*** Ching & Y. X. Lin in Acta Phytotax. Sin. 22(5): 399. 1984. **Holotype:** China. Xizang: Mêdog, alt. 900 m, 1980-08-20, W. L. Chen. 14435.

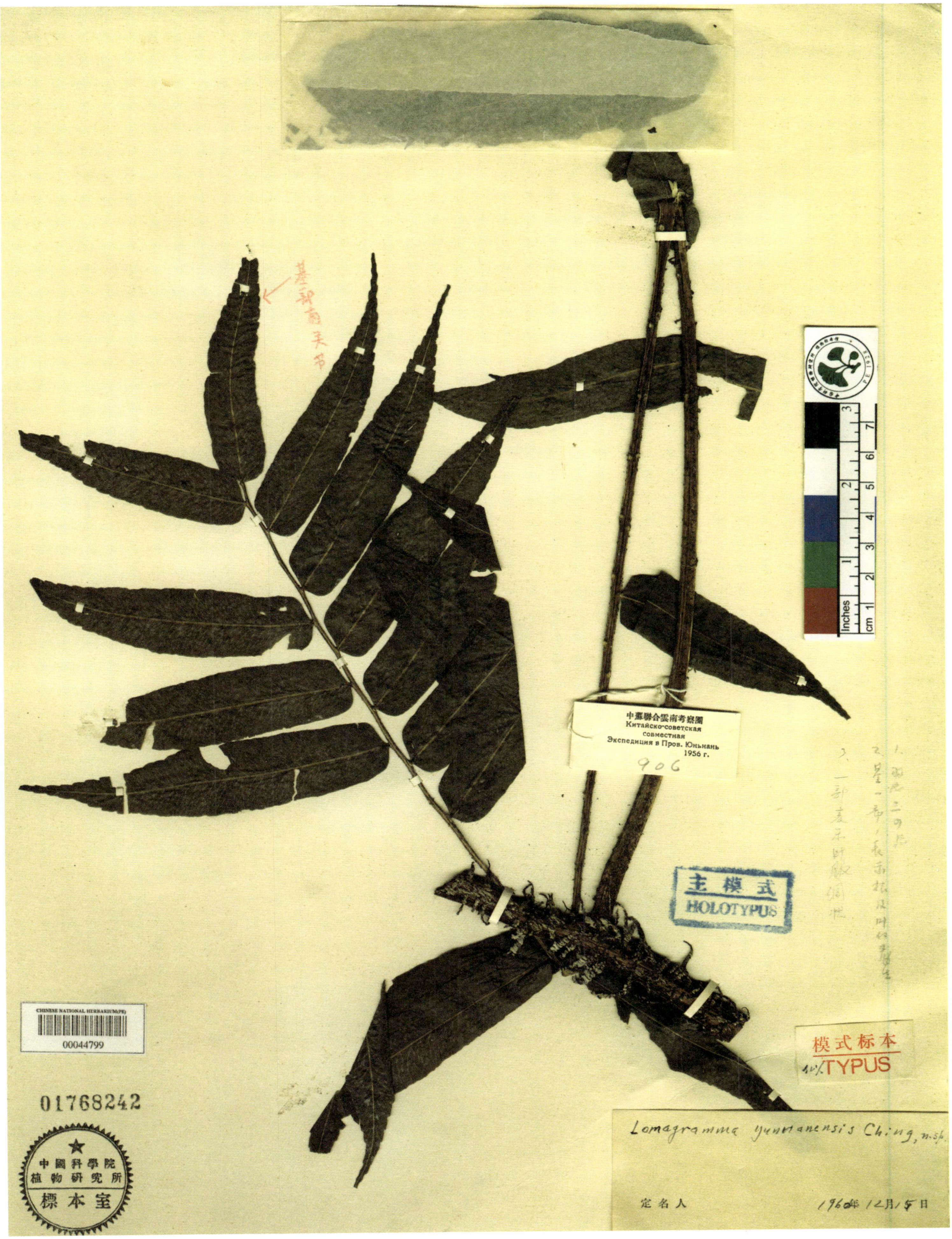

云南网藤蕨 ***Lomagramma yunnanensis*** Ching in Acta Phytotax. Sin. 21(2): 217. 1983. **Holotype:** China. Yunnan: Precise locality not known, Sino-Russia Yunnan Exped. 906.

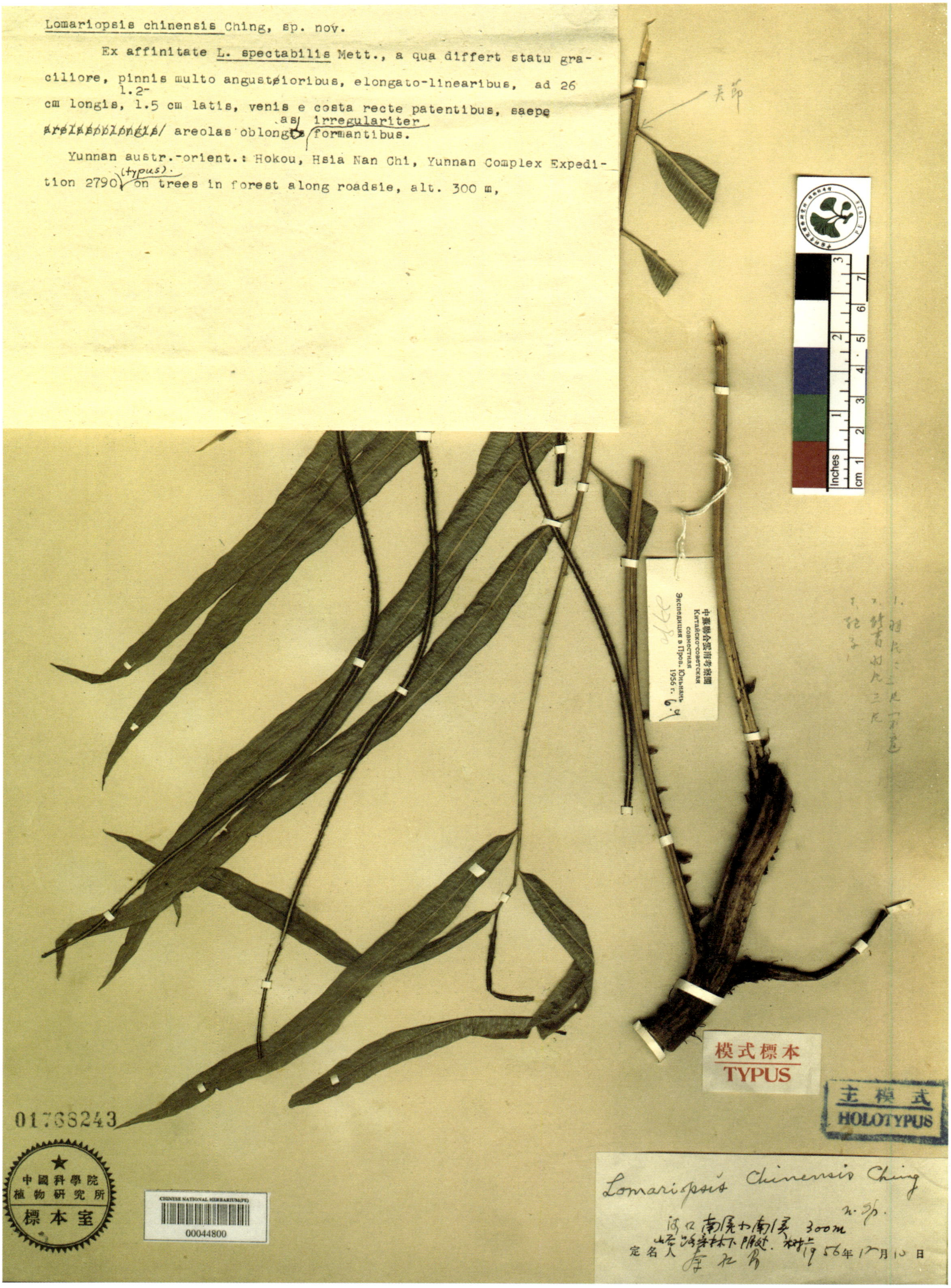

中华藤蕨 ***Lomariopsis chinensis*** Ching in Acta Phytotax. Sin. 21(2): 217. 1983. **Holotype:** China. Yunnan: Hekou, alt. 300 m, Sino-Russia Yunnan Exped. 2790.

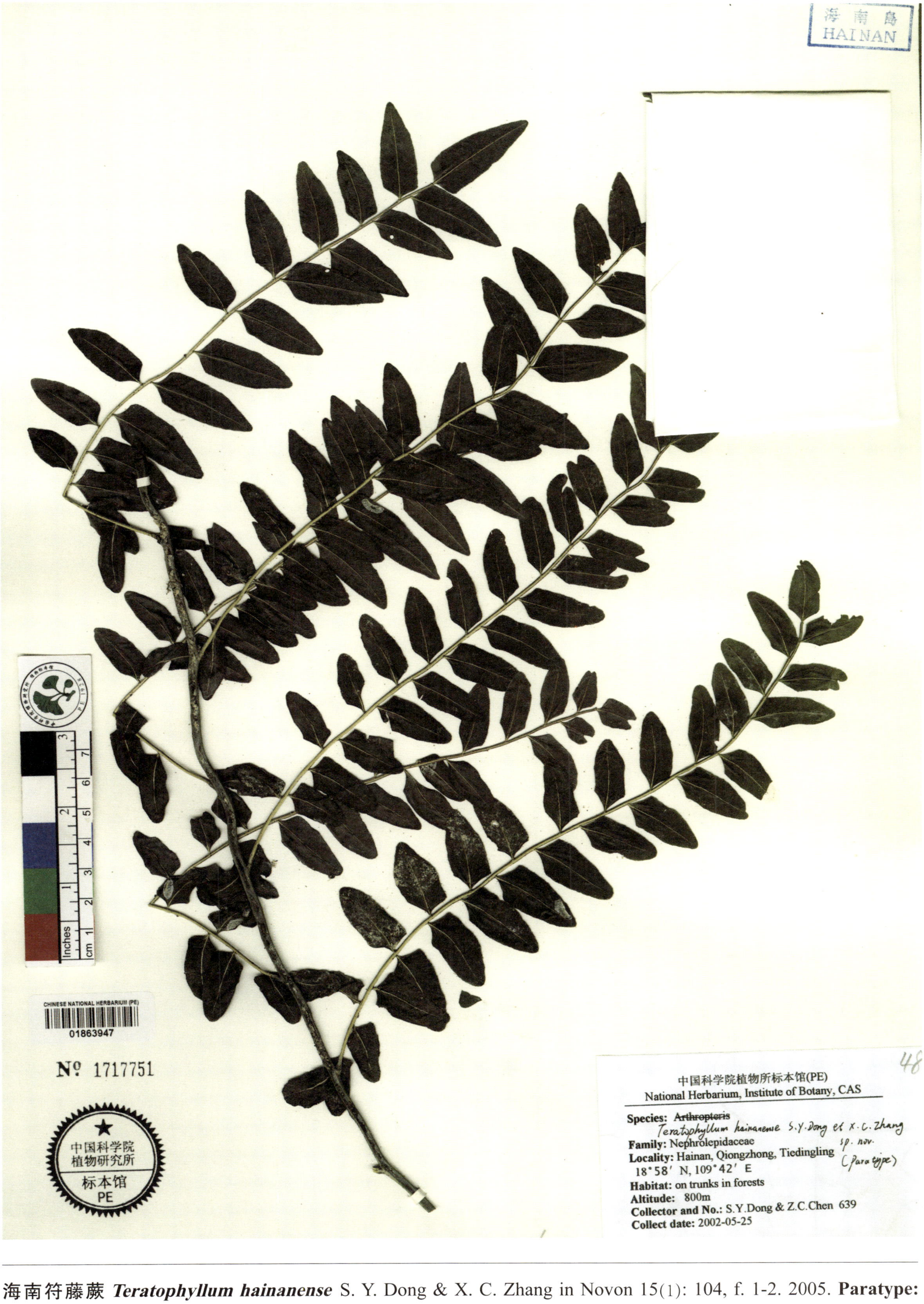

海南符藤蕨 ***Teratophyllum hainanense*** S. Y. Dong & X. C. Zhang in Novon 15(1): 104, f. 1-2. 2005. **Paratype:** China. Hainan: Qiongzhong, alt. 800 m, 2002-05-25, S. Y. Dong & Z. C. Chen 639.

Elaphoglossaceae

舌蕨科

shejueke

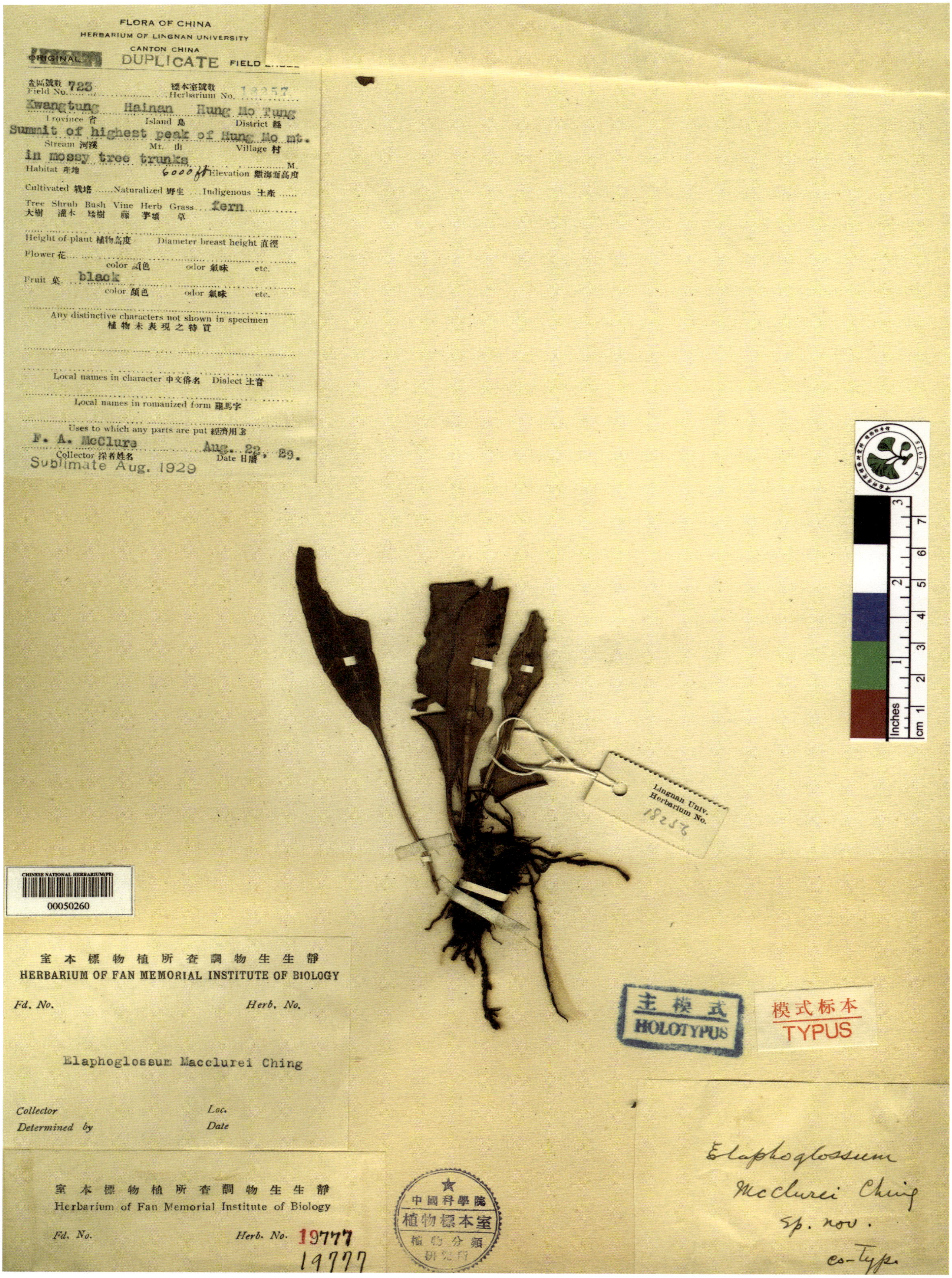

琼崖舌蕨 ***Elaphoglossum mcclurei*** Ching in Sinensia 1(4): 55. 1930. **Holotype:** China. Hainan: Hongmaoshan, alt. 2000 m, 1929-08-22, F. A. McClure 18256.

Nephrolepidaceae

肾蕨科

shenjueke

耳叶肾蕨 ***Nephrolepis biserrata*** (Sw.) Schott var. ***auriculata*** Ching, Fl. Reip. Pop. Sin. 2: 378. 1959. **Holotype:** China. Hainan: Lingshui, 1932-04-(26-29), H. Fung 20043.

Oleandraceae

条蕨科

tiaojueke

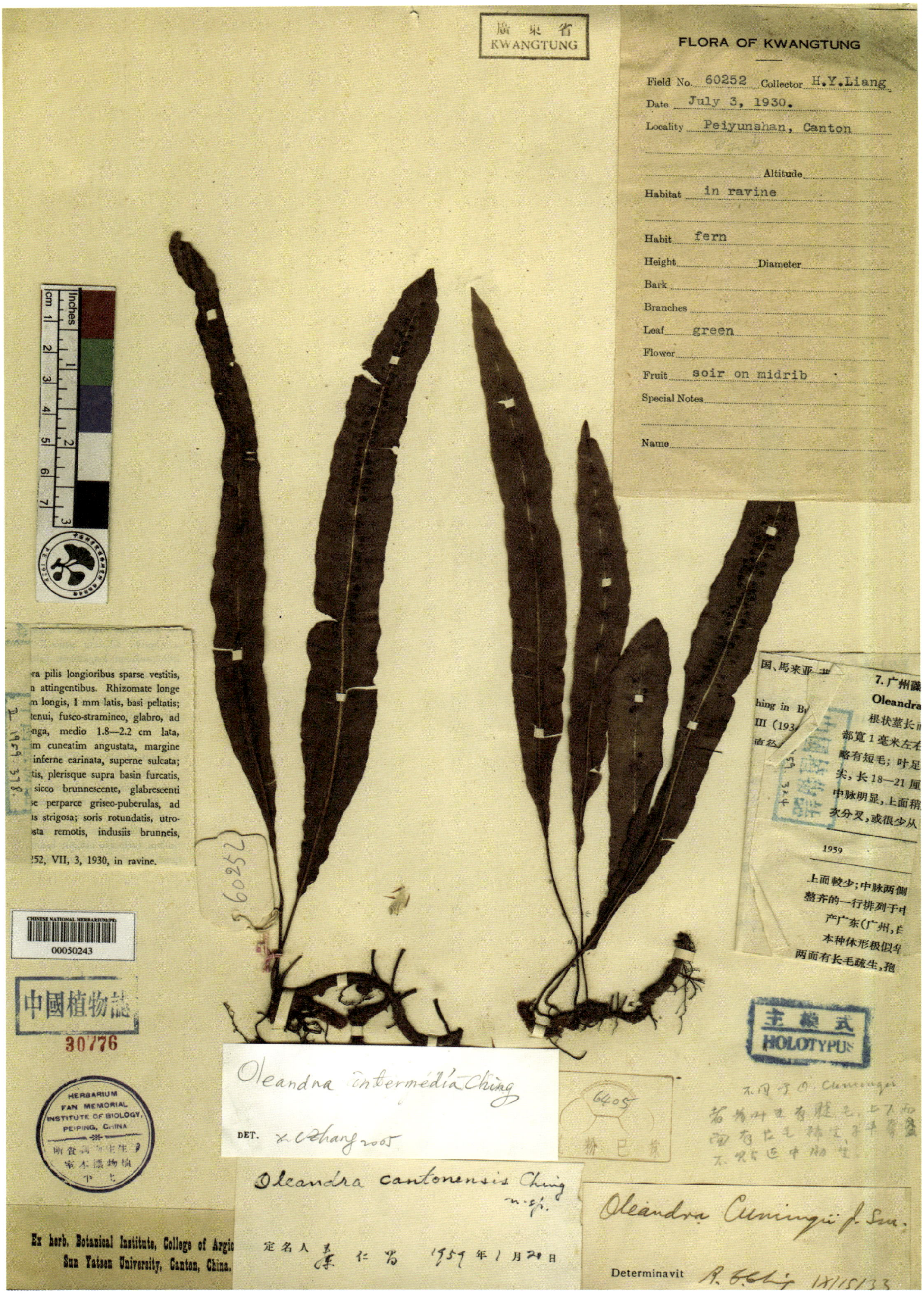

广州条蕨 ***Oleandra cantonensis*** Ching, Fl. Reip. Pop. Sin. 2: 324, 378. 1959. **Holotype:** China. Guangdong: Guangzhou, Baiyunshan, 1930-07-03, H. Y. Liang 60252.

广西条蕨 ***Oleandra guangxiensis*** S. L. Mo & Y. C. Zhong in Guihaia 7(4): 289, f. 2. 1987. **Isotype:** China. Guangxi: Shanglin, Damingshan, 1984-07-21, Forest Ecology Section 84422.

Davalliaceae

骨碎补科

gusuibuke

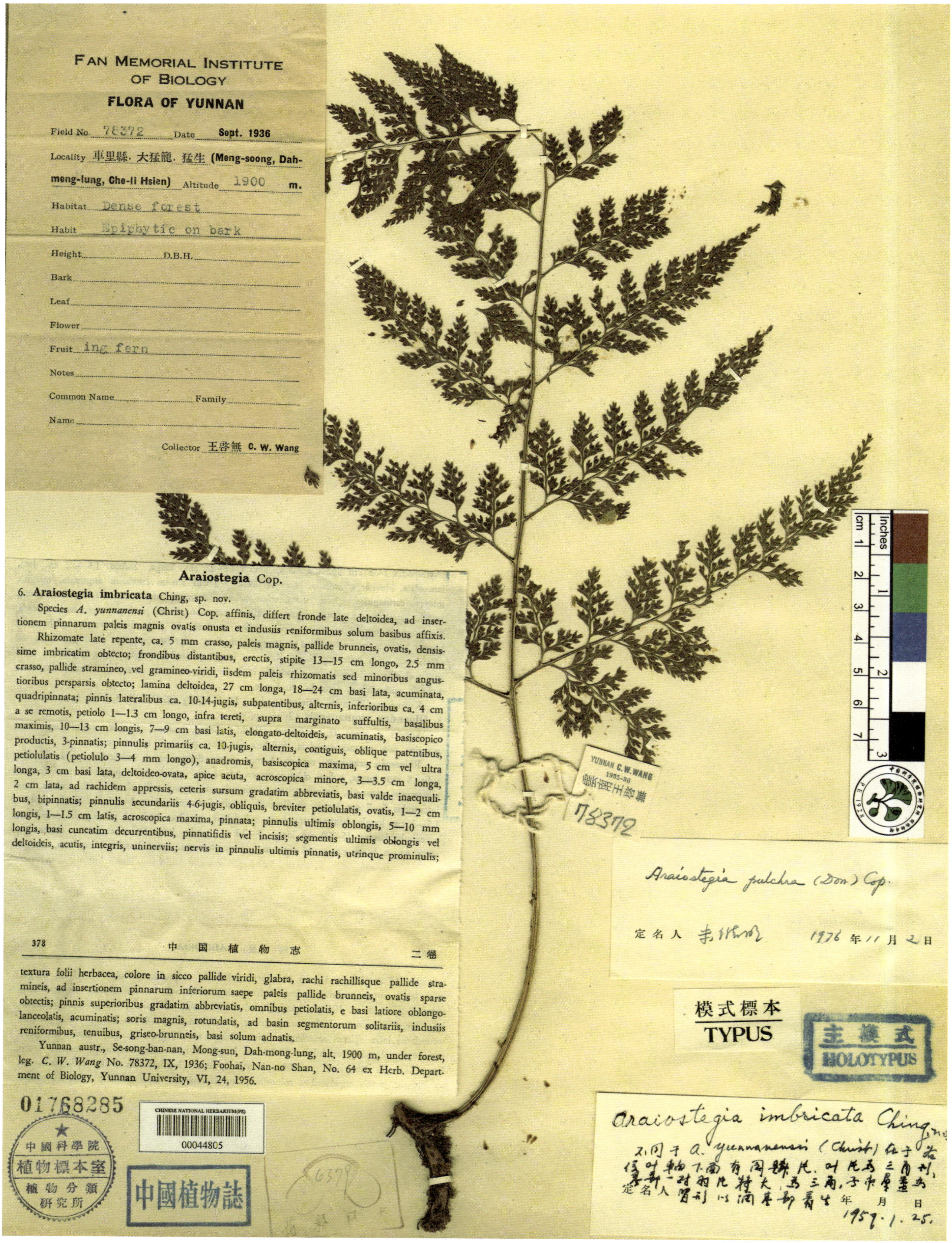

绿叶小膜盖蕨 ***Araiostegia imbricata*** Ching, Fl. Reip. Pop. Sin. 2: 377. 1959; S. Y. Jin, Catal. Type Specim. (Corm.) Herb. China 46. 1994. **Holotype:** China. Yunnan: Cheli (=Jinghong), alt. 1900 m, 1936-09-??, C. W. Wang 78372.

菲律宾骨碎补 ***Davallia affinis*** Hook. in Sp. Fil. 1. 158, t. 52 B. 1846. **Isosyntype:** Philippines. Luzon, Cuming 117.

云桂骨碎补 ***Davallia amabilis*** Ching, Fl. Reip. Pop. Sin. 2: 303, 376. 1959. **Holotype:** China. Yunnan: Hekou, K. H. Tsai 771.

华南骨碎补 ***Davallia austro-sinica*** Ching, Fl. Reip. Pop. Sin. 2: 301, 376. 1959. **Holotype:** China. Guangdong: Precise locality not known, S. K. Lau 32.

麻栗坡骨碎补 ***Davallia brevisora*** Ching, Fl. Reip. Pop. Sin. 2: 305, 377. 1959. **Holotype:** China. Yunnan: Malipo, alt. 1300~1500 m, 1947-12-20, K. M. Feng 13986.

云南骨碎补 ***Davallia cylindrica*** Ching, Fl. Reip. Pop. Sin. 2: 299, 375. 1959; S. Y. Jin, Catal. Type Specim. (Corm.) Herb. China 46. 1994. **Holotype:** China. Yunnan: Fohai (=Menghai), alt. 1530 m, 1936-06-??, C. W. Wang 74303.

阔叶骨碎补 ***Davallia subsolida*** Ching, Fl. Reip. Pop. Sin. 2: 304, 376. 1959. **Holotype:** China. Taiwan: Kuskus, 1928-01-01, Y. Kudo & S. Suzuki 15996.

秦氏钻毛蕨 ***Davallodes chingiae*** Ching, Fl. Reip. Pop. Sin. 2: 283, 375. 1959. **Holotype:** China. Yunnan: Malipo, alt. 1300~1500 m, 1947-11-09, K. M. Feng, 13127.

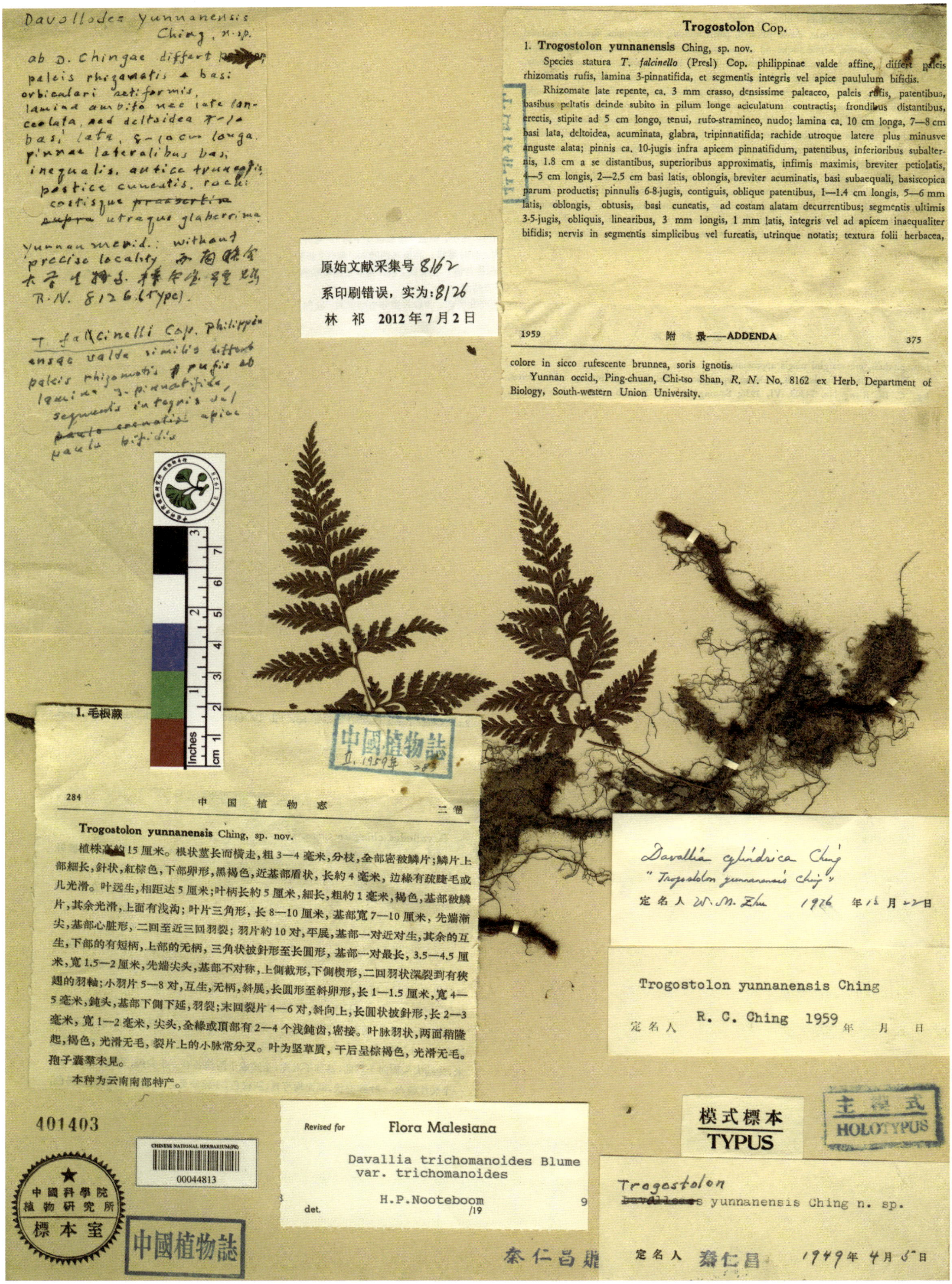

毛根蕨 ***Trogostolon yunnanensis*** Ching, Fl. Reip. Pop. Sin. 2: 284, 374. 1959. **Holotype:** China. Yunnan: Pingchuan, R. N. 8126.

Polypodiaceae

水龙骨科

shuilongguke

尾状节肢蕨 ***Arthromeris caudata*** Ching & Y. X. Ling in Acta Phytotax. Sin. 22(5): 406, pl. 3: 4. 1984. **Holotype:** China. Xizang: Mêdog, alt. 1530 m, 1974-09-11, Qinghai-Xizang Exped. 74-5090.

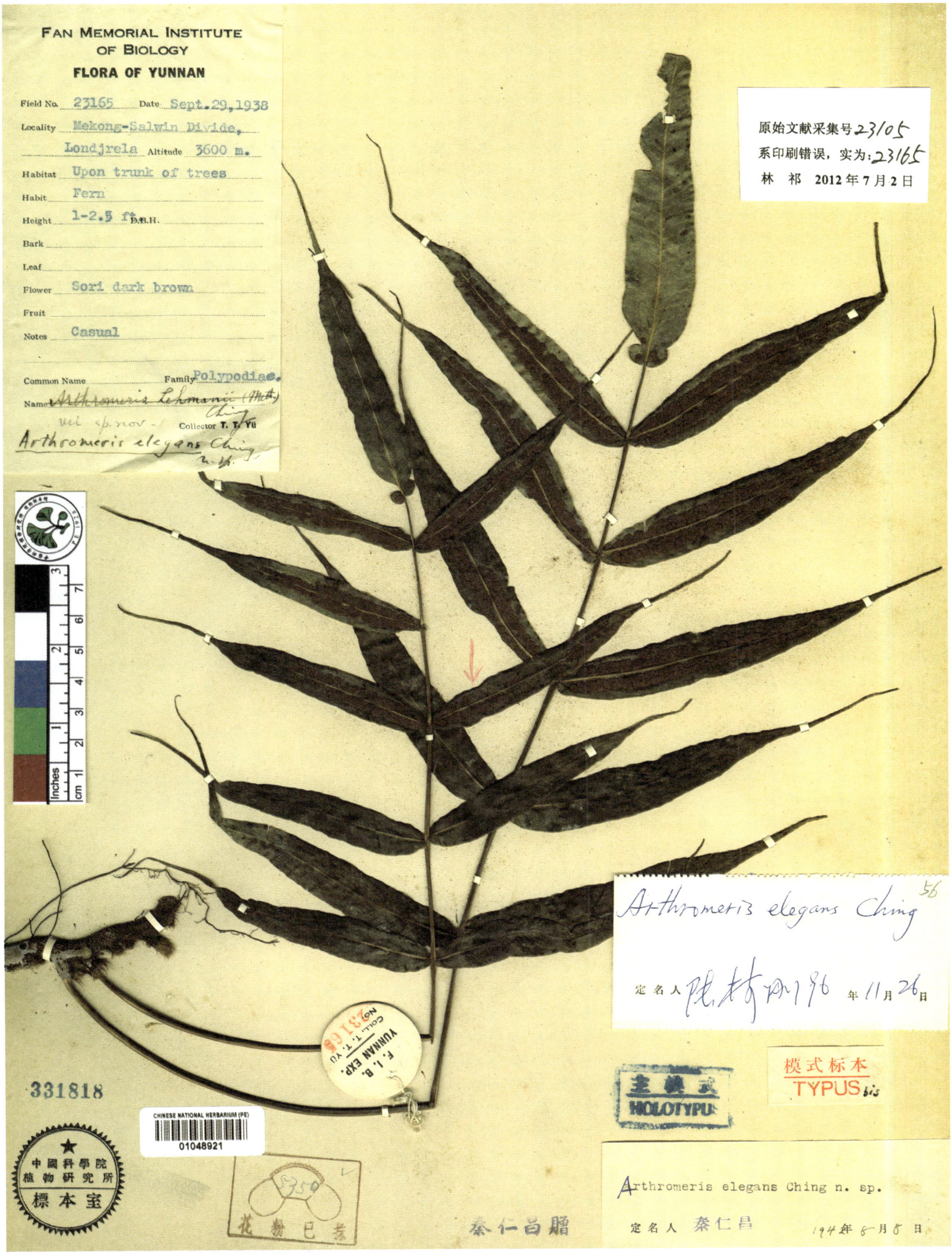

美丽节肢蕨 ***Arthromeris elegans*** Ching in Sunyatsenia 6(1): 8. 1941. **Holotype:** China. Yunnan: Mekong-Salwin divide, alt. 3600 m, 1938-09-29, T. T. Yu 23165.

中间节肢蕨 ***Arthromeris intermedia*** Ching, Fl. Xizang. 1: 331. 1983. **Holotype:** China. Xizang: Zayü, alt. 2000 m, 1979-08-20, T. P. Yi 79145.

长羽节肢蕨 ***Arthromeris longipinna*** Ching & Y. X. Ling in Acta Phytotax. Sin. 22(5): 405, pl. 3: 3. 1984. **Holotype:** China. Xizang: Lhasa, alt. 2300~2600 m, 1980-09-10, W. L. Chen & al. 15468.

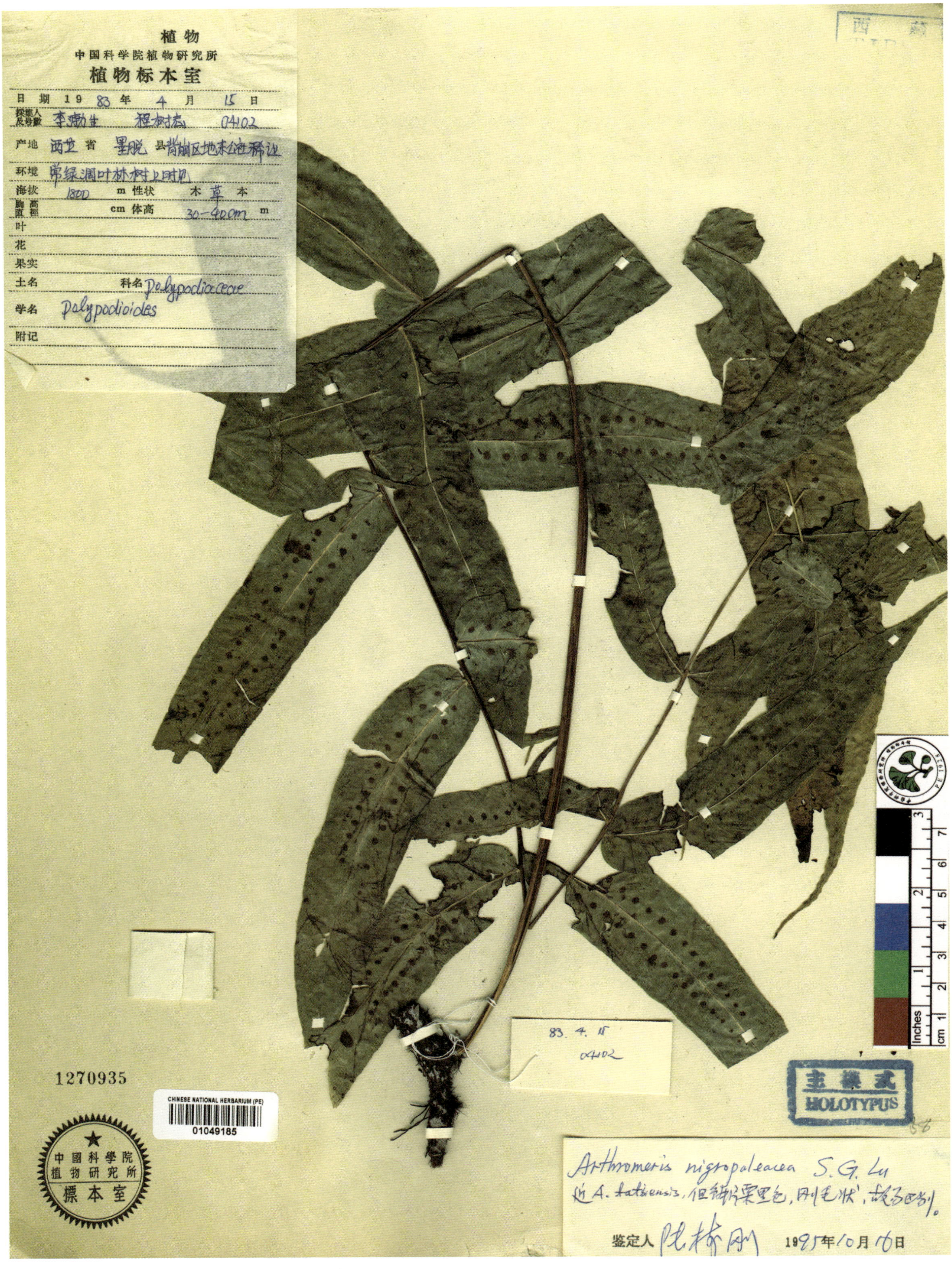

黑鳞节肢蕨 ***Arthromeris nigropaleacea*** S. G. Lu in Indian Fern Journ. 14: 144. 1997. **Holotype:** China. Xizang: Mêdog, alt. 1800 m, 1983-04-15, B. S. Li & S. Z. Chen 4102.

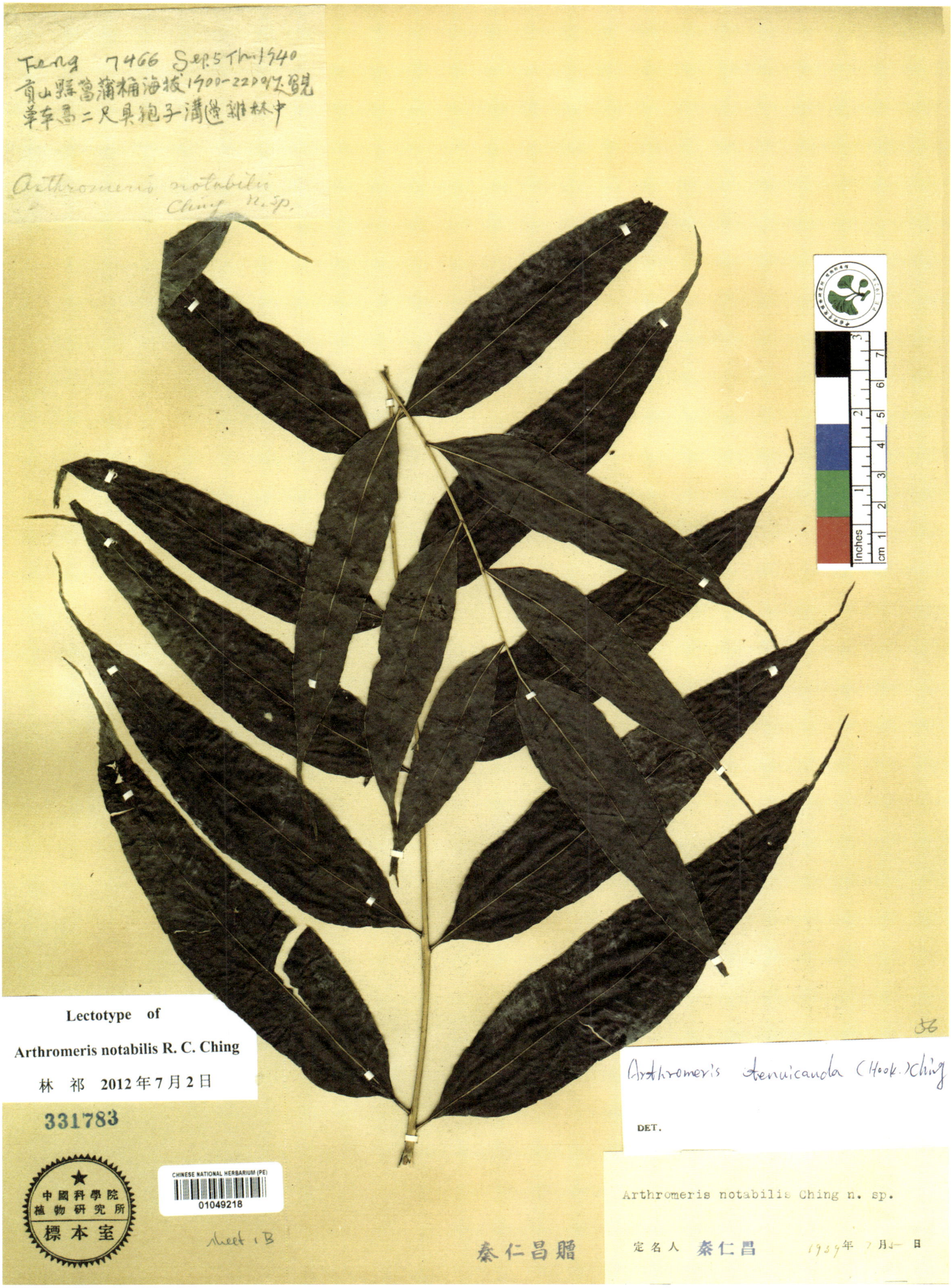

显著节肢蕨 ***Arthromeris notabilis*** Ching in Bull. Fan Mem. Inst. Biol., Bot. Ser. 11: 72. 1941. **Lectotype** [designated by L. Song & al. in Acta Bot. Bor.-Occ. Sin. 33(6): 1265. 2013.]: China. Yunnan: Gongshan, alt. 1900~2200 m, 1940-09-05, K. M. Feng 7466.

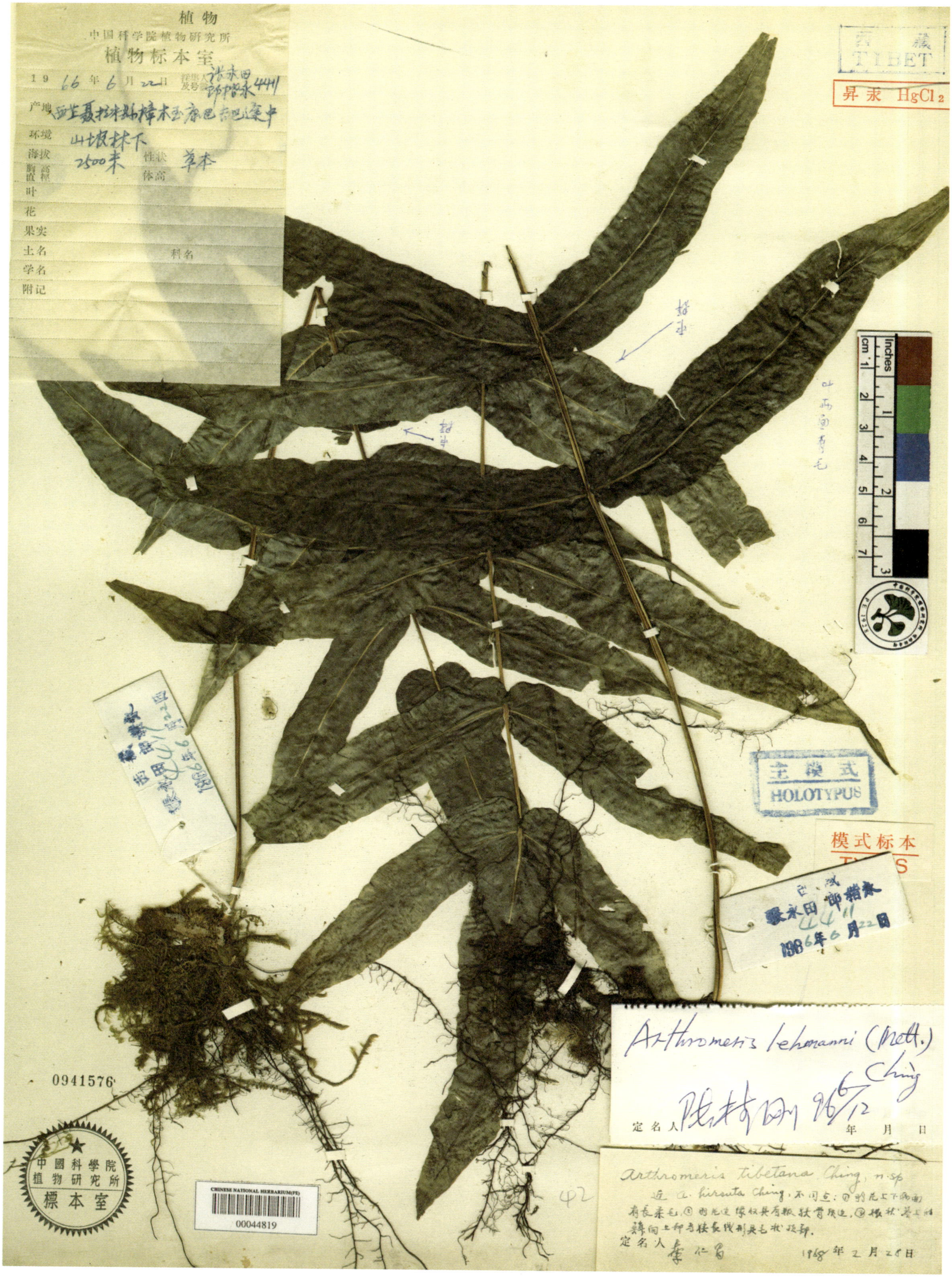

西藏节肢蕨 ***Arthromeris tibetana*** Ching, Fl. Xizang. 1: 333, f. 84: 1-6, pl. 9: 6-7. 1983. **Holotype:** China. Xizang: Nyalam, Zham, alt. 2500 m, 1966-06-22, Y. T. Chang & K. Y. Lang 4411.

近无毛节肢蕨 ***Arthromeris tibetana*** Ching var. ***glabrescens*** Ching & S. K. Wu, Fl. Xizang. 1: 334. 1983. **Holotype:** China. Xizang: Zayü, alt. 2600 m, 1973-07-19, Qinghai-Xizang Exped. 73-881.

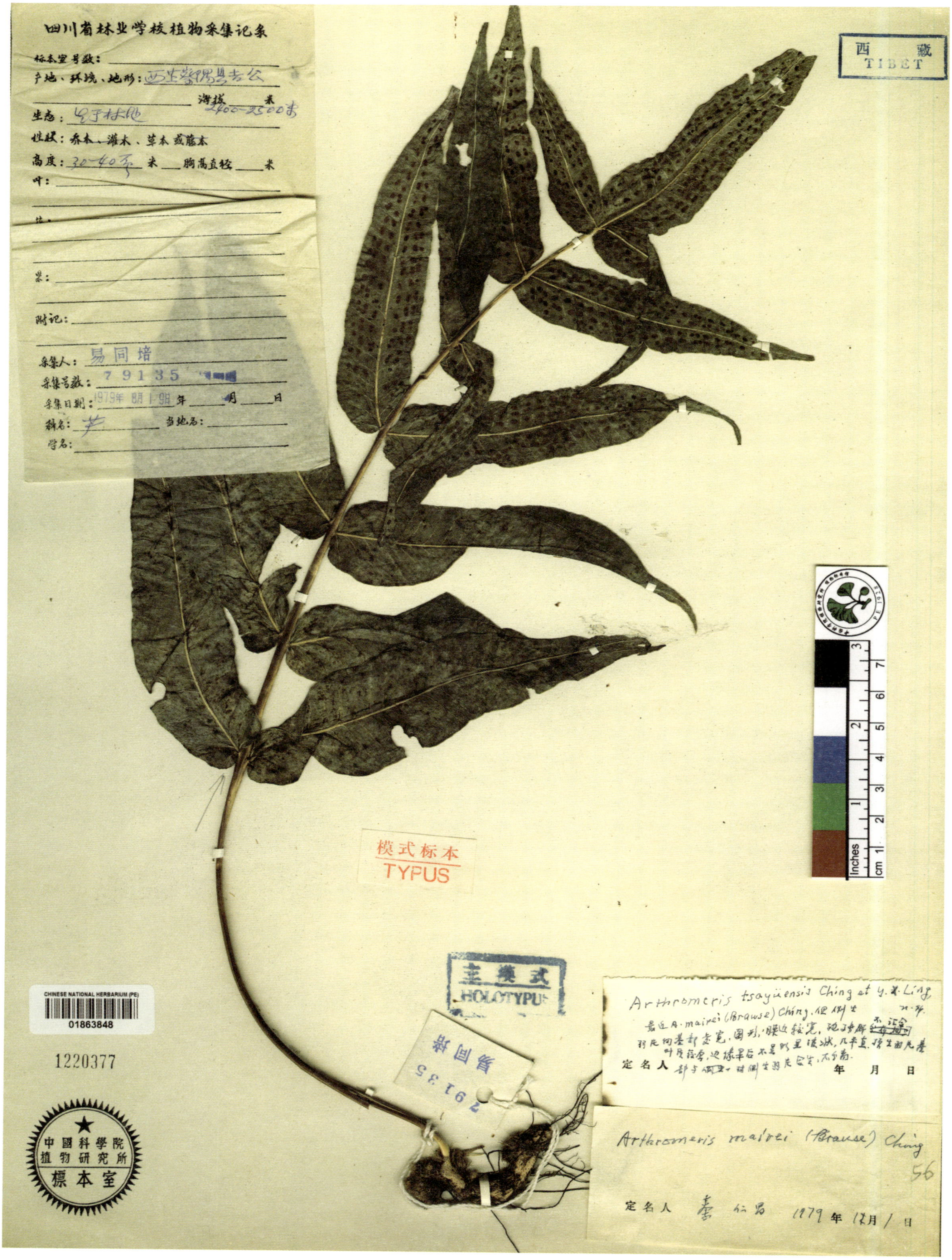

察隅节肢蕨 ***Arthromeris tsayuensis*** Ching & Y. X. Ling in Acta Phytotax. Sin. 22(5): 405, pl. 3: 2. 1984. **Holotype:** China. Xizang: Zayü, alt. 2400~2500 m, 1979-08-19, T. P. Yi 79135.

越南线蕨 ***Colysis bonii*** Ching in Bull. Fan Mem. Inst. Biol. 4: 322. 1933. **Holotype:** Vietnam. Tonkin, Bon 2395.

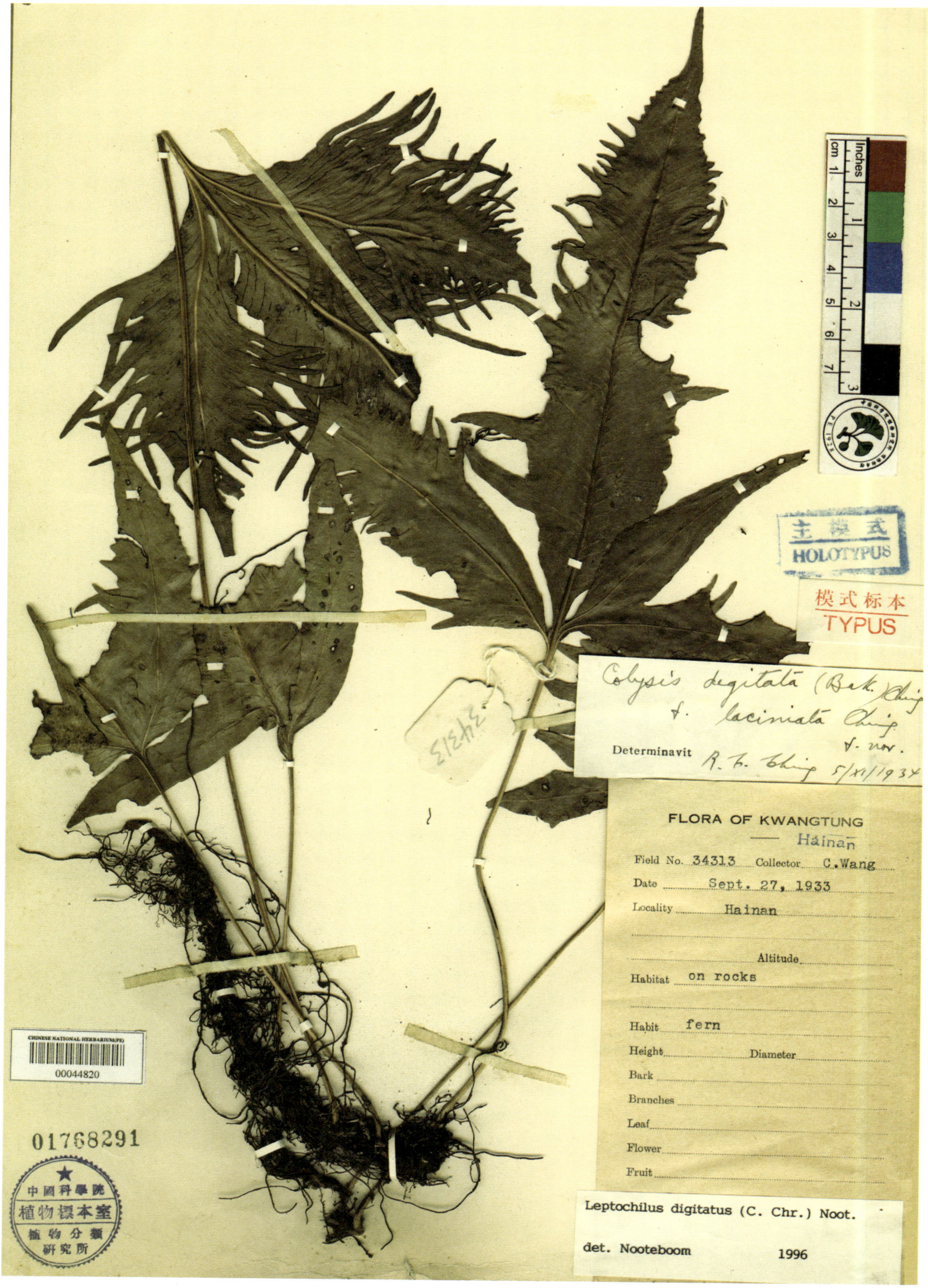

条裂掌叶线蕨 ***Colysis digitata*** (Bak.) Ching f. ***laciniata*** Ching in Acta Phytotax. Sin. 8(2): 154. 1959. **Holotype:** China. Hainan: Yaxian (=Sanya), 1933-09-27, C. Wang 34313.

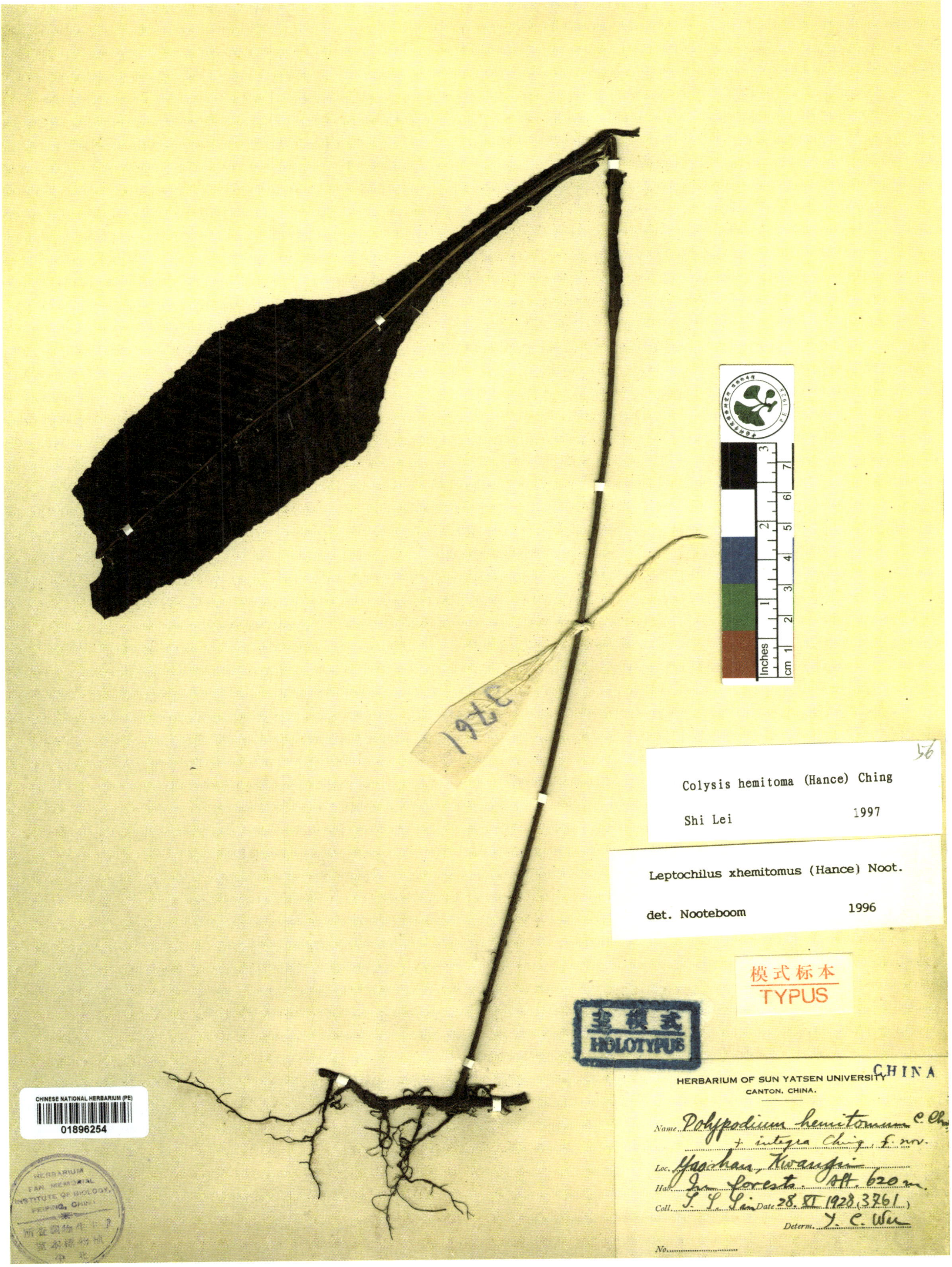

全缘胄叶线蕨 ***Colysis hemitoma*** (Hance) Ching f. ***integra*** Ching, Icon. Fil. Sin. pl. 197. 1937. **Holotype:** China. Guangxi: Yaoshan, alt. 620 m, 1928-11-28, S. S. Sin 3761.

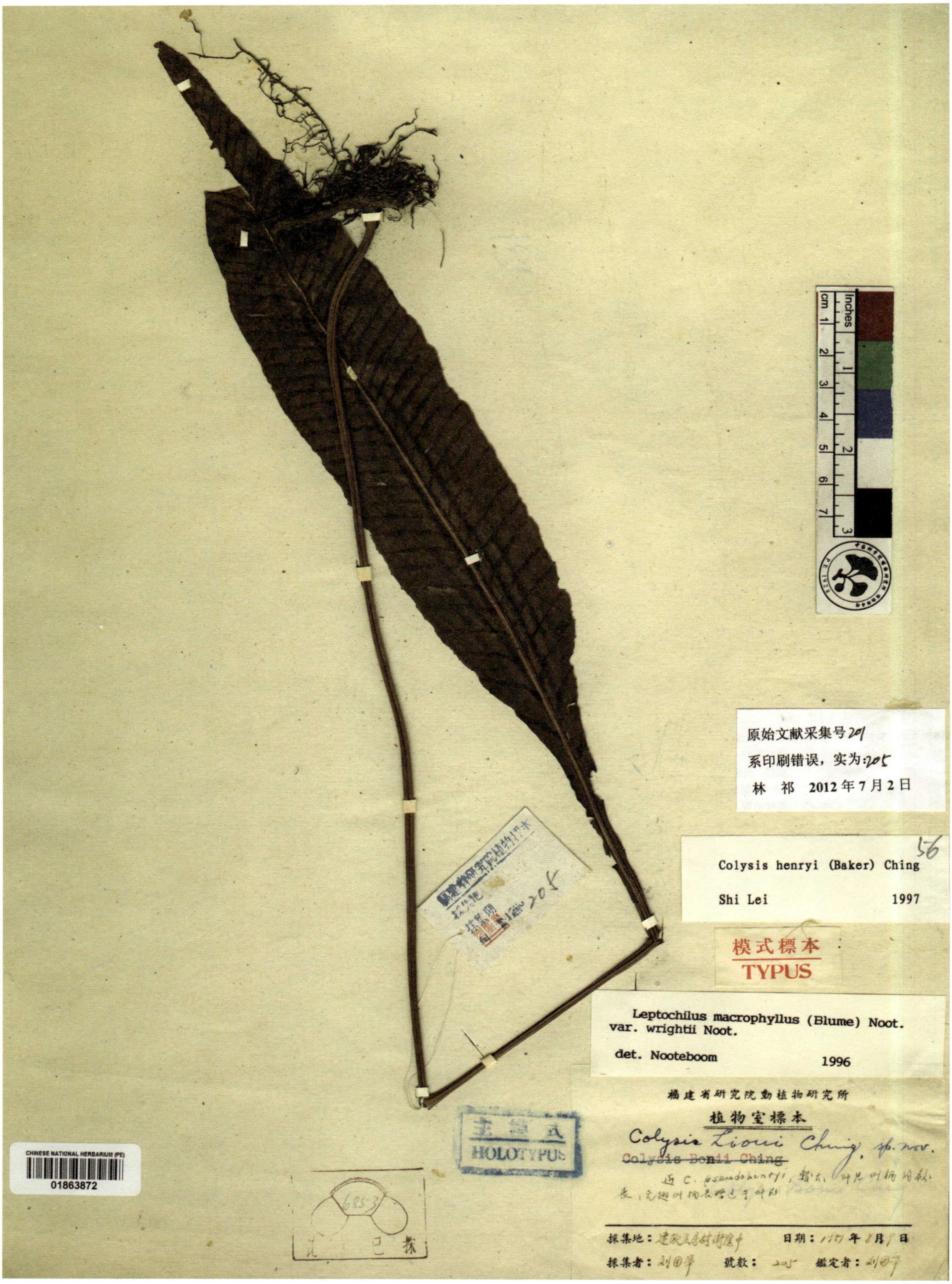

长柄线蕨 ***Colysis liouii*** Ching, Fl. Fujian. 1: 239, 602, f. 227. 1982. **Holotype:** China. Fujian: Jianou, 1951-08-09, T. J. Liu 205.

无柄线蕨 ***Colysis subsessilifolia*** Ching in Wuyi Sci. Journ. 1: 11. 1981. **Holotype:** China. Fujian: Taining, 1979-06-16, M. S. Li 558.

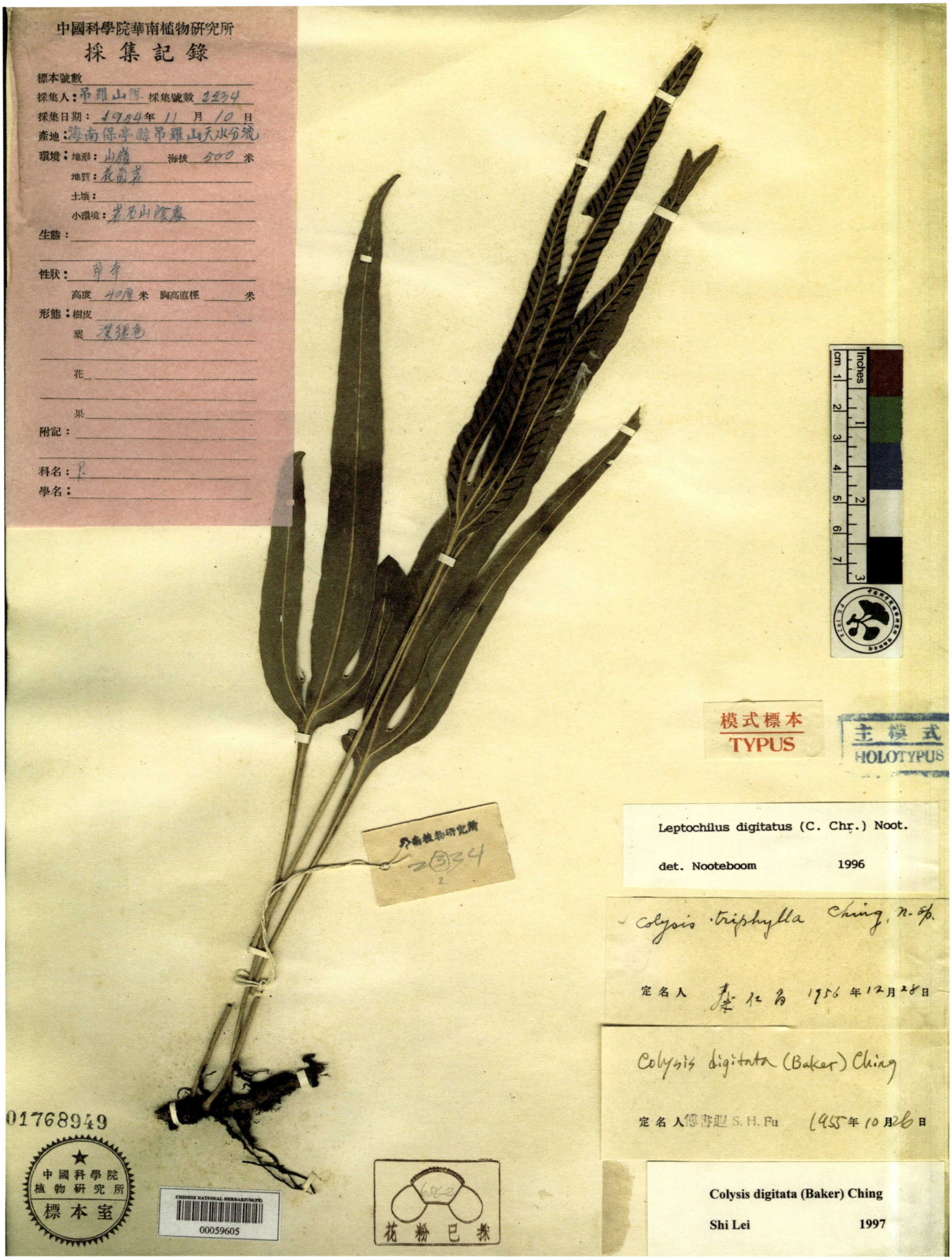

三裂线蕨 ***Colysis triphylla*** Ching in Acta Phytotax. Sin. 8(2): 155, 170, pl. 23: 31. 1959. **Holotype:** China. Hainan: Baoting, alt. 500 m, 1954-11-10, Diaoluoshan Exped. 2234.

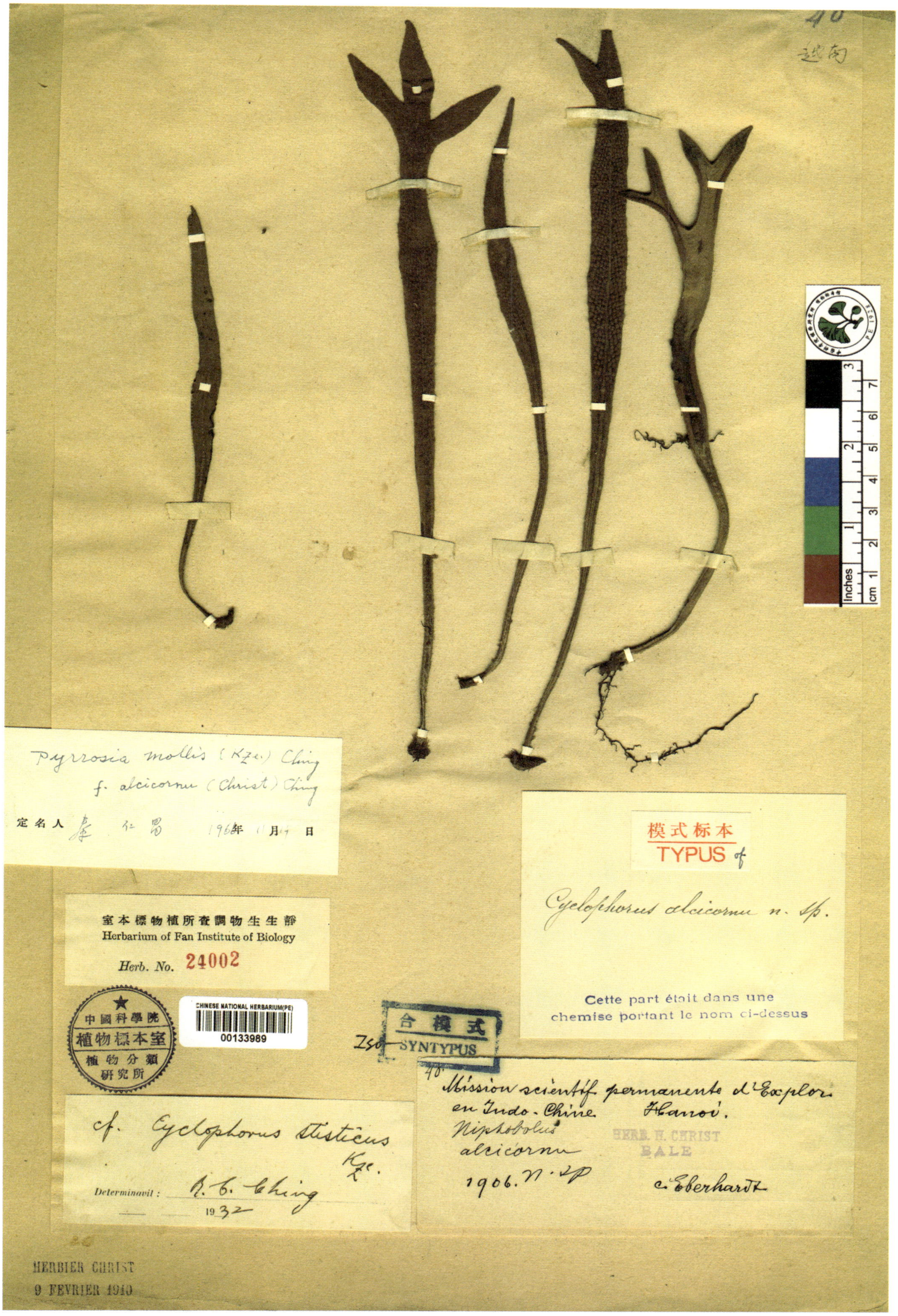

鹿角石韦 ***Cyclophorus alcicornu*** H. Christ in Journ. Bot. (Morot) 21: 270. 1908. **Lectotype** (designated by Yun Lin & al. in Bull. Bot. Res., Harbin 34: 294. 2014.): Vietnam. Lang Bian, 1906-??-??, Eberhardt 40.

贴生骨牌蕨 ***Lemmaphyllum adnascens*** Ching in Bull. Fan Mem. Inst. Biol. 4: 101. 1933. **Holotype:** China. Sichuan: Kuanhsien (=Dujiangyan), alt. 1450 m, 1930-05-02, F. T. Wang 20691.

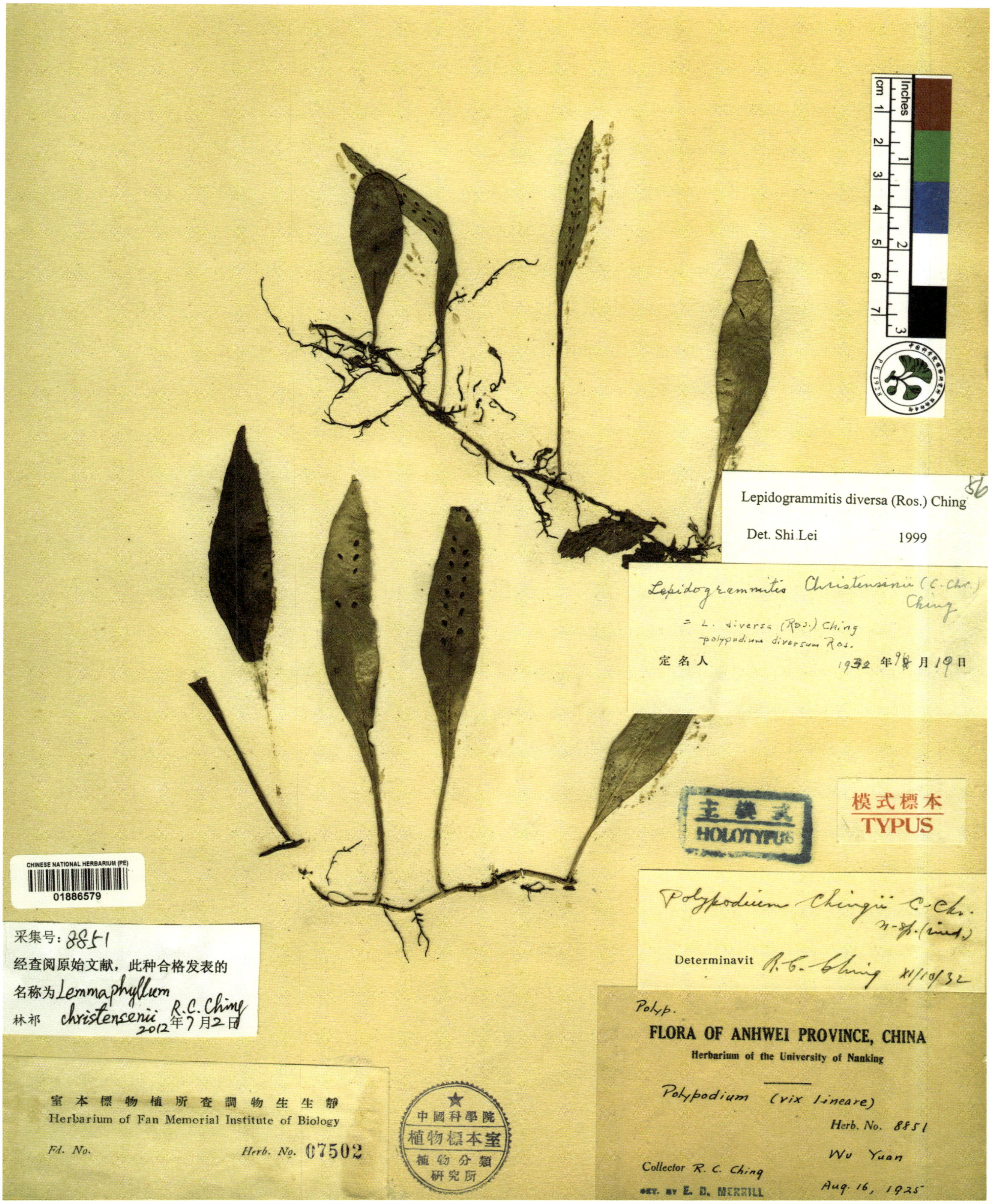

安徽骨牌蕨 ***Lemmaphyllum christensenii*** Ching in Bull. Fan Mem. Inst. Biol. 4: 98. 1933. **Holotype:** China. Anhui: Wuyuan, 1925-08-16, R. C. Ching 8851.

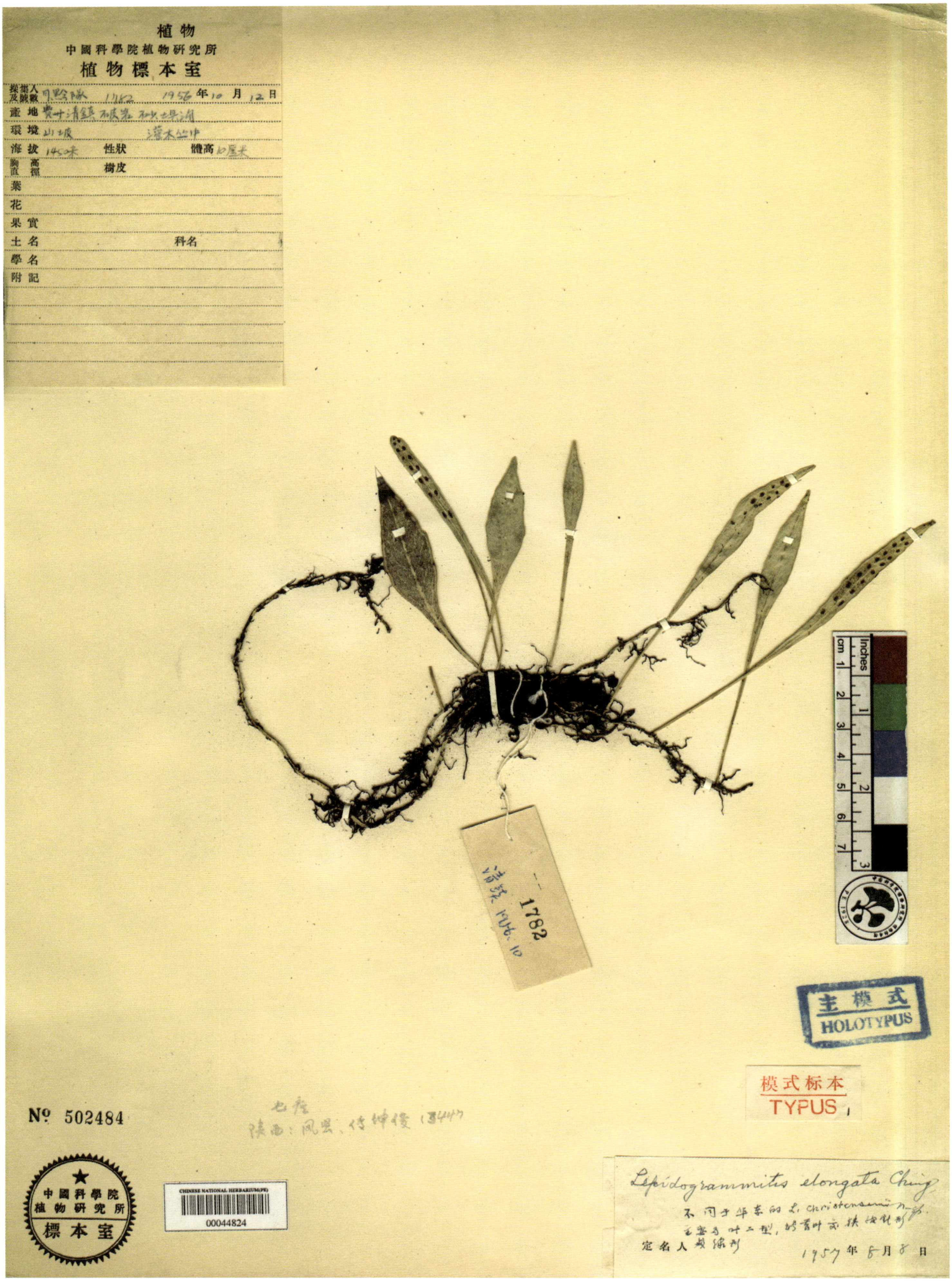

长叶骨牌蕨 ***Lepidogrammitis elongata*** Ching, Fl. Tsinling 2: 181, 232. 1974. **Holotype:** China. Guizhou: Qingzheng, alt. 1450 m, 1956-10-12, Sichuan-Guizhou Exped. 1782.

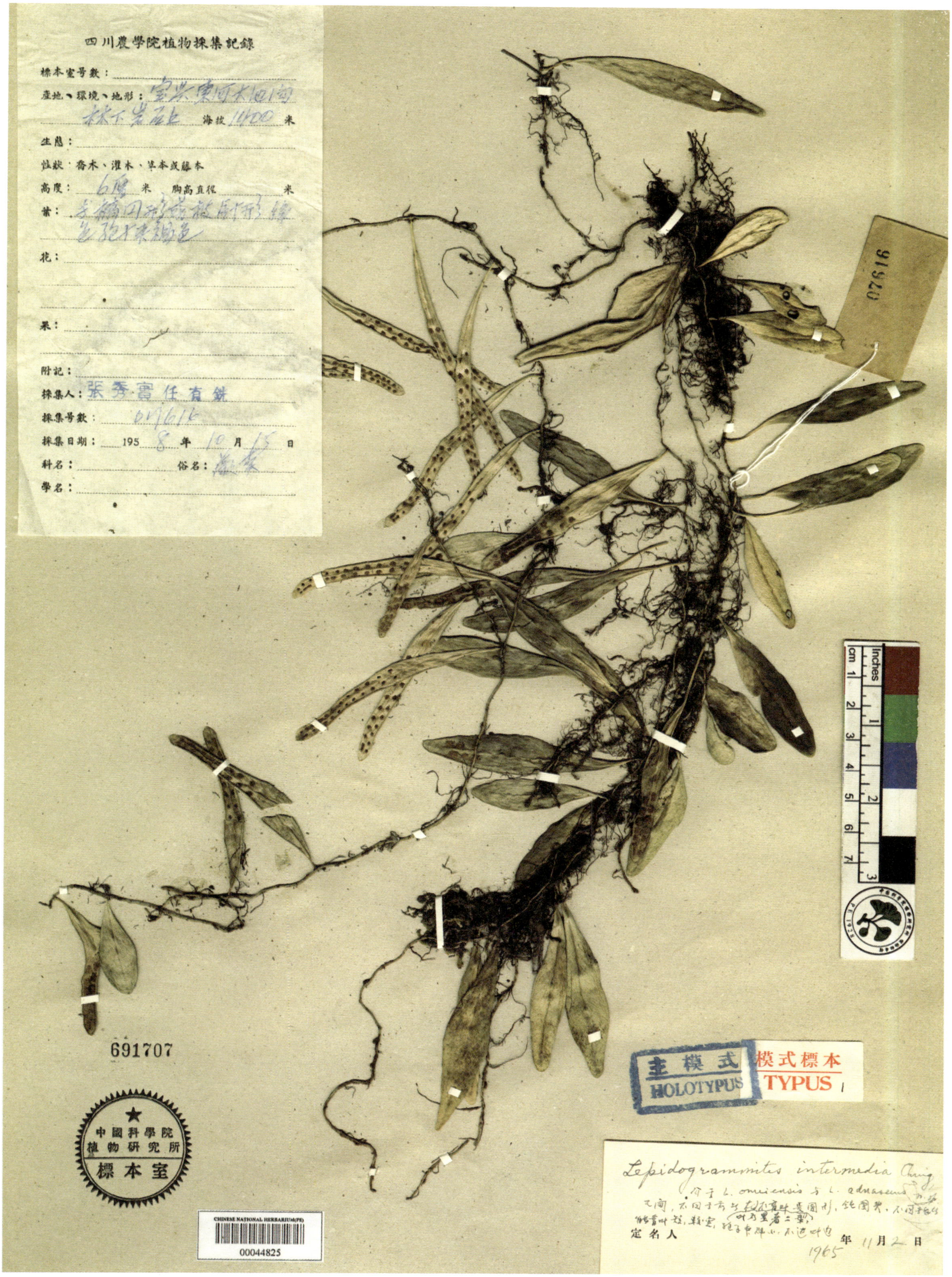

中间骨牌蕨 ***Lepidogrammitis intermedia*** Ching, Fl. Tsinling 2: 180, 231. 1974. **Holotype:** China. Sichuan: Baoxing, alt. 1400 m, 1958-10-15, S. T. Chang & Y. X. Ren 7616.

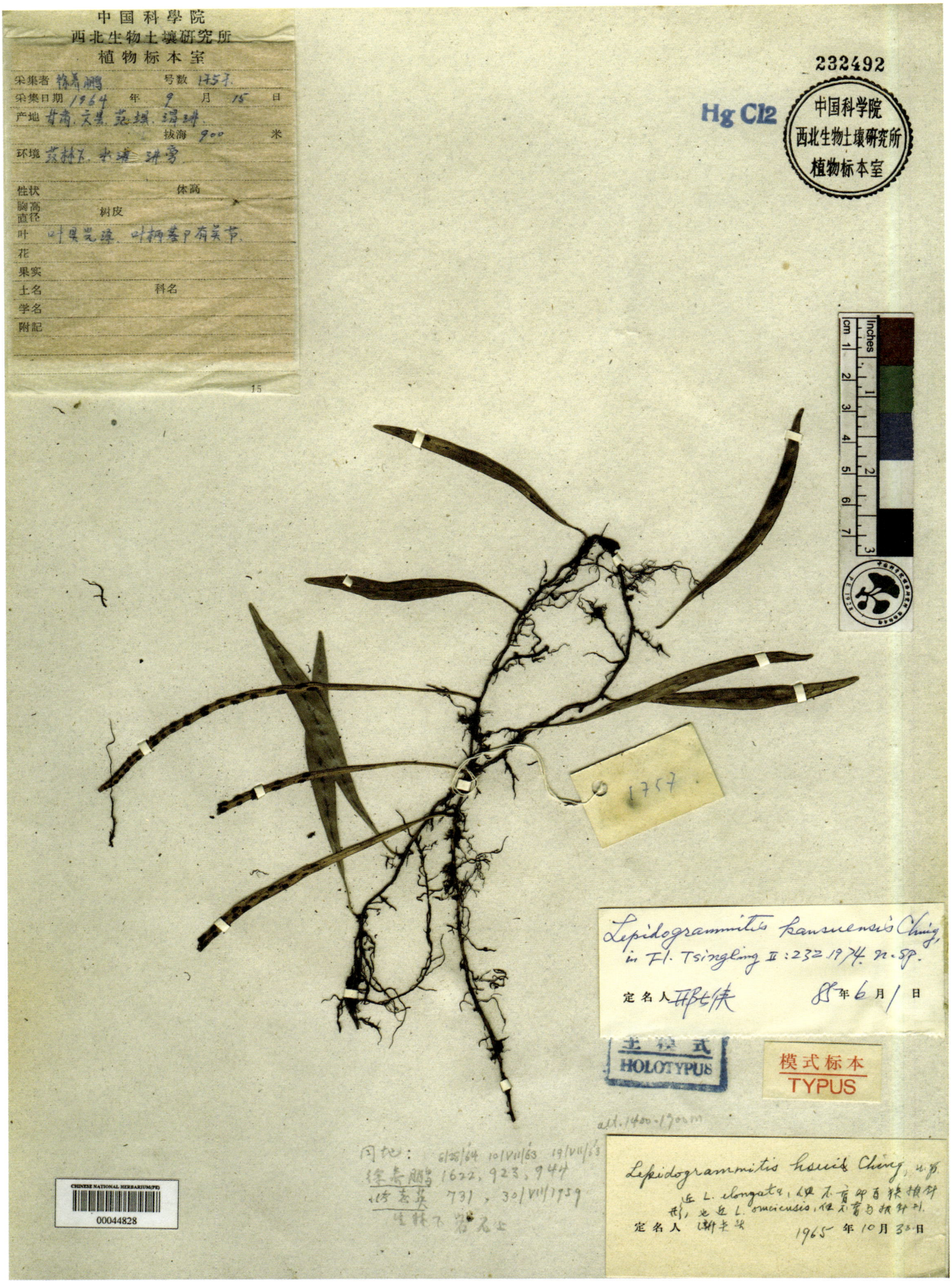

甘肃骨牌蕨 ***Lepidogrammitis kansuensis*** Ching, Fl. Tsinling 2: 180, 232, pl. 44: 3-4. 1974. **Holotype:** China. Gansu: Wenxian, alt. 900 m, 1964-09-15, Y. P. Hsu 1757.

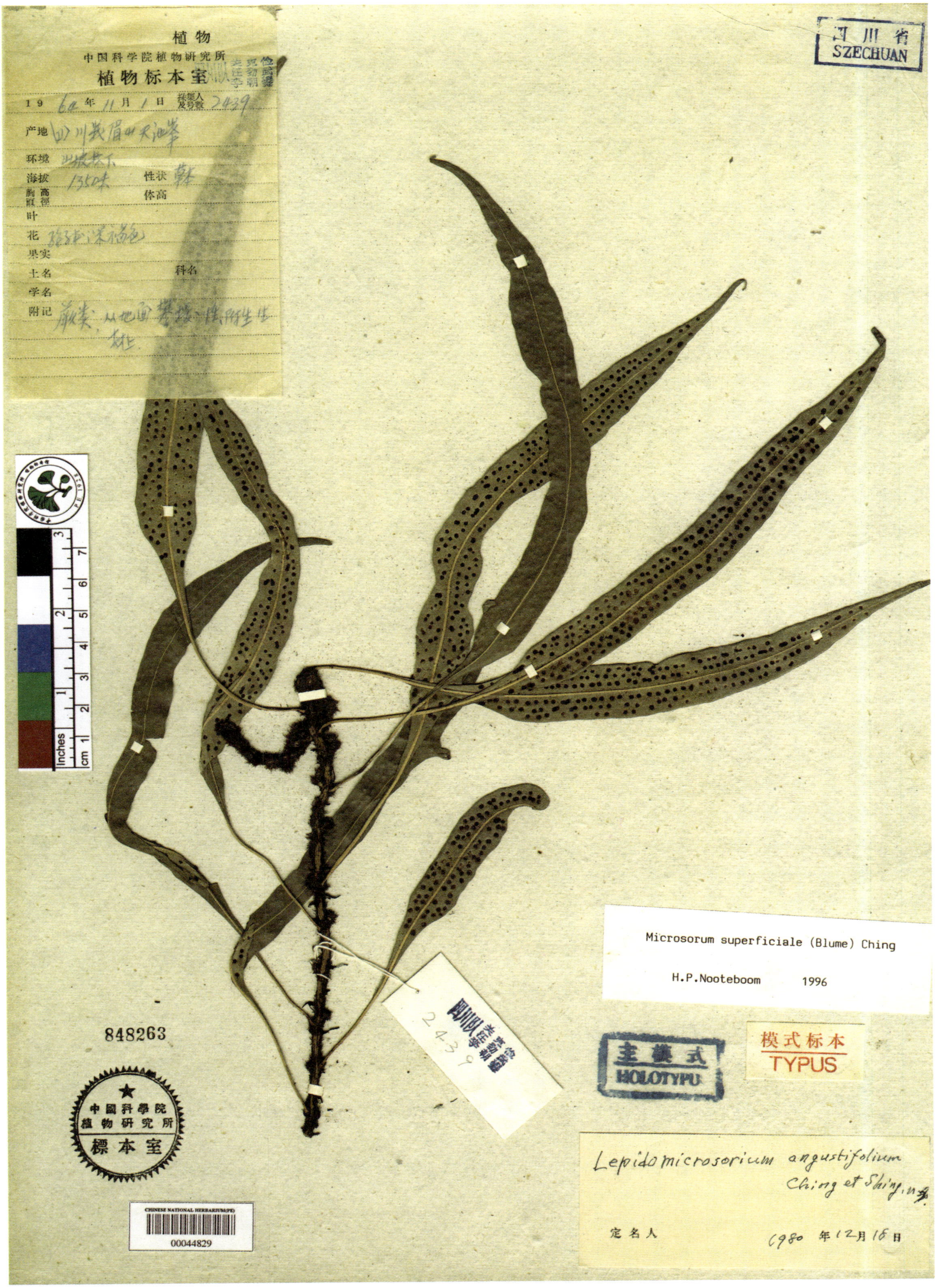

狭叶鳞果星蕨 ***Lepidomicrosorium angustifolium*** Ching & K. H. Shing in Bot. Res. Inst. Bot. (Beijing) 1983(1): 8, pl. 4:2. 1983. **Holotype:** China. Sichuan: Emei, Emeishan, alt. 1350 m, 1960-11-01, K. C. Kuan & al. 2439.

洪椿坪鳞果星蕨 ***Lepidomicrosorium hongchunpingense*** Ching & K. H. Shing in Bot. Res. Inst. Bot. (Beijing) 1983(1): 9, pl. 4:3. 1983. **Holotype:** China. Sichuan: Emei, Emeishan, alt. 1400 m, 1963-08-27, K. H. Shing & K. Y. Lang 932.

撕裂鳞果星蕨 ***Lepidomicrosorium hongchunpingense*** Ching & K. H. Shing var. ***laceratum*** Ching & K. H. Shing in Bot. Res. Inst. Bot. (Beijing) 1983(1): 9. 1983. **Holotype:** China. Sichuan: Emei, Emeishan, alt. 1000 m, 1963-08-31, K. H. Shing & K. Y. Lang 1084.

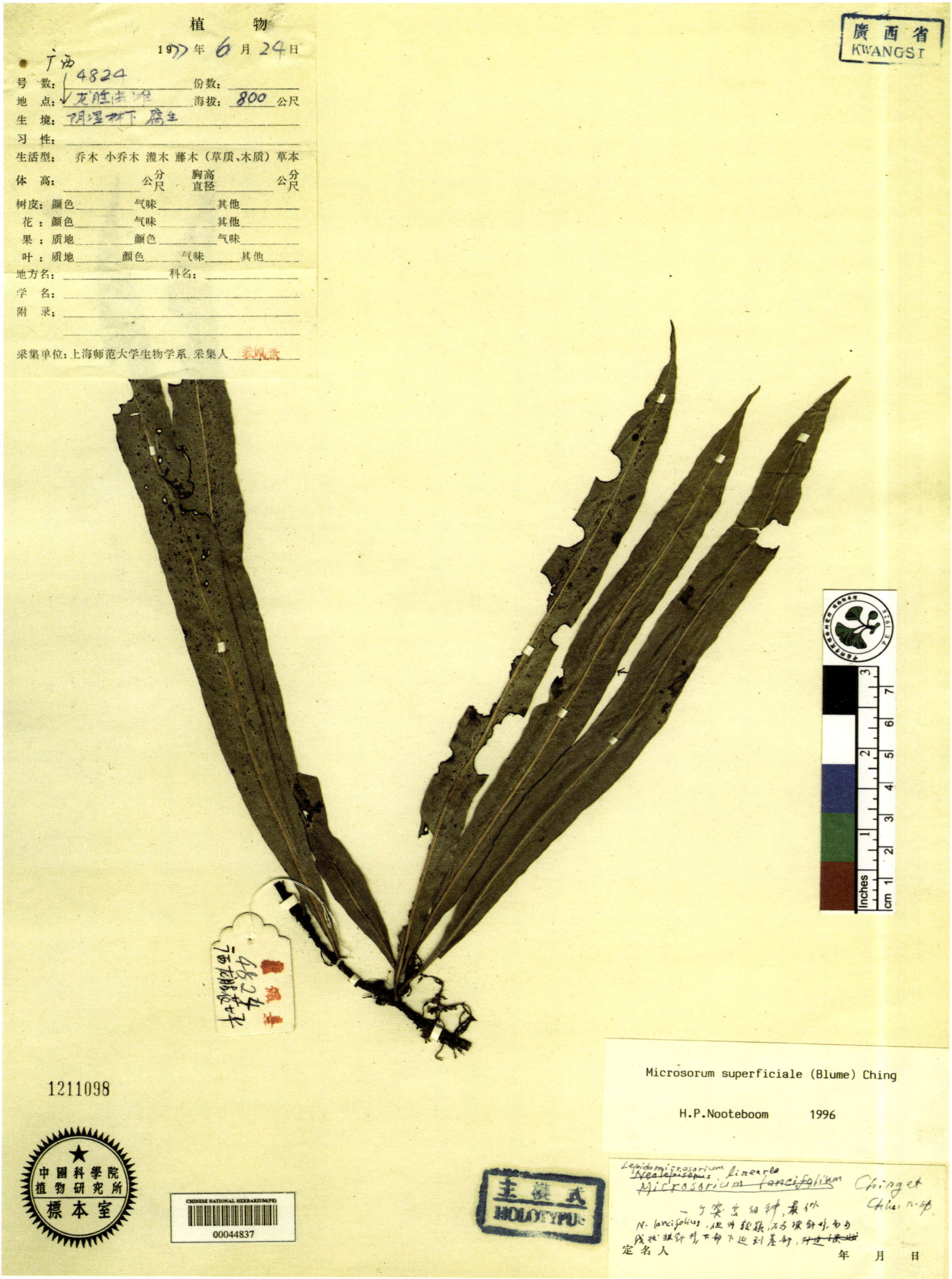

线叶鳞果星蕨 ***Lepidomicrosorium lineare*** Ching & P. S. Chiu in Bot. Res. Inst. Bot. (Beijing) 1983(1): 5. 1983.
Holotype: China. Guangxi: Longsheng, alt. 800 m, 1977-06-24, P. S. Chiu 4824.

龙胜鳞果星蕨 ***Lepidomicrosorium longshengense*** Ching & K. H. Shing in Bot. Res. Inst. Bot. (Beijing) 1983(1): 9. 1983. **Holotype:** China. Guangxi: Longsheng, alt. 1100 m, 1964-08-27, F. N. Wei 284.

四川鳞果星蕨 ***Lepidomicrosorium sichuanense*** Ching & K. H. Shing in Bot. Res. Inst. Bot. (Beijing) 1983(1): 8. 1983. **Holotype:** China. Sichuan: Baoxing, alt. 1650 m, 1958-10-10, S. S. Chang & Y. S. Ren 7596.

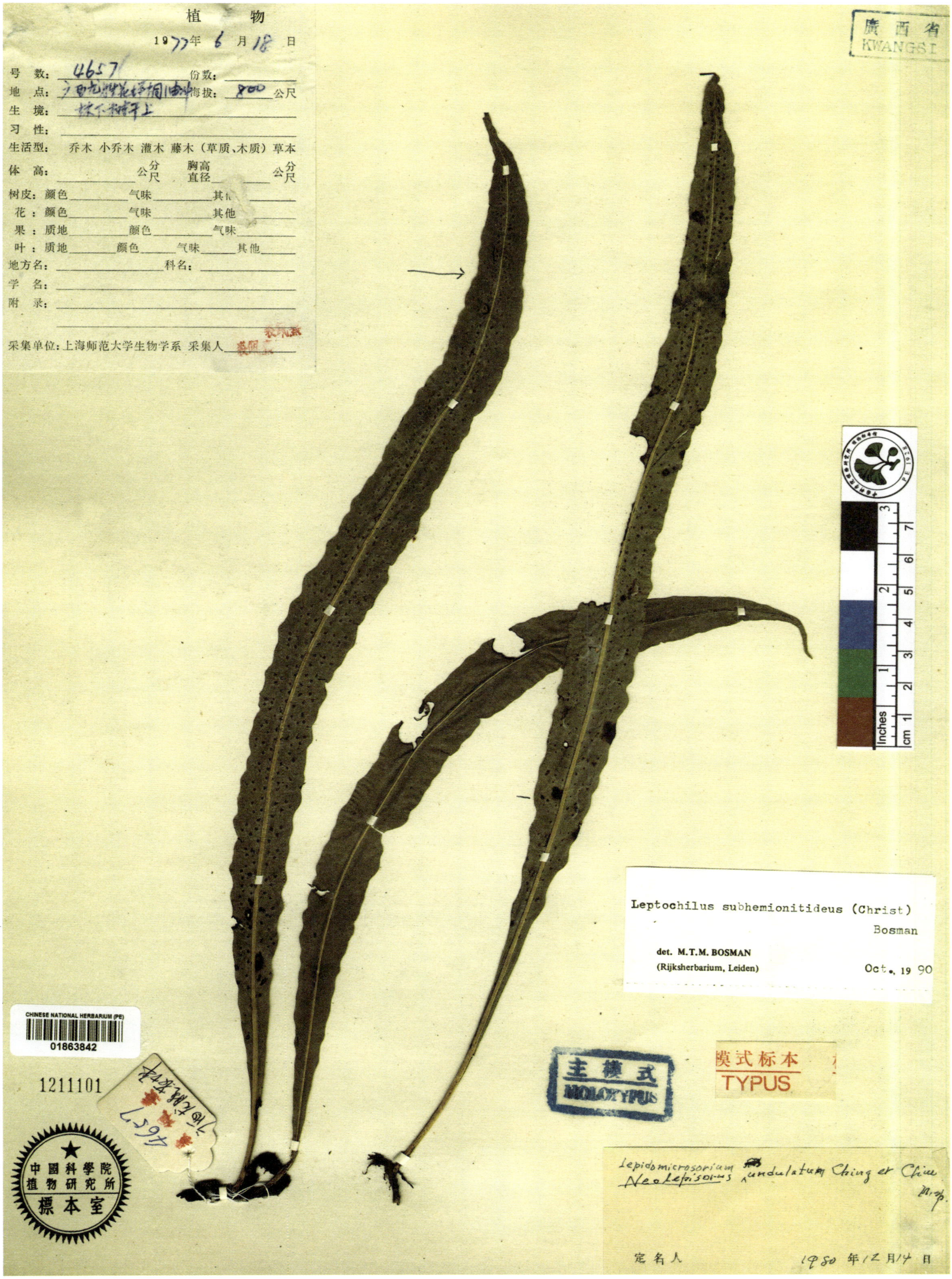

波叶鳞果星蕨 ***Lepidomicrosorium undulatum*** Ching & P. S. Chiu in Bot. Res. Inst. Bot. (Beijing) 1983(1): 11. 1983.
Holotype: China. Guangxi: Longsheng, alt. 800 m, 1977-06-18, P. S. Chiu 4657.

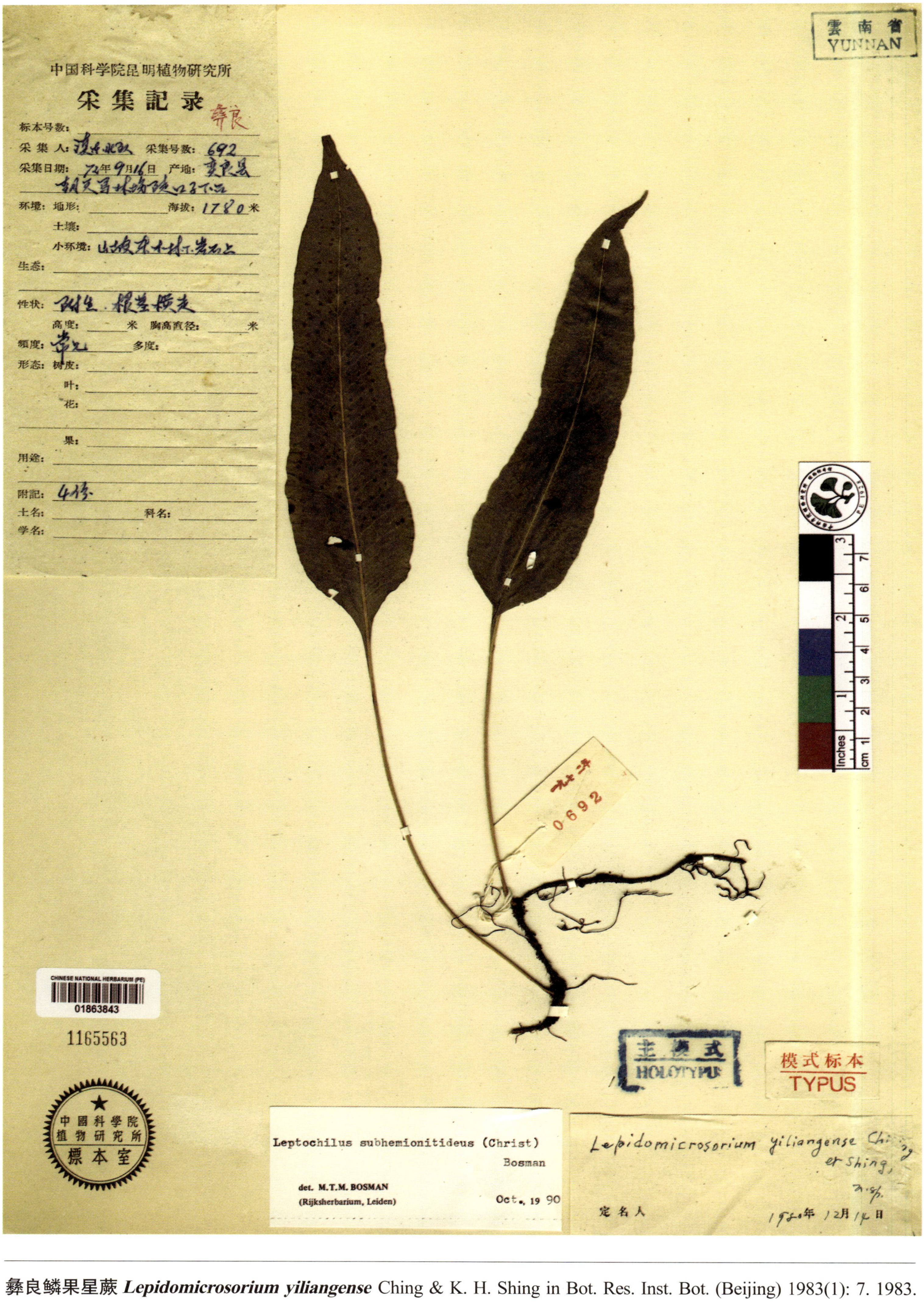

彝良鳞果星蕨 ***Lepidomicrosorium yiliangense*** Ching & K. H. Shing in Bot. Res. Inst. Bot. (Beijing) 1983(1): 7. 1983.
Holotype: China. Yunnan: Yiliang, alt. 1780 m, 1972-09-16, NE Yunnan Exped. 692.

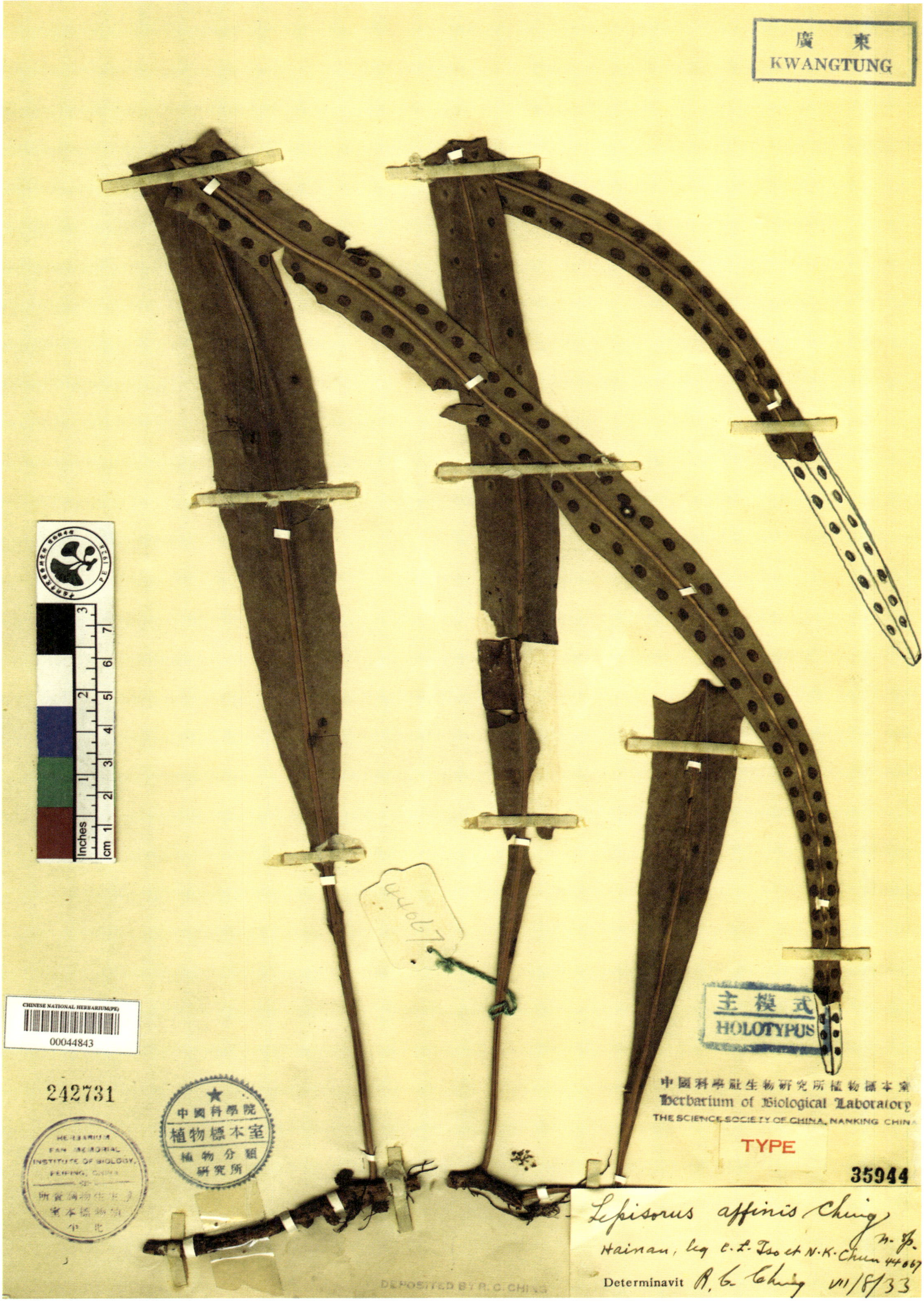

海南瓦韦 ***Lepisorus affinis*** Ching in Acta Phytotax. Sin. 8(2): 152, 169, pl. 22: 28. 1959. **Holotype:** China. Hainan: Wuzhishan, alt. 1300 m, 1932-10-15, C. L. Tso & N. K. Chun 44067.

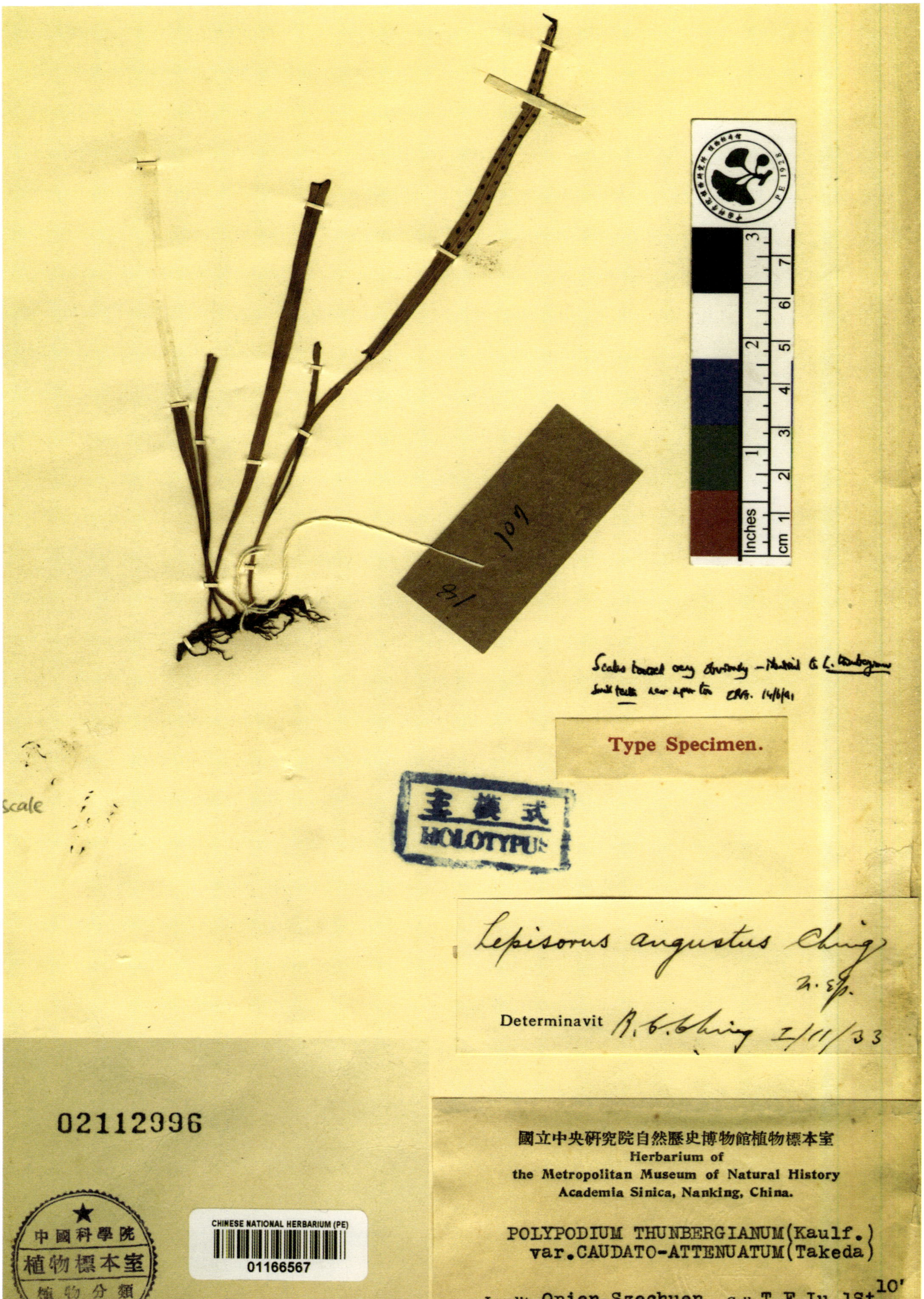

狭叶瓦韦 ***Lepisorus angustus*** Ching in Bull. Fan Mem. Inst. Biol. 4: 86. 1933. **Holotype:** China. Sichuan: Ebian, 1929-09-18, T. F. Lu 107.

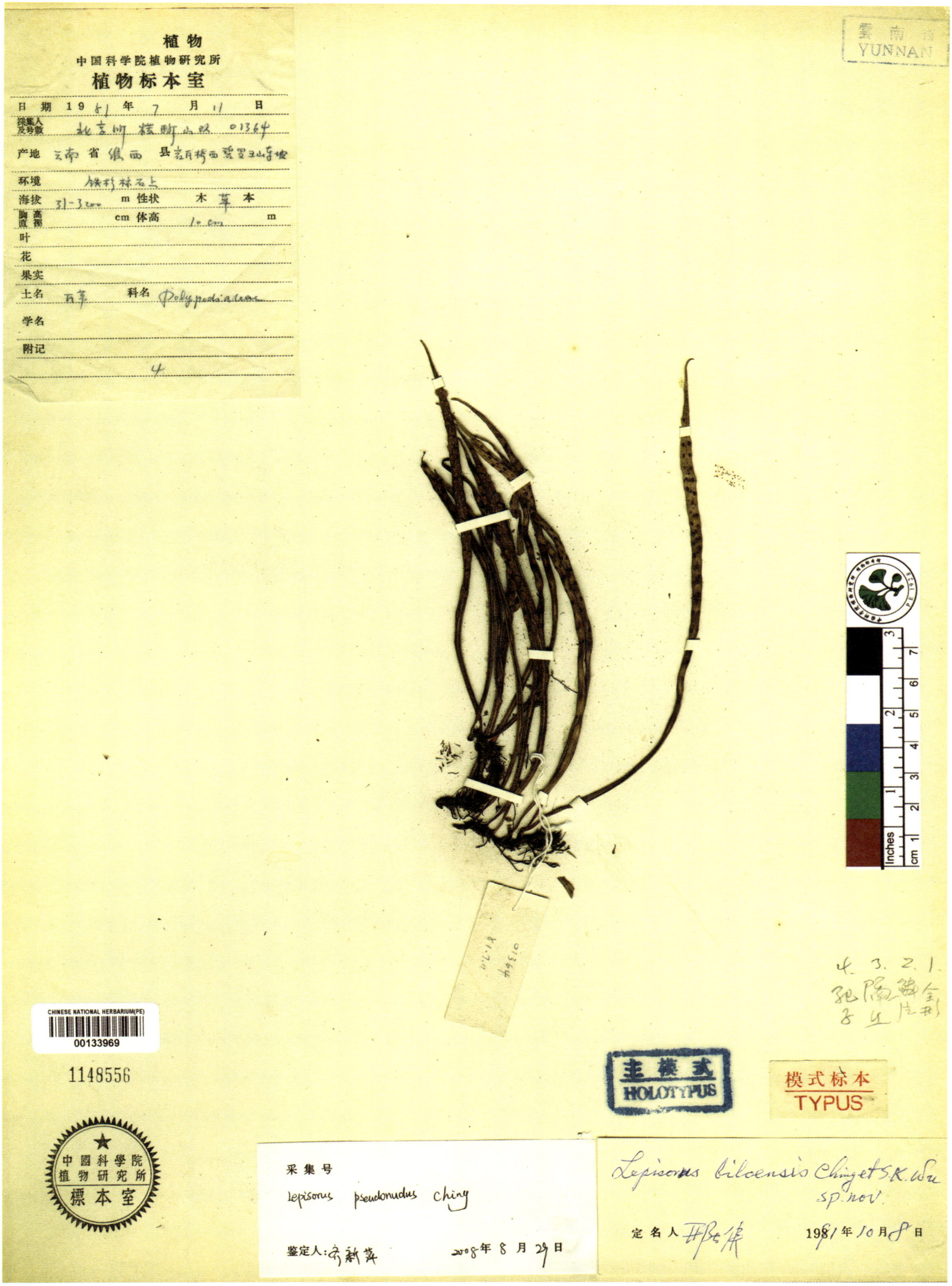

碧罗瓦韦 ***Lepisorus bilouensis*** Ching & Y. X. Lin ex K. H. Shing in Acta Phytotax. Sin. 31(6): 573, f.5: 5-8. 1993. **Holotype:** China. Yunnan: Weixi, alt. 3100~3200 m, 1981-07-11, Hengduanshan Exped. 1364.

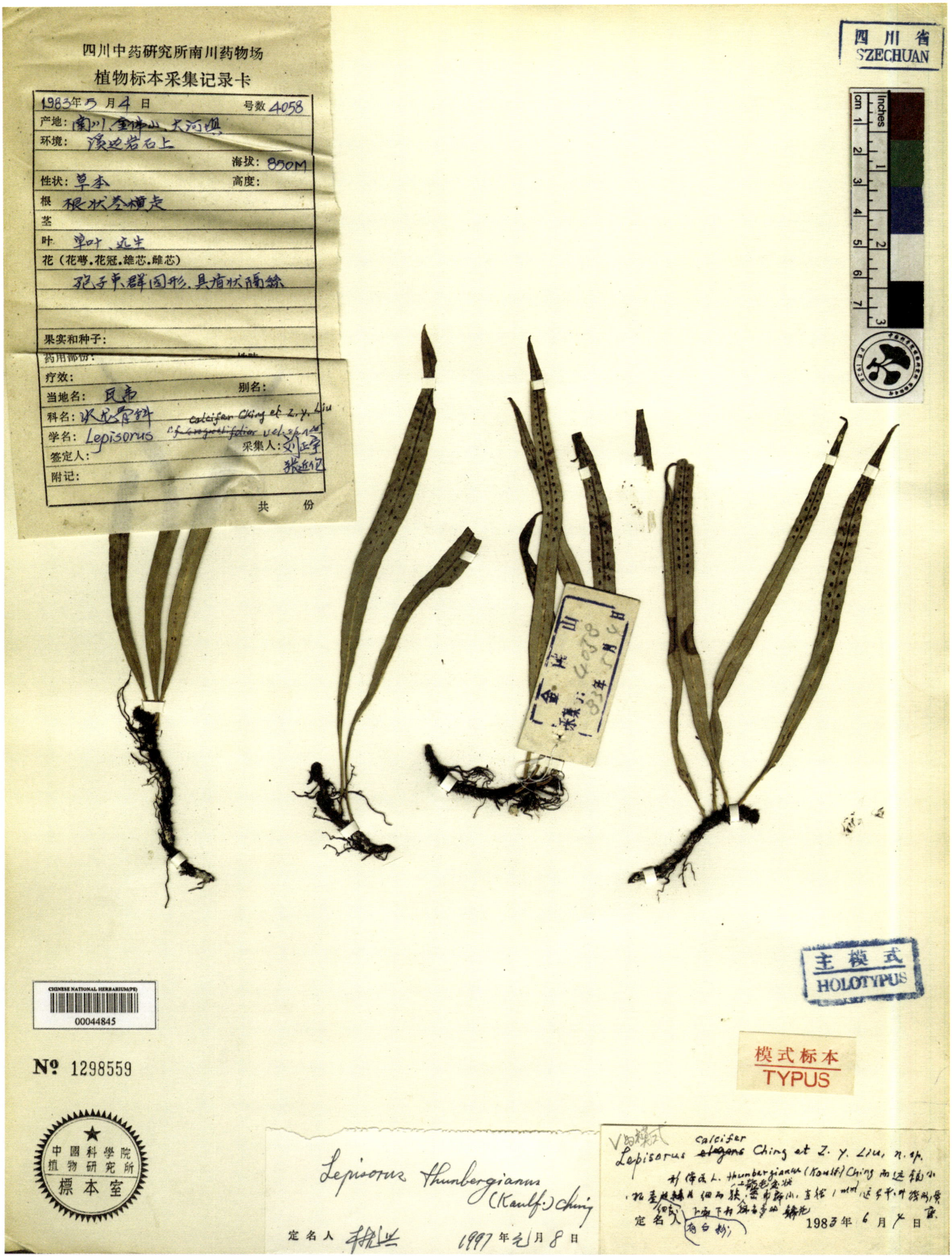

灰白茎瓦韦 ***Lepisorus calcifer*** Ching & Z. Y. Liu in Bull. Bot. Res., Harbin 4(4): 25, photo. 55. 1984. **Holotype:** China. Chongqing: Nanchuan, alt. 850 m, 1983-05-04, Z. Y. Liu & J. L. Zhang 4058.

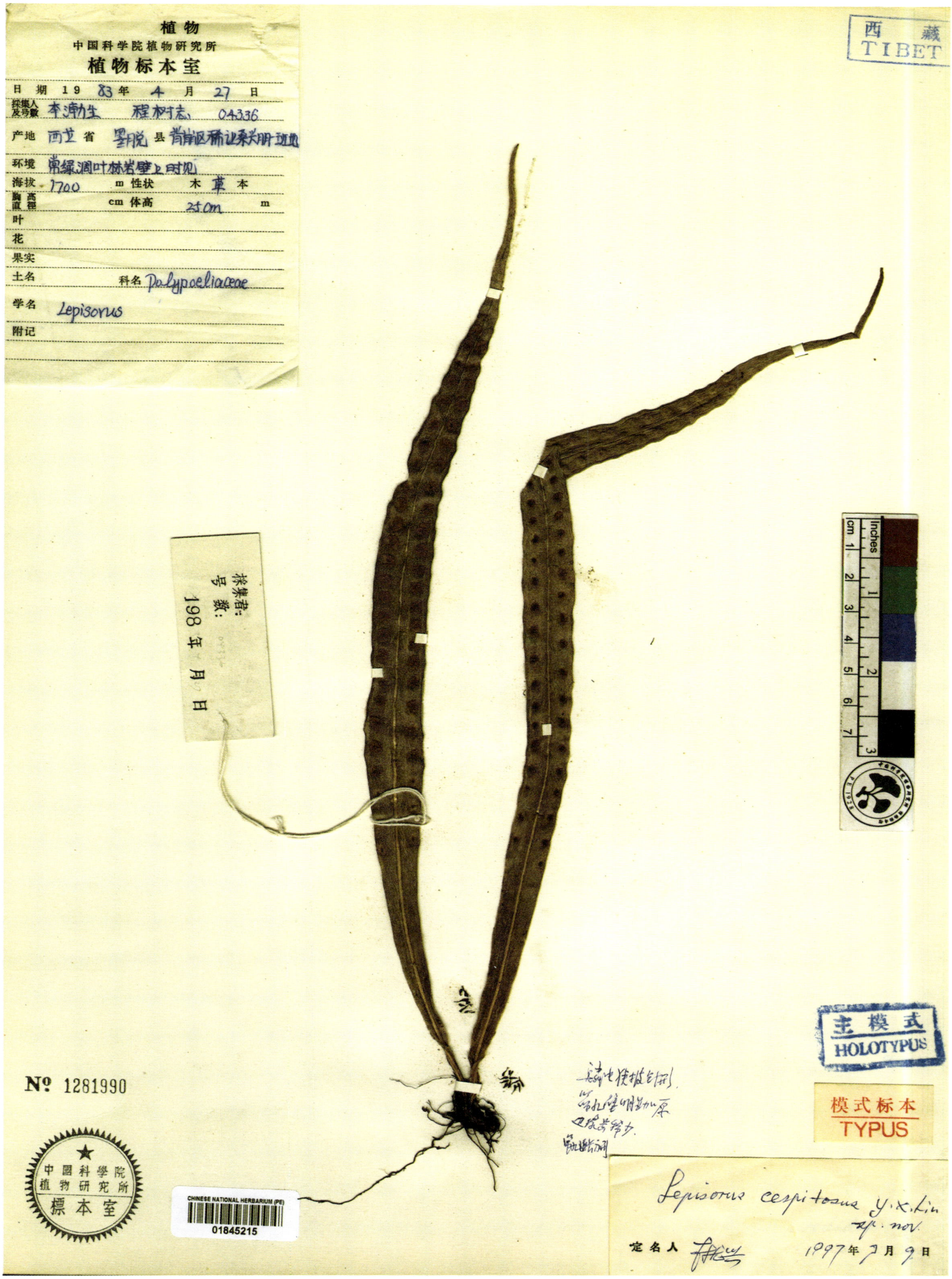

丛生瓦韦 ***Lepisorus cespitosus*** Y. X. Lin, Fl. Reip. Pop. Sin. 6(2): 77, 347, pl. 15 : 5-6. 2000. **Holotype:** China. Xizang: Mêdog, alt. 1700 m, 1983-04-27, B. S. Li & S. Z. Cheng 4336.

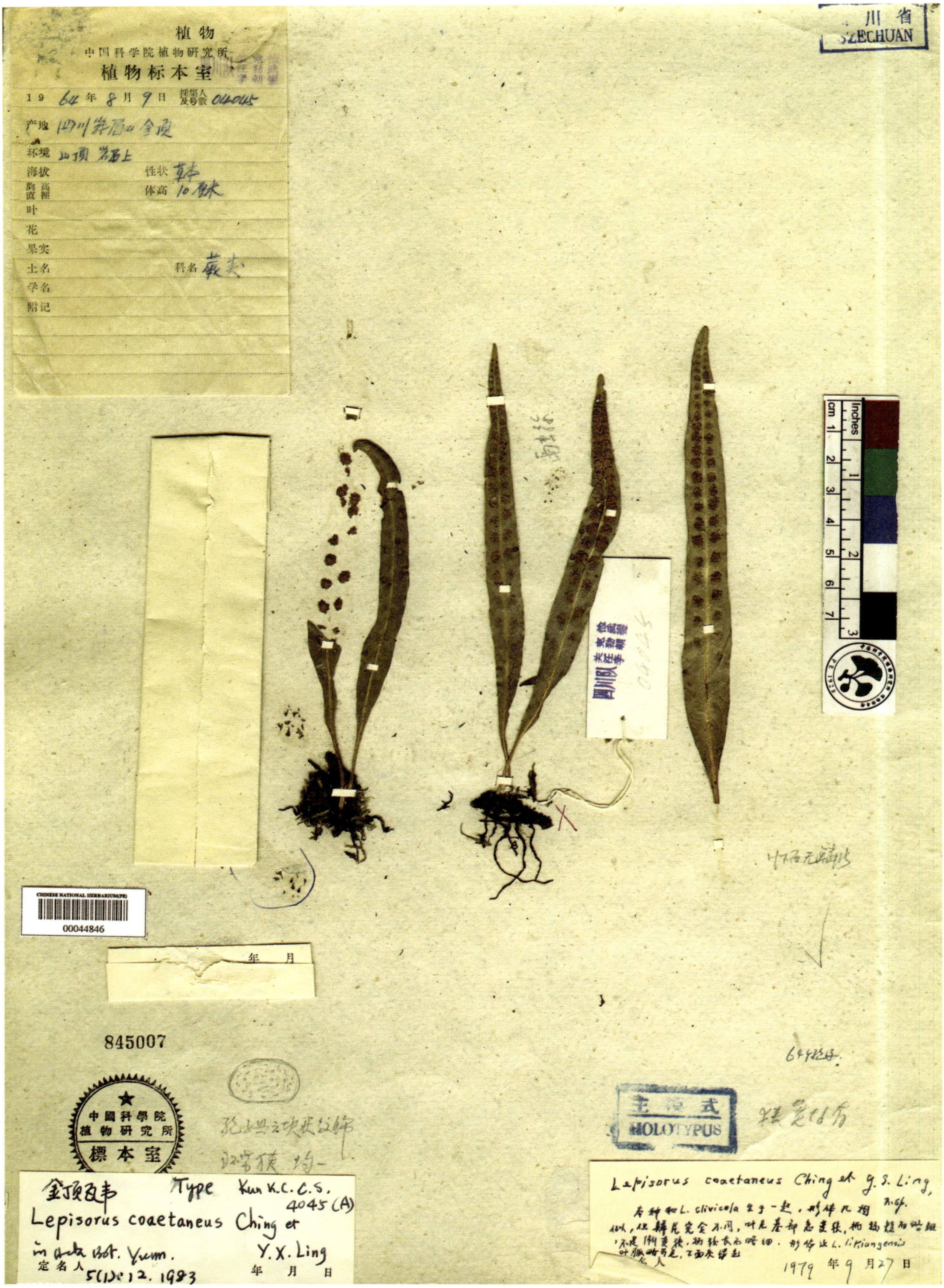

金顶瓦韦 ***Lepisorus coaetaneus*** Ching & Y. X. Ling in Acta Bot. Yunnan. 5(1): 12. 1983. **Holotype:** China. Sichuan: Emei, Emeishan, 1964-08-09, K. C. Kuan & al. 4045.

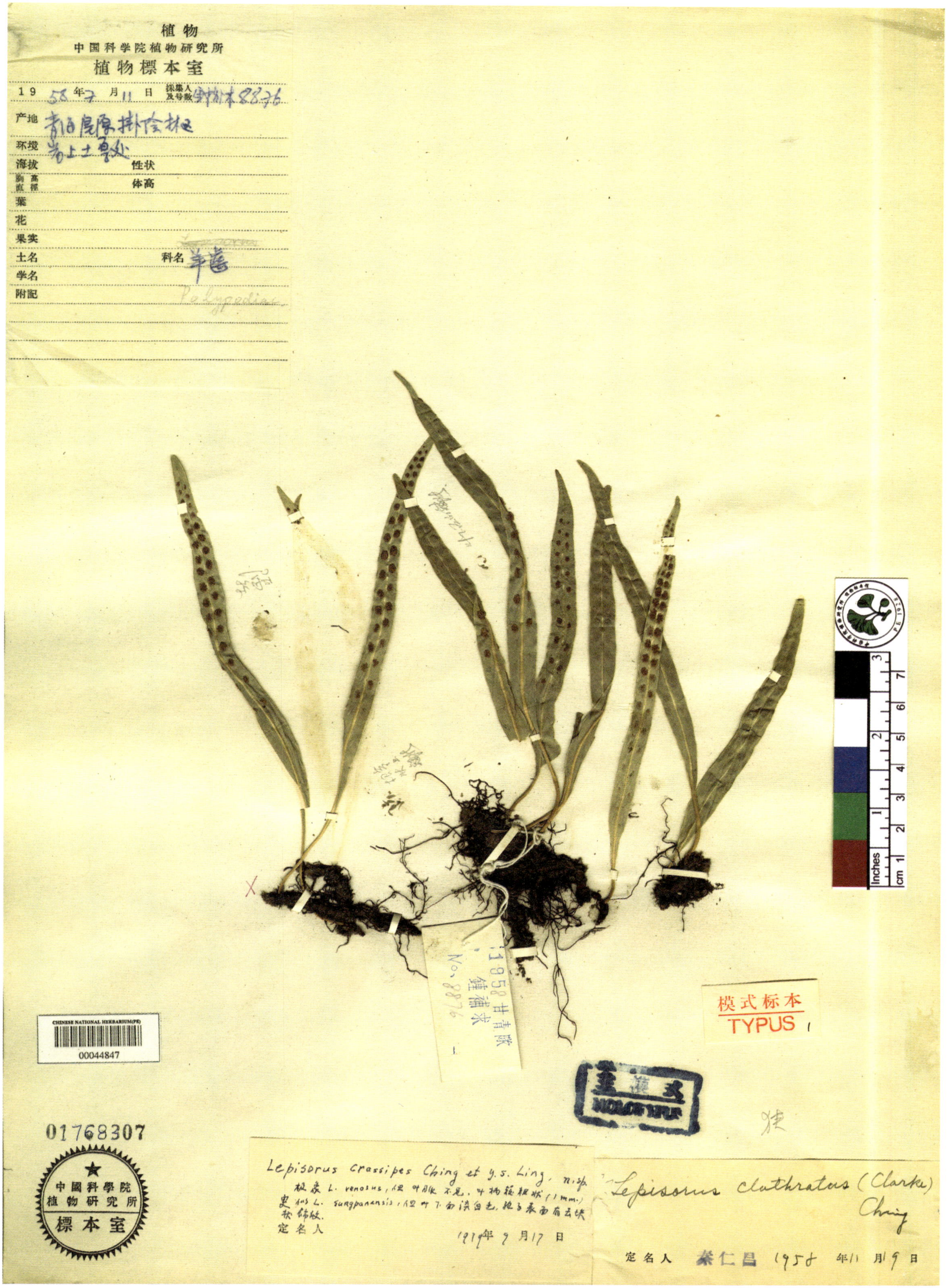

粗柄瓦韦 ***Lepisorus crassipes*** Ching & Y. X. Ling in Acta Bot. Yunnan. 5(1): 18. 1983. **Holotype:** China. Qinghai: Huangyuan, 1958-07-11, P. C. Tsoong 8876.

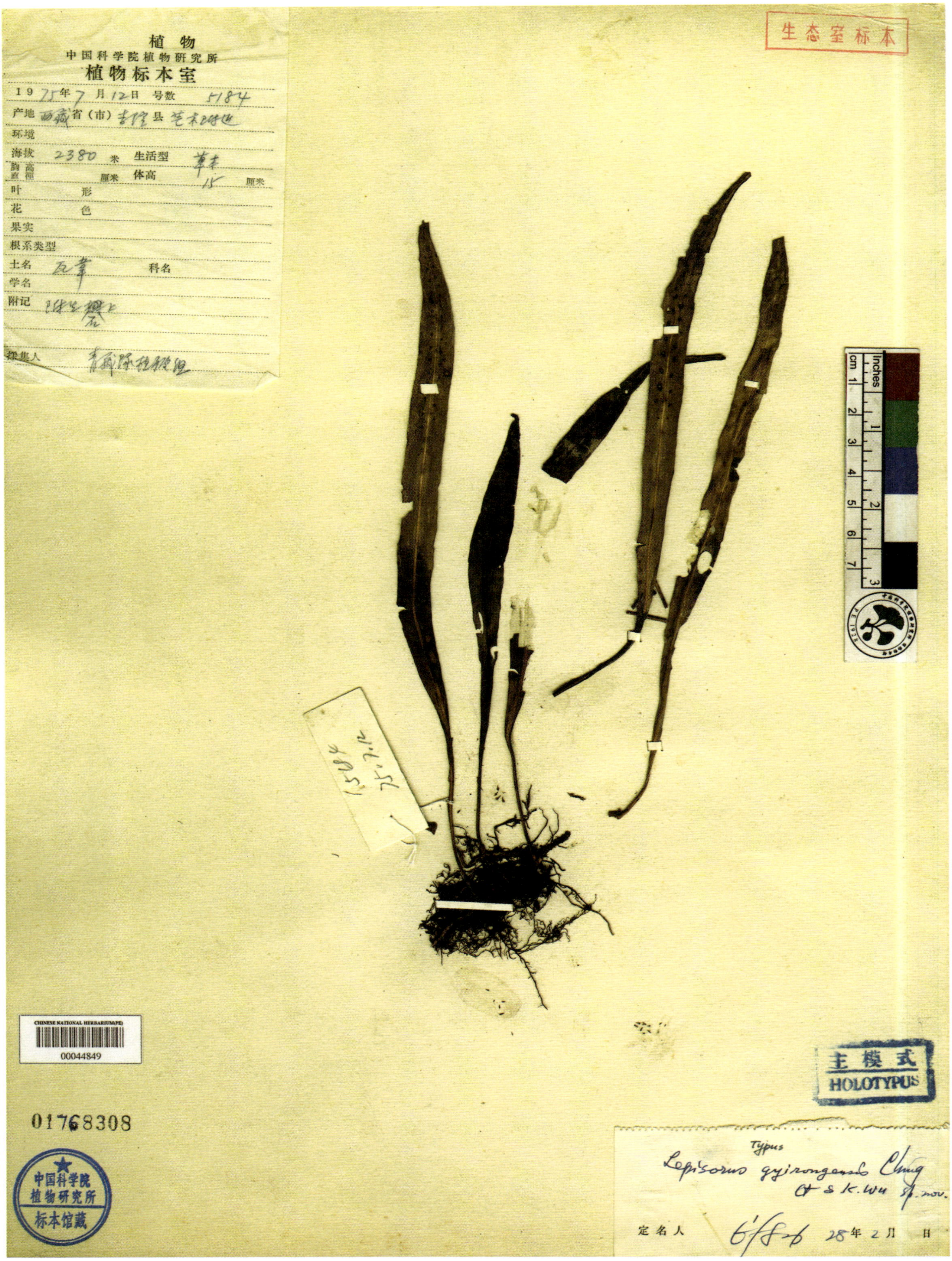

吉隆瓦韦 ***Lepisorus gyirongensis*** Ching & S. K. Wu, Fl. Xizang. 1: 304, f. 76: 5-7. 1983. **Holotype:** China. Xizang: Grirong, alt. 2380 m, 1975-07-12, Qinghai-Xizang Exped. 5184.

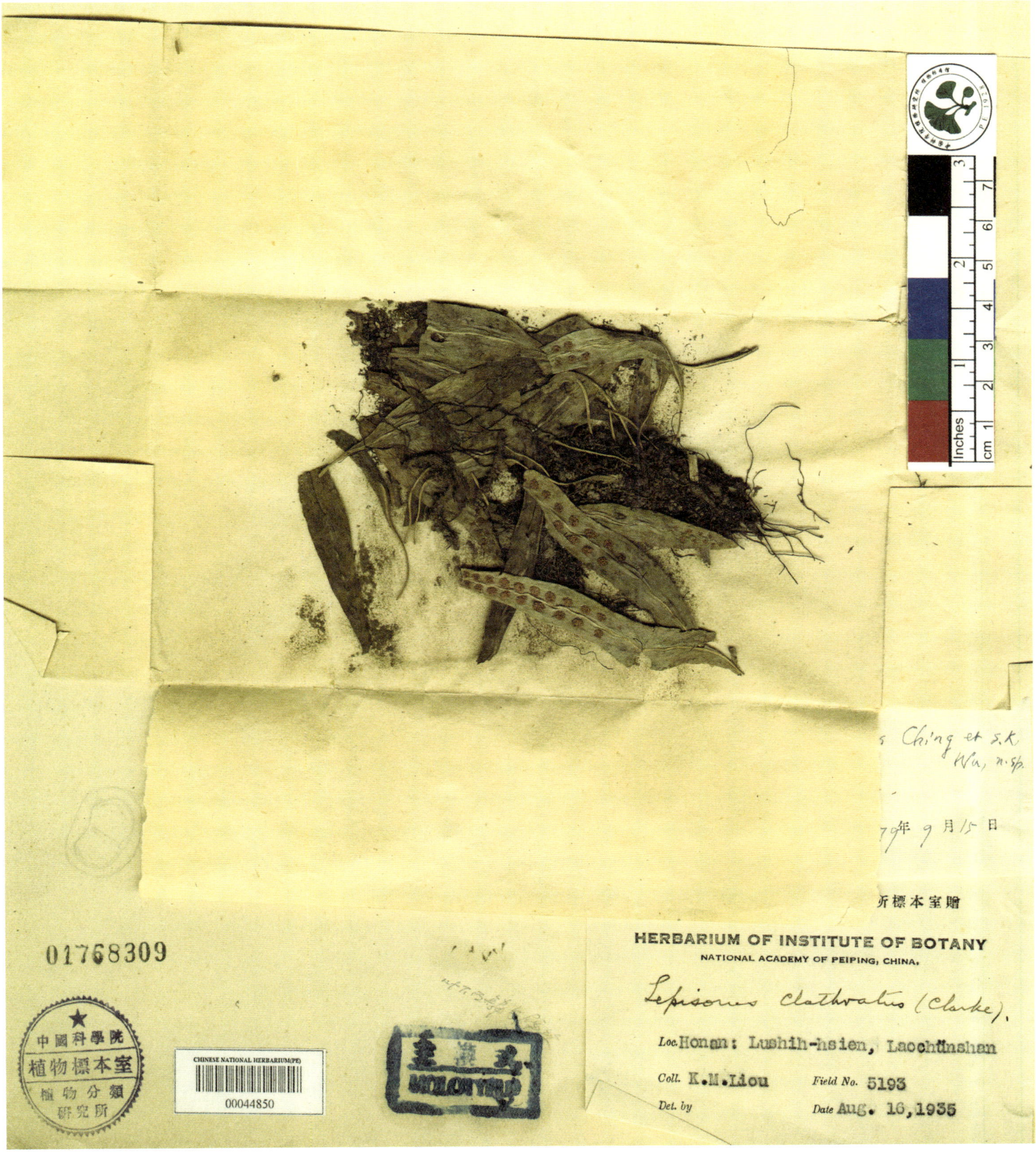

河南瓦韦 ***Lepisorus henanensis*** Ching & S. K. Wu in Acta Bot. Yunnan. 5(1): 13. 1983. **Holotype:** China. Henan: Lushi, 1935-08-16, K. M. Liou 5193.

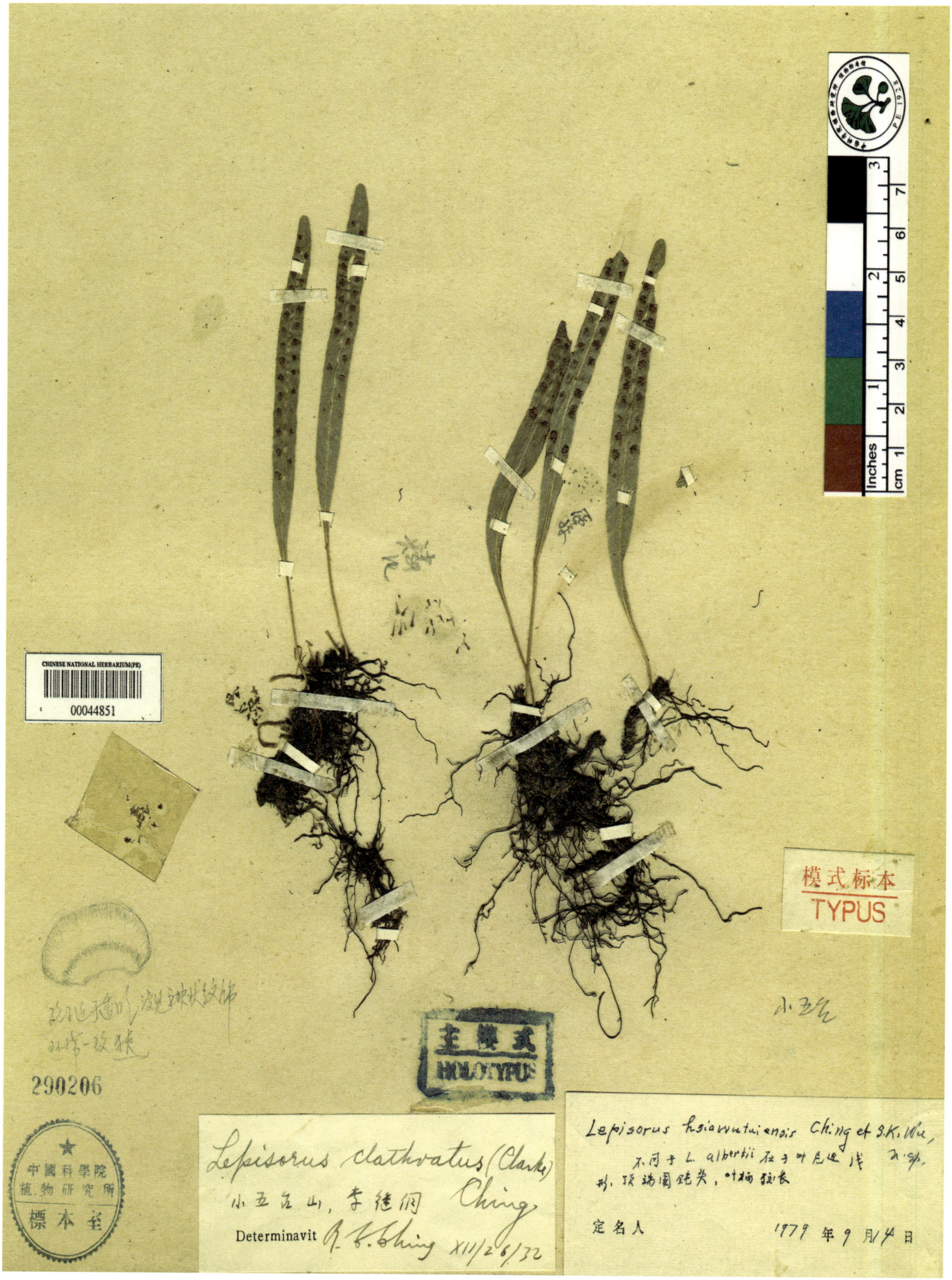

小五台瓦韦 ***Lepisorus hsiawutaiensis*** Ching & S. K. Wu in Acta Bot. Yunnan. 5(1): 6. 1983. **Holotype:** China. Hebei: Xiaowutaishan, J. T. Li s. n.

彩虹瓦韦 ***Lepisorus iridescens*** Ching & Y. X. Lin, Fl. Reip. Pop. Sin. 6(2): 82, 348, pl. 16: 3-4. 2000. **Holotype:** China. Yunnan: Shuangbai, alt. 2200~2300 m, 1965-11-11, W. M. Chu & al. 4575.

甘肃瓦韦 ***Lepisorus kansuensis*** Ching & S. K. Wu in Acta Bot. Yunnan. 5(1): 17. 1983. **Holotype:** China. Gansu: Wushan, 1956-05-30, Yellow River Exped. 4178.

披针叶瓦韦 ***Lepisorus lancifolius*** Ching in Bull. Fan Mem. Inst. Biol., Bot. Ser. 11: 75. 1941. **Holotype:** China. Yunnan: Yangbi, R. C. Ching 25489.

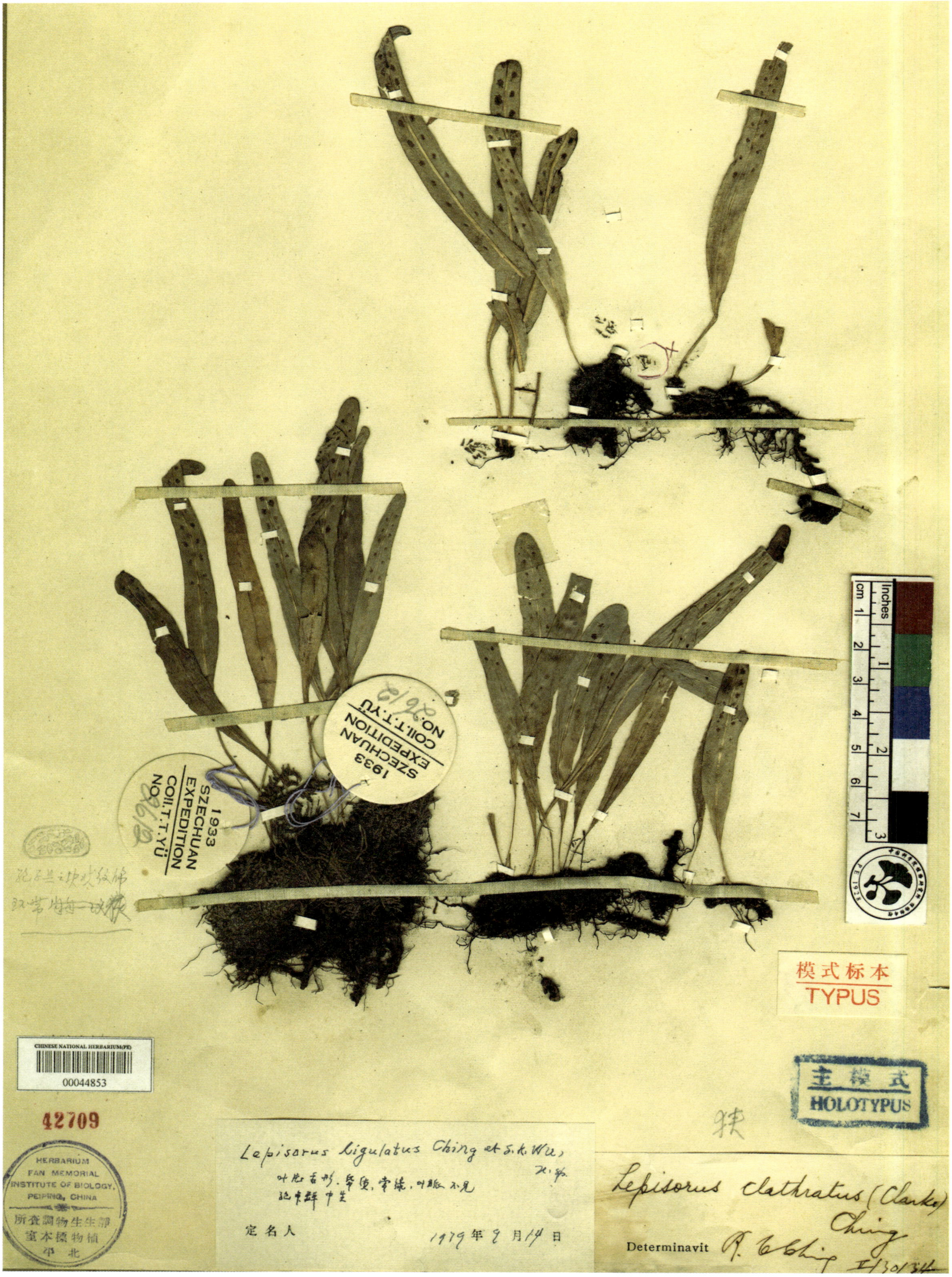

舌叶瓦韦 ***Lepisorus ligulatus*** Ching & S. K. Wu in Acta Bot. Yunnan. 5(1): 6, f. 3. 1983. **Holotype:** China. Sichuan: Precise locality not known, T. T. Yu 2612.

丽江瓦韦 ***Lepisorus likiangensis*** Ching & S. K. Wu in Acta Bot. Yunnan. 5(1): 12. 1983. **Holotype:** China. Yunnan: Lijiang, alt. 3400~3600 m, 1942-08-12, K. M. Feng 8969.

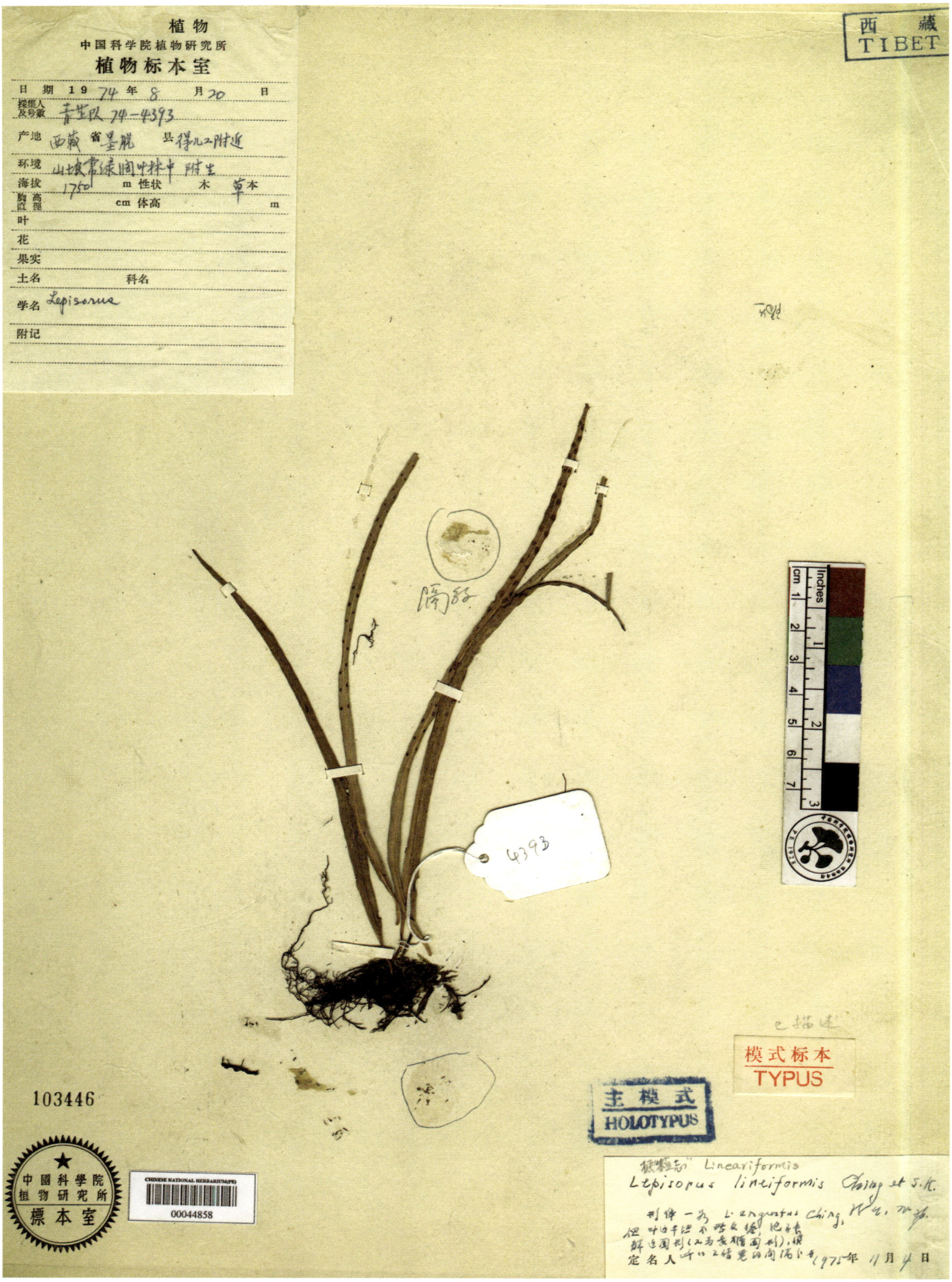

线叶瓦韦 ***Lepisorus lineariformis*** Ching & S. K. Wu, Fl. Xizang. 1: 309, f. 76: 1-4. 1983. **Holotype:** China. Xizang: Mêdog, alt. 1750 m, 1974-08-20, Qinghai-Xizang Exped. 74-4393.

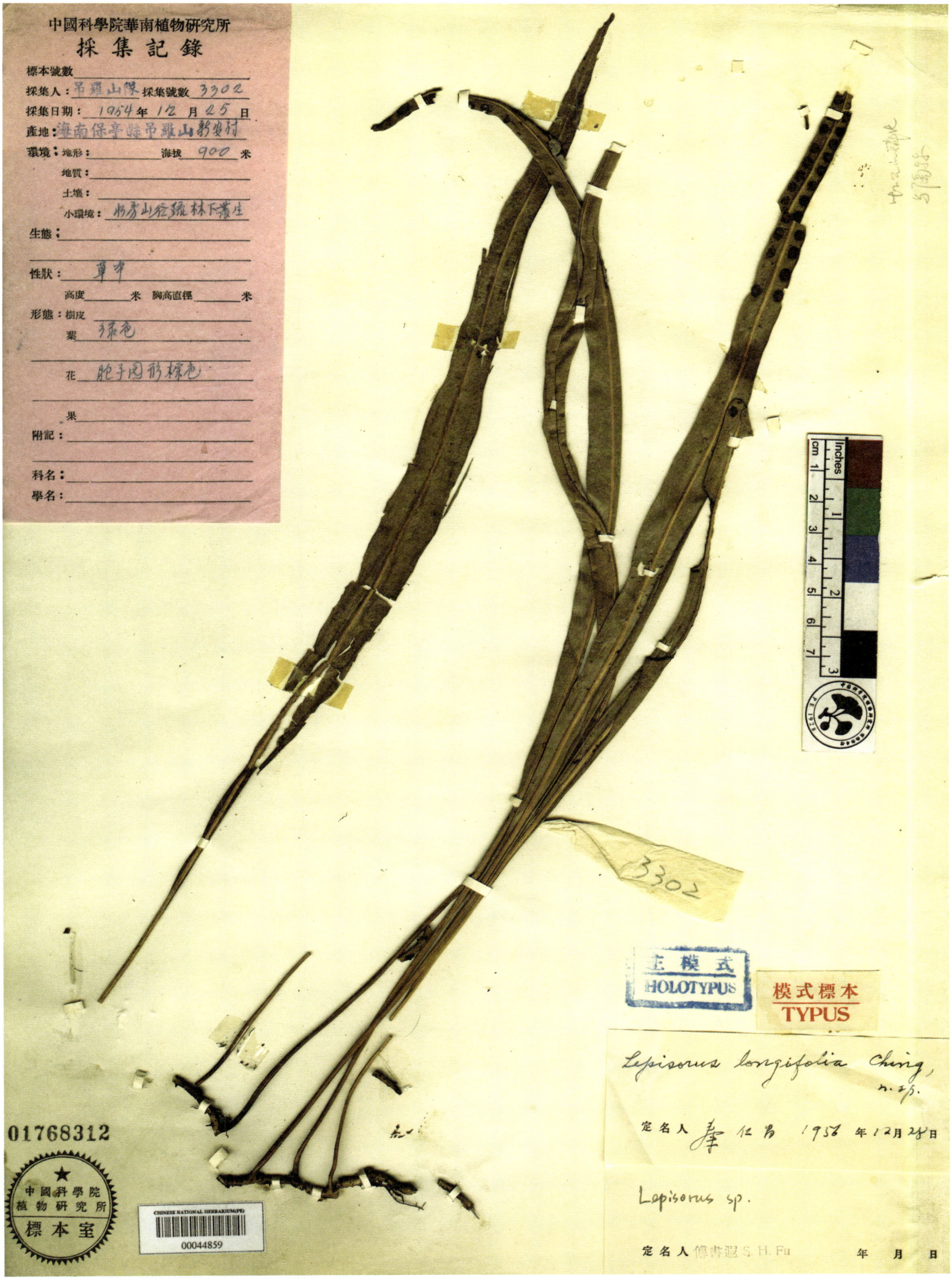

长叶瓦韦 ***Lepisorus longifolius*** Ching in Acta Phytotax. Sin. 8(2): 152, 170. 1959. **Holotype:** China. Hainan: Baoting, alt. 900 m, 1954-12-25, Diaoluoshan Exped. 3302.

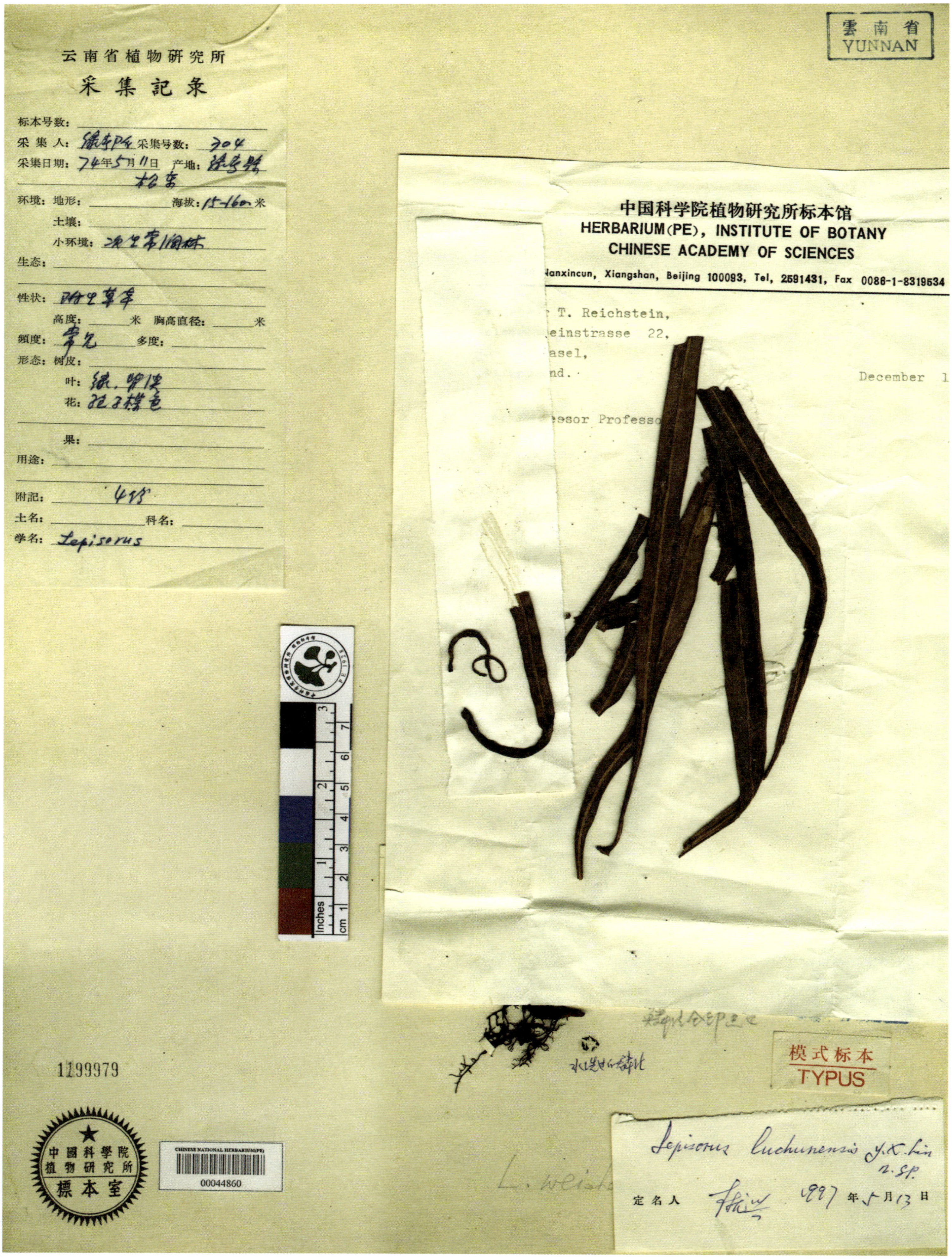

绿春瓦韦 ***Lepisorus luchunensis*** Ching & Y. X. Lin, Fl. Reip. Pop. Sin. 6(2): 50, 346, pl. 8: 3-5. 2000. **Holotype:** China. Yunnan: Luchun, alt. 1500~1600 m, 1974-05-11, Luchun Exped. 304.

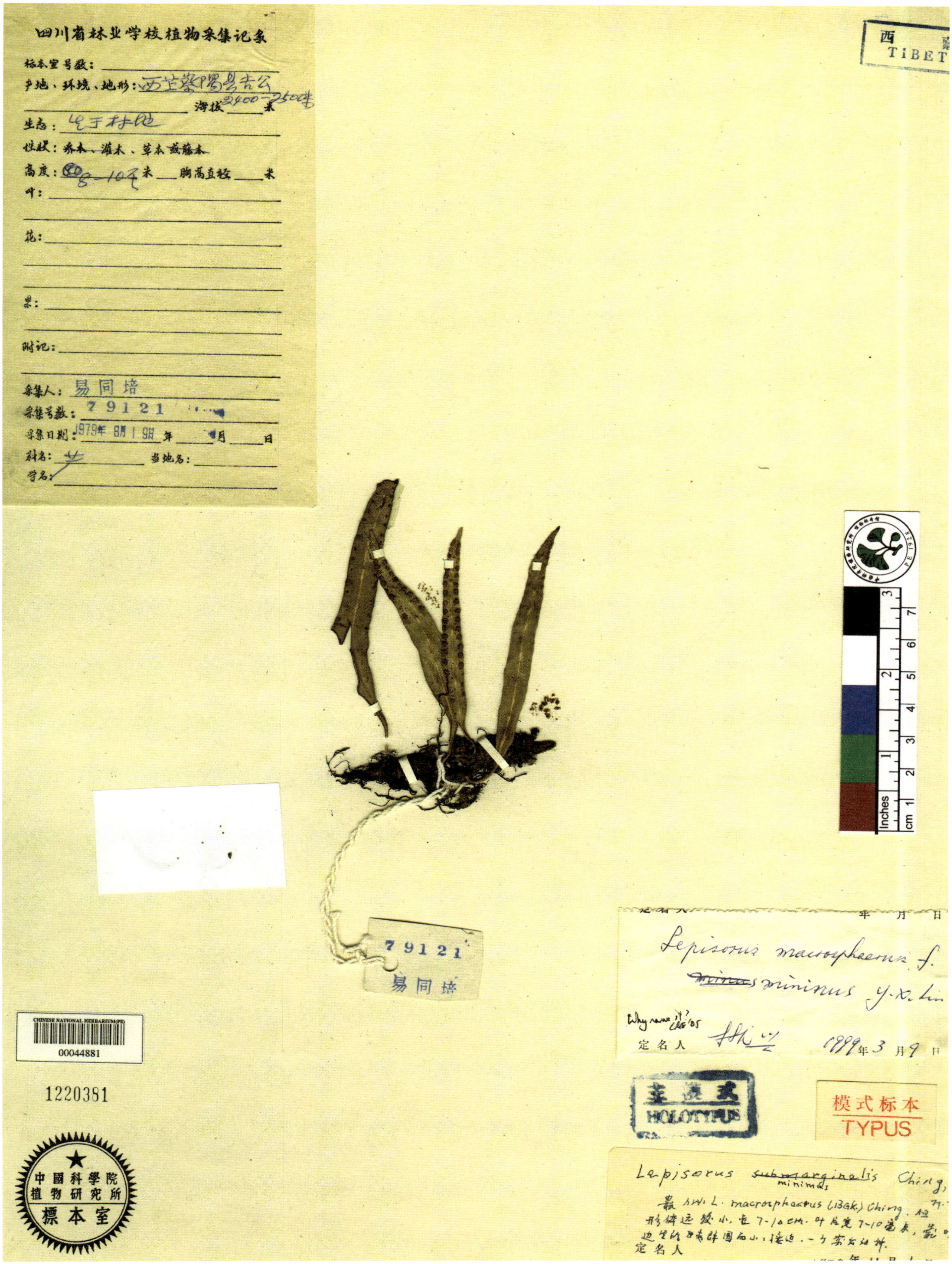

小叶瓦韦 ***Lepisorus macrosphaerus*** (Bak.) Ching var. ***minimus*** Ching, Fl. Xizang. 1: 304. 1983. **Holotype:** China. Xizang: Zayü, alt. 2400~2500 m, 1979-08-19, T. P. Yi 79121.

茂汶瓦韦 ***Lepisorus maowenensis*** Ching & S. K. Wu in Acta Bot. Yunnan. 5(1): 14. 1983. **Holotype:** China. Sichuan: Maowen, alt. 3100 m, 1959-06-15, Maowen Exped. 2553.

有边瓦韦 ***Lepisorus marginatus*** Ching, Fl. Tsinling. 2: 184, 233, pl. 44: 5-7. 1974. **Holotype:** China. Sichuan: Markam, alt. 2400 m, 1957-10-24, S. Li 72707.

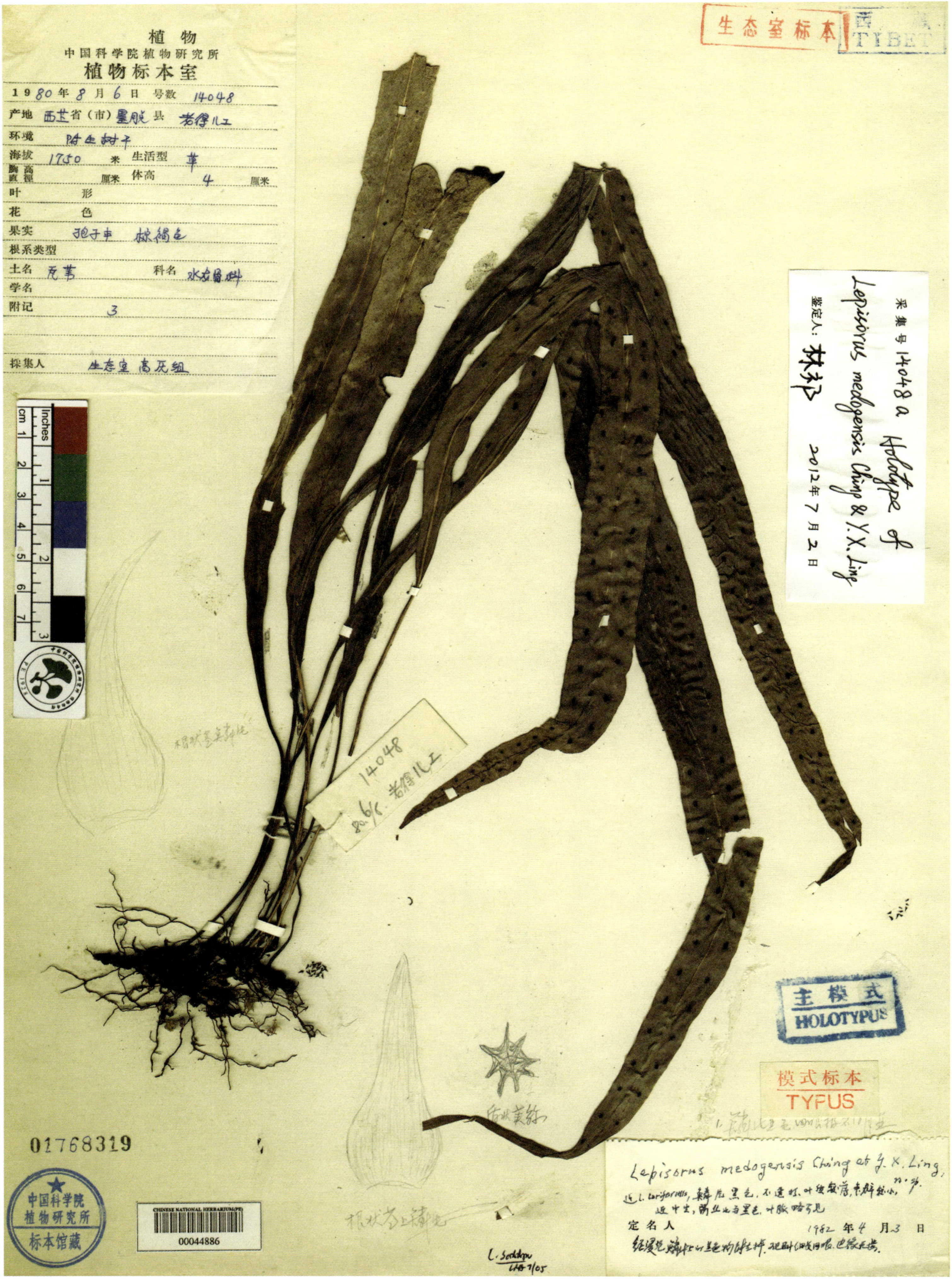

墨脱瓦韦 ***Lepisorus medogensis*** Ching & Y. X. Ling in Acta Phytotax. Sin. 22(5): 401, pl. 2: 2. 1984. **Holotype:** China. Xizang: Mêdog, alt. 1750 m, 1980-08-06, W. L. Chen & al. 14048a.

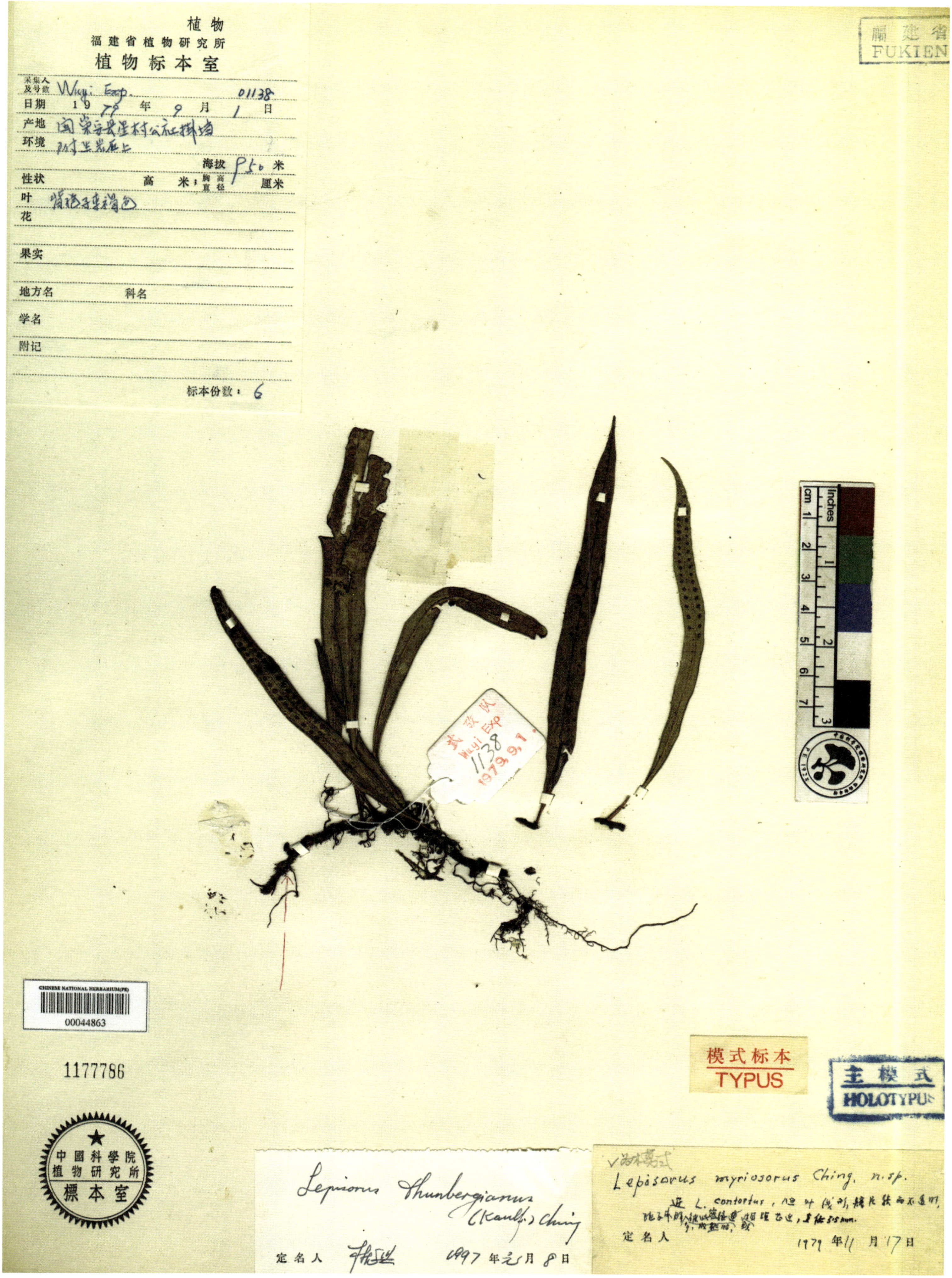

密果瓦韦 ***Lepisorus myriosorus*** Ching in Wuyi Sci. Journ. 1: 11. 1981. **Holotype:** China. Fujian: Chongan, alt. 950 m, 1979-09-01, Wuyi Exped. 1138.

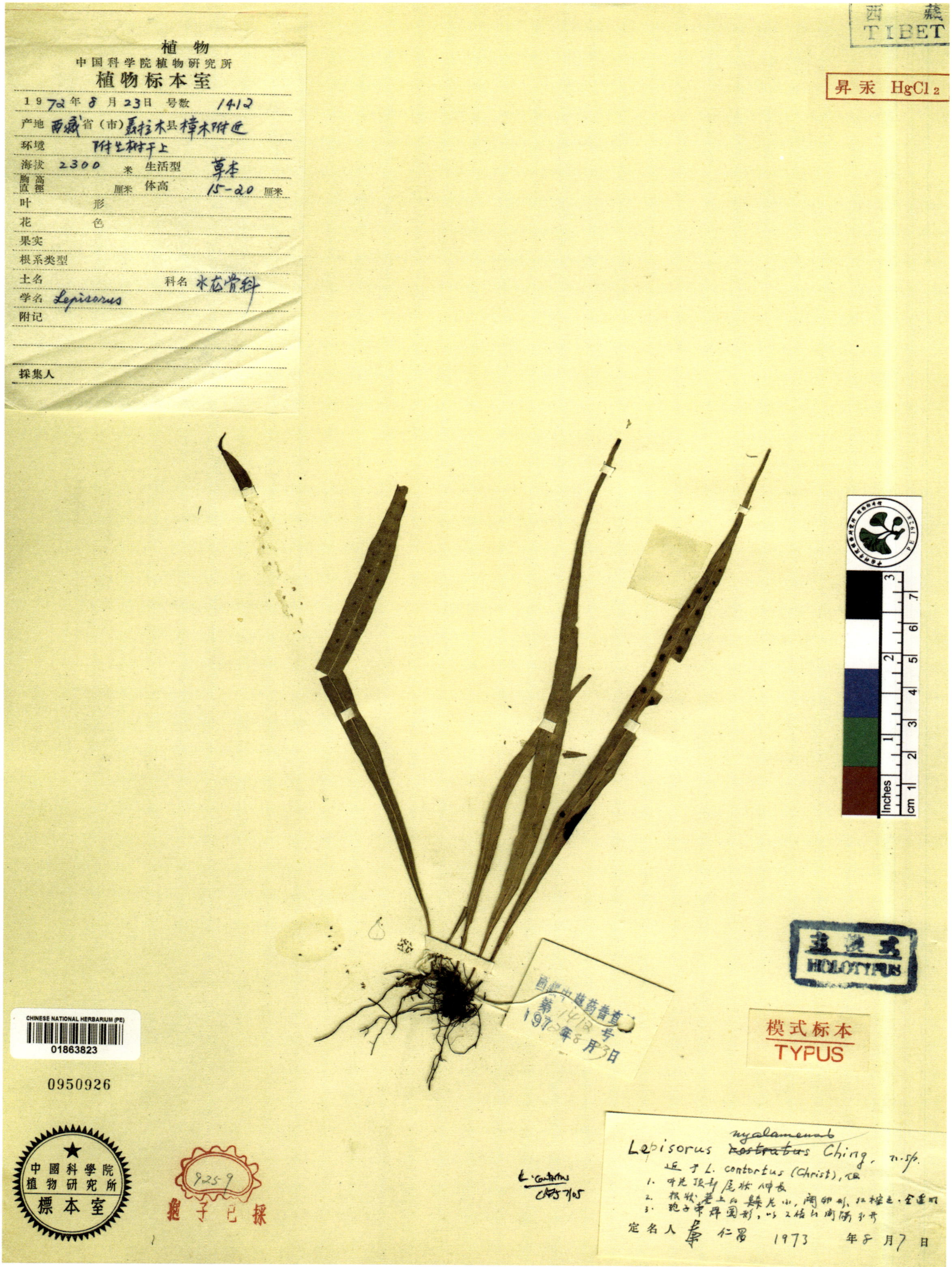

聂拉木瓦韦 ***Lepisorus nyalamensis*** Ching & S. K. Wu, Fl. Xizang. 1: 311, f. 76: 8-12. 1983. **Holotype:** China. Xizang: Nyalam, alt. 2300 m, 1972-08-23, Xizang Medic. Herb. Exped. 1412.

淡丝瓦韦 ***Lepisorus paleparaphysus*** Y. X. Lin, Fl. Reip. Pop. Sin. 6(2): 75, 347, pl. 15: 1-2. 2000. **Holotype:** China. Yunnan: Yangbi, 1940-10-28, R. C. Ching 25518.

神农架瓦韦 ***Lepisorus patungensis*** Ching & S. K. Wu in Acta Bot. Yunnan. 5(1): 11. 1983. **Holotype:** China. Hubei: Badong, alt. 2300 m, 1957-07-23, K. S. Fu & S. S. Chang 1015.

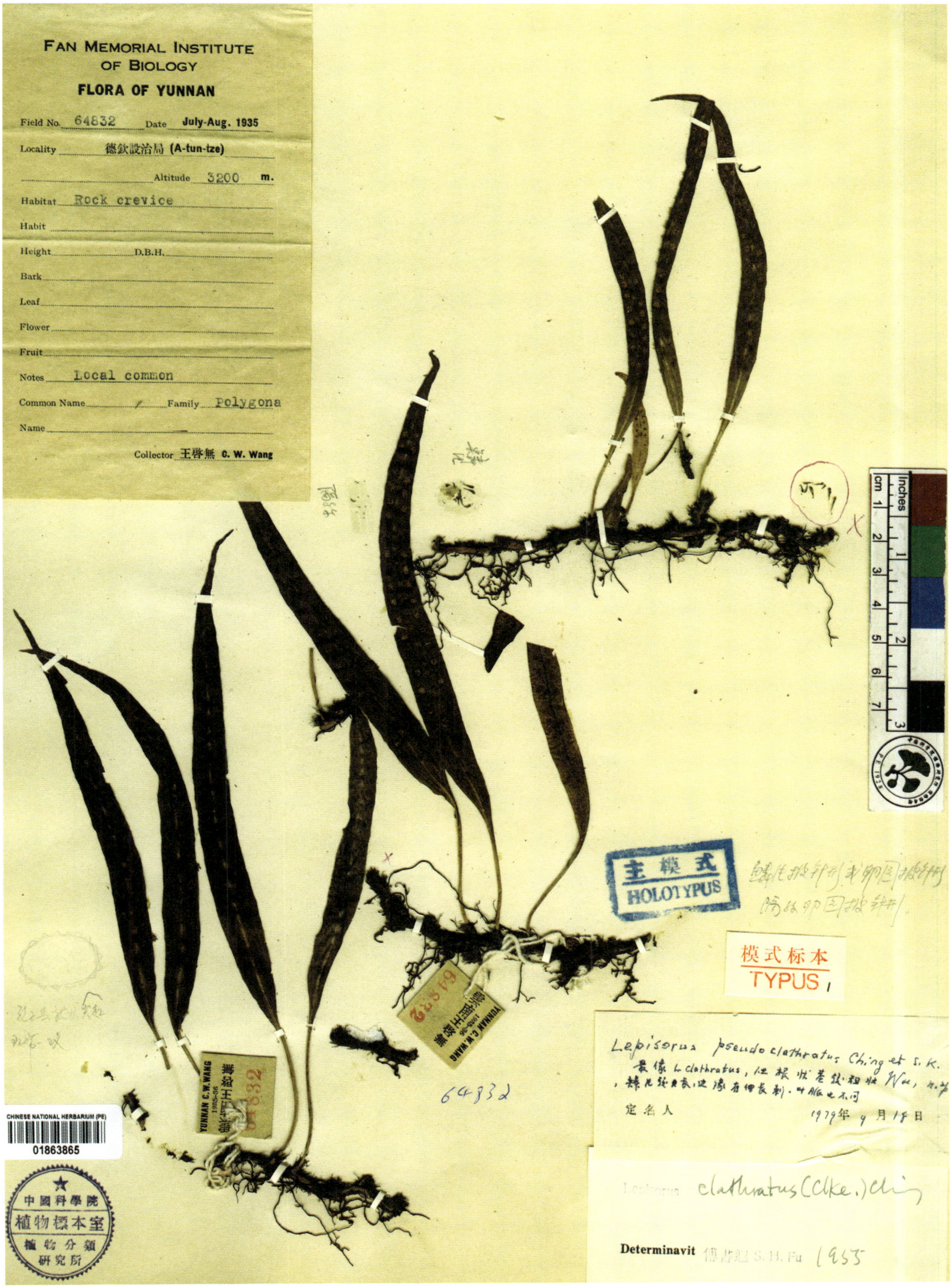

假网眼瓦韦 ***Lepisorus pseudo-clathratus*** Ching & S. K. Wu in Acta Bot. Yunnan. 5(1): 10, f. 10: 3. 1983. **Holotype:** China. Yunnan: Dêqên, alt. 3200 m, 1935-(07-08)-??, C. W. Wang 64832.

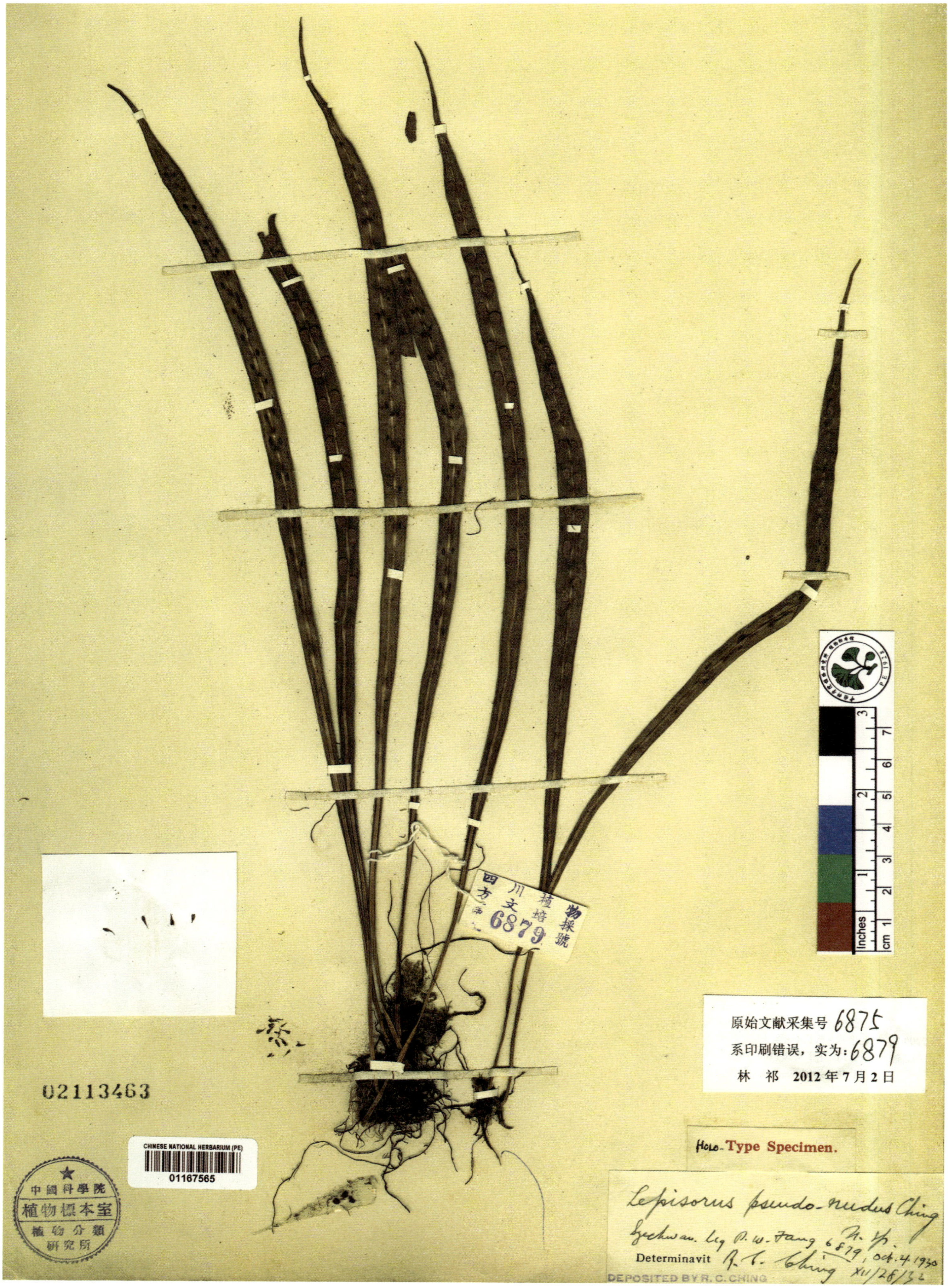

长瓦韦 ***Lepisorus pseudonudus*** Ching in Bull. Fan Mem. Inst. Biol. 4: 83. 1933. **Holotype:** China. Sichuan: Kanyeon, 1930-10-04, W. P. Fang 6879.

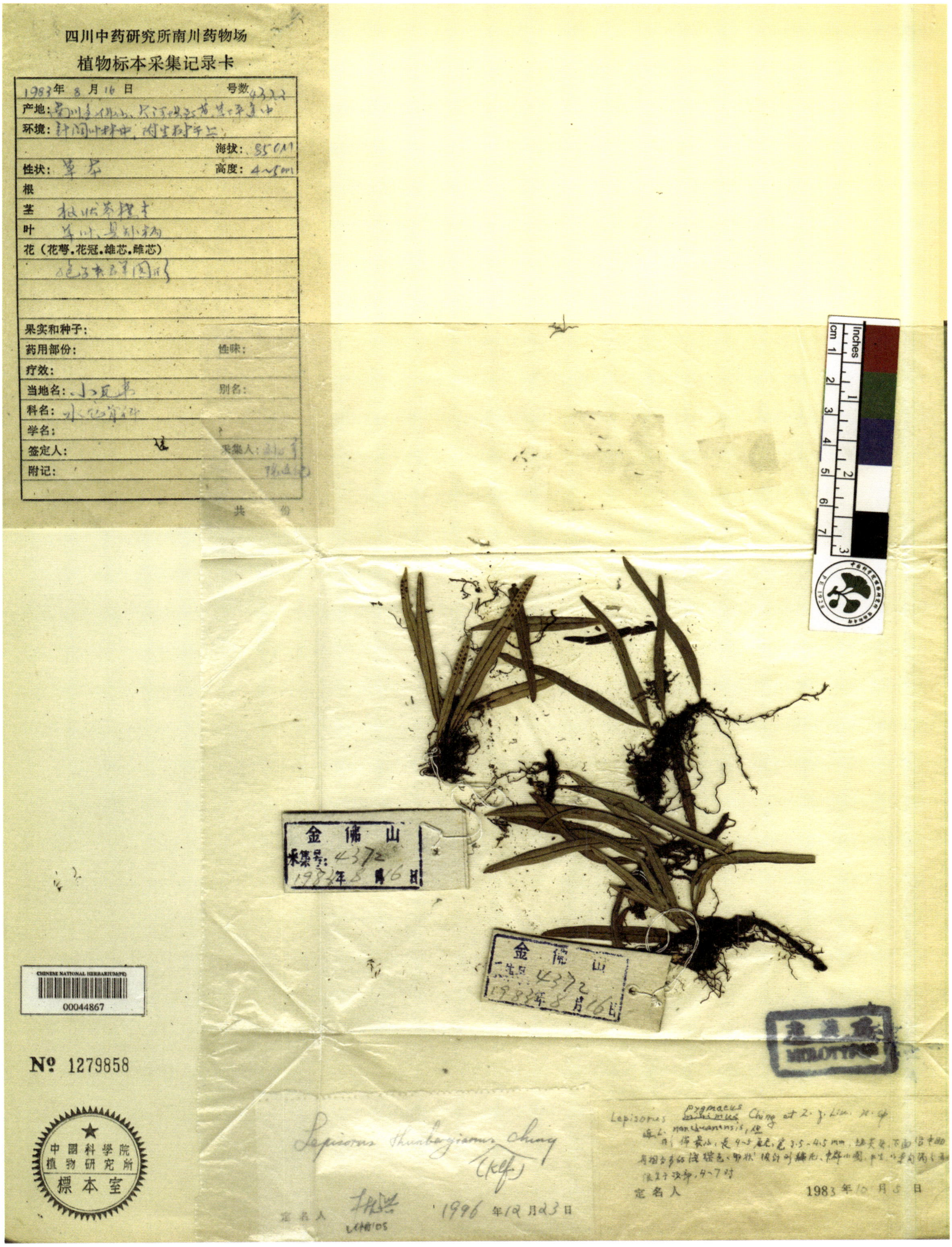

细叶瓦韦 ***Lepisorus pygmaeus*** Ching & Z. Y. Liu in Bull. Bot. Res., Harbin 4(4): 24, photo. 54. 1984. **Holotype:** China. Chongqing: Nanchuan, alt. 850 m, 1983-08-16, Z. Y. Liu & al. 4372.

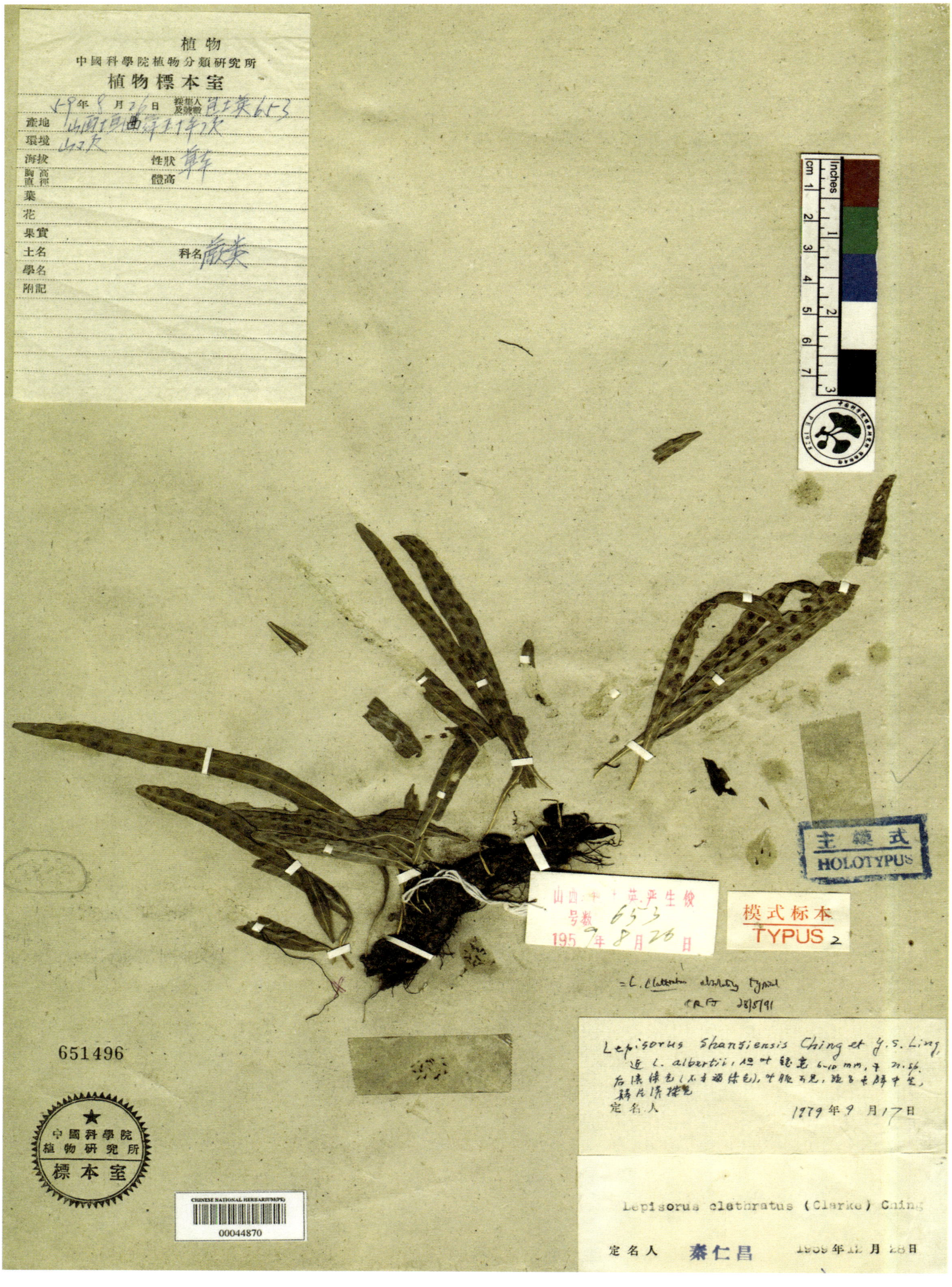

山西瓦韦 ***Lepisorus shansiensis*** Ching & Y. S. Ling in Acta Bot. Yunnan. 5(1): 18, f. 8. 1983. **Holotype:** China. Shanxi: Yuanqu, 1959-08-26, S. Y. Bao 653.

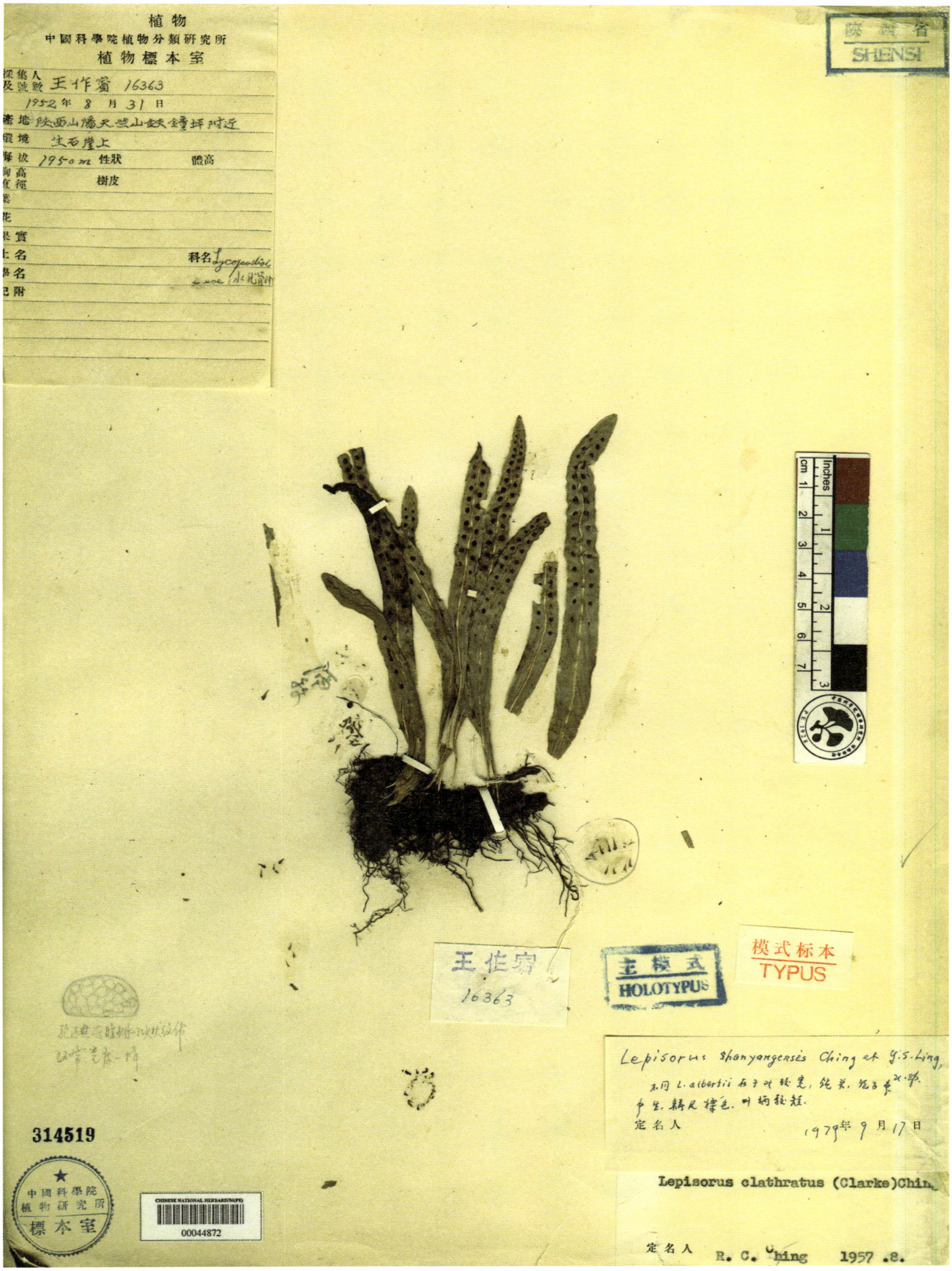

山阳瓦韦 *Lepisorus shanyangensis* Ching & Y. X. Ling in Acta Bot. Yunnan. 5(1): 19, f. 9, 10: 6. 1983. **Holotype:** China. Shaanxi: Shanyang, alt. 1950 m, 1952-08-31, T. P. Wang 16363.

陕西瓦韦 ***Lepisorus shensiensis*** Ching & S. K. Wu in Acta Bot. Yunnan. 5(1): 14. 1983. **Holotype:** China. Shaanxi: Huashan, W. Y. Hsia 4544.

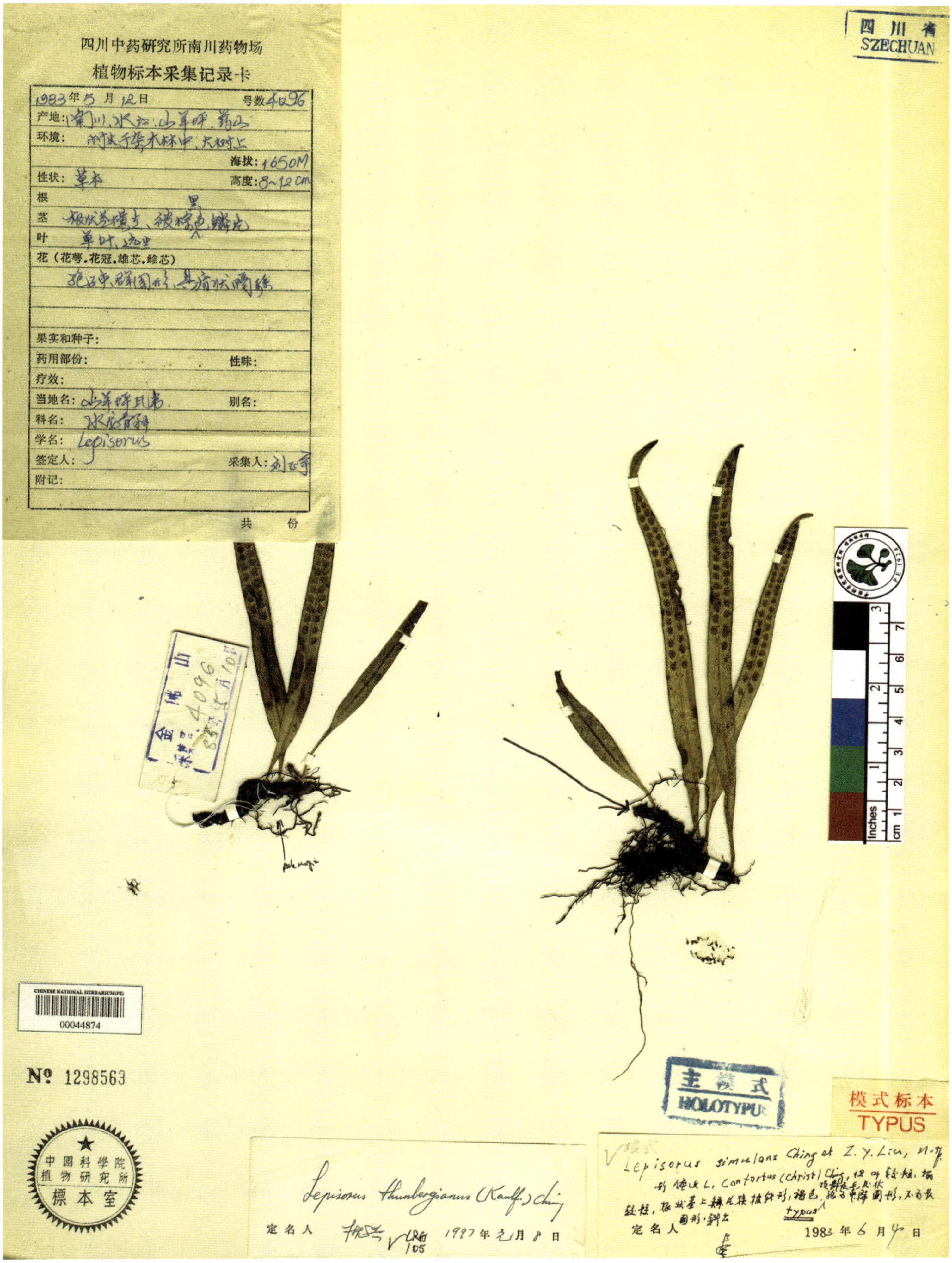

似扭瓦韦 ***Lepisorus simulans*** Ching & Z. Y. Liu in Bull. Bot. Res., Harbin 4(4): 23, photo. 53. 1984. **Holotype:** China. Chongqing: Nanchuan, alt. 1650 m, 1983-05-12, Z. Y. Liu 4096.

连珠瓦韦 ***Lepisorus subconfluens*** Ching in Bull. Fan Mem. Inst. Biol. 4: 85. 1933. **Isotype:** China. Yunnan: Tseku, 1923-??-??, J. F. Rock 8727.

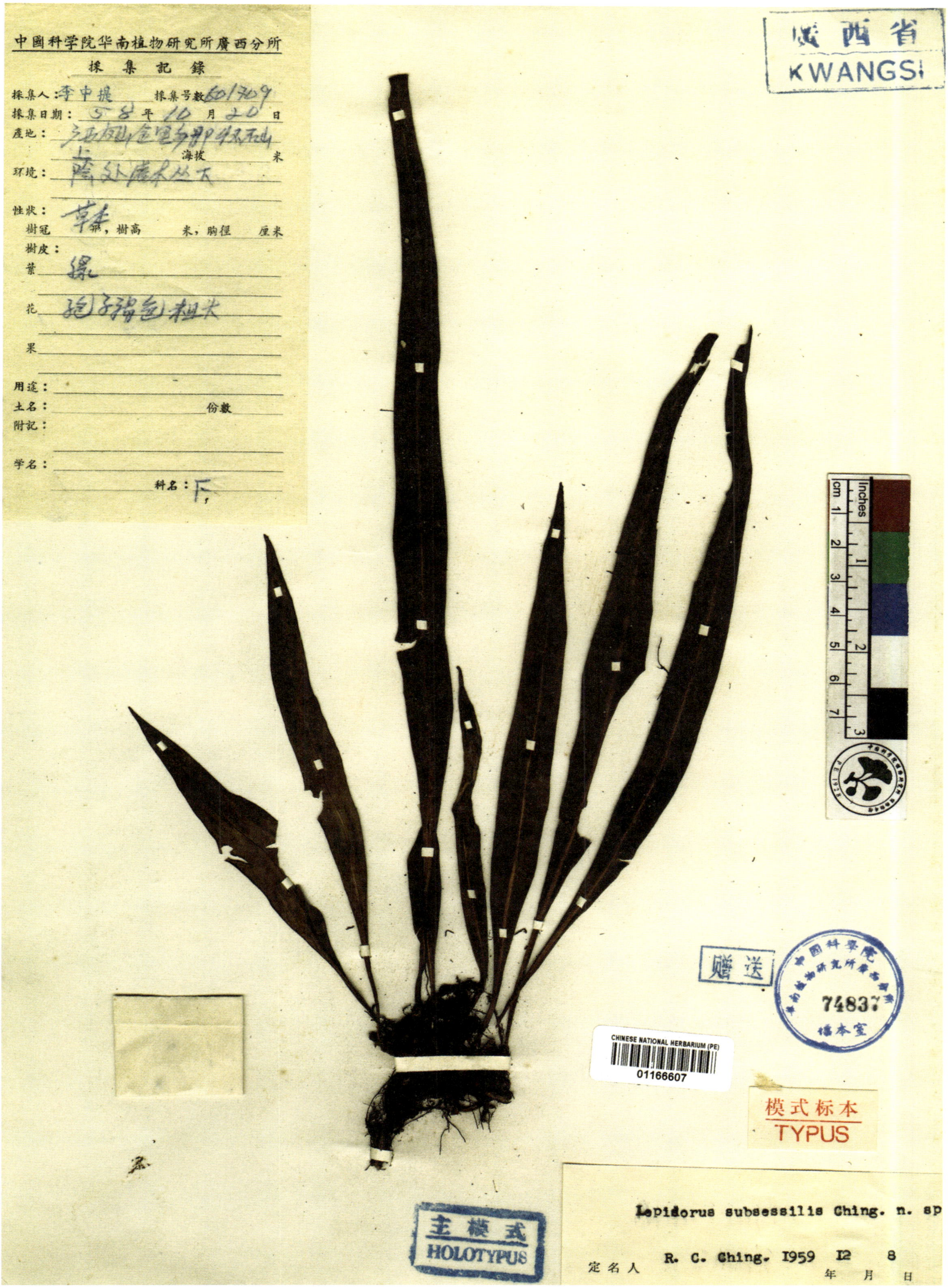

短柄瓦韦 ***Lepisorus subsessilis*** Ching & Y. X. Lin, Fl. Reip. Pop. Sin. 6(2): 77, 347, pl. 15: 3-4. 2000. **Holotype:** China. Guangxi: Fengshan, 1958-10-20, Z. T. Li 601709.

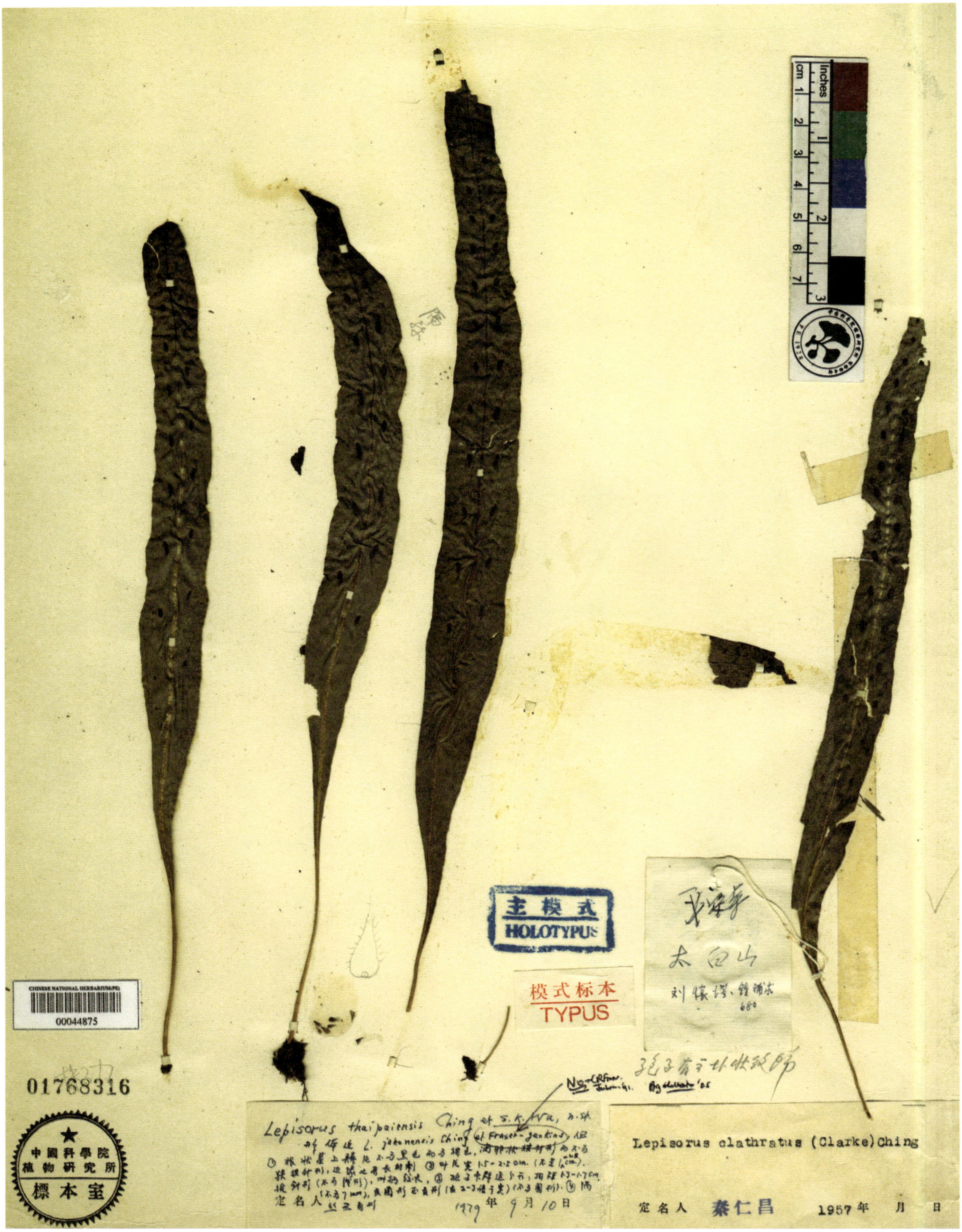

太白瓦韦 ***Lepisorus thaipaiensis*** Ching & S. K. Wu in Acta Bot. Yunnan. 5(1): 8, f. 5, f. 10: 5. 1983. **Holotype:** China. Shaanxi: Taibaishan, P. C. Tsoong 680.

西藏瓦韦 ***Lepisorus tibeticus*** Ching & S. K. Wu, Fl. Xizang. 1: 311, f. 28: 8-13, pl. 8: 3-4. 1983. **Holotype:** China. Xizang: Yadong, 1953-07-29, P. C. Tsoong 6040.

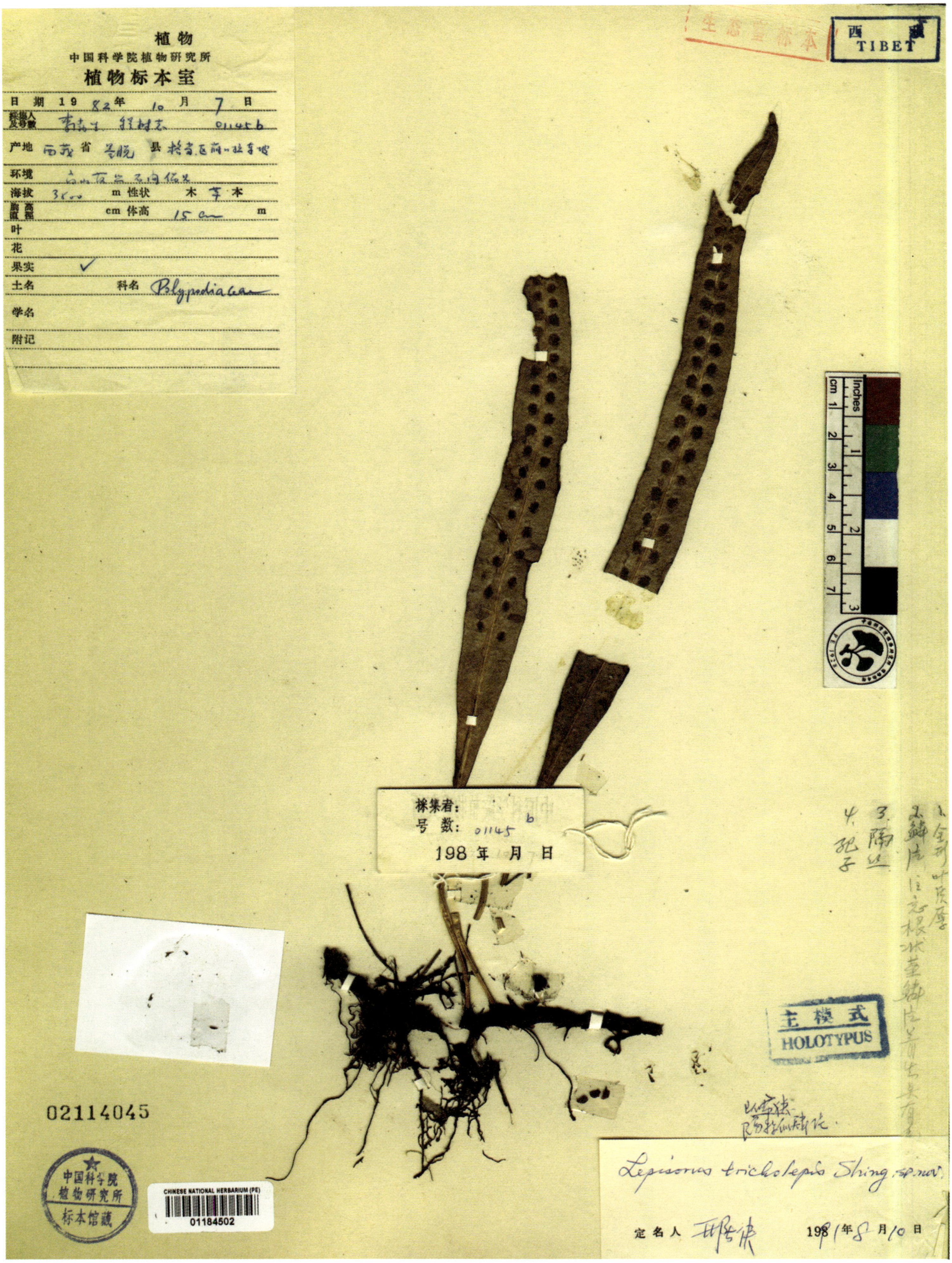

软毛瓦韦 ***Lepisorus tricholepis*** K. H. Shing & Y. X. Lin, Fl. Reip. Pop. Sin. 6(2): 70, 346, pl. 13: 1-4. 2000. **Holotype:** China. Xizang: Mêdog, alt. 3500 m, 1982-10-07, B. S. Li & S. Z. Cheng 1145 b.

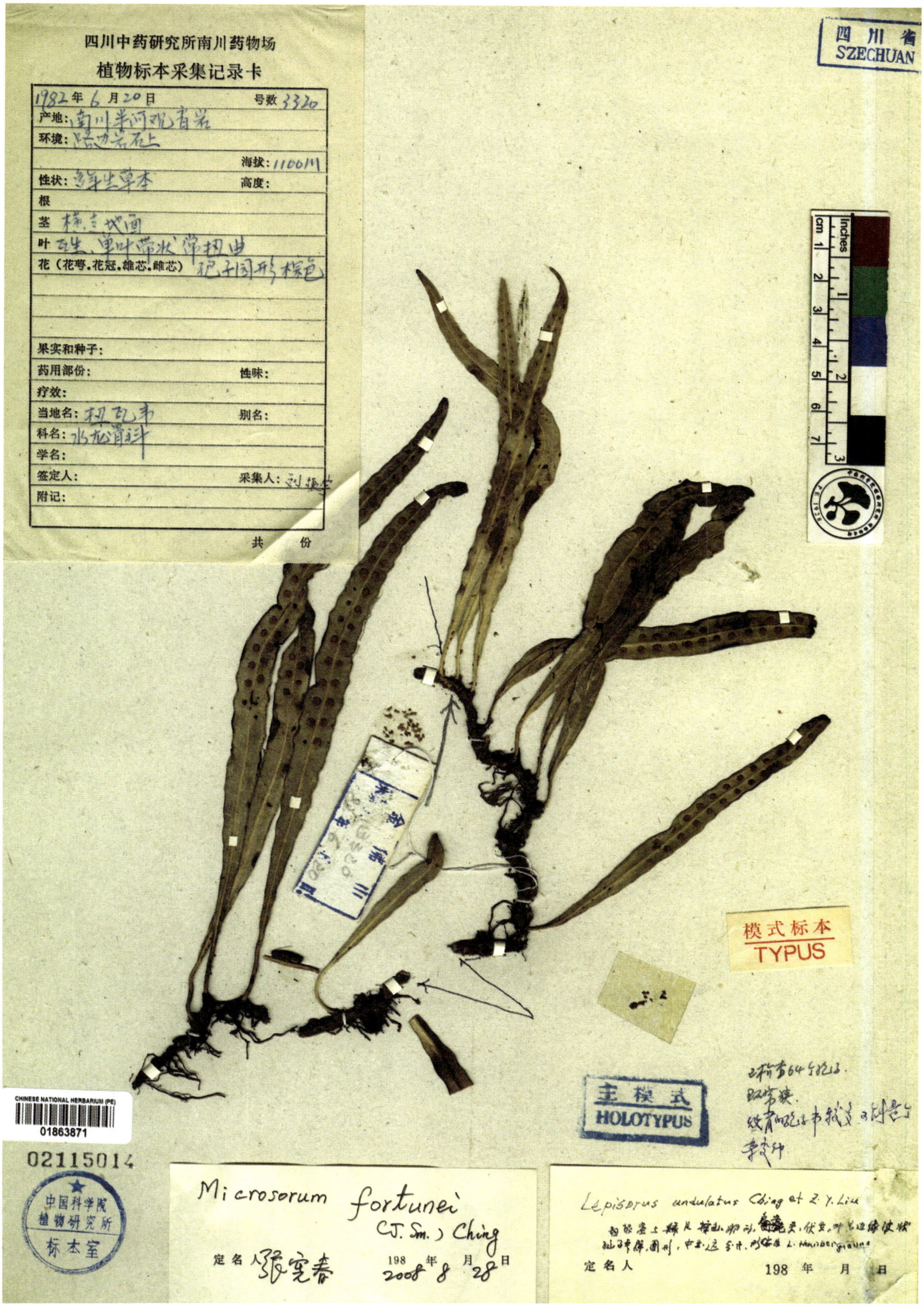

波叶瓦韦 ***Lepisorus undulatus*** Ching & Z. Y. Liu in Bull. Bot. Res., Harbin 4(4): 23, photo. 52. 1984. **Holotype:** China. Chongqing: Nanchuan, alt. 1100 m, 1982-06-20, Z. Y. Liu 3320.

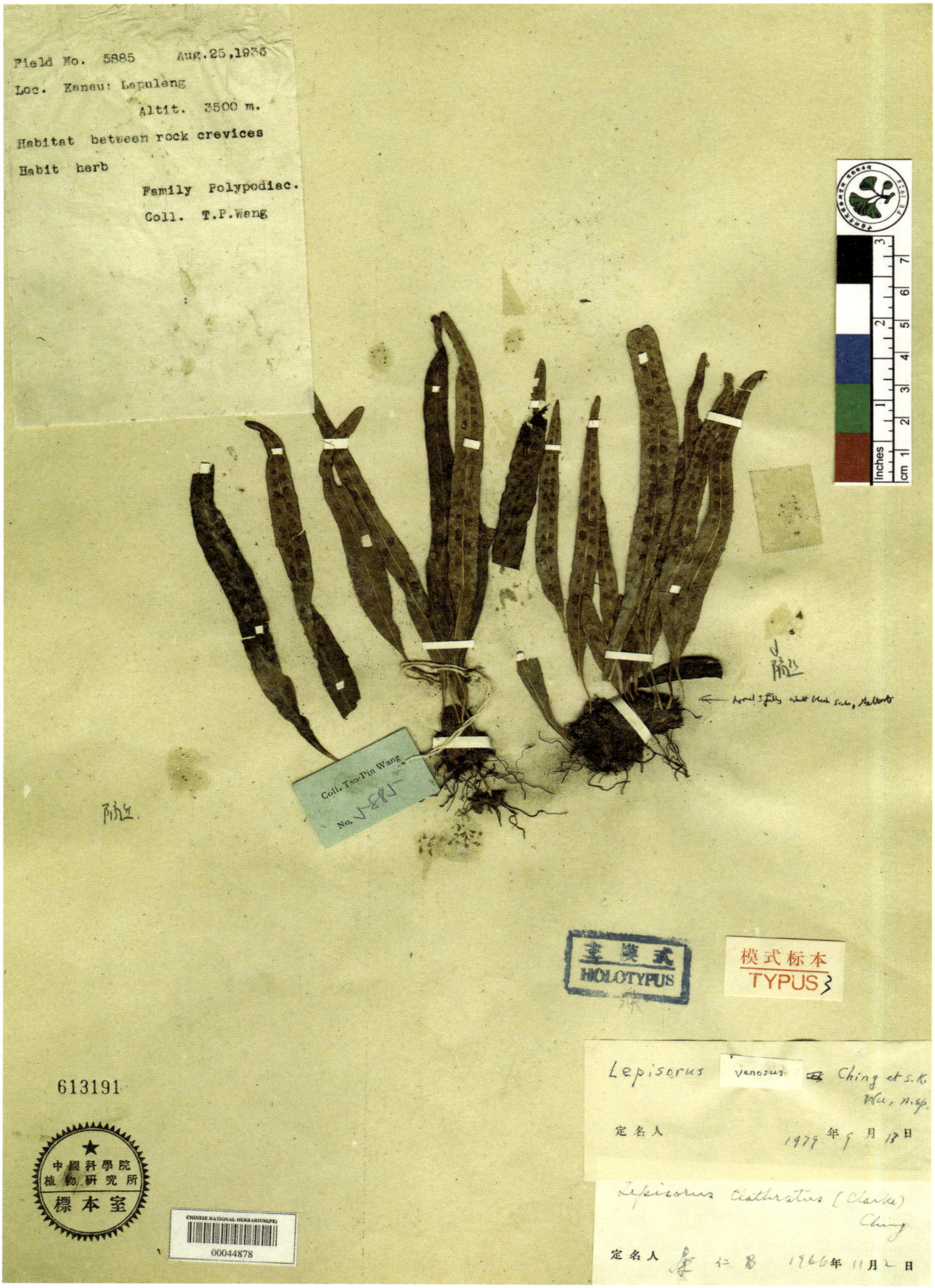

显脉瓦韦 ***Lepisorus venosus*** Ching & S. K. Wu in Acta Bot. Yunnan. 5(1): 15. 1983. **Holotype:** China. Gansu: Xiahe, alt. 3500 m, T. P. Wang 5885.

绿色瓦韦 ***Lepisorus virescens*** Ching & S. K. Wu, Fl. Xizang. 1: 306. 1983. **Lectotype** [designated by Yun Lin & al. in Bull. Bot. Res., Harbin 33(5): 517. 2013.] : China. Xizang: Gyirong, alt. 2500 m, 1975-07-16, Qinghai-Xizang Exped. 6881.

云南瓦韦 ***Lepisorus yunnanensis*** Ching in Bull. Fan Mem. Inst. Biol., Bot. Ser. 11: 75. 1941. **Holotype:** China. Yunnan: Yangbi, R. C. Ching 25481.

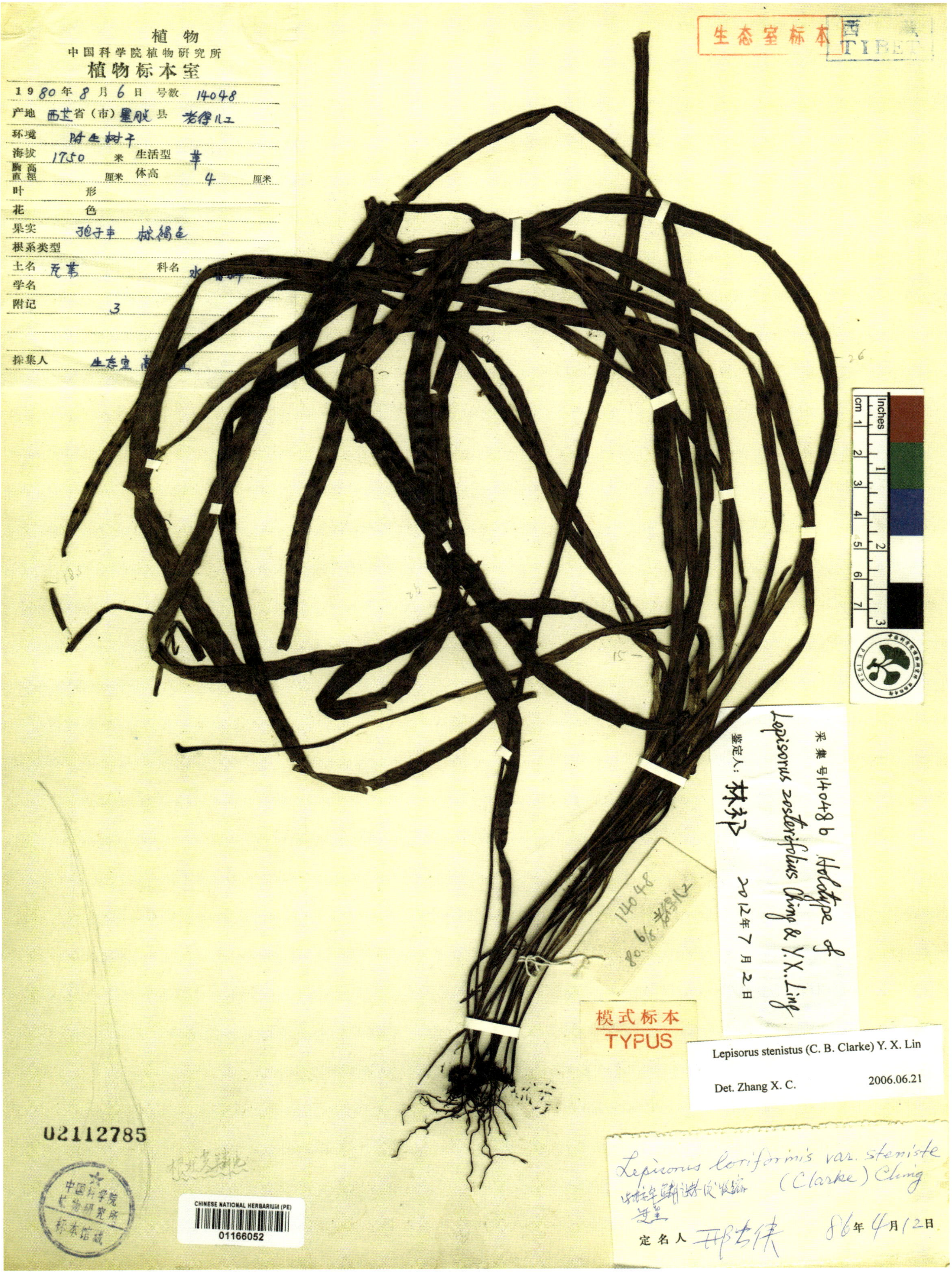

藻叶瓦韦 ***Lepisorus zosterifolius*** Ching & Y. X. Ling in Acta Phytotax. Sin. 22(5): 401, pl. 2: 3. 1984. **Holotype:** China. Xizang: Mêdog, alt. 1750 m, 1980-08-06, W. L. Chen & al. 14048b.

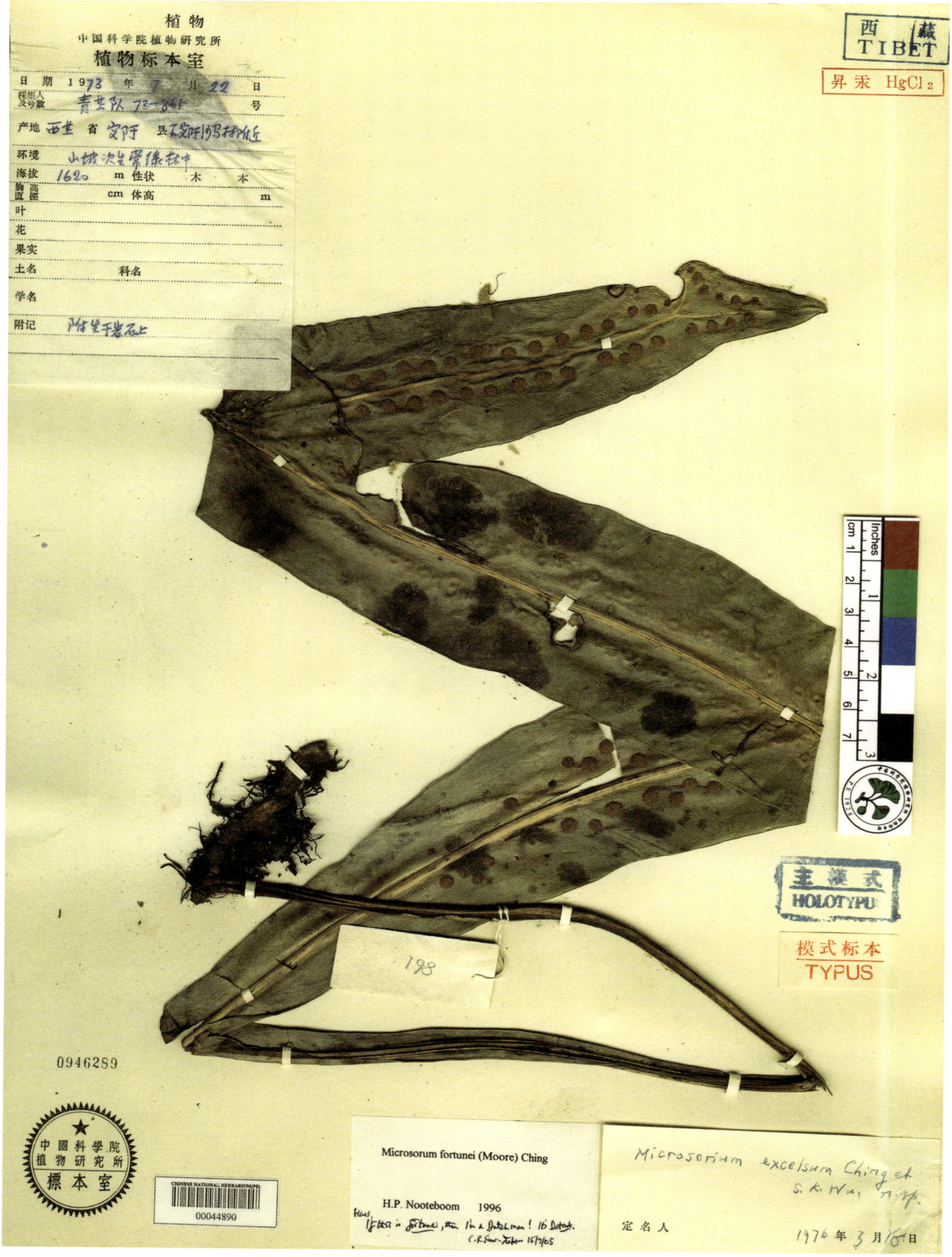

长叶星蕨 ***Microsorum excelsum*** Ching & S. K. Wu, Fl. Xizang. 1: 327. 1983. **Holotype:** China. Xizang: Zayü, alt. 1620 m, 1973-07-22, Qinghai-Xizang Exped. 73-861.

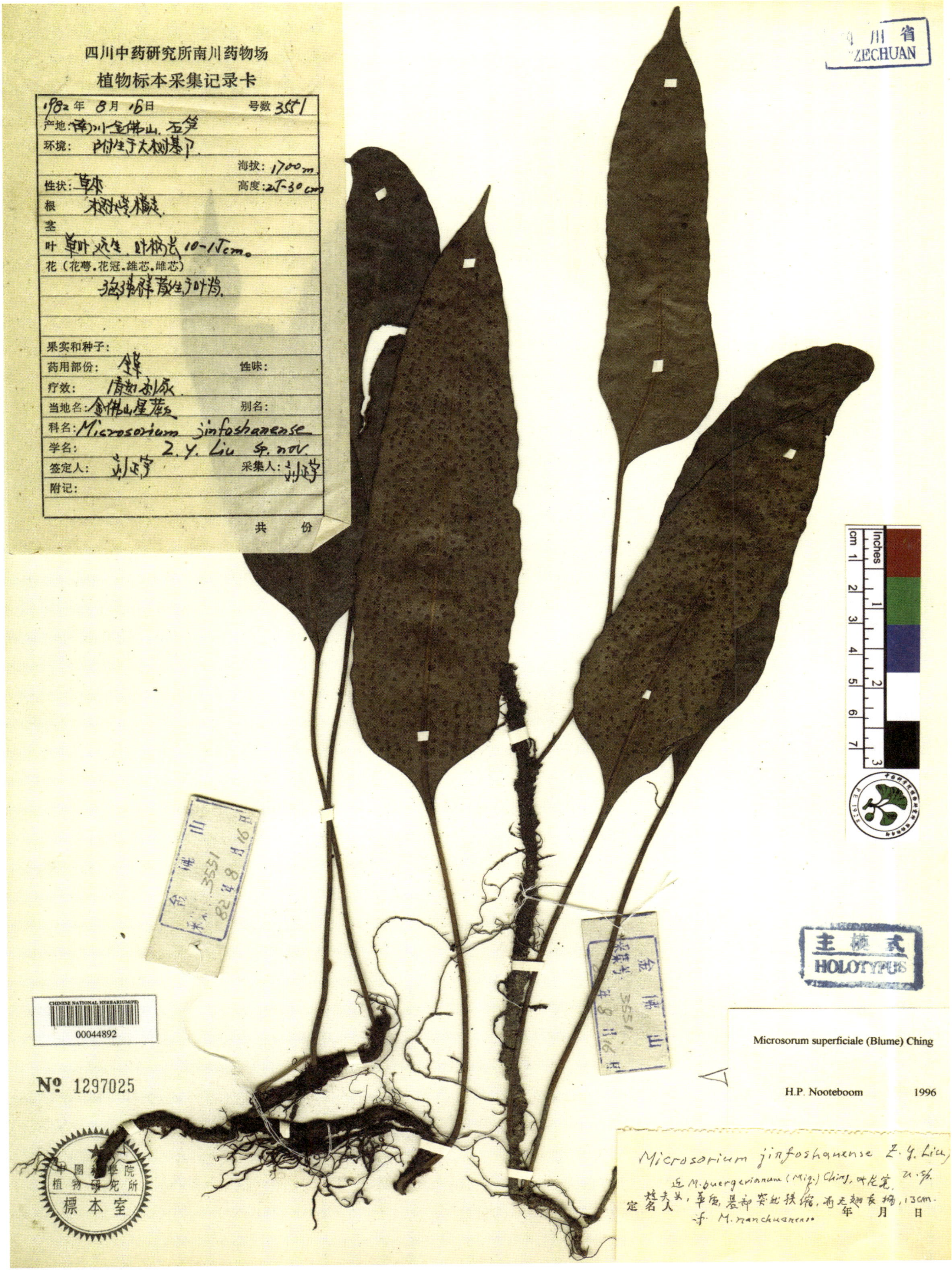

金佛山星蕨 ***Microsorum jinfoshanense*** Ching & Z. Y. Liu in Bull. Bot. Res., Harbin 3(4): 12, photo. 11. 1983. **Holotype:** China. Chongqing: Nanchuan, alt. 1700 m, 1982-08-16, Z. Y. Liu 3551.

卵形叶星蕨 ***Microsorum ovalifolium*** Ching & S. K. Wu, Fl. Xizang. 1: 327. 1983. **Lectotype** [designated by L. Song & al. in Acta Bot. Bor.-Occ. Sin. 33(6): 1265. 2013.] : China. Xizang: Zayü, alt. 2100 m, 1973-07-08, Qinghai-Xizang Exped. 333.

红柄星蕨 ***Microsorum rubripes*** Ching & W. M. Chu in Bull. Bot. Res., Harbin 3(4): 11, photo. 10. 1983. **Holotype:** China. Chongqing: Nanchuan, Jingfoshan, alt. 700 m, 1980-11-13, Z. Y. Liu 1177.

西藏星蕨 ***Microsorum tibeticum*** Ching & S. K. Wu, Fl. Xizang. 1: 328. 1983. **Holotype:** China. Xizang: Cona, alt. 2400 m, 1974-07-??, Qinghai-Xizang Exped. s. n.

世纬盾蕨 ***Neolepisorus dengii*** Ching & P. S. Wang in Acta Phytotax. Sin. 21(3): 272, pl. 2: 3. 1983. **Holotype:** China. Guizhou: Guiyang, 1936-04-12, S. W. Deng 90002.

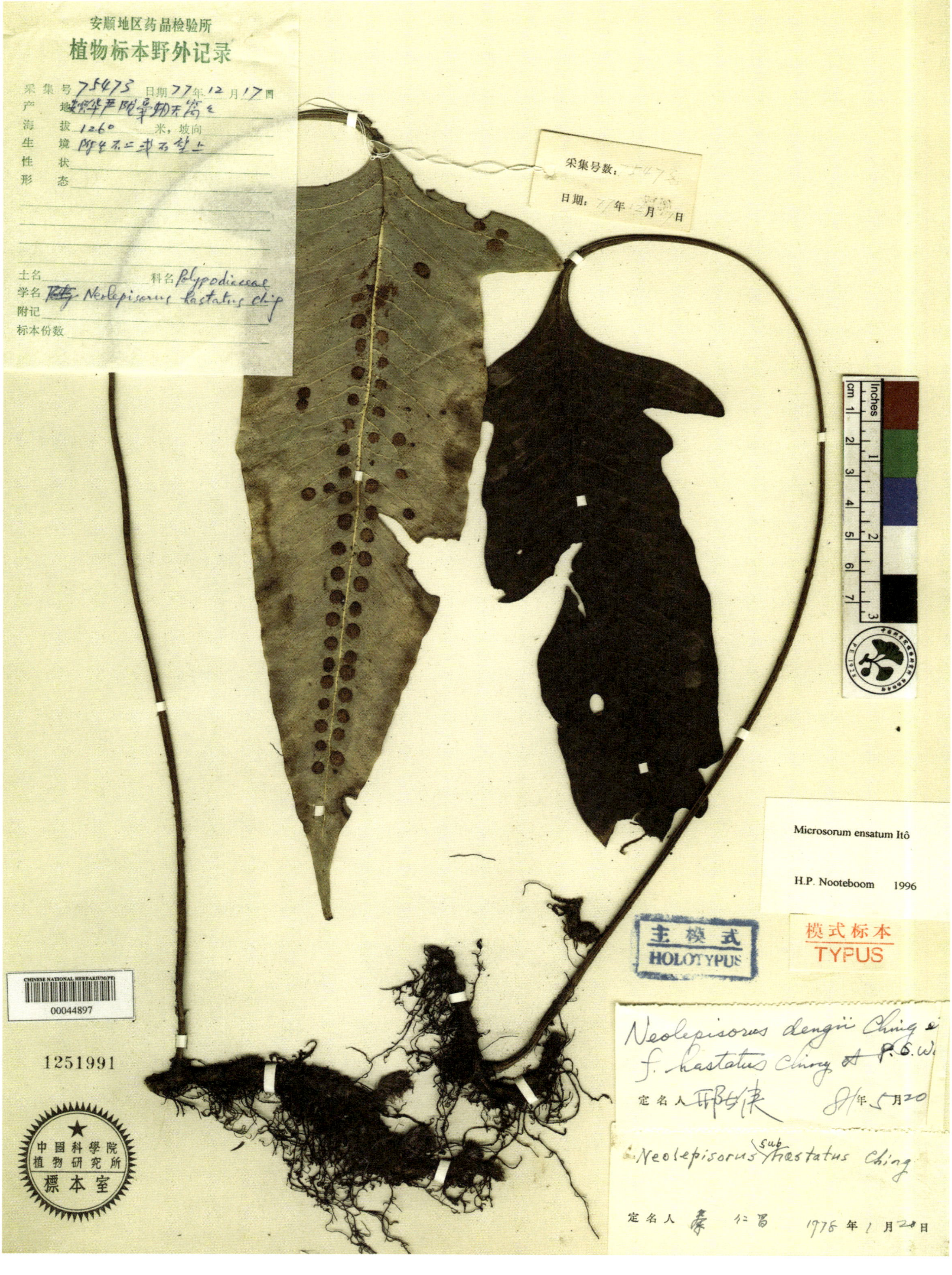

戟叶盾蕨 ***Neolepisorus dengii*** Ching & P. S. Wang f. ***hastatus*** Ching & P. S. Wang in Acta Phytotax. Sin. 21(3): 273, pl. 2: 4. 1983. **Holotype:** China. Guizhou: Anshun, alt. 1260 m, 1977-12-17, P. S. Wang 75473.

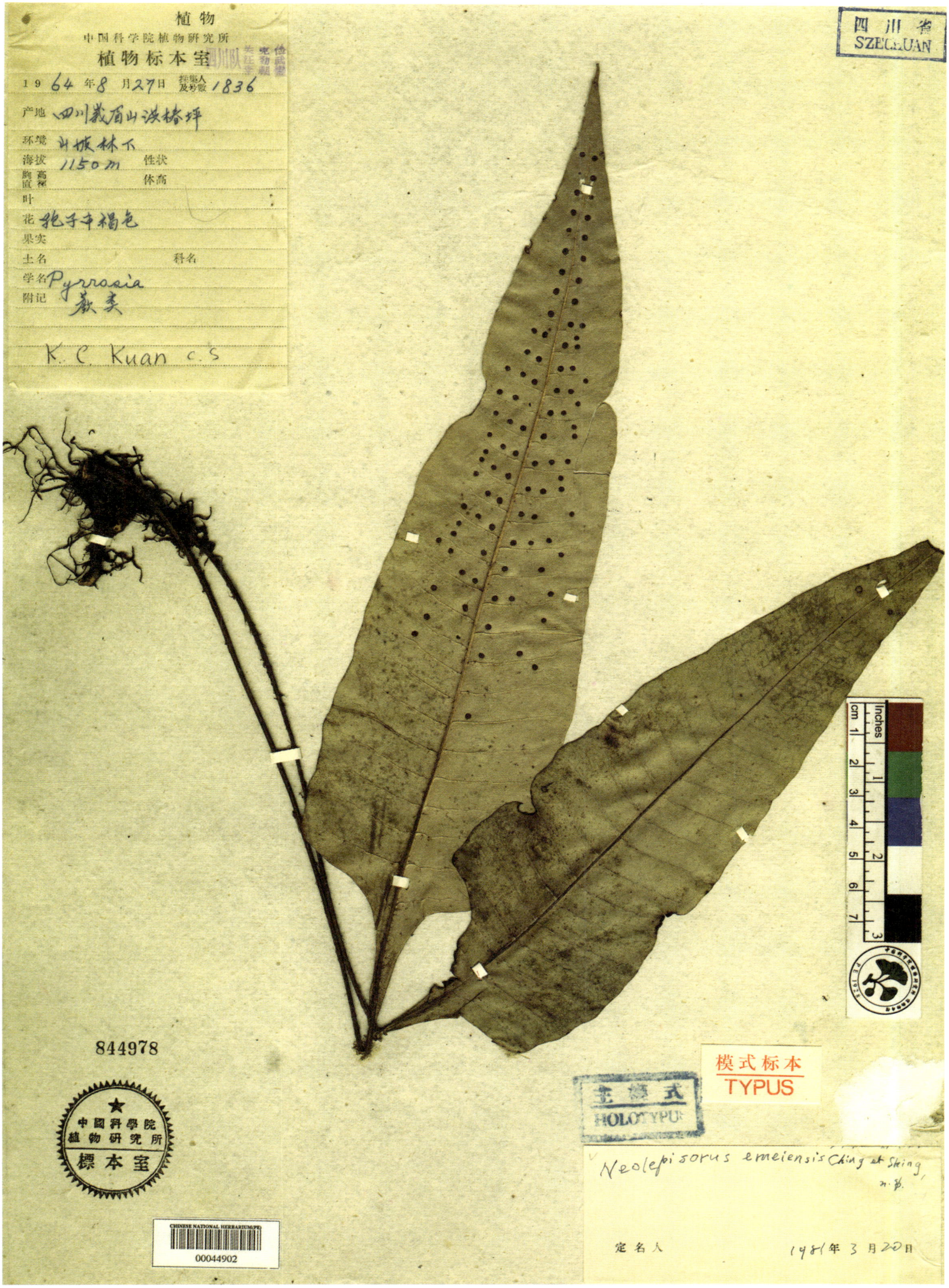

峨眉盾蕨 ***Neolepisorus emeiensis*** Ching & K. H. Shing in Acta Phytotax. Sin. 21(3): 271, pl. 2: 1. 1983. **Holotype:** China. Sichuan: Emei, Emeishan, alt. 1150 m, 1964-08-27, K. C. Kuan & al. 1836.

深裂盾蕨 ***Neolepisorus emeiensis*** Ching & K. H. Shing f. ***dissectus*** Ching & K. H. Shing in Acta Phytotax. Sin. 21(3): 271, pl. 2: 2. 1983. **Holotype:** China. Sichuan: Emei, Emeishan, alt. 1000 m, 1963-09-01, K. H. Shing & K. Y. Lang 1143.

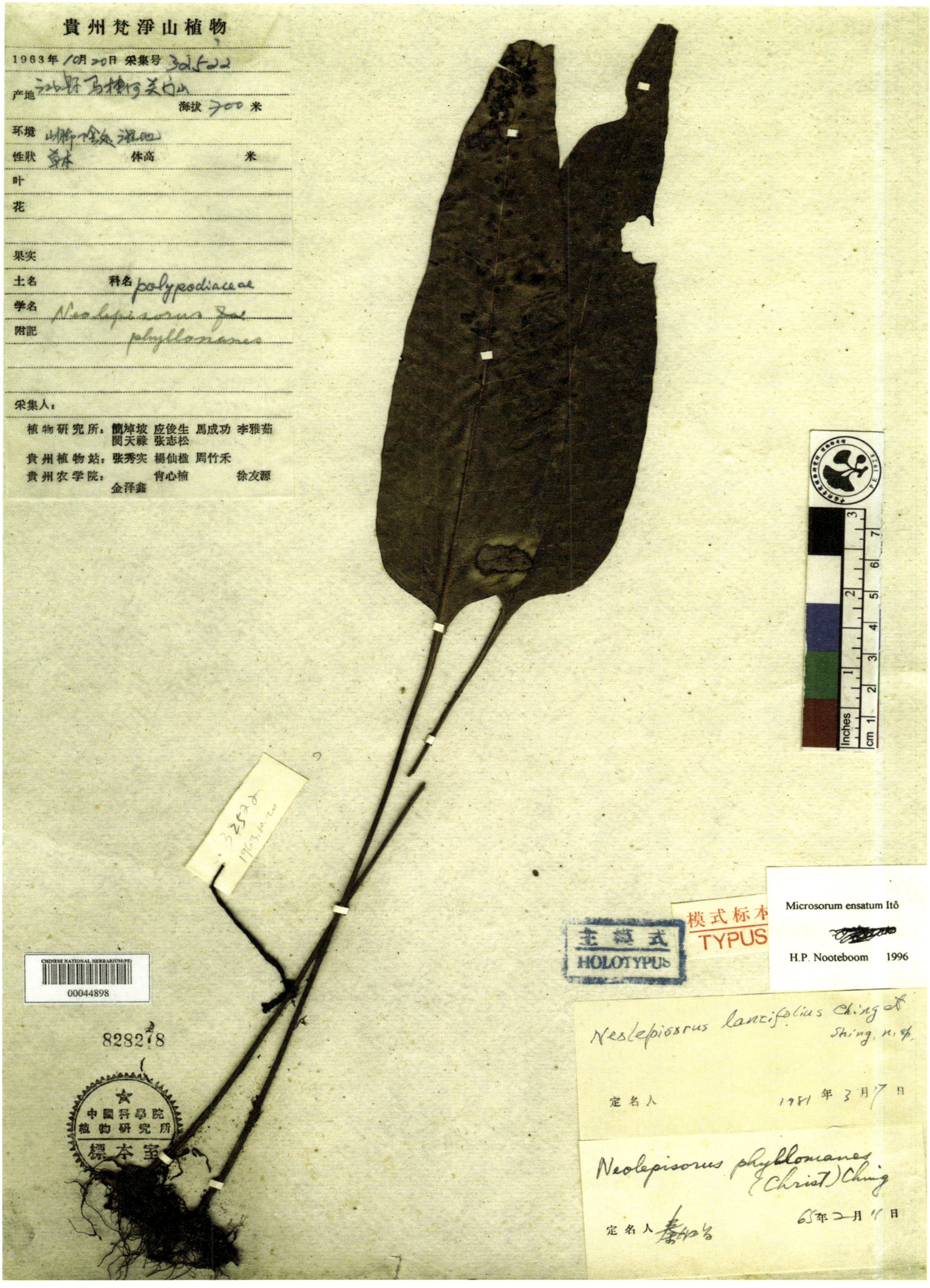

梵净山盾蕨 ***Neolepisorus lancifolius*** Ching & K. H. Shing in Acta Phytotax. Sin. 21(3): 271, pl. 3: 1. 1983. **Holotype:** China. Guizhou: Jiangkou, alt. 700 m, 1963-10-20, C. P. Tsien & al. 32522.

卵圆盾蕨 ***Neolepisorus ovatus*** (Bedd.) Ching f. ***gracilis*** Ching & K. H. Shing in Acta Phytotax. Sin. 21(3): 269. 1983.
Holotype: China. Guangxi: Damingshan, S. S. Hu Q7.

中华盾蕨 ***Neolepisorus sinensis*** Ching in Acta Phytotax. Sin. 21(3): 274, pl. 4: 1. 1983. **Holotype:** China. Sichuan: Emei, Emeishan, alt. 1200 m, 1963-08-29, K. H. Shing & K. Y. Lang 983.

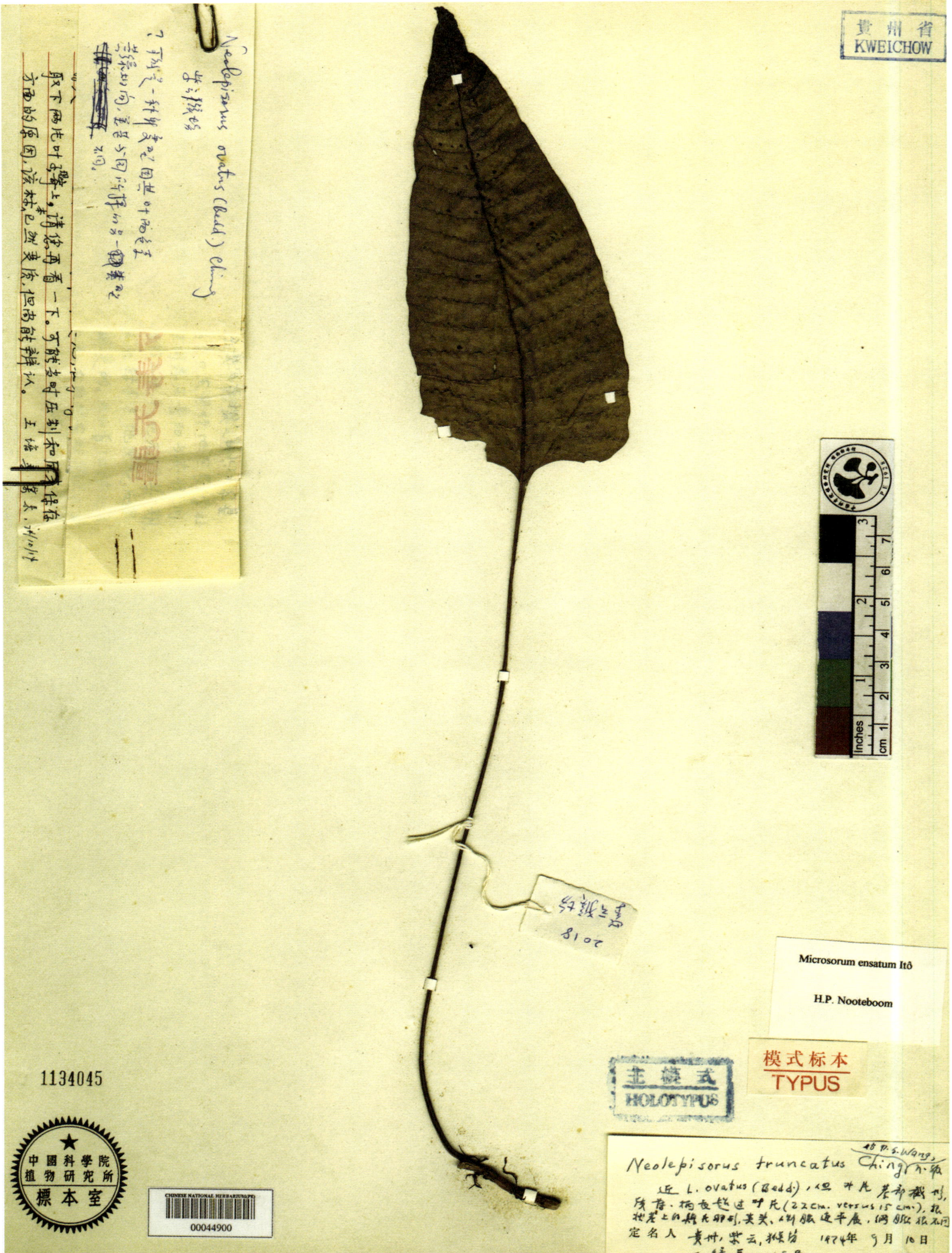

截基盾蕨 ***Neolepisorus truncatus*** Ching & P. S. Wang in Acta Phytotax. Sin. 21(3): 270, pl. 1: 3. 1983. **Holotype:** China. Guizhou: Anshun, 1973-08-09, P. S. Wang 2018.

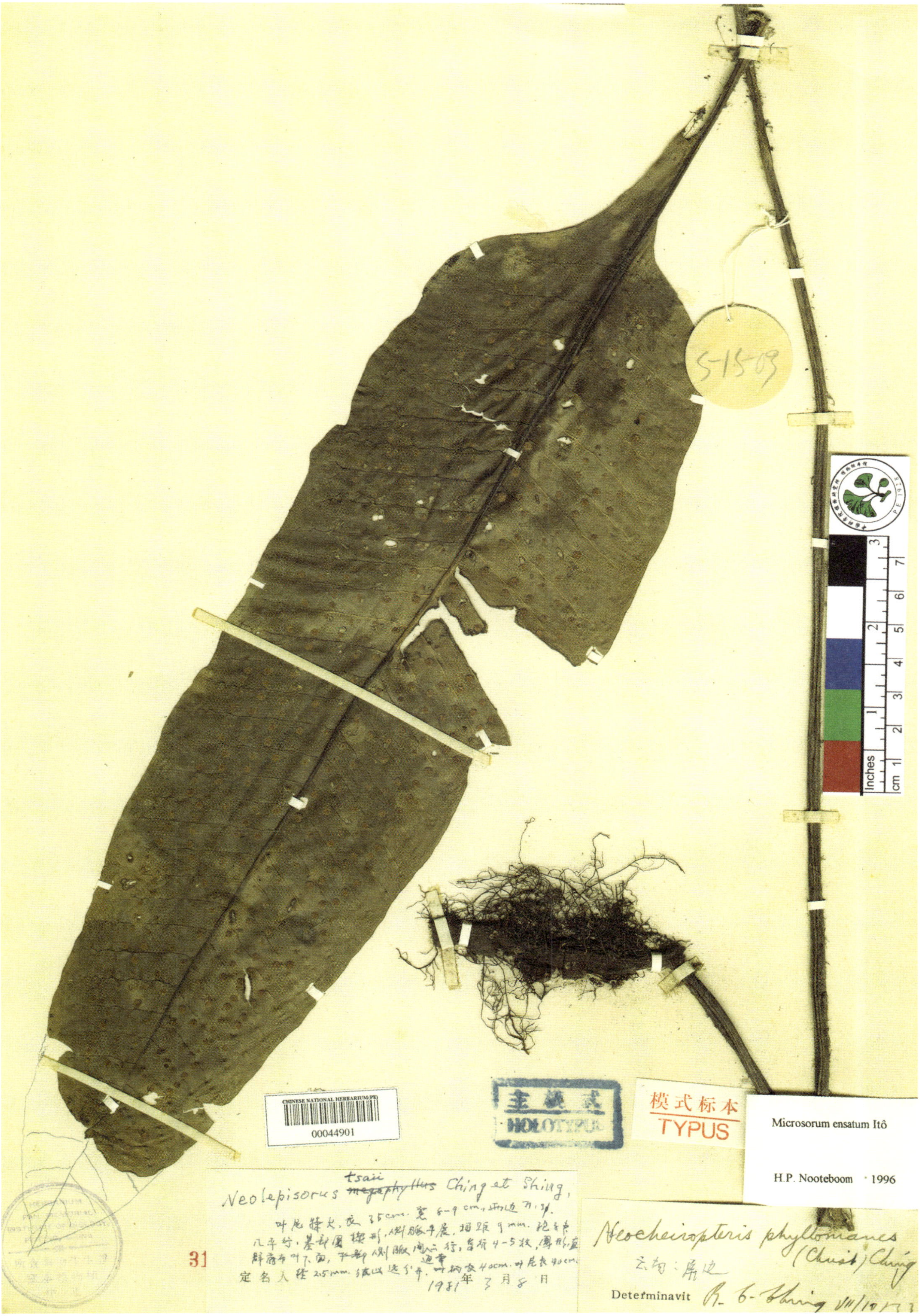

希陶盾蕨 ***Neolepisorus tsaii*** Ching & K. H. Shing in Acta Phytotax. Sin. 21(3): 273, pl. 3: 3. 1983. **Holotype:** China. Yunnan: Pingbian, H. T. Tsai 51503.

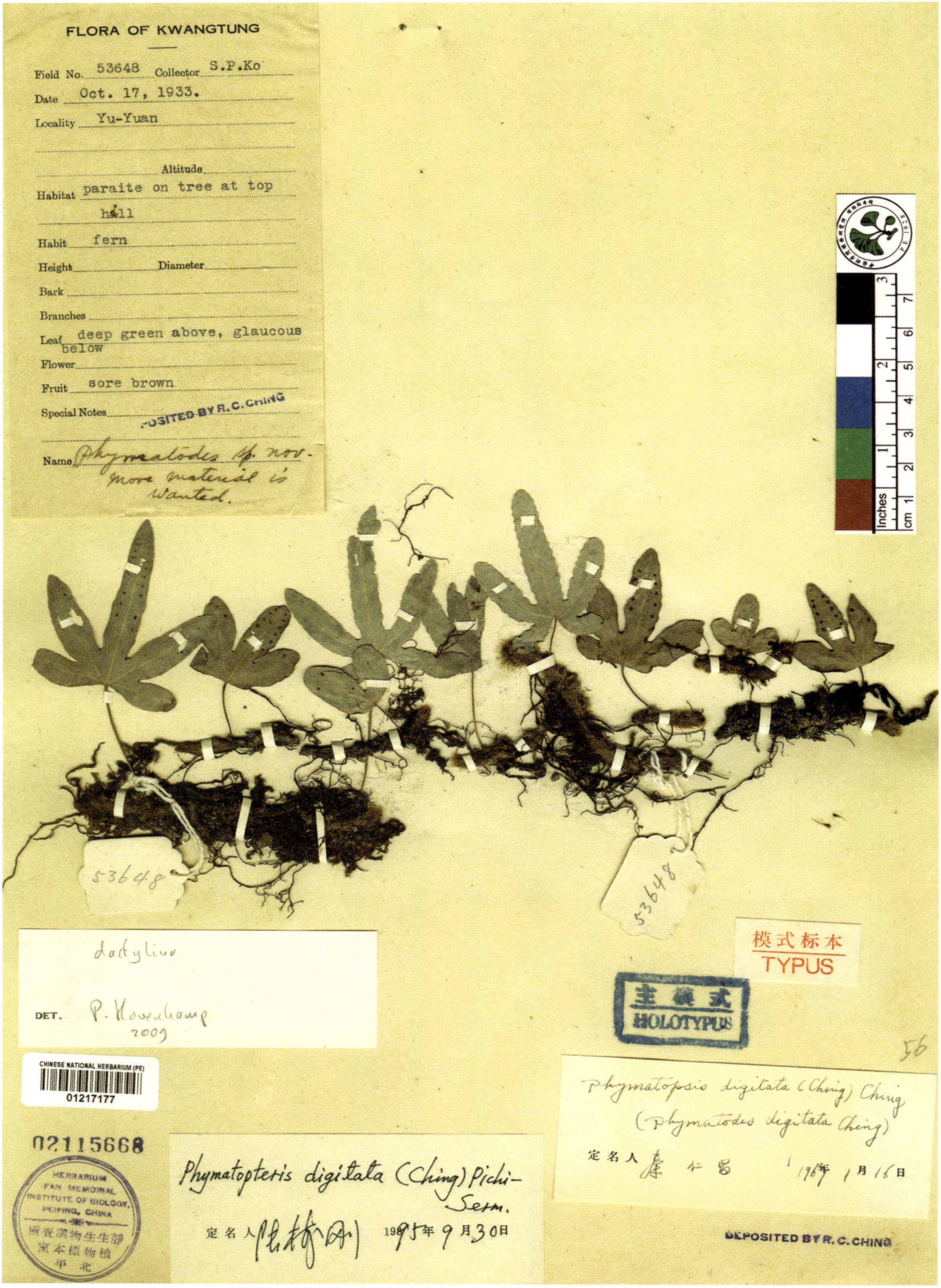

掌叶假瘤蕨 ***Phymatodes digitata*** Ching in Cont. Inst. Bot. Nat. Acad. Peiping 2(3): 77, f. 1. 1933. **Holotype:** China. Guangdong: Ruyuan, 1933-10-17, S. P. Ko 53648.

紫边假瘤蕨 ***Phymatodes roseomarginata*** Ching in Bull. Fan Mem. Inst. Biol., New Ser. 1(3): 305. 1949. **Holotype:** China. Yunnan: Lijiang, alt. 3200 m, 1942-08-14, K. M. Feng 9003.

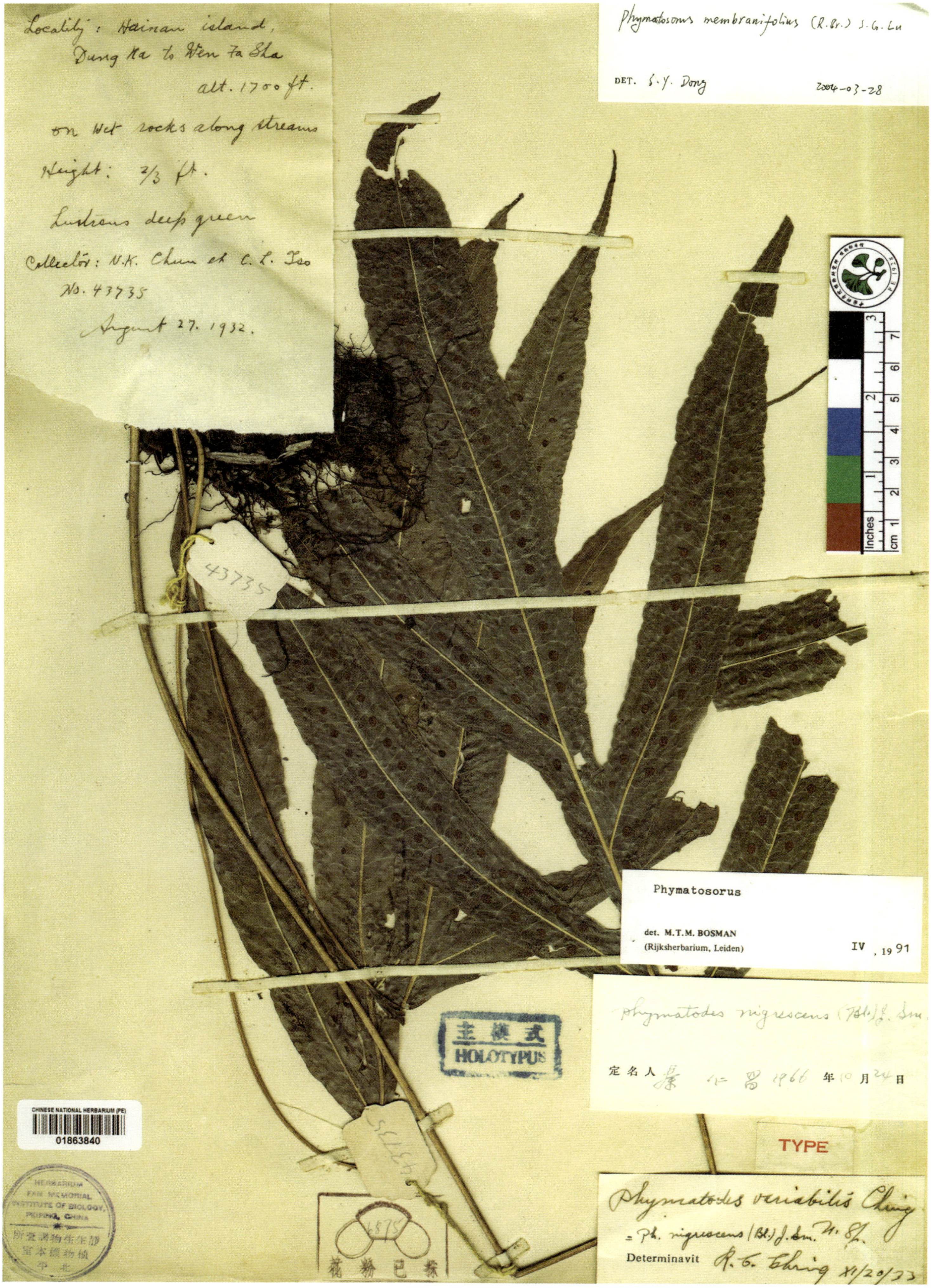

易变假瘤蕨 ***Phymatodes variabilis*** Ching in Contr. Inst. Bot., Nat. Acad. Peiping 2(3): 64, pl. 3. 1933. **Holotype:** China. Hainan: Dung Ka to Wen Fa Shi, alt. 570 m, 1932-08-27, N. K. Chun & C. L. Tso 43735.

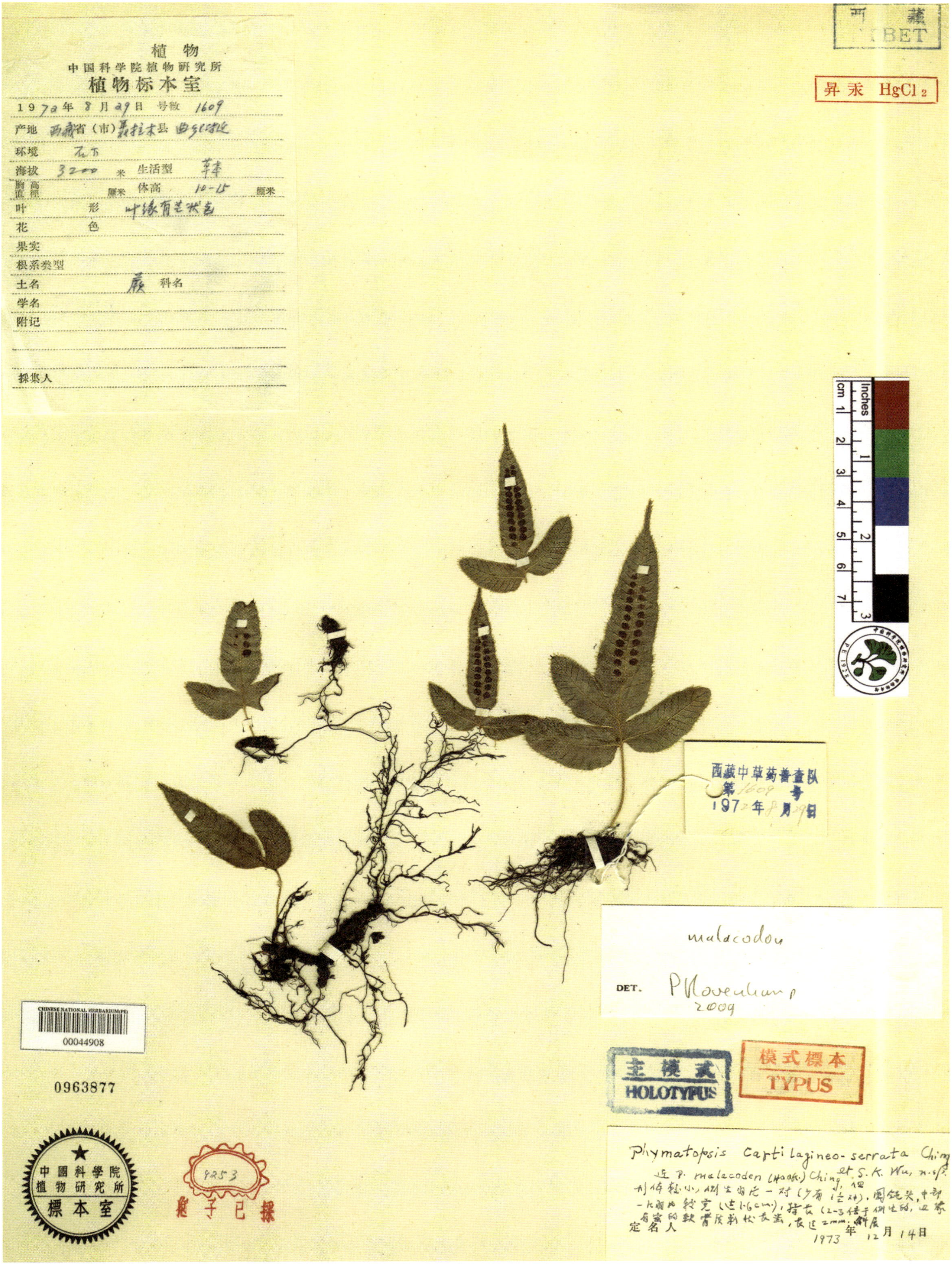

芒刺假瘤蕨 ***Phymatopsis cartilagineo-serrata*** Ching & S. K. Wu, Fl. Xizang. 1: 323, f. 81: 1-2, pl. 10: 3-4. 1983.
Holotype: China. Xizang: Nyalam, alt. 3200 m, 1972-08-29, Xizang Medic. Herb. Exped. 1609.

城口假茀蕨 ***Phymatopsis chenkouensis*** Ching in Acta Phytotax. Sin. 9(2): 188. 1964. **Holotype:** China. Chongqing: Chengkou, alt. 1500 m, 1958-08-11, T. L. Dai 101801.

交连假茀蕨 ***Phymatopsis conjuncta*** Ching in Acta Phytotax. Sin. 9(2): 196. 1964. **Holotype:** China. Guizhou: Precise locality not known, Anonymous 51524.

楔形假茀蕨 ***Phymatopsis cunea*** Ching in Acta Phytotax. Sin. 9(2): 184. 1964. **Holotype:** China. Yunnan: Precise locality not known, 1957-??-??, Sino-Russia Yunnan Exped. 7998.

福建假茀蕨 ***Phymatopsis fukienensis*** Ching in Acta Phytotax. Sin. 9(2): 186. 1964. **Holotype:** China. Fujian: Wuyishan, 1958-07-27, P. S. Chiu 1416.

昆明假茀蕨 ***Phymatopsis hirtella*** Ching in Acta Phytotax. Sin. 9(2): 191. 1964. **Holotype:** China. Yunnan: Kunming, 1941-??-??, T. N. Liou 19908.

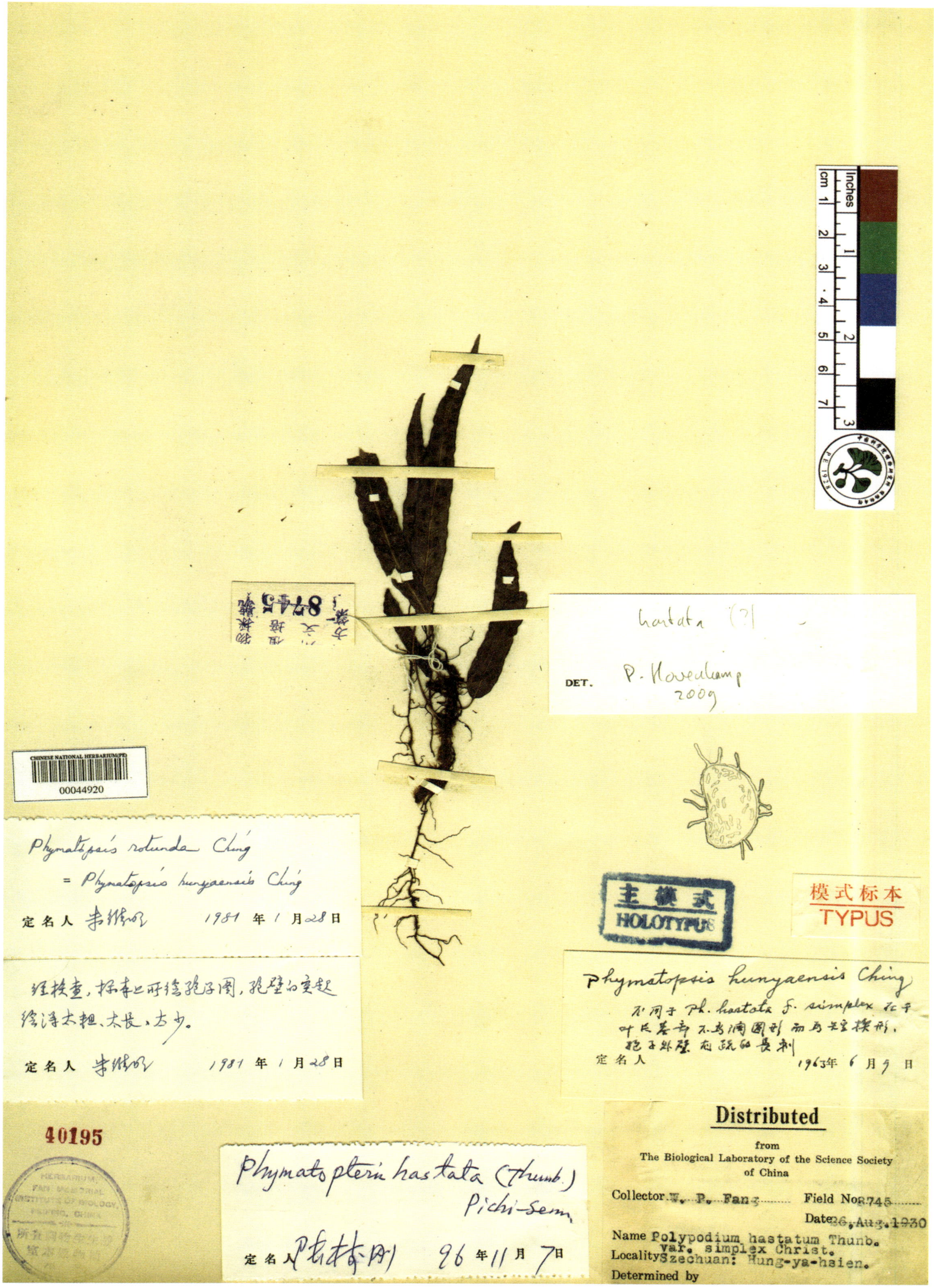

洪雅假茀蕨 ***Phymatopsis hunyaensis*** Ching in Acta Phytotax. Sin. 9(2): 187. 1964. **Holotype:** China. Sichuan: Hongya, 1930-08-26, W. P. Fang 8745.

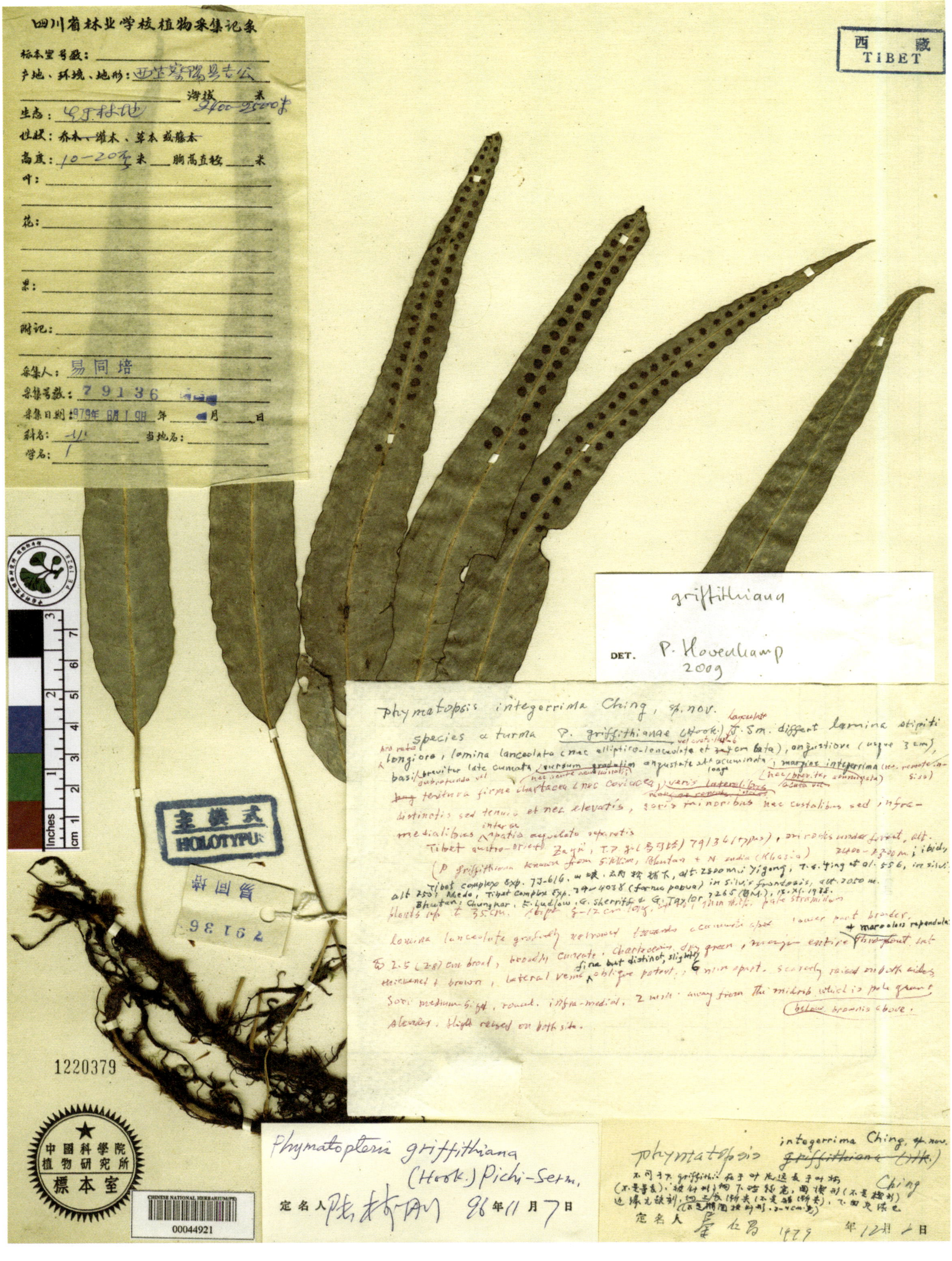

全缘假茀蕨 ***Phymatopsis integerrima*** Ching in Acta Bot. Austr. Sin. 1: 25. 1983. **Holotype:** China. Xizang: Zayü, alt. 2400~2500 m, 1979-08-19, T. P. Yi 79136.

金平假茀蕨 ***Phymatopsis kingpingensis*** Ching in Acta Phytotax. Sin. 9(2): 191. 1964. **Holotype:** China. Yunnan: Jinping, Sino-Russia Yunnan Exped. 2472.

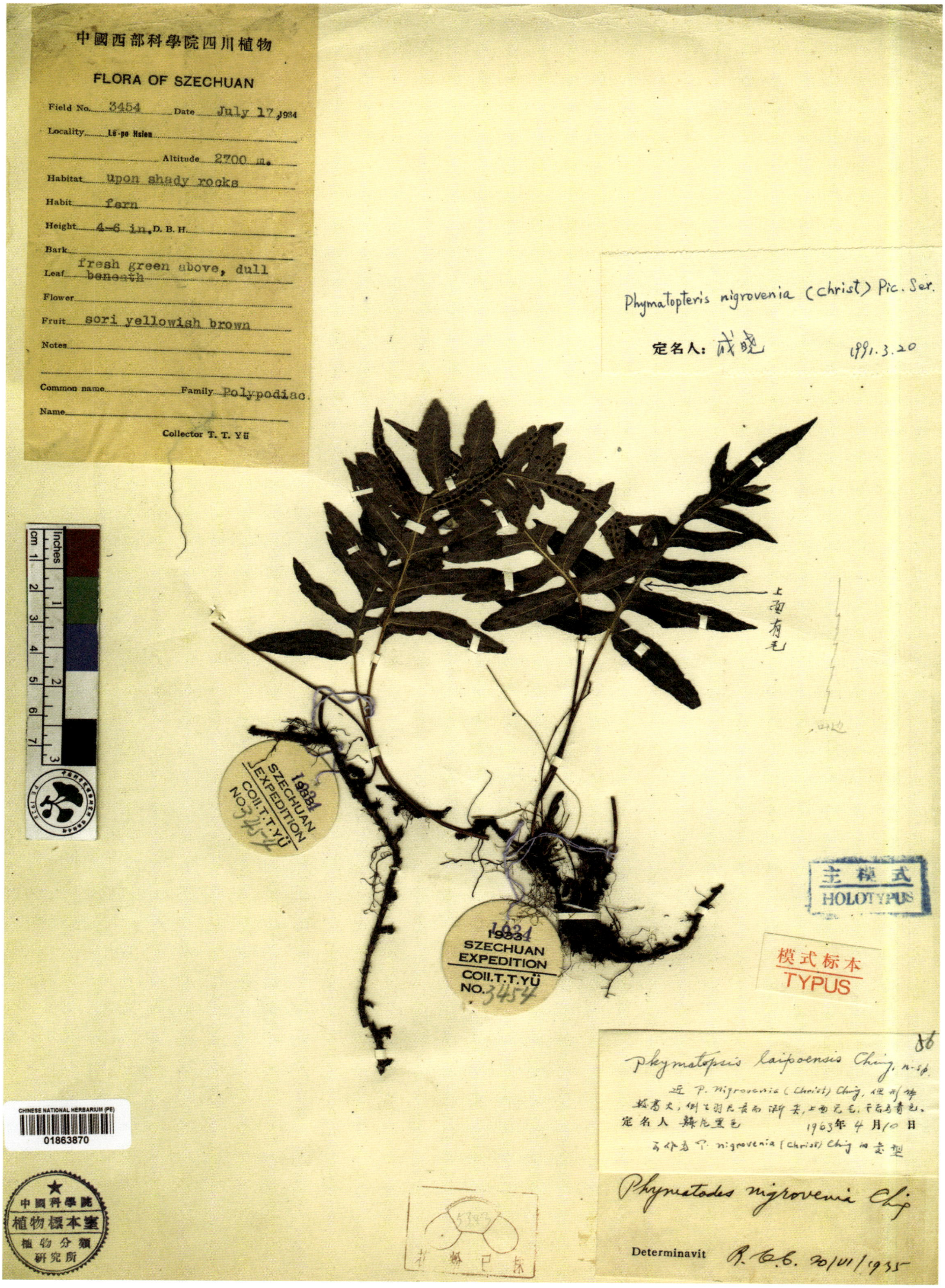

雷波假茀蕨 ***Phymatopsis laipoensis*** Ching in Acta Phytotax. Sin. 9(2): 196. 1964. **Holotype:** China. Sichuan: Leibo, alt. 2700 m, 1934-07-17, T. T. Yu 3454.

丽江假茀蕨 ***Phymatopsis likiangensis*** Ching in Acta Phytotax. Sin. 9(2): 190. 1964. **Holotype:** China. Yunnan: Lijiang, alt. 2400 m, 1939-08-19, Y. C. Chao 21426.

乌鳞假茀蕨 ***Phymatopsis nigropaleacea*** Ching in Acta Phytotax. Sin. 9(2): 196. 1964. **Holotype:** China. Yunnan: Gongshan, alt. 3040 m, 1960-05-24, S. Jiang 9036.

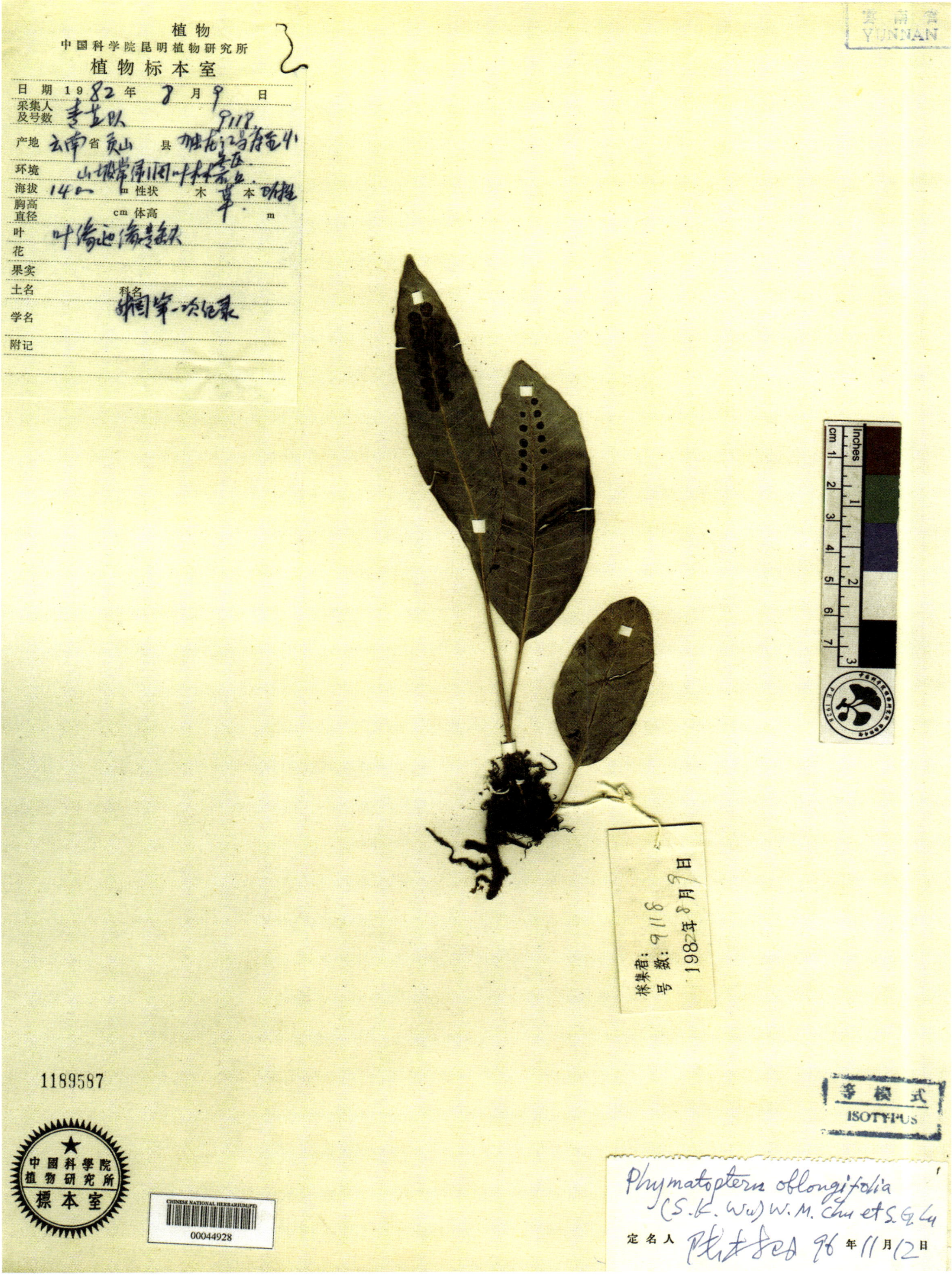

长圆假瘤蕨 ***Phymatopsis oblongifolia*** S. K. Wu in Acta Phytotax. Sin. 23(5): 400, f. 2: 1-3. 1985. **Holotype:** China. Yunnan: Gongshan, alt. 1400 m, 1982-08-09, Qinghai-Xizang Exped. 82-9119.

圆顶假茀蕨 ***Phymatopsis obtusa*** Ching in Acta Phytotax. Sin. 9(2): 184. 1964. **Holotype:** China. Hainan: Wuzhishan, alt. 1372 m, 1932-10-29, C. J. Tso & N. K. Chun 44211.

峨眉假茀蕨 ***Phymatopsis omeiensis*** Ching in Acta Phytotax. Sin. 9(2): 187. 1964. **Holotype:** China. Sichuan: Emei, Emeishan, 1938-07-29, H. C. Chow 7935.

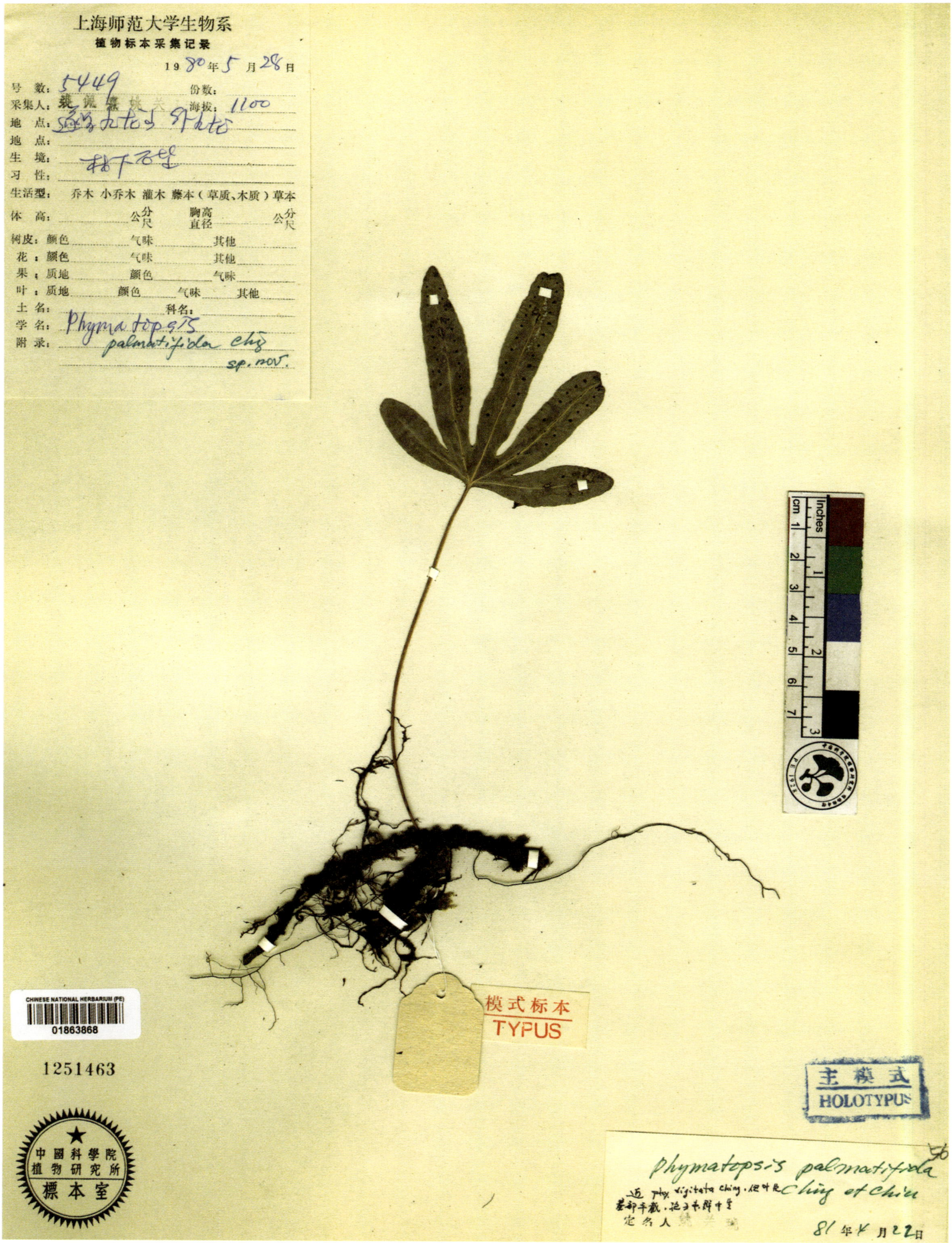

掌裂假瘤蕨 ***Phymatopsis palmatifida*** Ching & P. S. Chiu in Bull. Bot. Res., Harbin 2(2): 74, photo. 4: 2. 1982. **Holotype:** China. Zhejiang: Shuichang, alt. 1100 m, 1980-05-28, P. S. Chiu & G. H. Yao 5449.

吕宋假茀蕨 ***Phymatopsis philippinensis*** Ching in Acta Phytotax. Sin. 9(2): 186. 1964. **Holotype:** Philippine. Luzon: Santo Tomas, R. S. Williams 1577.

屏边假茀蕨 ***Phymatopsis pingpienensis*** Ching in Acta Phytotax. Sin. 9(2): 190. 1964. **Holotype:** China. Yunnan: Pingbian, alt. 1500 m, 1934-07-19, H. T. Tsai 62789.

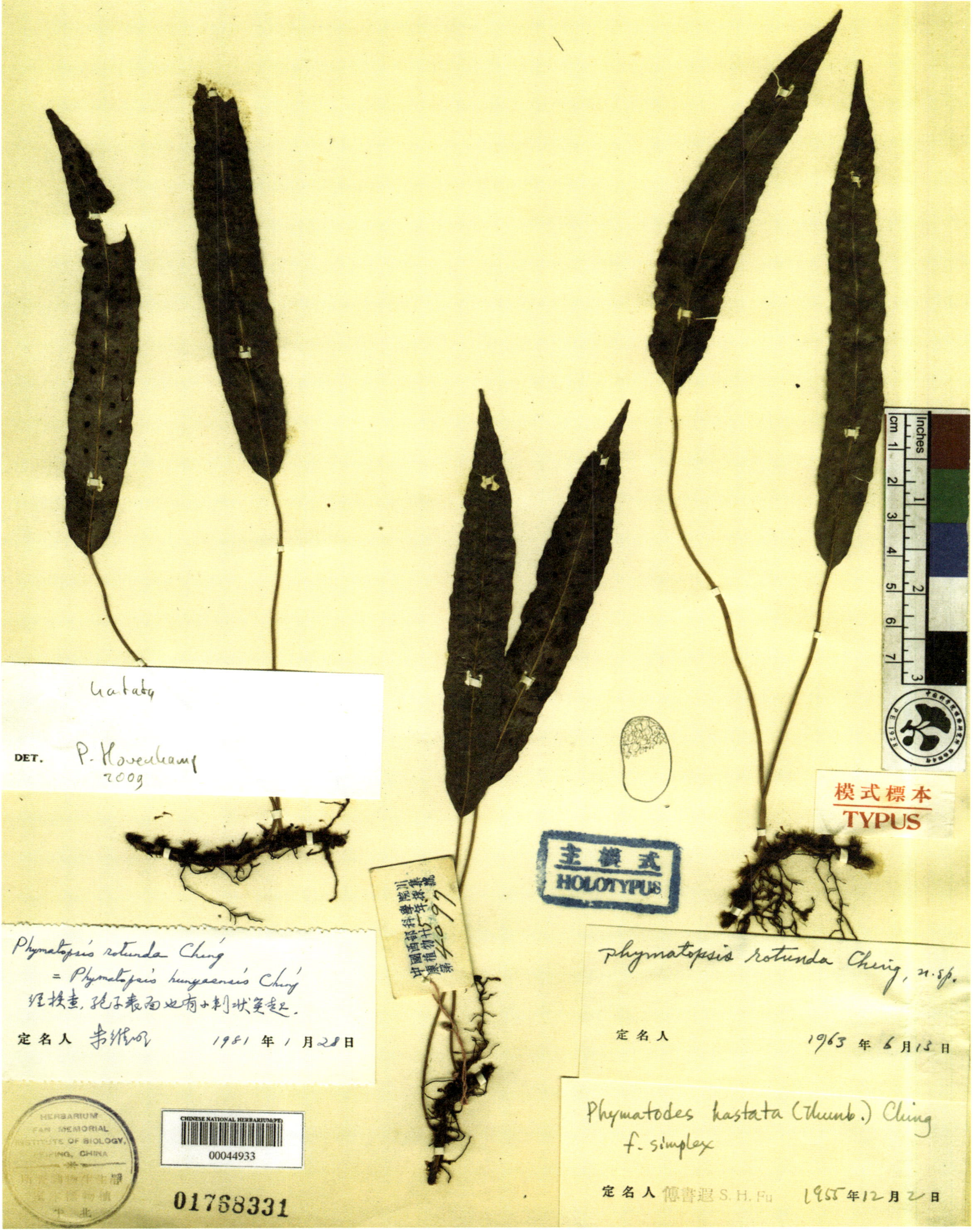

团基假茀蕨 ***Phymatopsis rotunda*** Ching in Acta Phytotax. Sin. 9(2): 186. 1964. **Holotype:** China. Sichuan: Lushan, K. L. Chu 4097.

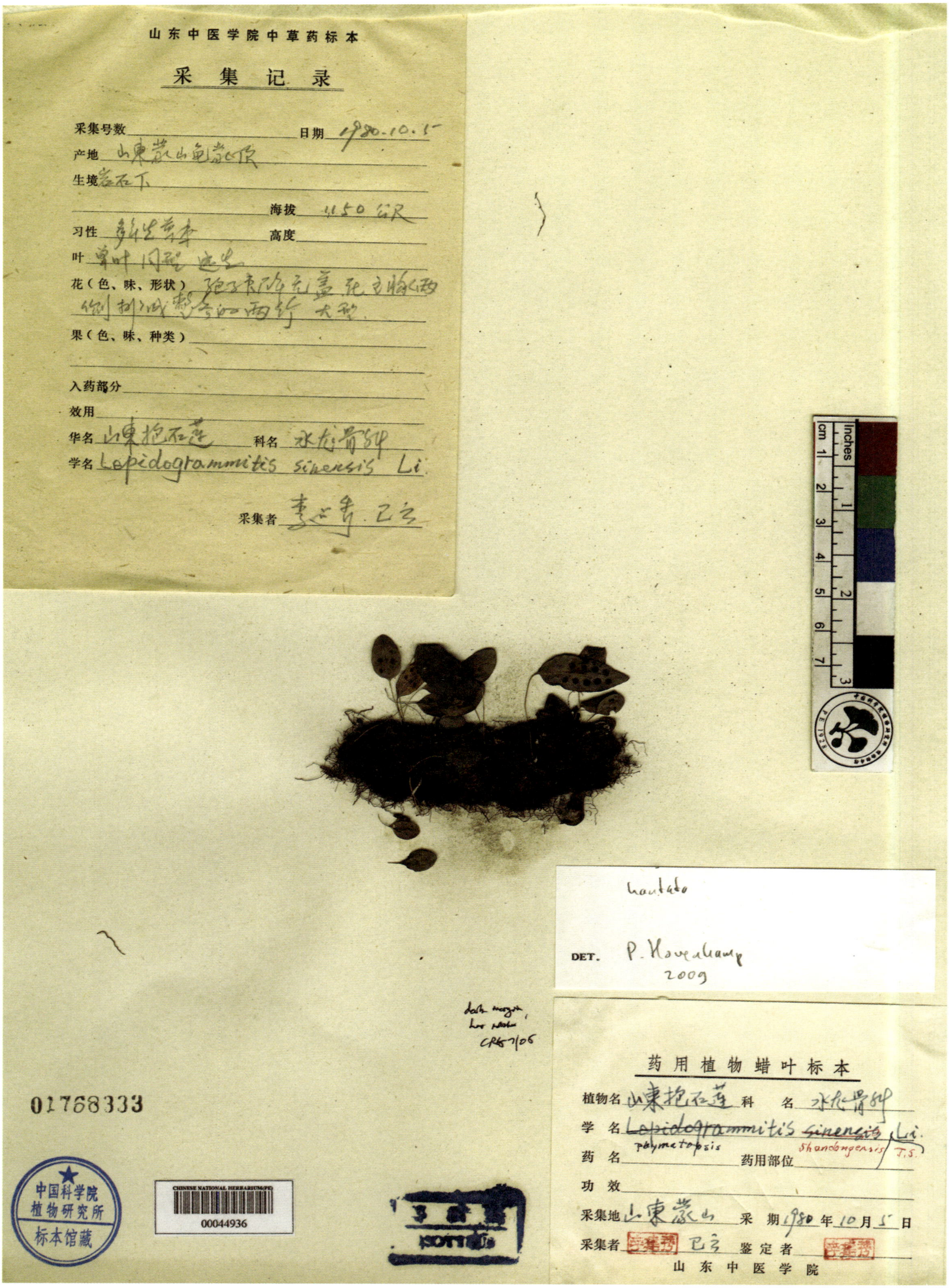

山东假瘤蕨 ***Phymatopsis shandongensis*** J. X. Li & C. Y. Wang in Acta Phytotax. Sin. 22(2): 165, f. 2: 1-2. 1984.
Isotype: China. Shandong: Mengshan, alt. 1150 m, 1980-10-05, J. X Li & Y. Wei 106.

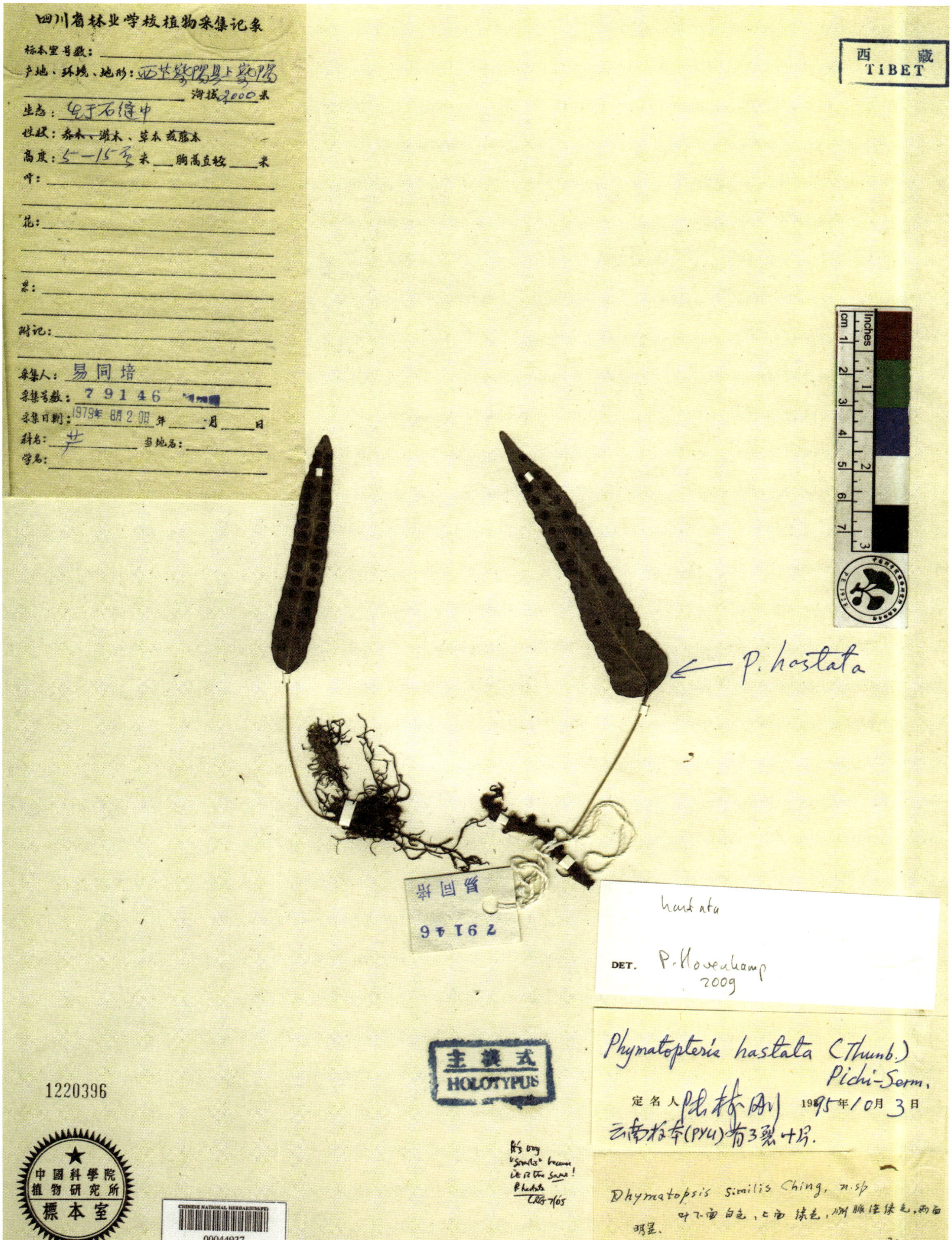

相似假瘤蕨 ***Phymatopsis similis*** Ching, Fl. Xizang. 1: 319. 1983. **Holotype:** China. Xizang: Zayü, alt. 2000 m, 1979-08-20, T. P. Yi 79146.

披针假茀蕨 ***Phymatopsis simplicifolia*** Ching in Acta Phytotax. Sin. 9(2): 187. 1964. **Holotype:** China. Chongqing: Chengkou, alt. 1300 m, 1958-09-03, T. L. Dai 107060.

苍山假茀蕨 ***Phymatopsis subebenipes*** Ching in Acta Phytotax. Sin. 9(2): 193. 1964. **Holotype:** China. Yunnan: Dali, alt. 2300 m, 1946-10-05, T. N. Liou 21328.

滇边假茀蕨 ***Phymatopsis suboxyloba*** Ching in Acta Phytotax. Sin. 9(2): 190. 1964. **Holotype:** China. Yunnan: Taron-Taru Divide, alt. 1850 m, 1938-08-27, T. T. Yu 19989.

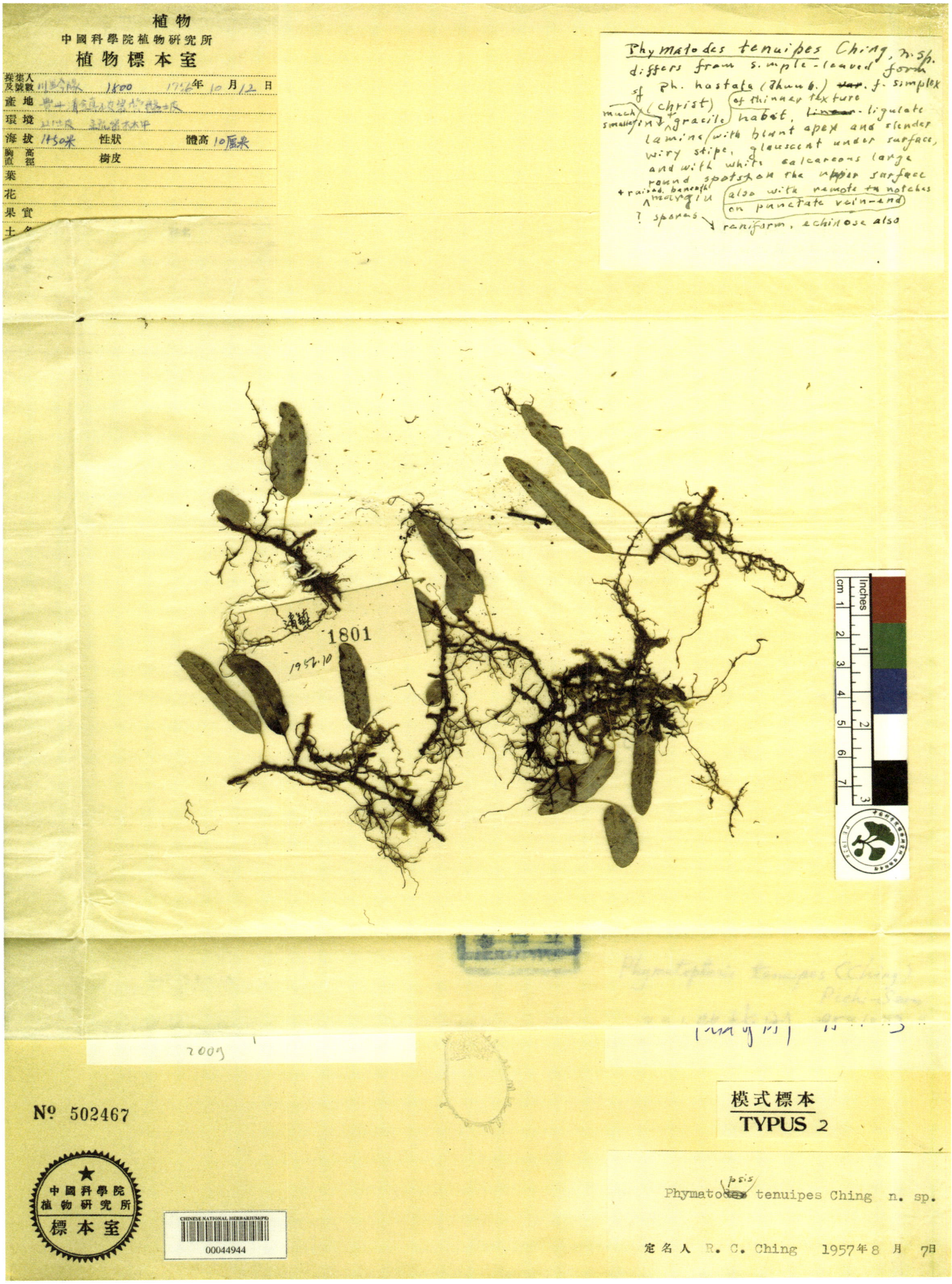

细柄假茀蕨 ***Phymatopsis tenuipes*** Ching in Acta Phytotax. Sin. 9(2): 187. 1964. **Holotype:** China. Guizhou: Qingzheng, alt. 1450 m, 1956-10-12, Sichuan-Guizhou Exped. 1801.

西藏假瘤蕨 ***Phymatopsis tibetana*** Ching & S. K. Wu, Fl. Xizang. 1: 325, f. 83: 5, pl. 10: 1-2. 1983. **Isotype:** China. Xizang, Zayü, alt. 2600 m, 1973-06-25, Qinghai-Xizang Exped. 73-353.

武夷假瘤蕨 ***Phymatopsis wuyishanica*** Ching & K.H. Shing in Wuyi Sci. Journ. 1: 10. 1981. **Holotype:** China. Fujian: Chongan, alt. 1900 m, 1980-09-04, Wuyi Exped. 1737.

圆齿假瘤蕨 ***Phymatopteris incisocrenata*** Ching ex W. M. Chu & S. G. Lu, Fl. Reip. Pop. Sin. 6(2): 192, 348, pl. 39: 1-3. 2000. **Paratype:** China. Yunnan: Dayao, alt. 2850~2950 m, 1963-09-01, NW Yunnan Jingshajiang Exped. 63-6735.

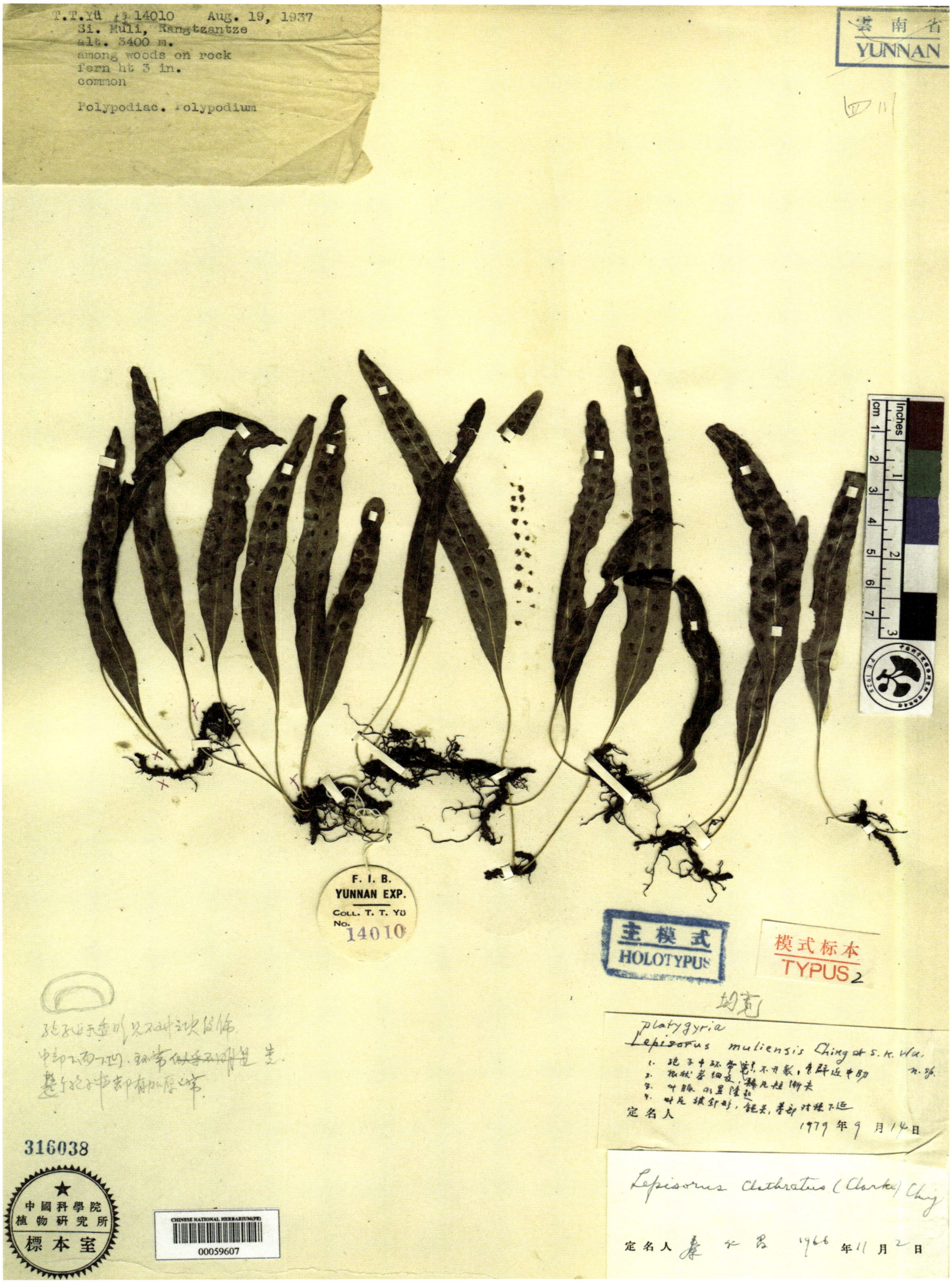

木里宽带蕨 ***Platygyria muliensis*** Ching & S. K. Wu in Acta Bot. Yunnan. 5(1): 22. 1983. **Holotype:** China. Sichuan: Muli, alt. 3400 m, 1937-08-19, T. T. Yu 14010.

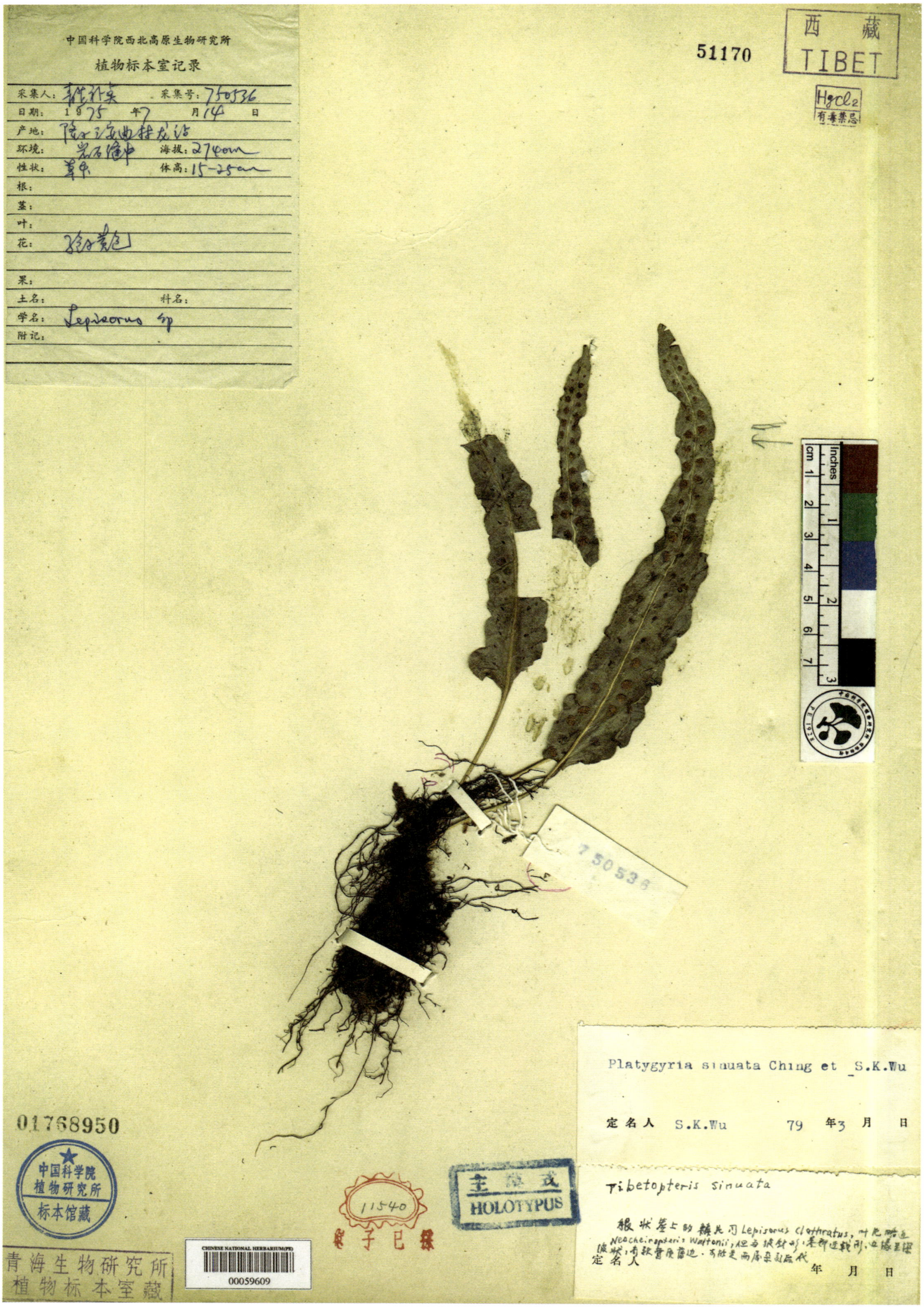

深波宽带蕨 ***Platygyria sinuata*** Ching & S. K. Wu in Acta Bot. Yunnan. 2(1): 71. 1980. **Holotype:** China. Xizang: Lhünzë, alt. 2740 m, 1975-07-14, Qinghai-Xizang Exped. (Sect. Suppl.) 750536.

狭羽拟水龙骨 ***Polypodiastrum argutum*** (Wall. ex Hook.) Ching var. ***angustum*** Ching & S. K. Wu, Fl. Xizang 1: 299, f. 73: 3-4. 1983. **Holotype:** China. Xizang: Nyalam, Zham, alt. 2300 m, 1972-08-13, Xizang Medic. Herb. Exped. 1100.

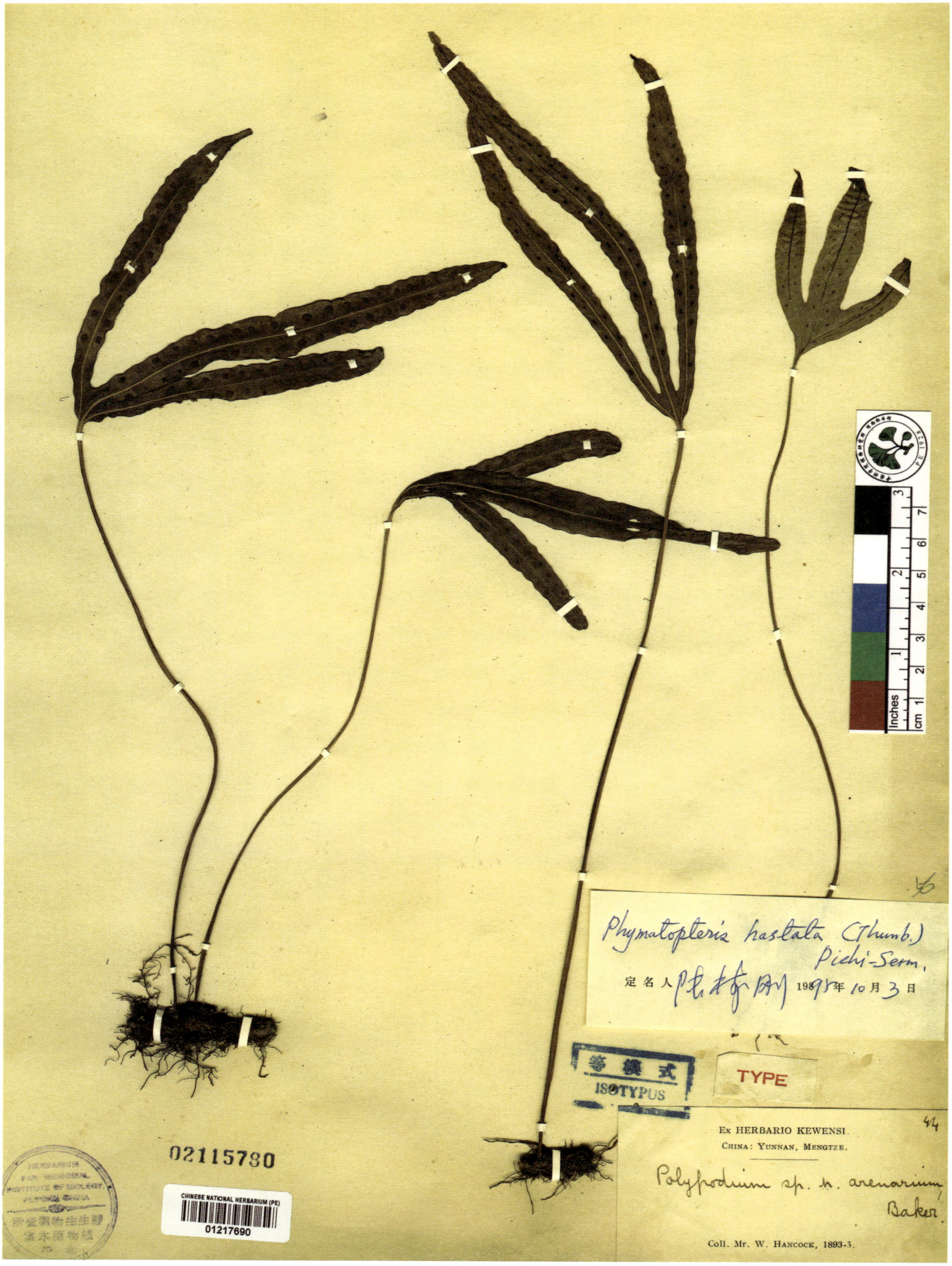

沙生假瘤蕨 ***Polypodium arenarium*** Barker in Bull. Misc. Inform. Kew 1895: 56. 1895. **Isotype:** China. Yunnan: Mengzi, (1893-1895)-??-??, W. Hancock 44.

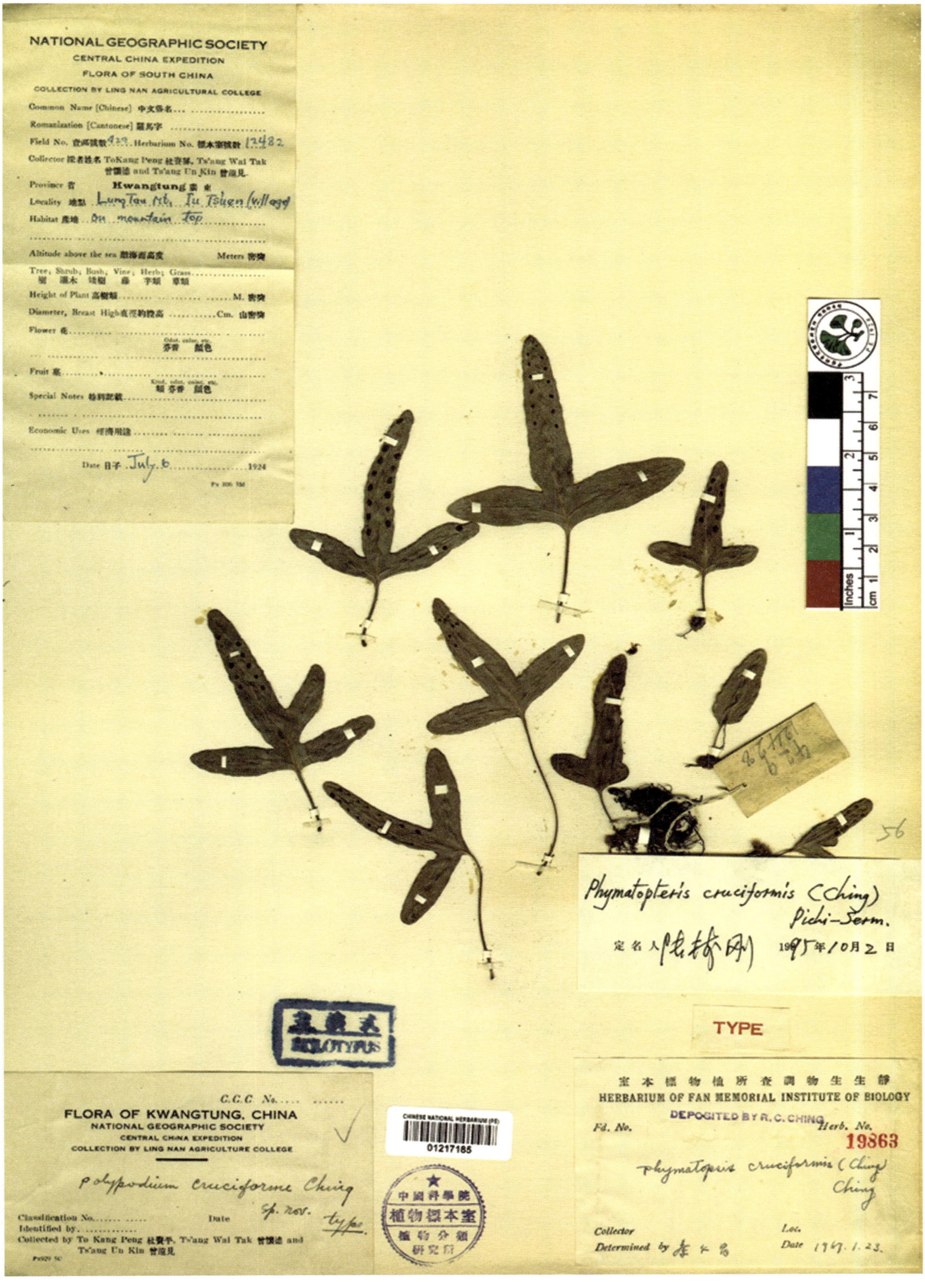

十字假瘤蕨 ***Polypodium cruciforme*** Ching in Sinensia 1(4): 47. 1930. **Holotype:** China. Guangdong: Lungtaushan, 1924-07-06, Lingnan Univ. Herb. 12482.

Polypodium leveillei f. angusta C. Chr., Bulletin of the Department of Biology, College of Science, Sun Yatsen University 3: 310, pl. 146. 1932.

狭绿叶线蕨 ***Polypodium leveillei*** (Christ) Ching f. ***angusta*** C. Chr. in Bull. Dept. Biol. Coll. Sci. Sun Yatsen Univ. 3: 310, pl. 146. 1932. **Isosyntype:** China. Guangxi: Yaoshan, alt. 350~700 m, 1928-05-23, S. S. Sin 6A.

大瓦韦 ***Polypodium macrosphaerum*** Baker in Bull. Misc. Inform. Kew 1895: 55. 1895. **Isotype:** China. Yunnan: Mengzi, alt. 2700 m, 1893-??-??, W. Hancock 49.

Polypodium megasorum C. Chr., Index Filicum fasc. 9: 544. 1906.

宝岛瓦韦 ***Polypodium megasorum*** C. Chr. in Index Fil. Fasc. 9: 544. 1906. **Isotype:** China. Taiwan: Precise locality not known, W. Hancock 31.

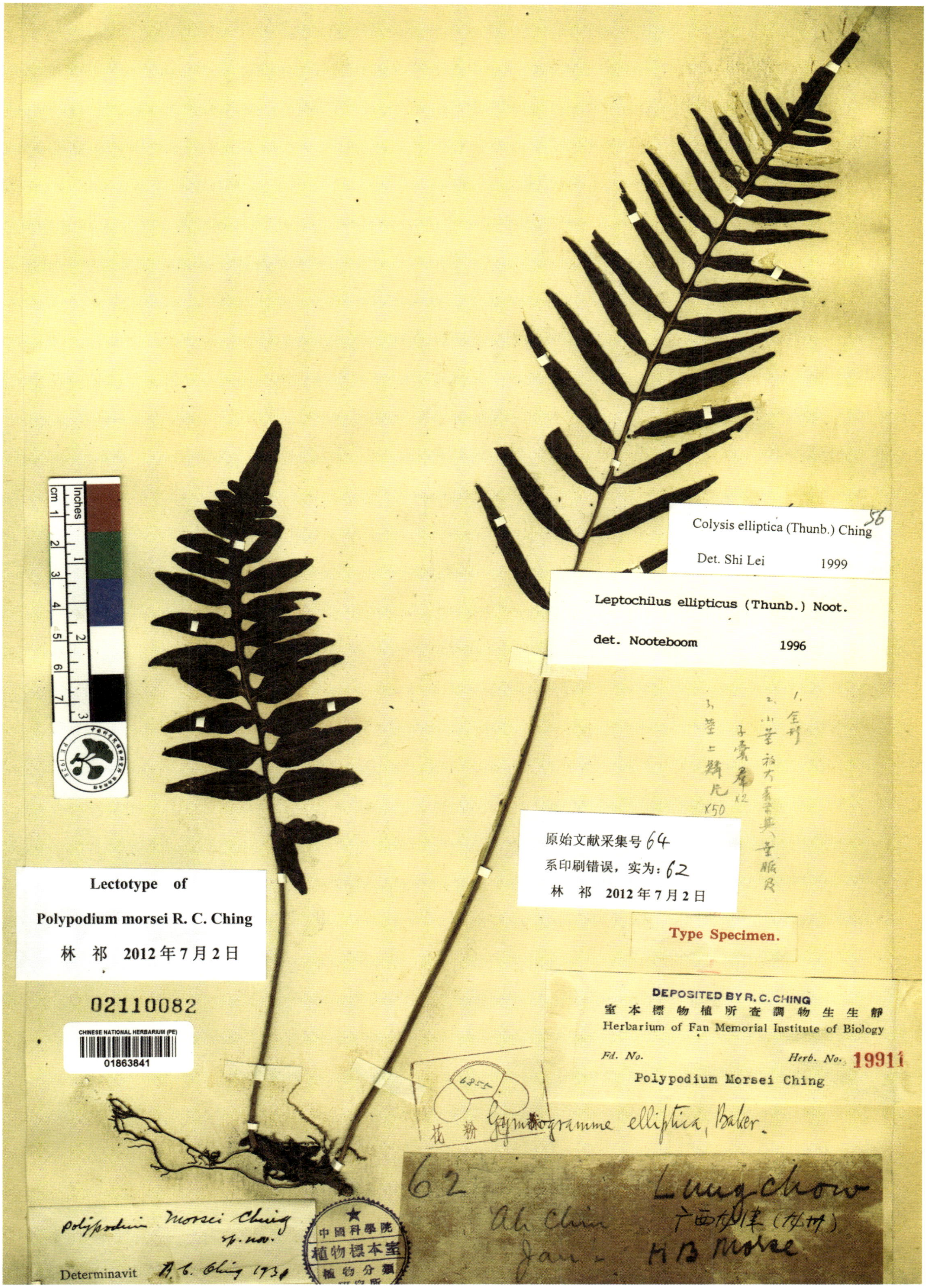

莫氏线蕨 ***Polypodium morsei*** Ching in Bull. Fan Mem. Inst. Biol. 2: 17. 1931. **Lectotype** [designated by L. Song & al. in Acta Bot. Bor.-Occ. Sin. 33(6): 1265. 2013.] : China. Guangxi: Longzhou, H. B. Morse 62.

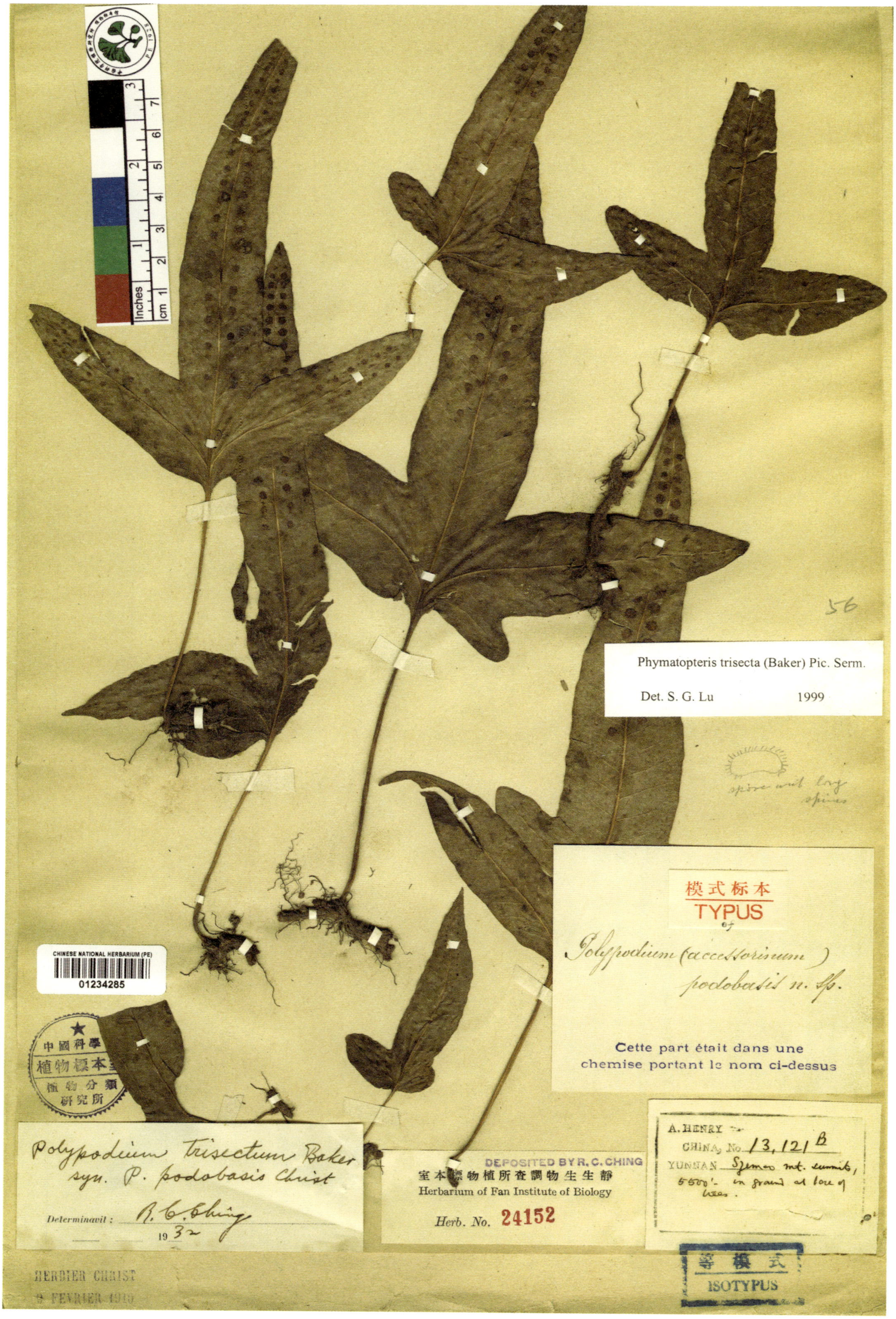

基足线蕨 ***Polypodium podobasis*** Christ in Bull. Acad. Intern. Geogr. Bot. 1902: 215. 1902. **Isotype:** China. Yunnan: Simao, alt. 1830 m, A. Henry 13121.

柔毛中华水龙骨 ***Polypodium pseudoamoenum*** Ching var. ***pilosum*** Ching, Fl. Tsinling. 2:177，231. 1974. **Holotype:** China. Shaanxi: Changan, Nanwutaishan, 1957-07-03, Y. T. Hsieh 2030.

似多足蕨 ***Polypodium simulans*** Barker in Bull. Misc. Inform. Kew 1906(1): 13. 1906. **Isotype:** China. Yunnan: Mengzi, alt. 2000~2300 m, (1893-1895)-??-??, W. Hancock 152.

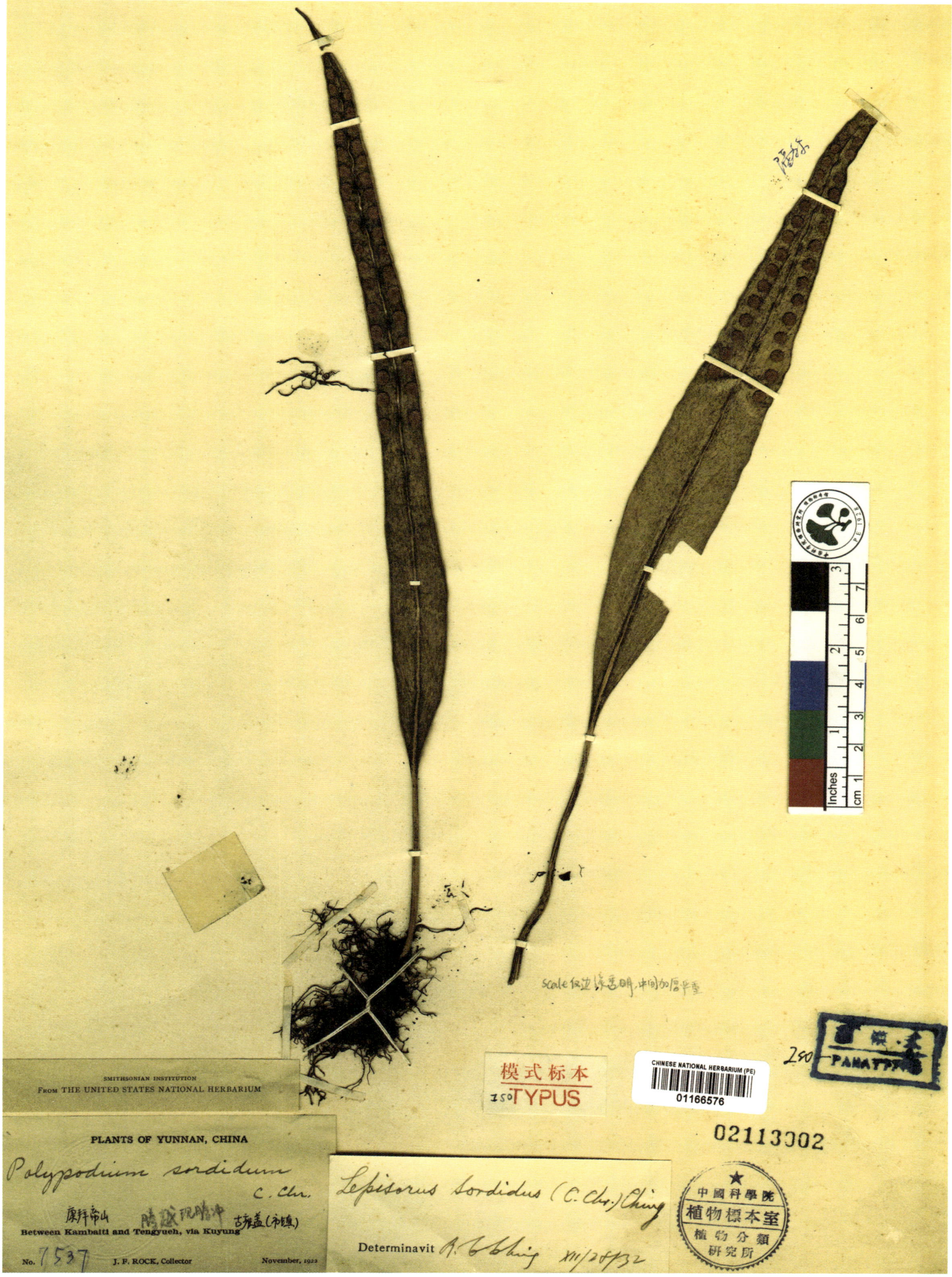

黑鳞瓦韦 ***Polypodium sordidum*** C. Chr. in Contr. U. S. Nat. Herb. 26: 320. 1931. **Isoparatype:** China. Yunnan: Tengchong, 1922-11-??, J. F. Rock 7537.

大鳞鳞毛蕨 ***Polypodium sphaeropteroides*** Barker in Bull. Misc. Inform. Kew 1895: 55. 1895. **Isotype:** China. Yunnan: Mengzi, Daheishan, 2830 m, (1893-1895)-??-??, W. Hancock 119.

假友水龙骨 ***Polypodium subamoenum*** C. B. Clarke in Trans. Linn. Soc. London, Bot. ser. 2. 1: 550, pl. 82, f. 2. 1880.
Isosyntype: India. Sikkim, alt 3830 m, 1875-10-26, C. B. Clarke 25709.

中间穴子蕨 ***Polypodium urceolare*** Hayata var. ***intermedia*** Ching in Bull. Dept. Biol. Sun Yatsen Univ. 6: 32. 1933.
Holotype: China. Guangxi: Shiwandashan, 1928-05-28, S. S. Sin 209.

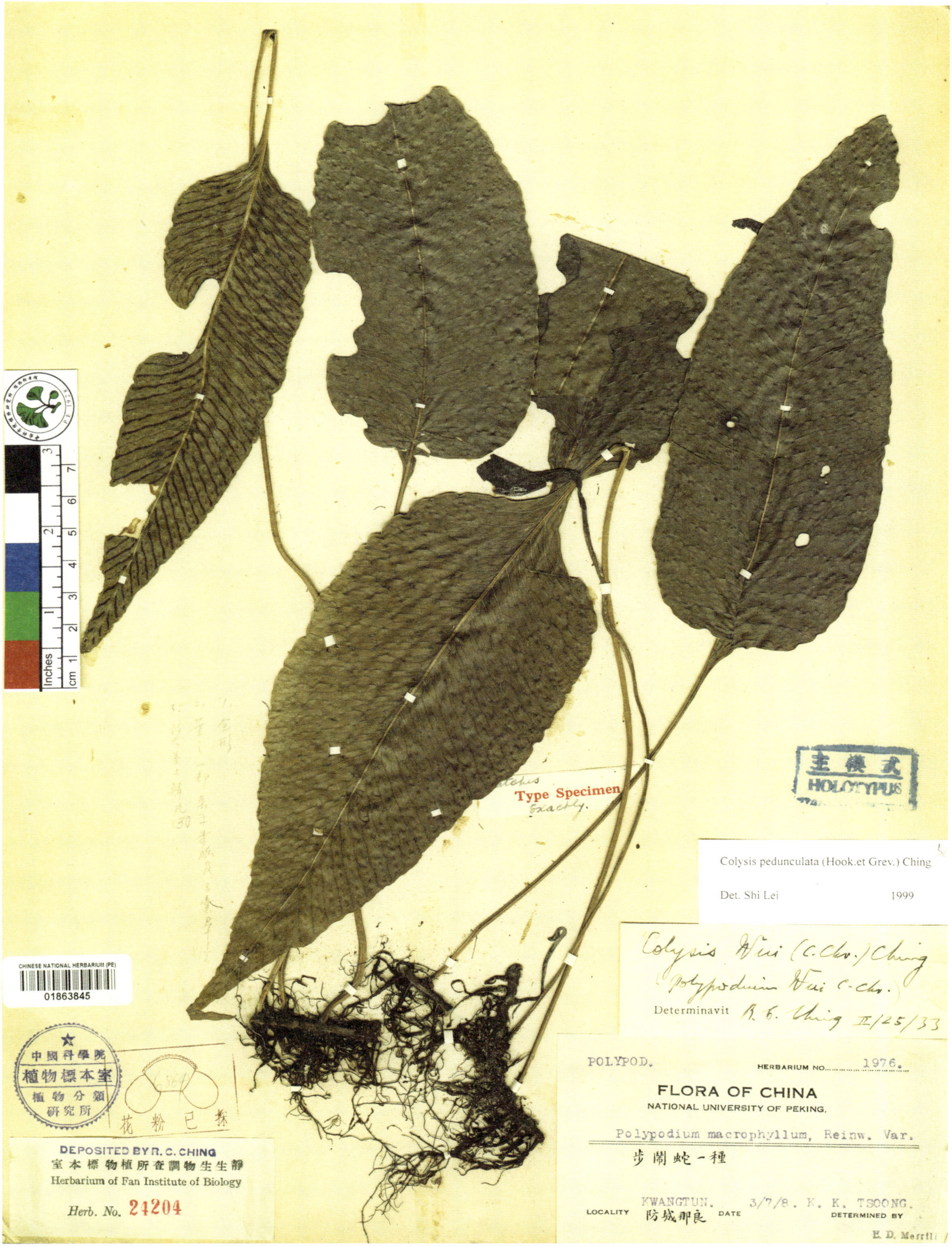

吴氏多足蕨 ***Polypodium wui*** C. Chr. ex Ching in Bull. Dept. Biol. Sun Yatsen Univ. 6: 17. pl. 150. 1933. **Holotype:** China. Guangxi: Fangcheng, 1908-07-03, K. K. Tsoong 1976.

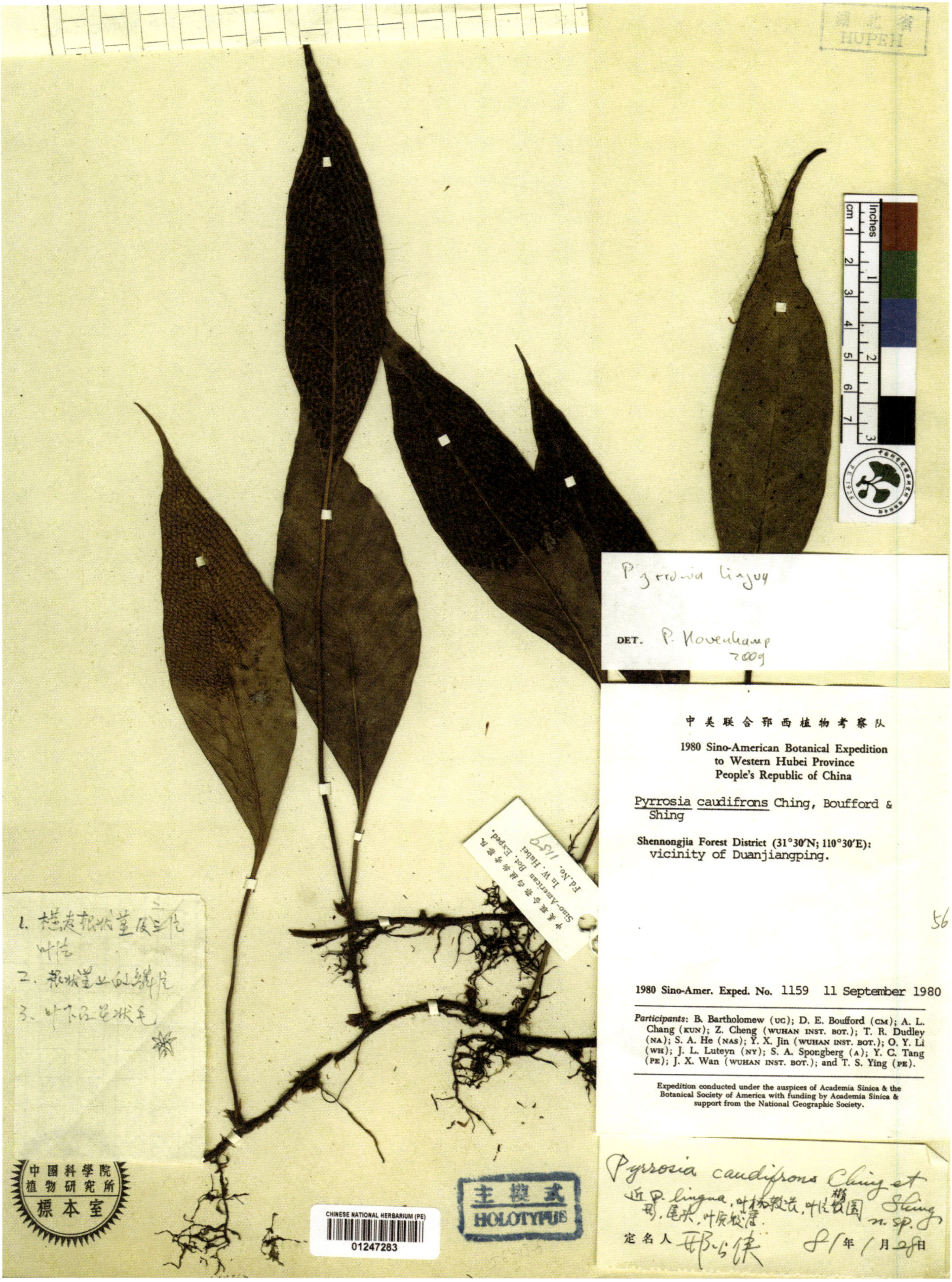

尾叶石韦 ***Pyrrosia caudifrons*** Ching, Boufford & K. H. Shing in Journ. Arn. Arb. 64: 37, f. 7: d-g. 1983. **Holotype:** China. Hubei: Shennongjia, 1980-09-11, Sino-Amer. Exped. 1159.

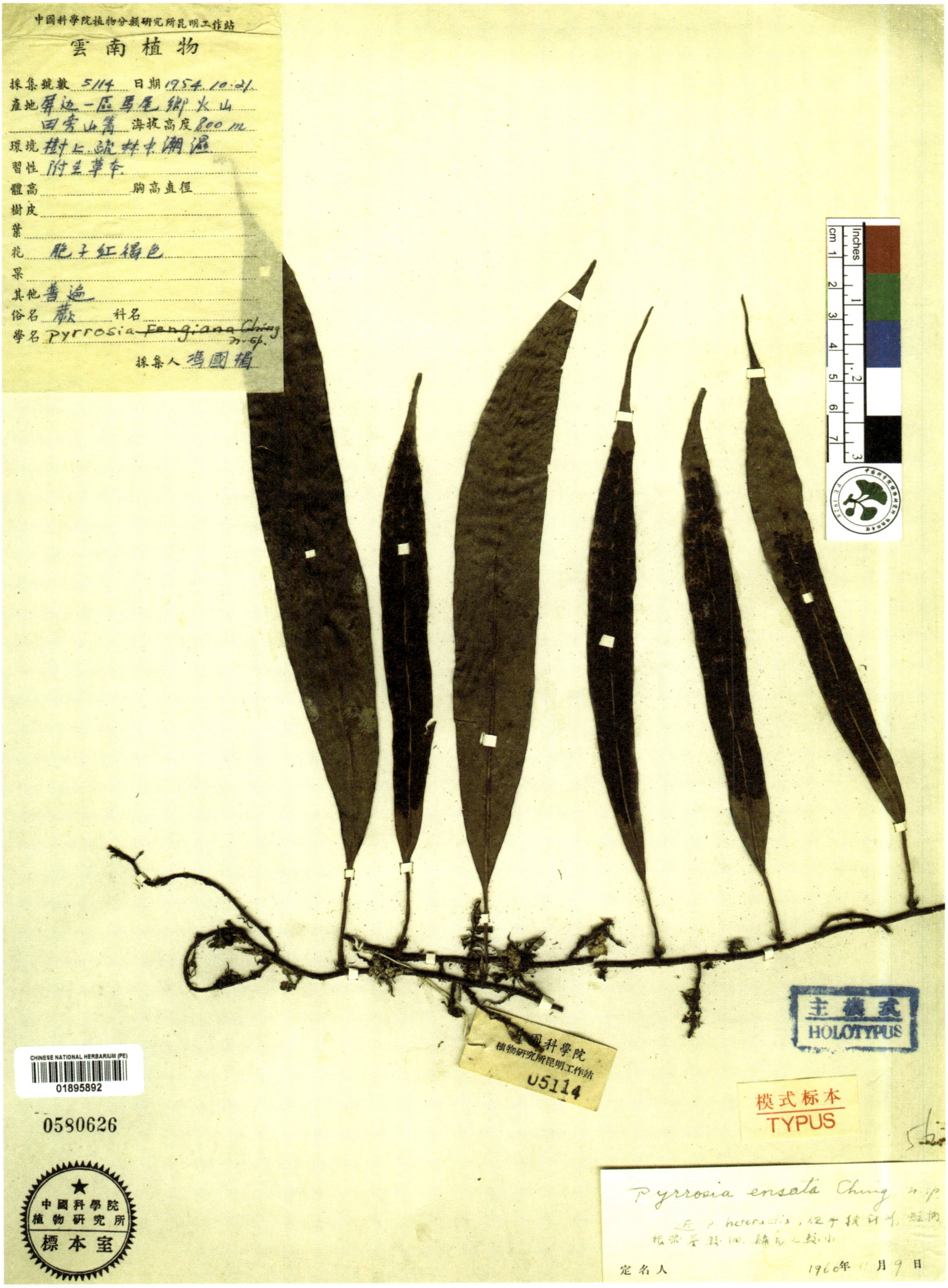

剑叶石韦 ***Pyrrosia ensata*** Ching & K. H. Shing ex K. H. Shing & K. Iwatsuki in Journ. Japan. Bot. 72(1): 28. 1997.
Holotype: China. Yunnan: Pingbian, alt. 800 m, 1954-10-21, K. M. Feng 5114.

冯氏石韦 ***Pyrrosia fengiana*** Ching in Bull. Fan Mem. Inst. Biol., Bot. Ser. 11: 73. 1941. **Holotype:** China. Yunnan: Zsechitong, alt. 1700~1800 m, K. M. Feng 7977.

佛海石韦 ***Pyrrosia fuohaiensis*** Ching & K. H. Shing ex K. H. Shing & K. Iwatsuki in Journ. Japan. Bot. 72(2): 76, f. 1: 7-9. 1997. **Holotype:** China. Yunnan: Menghai, alt. 1530 m, 1936-05-??, C. W. Wang 73616.

印度石韦 ***Pyrrosia nayariana*** Ching & Chandra ex P.Chandra in Amer. Fern Journ. 54(2): 62, f. 1. 1964. **Isotype:** India. Assam: Manipur, alt. 795 m, 1961-05-12, P. Chandra 74310.

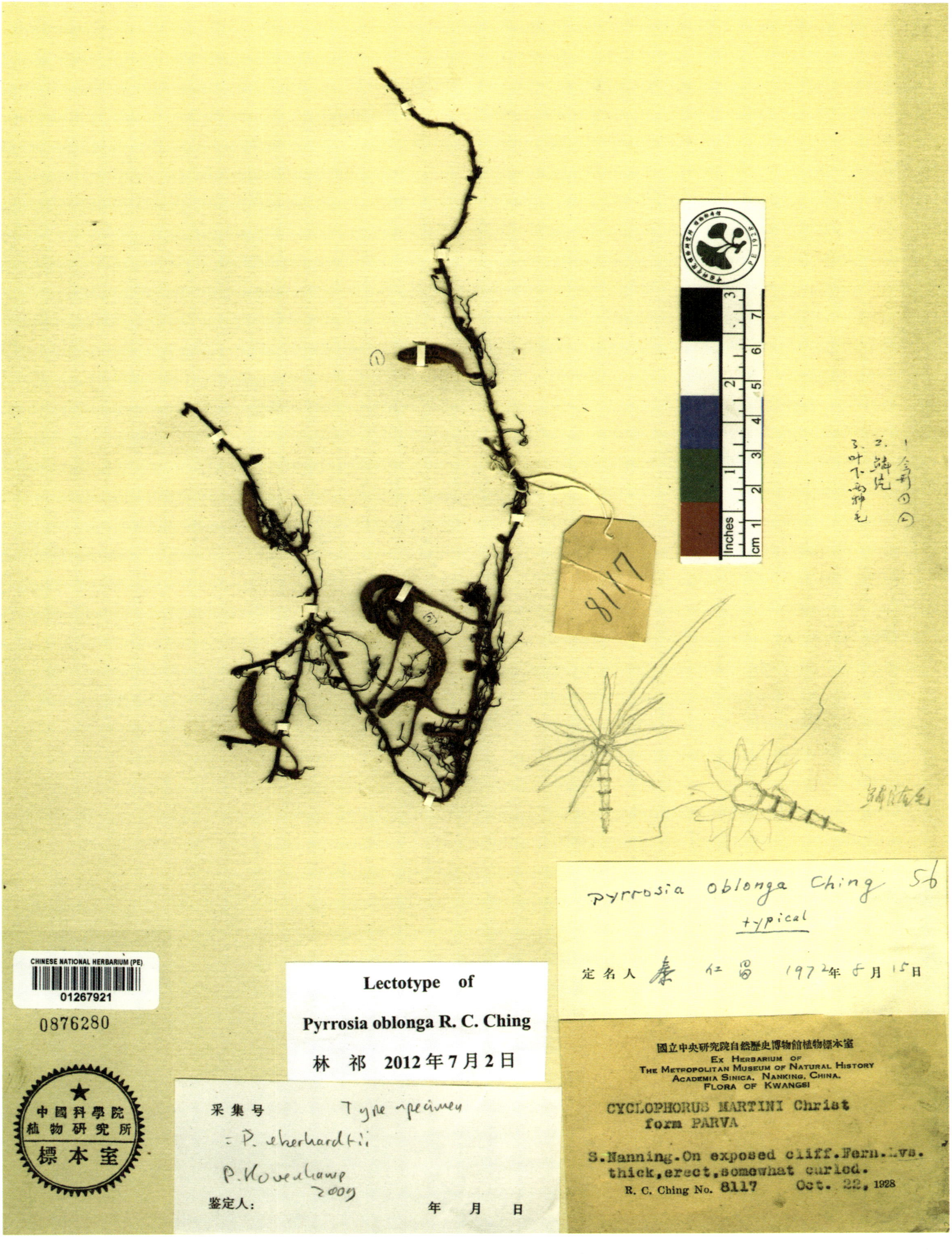

矩圆叶石韦 ***Pyrrosia oblonga*** Ching in Bull. Chin. Bot. Soc. 1(1): 58. 1935. **Lectotype** [designated by L. Song & al. in Acta Bot. Bor.-Occ. Sin. 33(6): 1266. 2013.]: China. Guangxi: S. Nanning, She-feng Dar Shan, 1928-10-22, R. C. Ching 8117.

荷叶蕨石韦 ***Pyrrosia scolopendrina*** Ching in Bull. Fan Mem. Inst. Biol., Bot. Ser. 11: 74. 1941. **Holotype:** China. Yunnan: Dengchuan, 1940-09-21, R. C. Ching 24771.

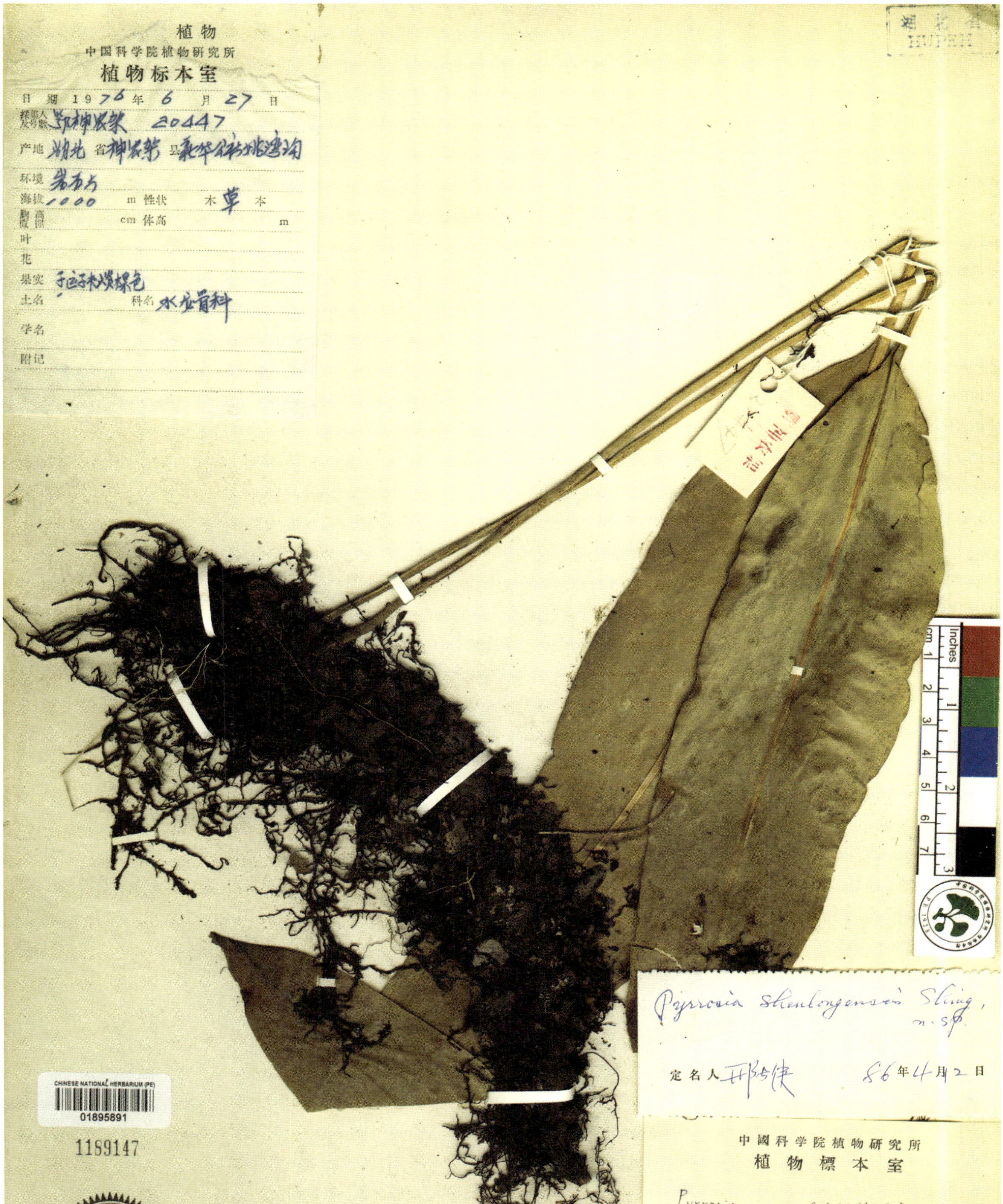

神农石韦 ***Pyrrosia shennongensis*** K. H. Shing in Journ. Japan. Bot. 72(2): 73. 1997. **Holotype:** China. Hubei: Shennongjia, alt. 1000 m, 1976-06-27, Hubei Shennongjia Exped. 20447.

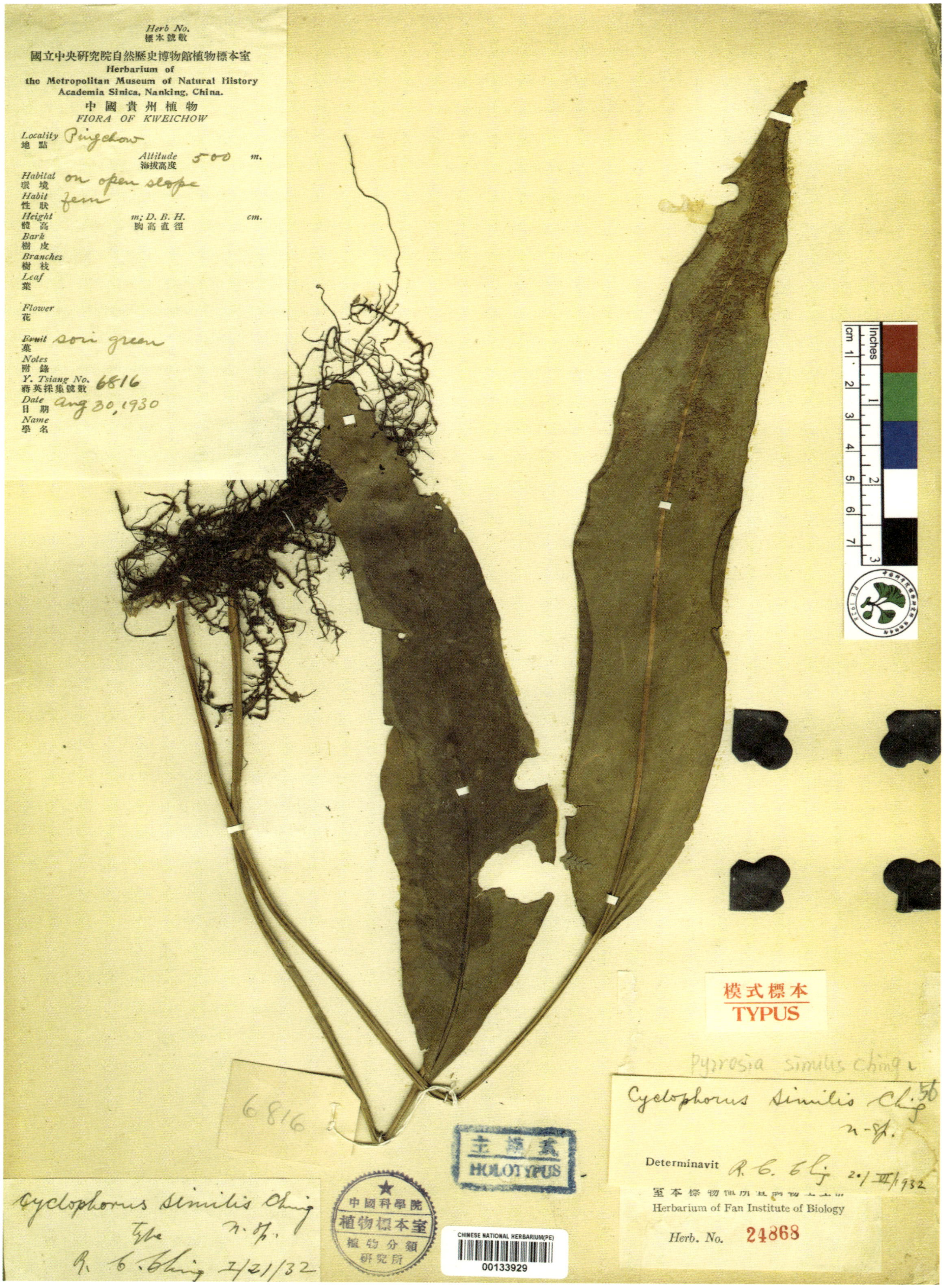

相似石韦 ***Pyrrosia similis*** Ching in Bull. Bot. Soc. 1: 56. 1935. **Holotype:** China. Guizhou: Pingchow, alt. 500 m, 1930-08-30, Y. Tsiang 6816.

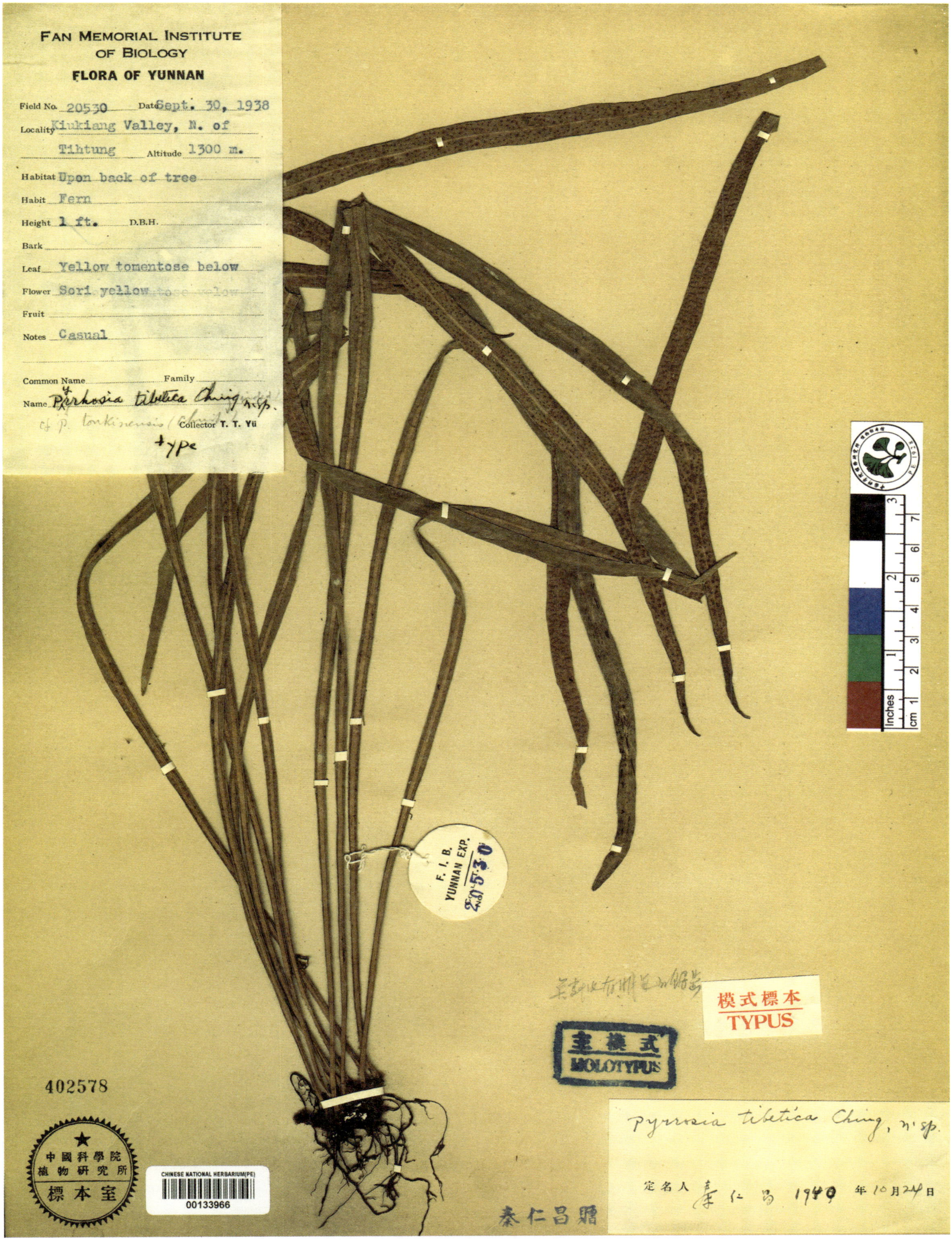

藏石韦 ***Pyrrosia tibetica*** Ching in Lingnan Sci. Journ. 21: 34. 1945. **Holotype:** China. Yunnan: Kiukiang Valley, alt. 1300 m, 1938-09-30, T. T. Yu 20530.

狭叶藏石韦 ***Pyrrosia tibetica*** Ching var. ***angustata*** Ching in Lingnan Sci. Journ. 21: 34. 1945. **Holotype:** China. Yunnan: Kiukiang Valley, alt. 1600 m, 1938-08-21, T. T. Yu 19928.

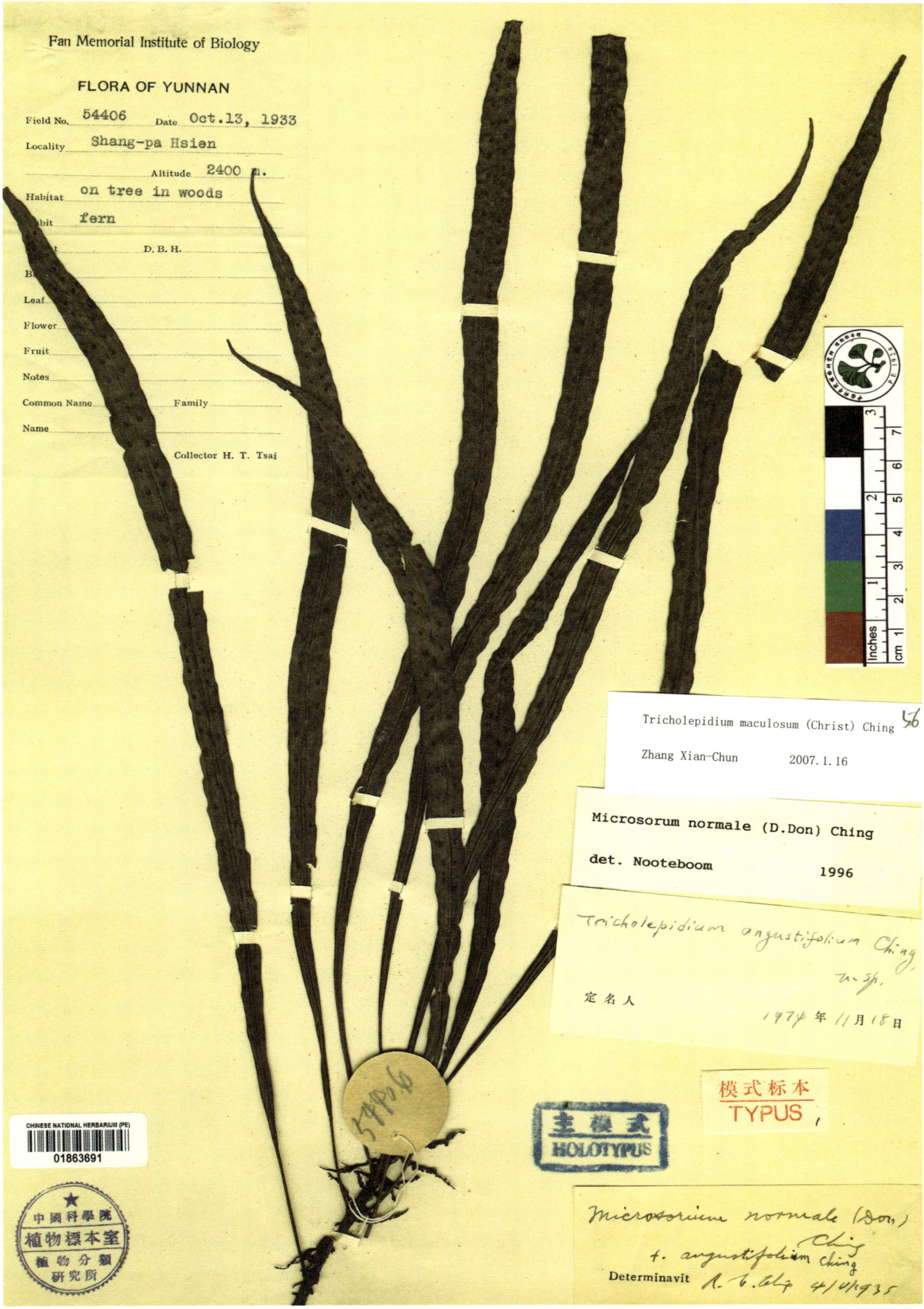

狭叶毛鳞蕨 ***Tricholepidium angustifolium*** Ching in Acta Phytotax. Geobot. 29: 44. 1978. **Holotype:** China. Yunnan: Fugong, alt. 2400 m, 1933-10-13, H. T. Tsai 54406.

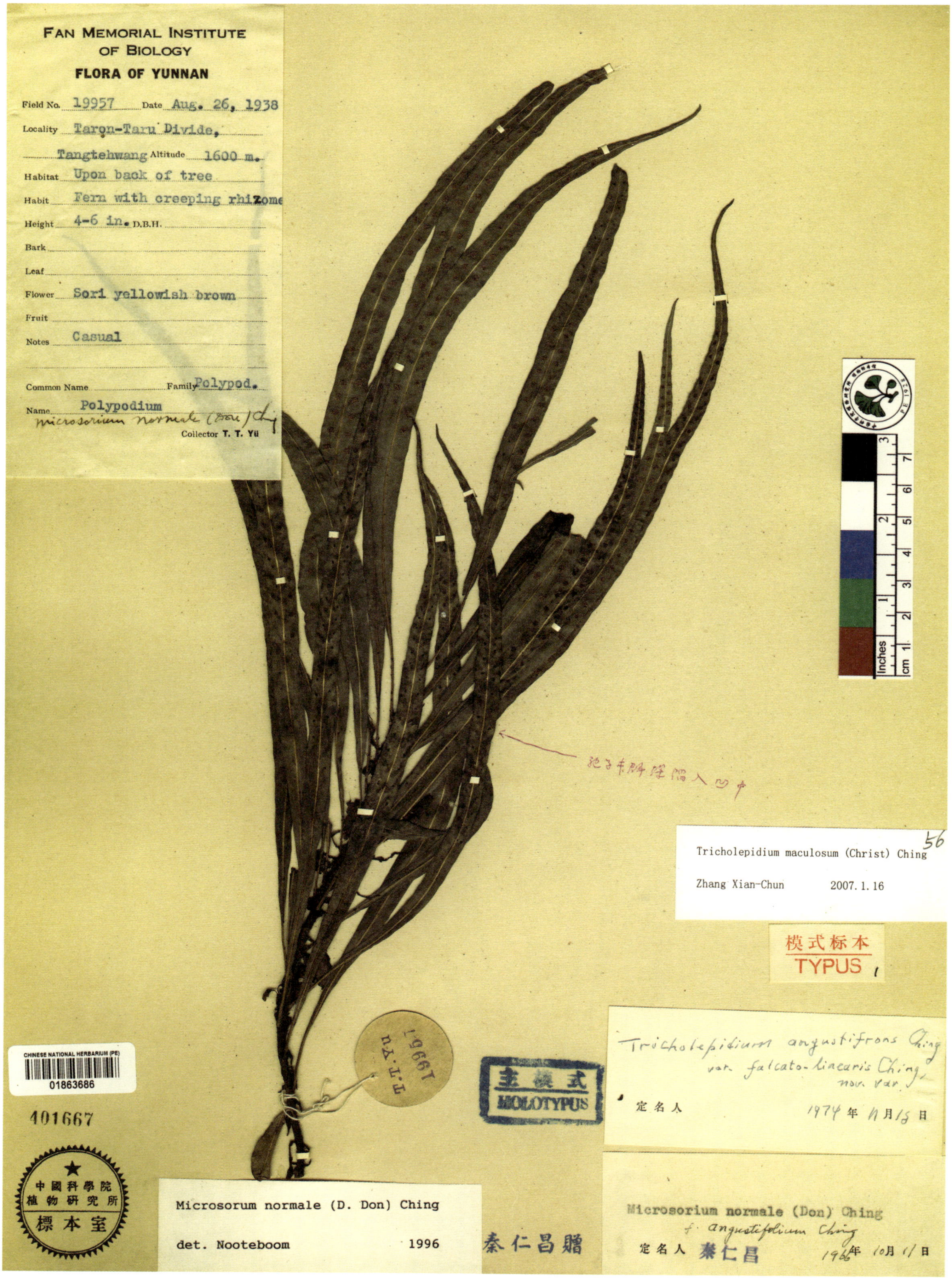

镰状毛鳞蕨 ***Tricholepidium angustifolium*** Ching var. ***falcato-lineare*** Ching in Acta Phytotax. Geobot. 29: 44. 1978.
Holotype: China. Yunnan: Taron-Taru Divide, alt. 1600 m, 1938-08-26, T. T. Yu 19957.

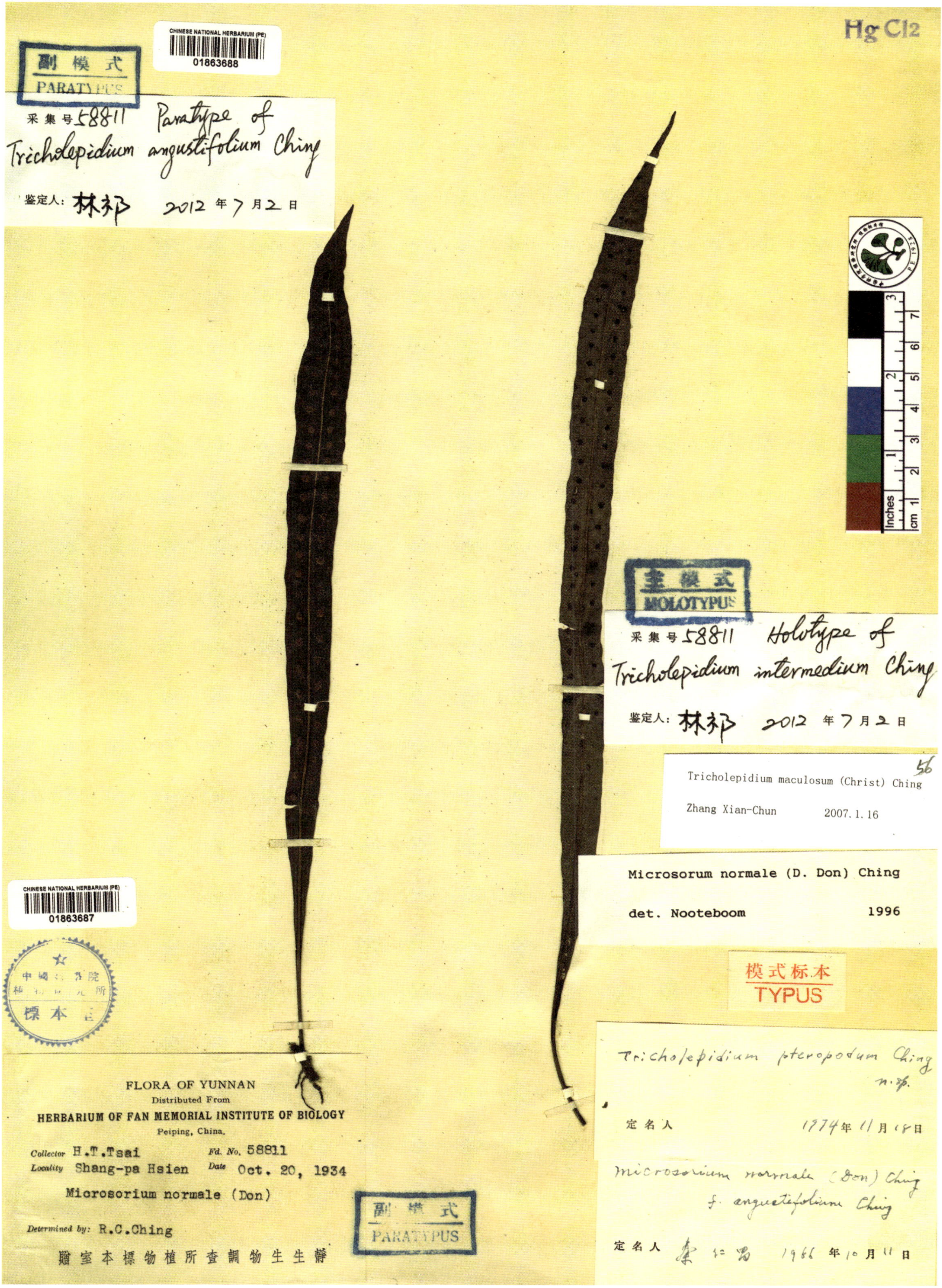

中间型毛鳞蕨 ***Tricholepidium intermedium*** Ching in Acta Phytotax. Geobot. 29: 44. 1978. **Holotype:** China. Yunnan: Fugong, 1934-10-20, H. T. Tsai 58811.

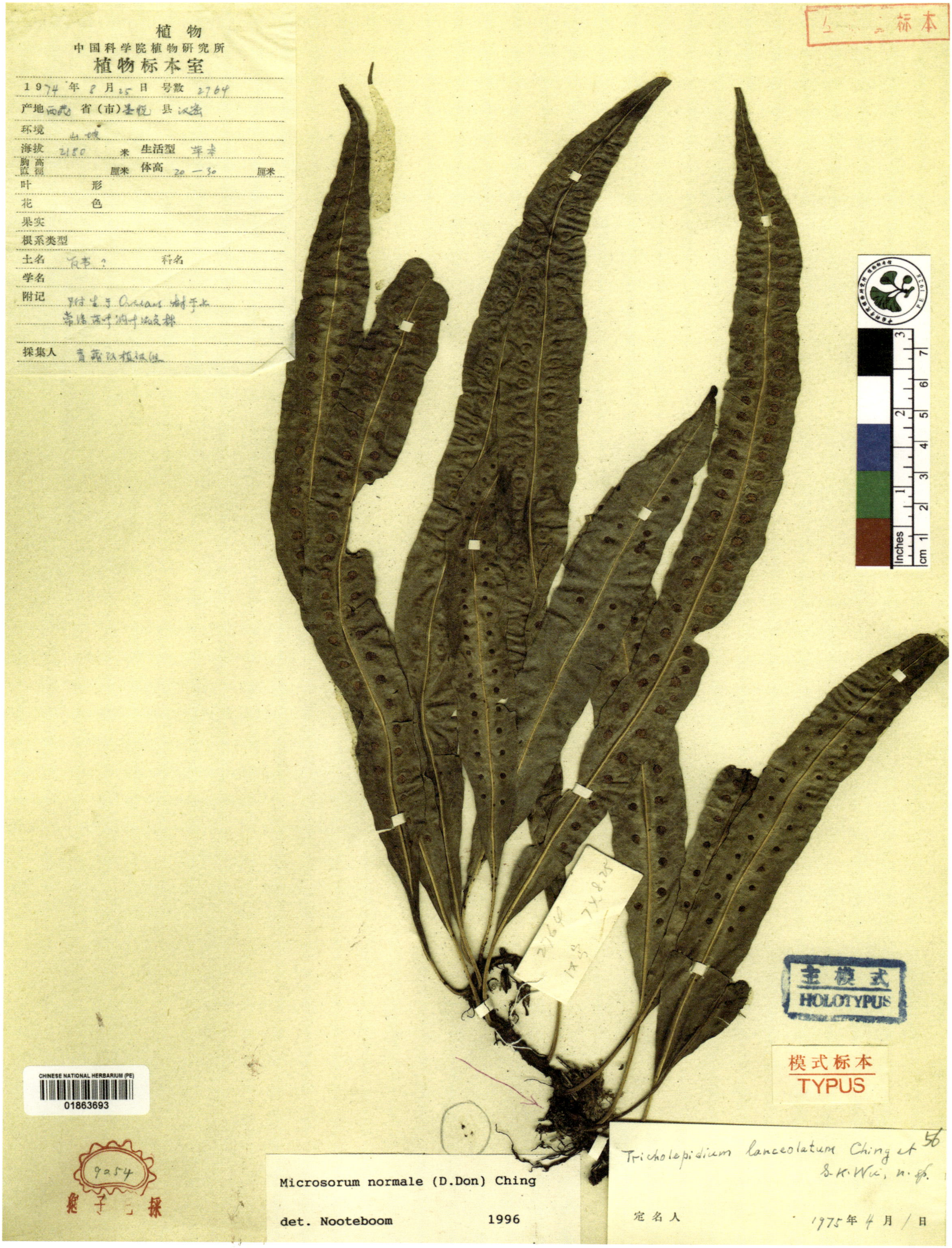

披针叶毛鳞蕨 ***Tricholepidium lanceolatum*** Ching & S. K. Wu in Acta Phytotax. Geobot. 29: 45. 1978. **Holotype:** China. Xizang: Mêdog, alt. 2180 m, 1974-08-25, Qinghai-Xizang Exped. 2764.

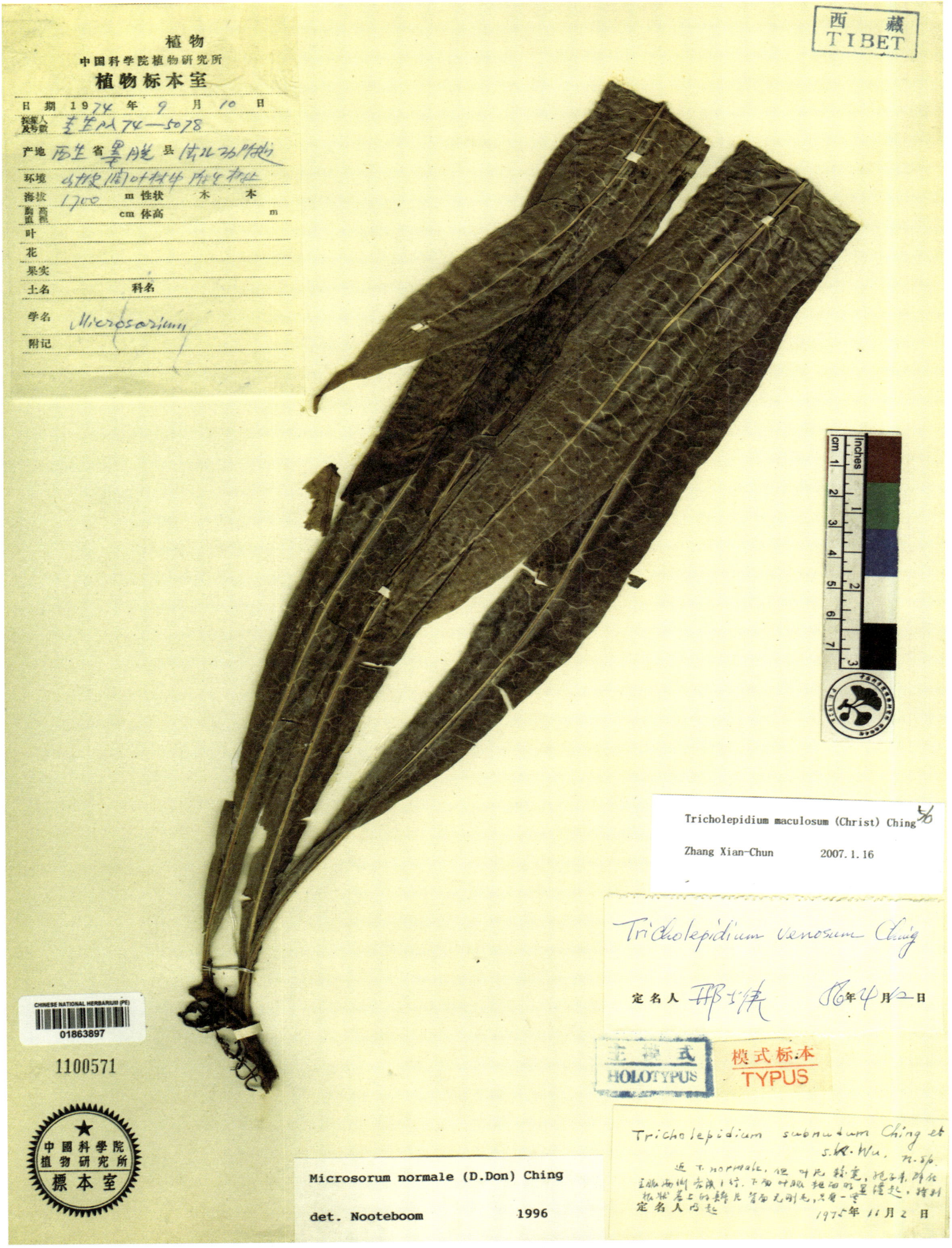

宽叶毛鳞蕨 ***Tricholepidium subnudum*** Ching & S. K. Wu, Fl. Xizang 1: 314, f. 79: 4-5. 1983. **Holotype:** China. Xizang: Mêdog, alt. 1700 m, 1974-09-10, Qinghai-Xizang Exped. 74-5078.

Drynariaceae

槲蕨科

hujueke

糙毛槲蕨 ***Drynaria costulisora*** Ching & S. K. Wu, Fl. Xizang. 1: 345, f. 92: 1-3. 1983. **Holotype:** China. Xizang: Cona, alt. 2600 m, 1975-08-28, Qinghai-Xizang Exped. 75-1732.

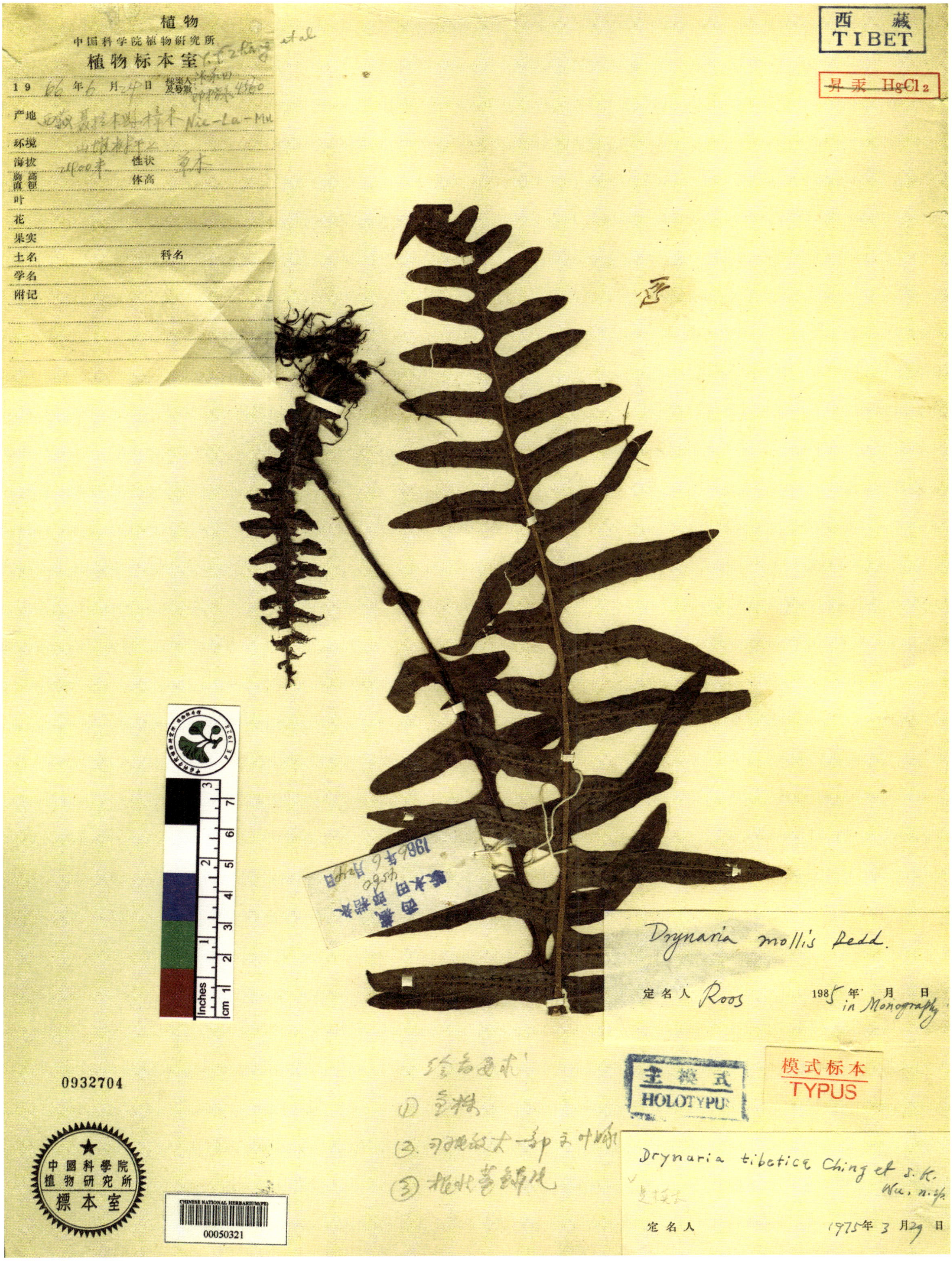

西藏槲蕨 ***Drynaria tibetica*** Ching & S. K. Wu, Fl. Xizang. 1: 342, f. 91: 1-3. 1983. **Holotype:** China: Xizang: Nyalam, Zham, alt. 2400 m, 1966-06-24, Y. T. Chang & K. Y. Lang 4560.

Azollaceae

满江红科

manjianghongke

多果满江红 ***Azolla imbricata*** (Roxb.) Nakai var. ***prolifera*** Y. X. Ling in Acta Phytotax. Sin. 18(4): 454. 1980. **Holotype:** China. Shandong: Tancheng, 1977-11-??, K. Z. Bai & S. L. Yu 1.

Huperziaceae

石杉科

shishanke

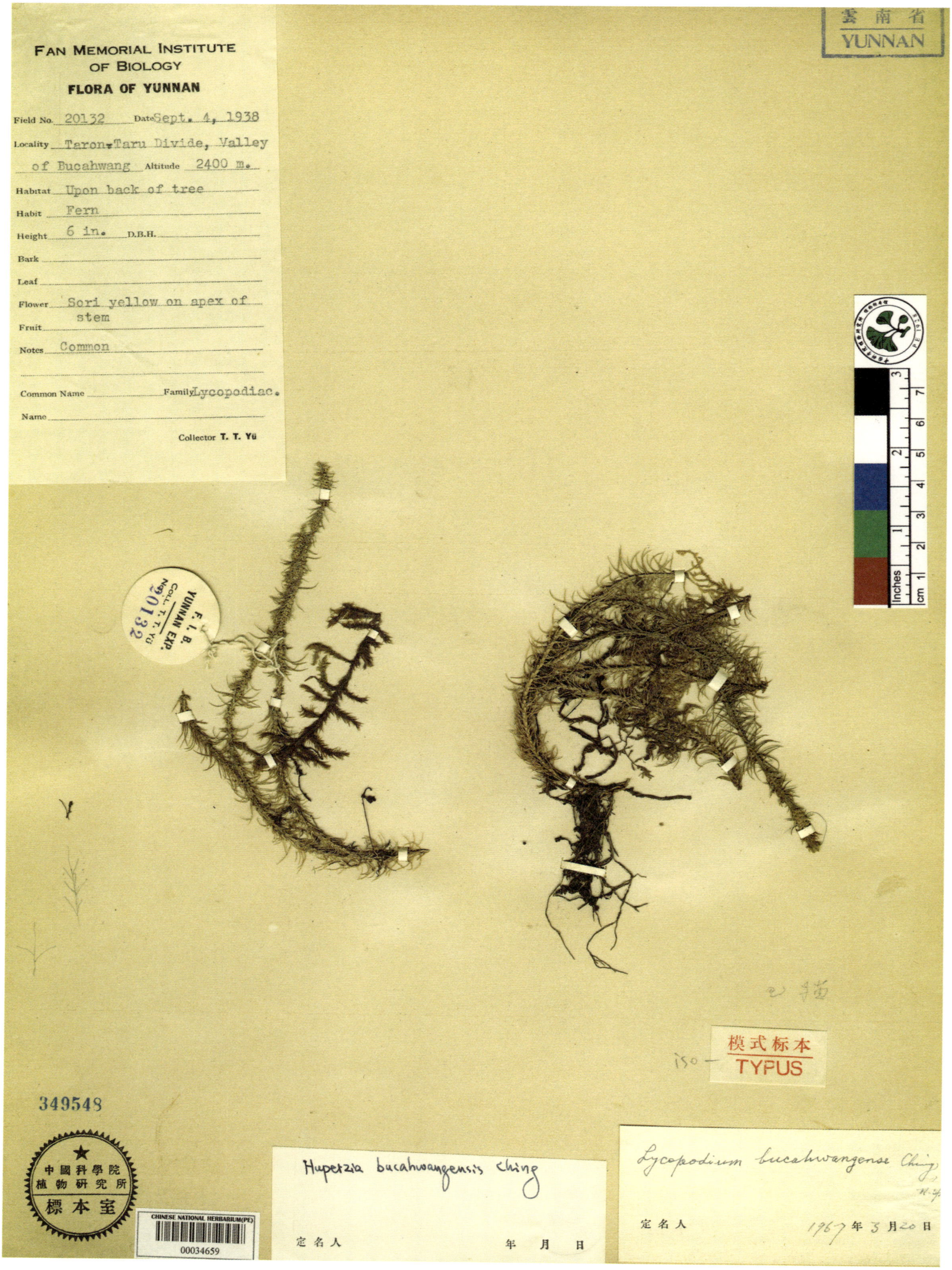

曲尾石杉 ***Huperzia bucahwangensis*** Ching in Acta Bot. Yunnan. 3(3): 301. 1981. **Holotype:** China. Yunnan: Taron, Bucahwang, alt. 2400 m, 1938-09-04, T.T. Yu 20132.

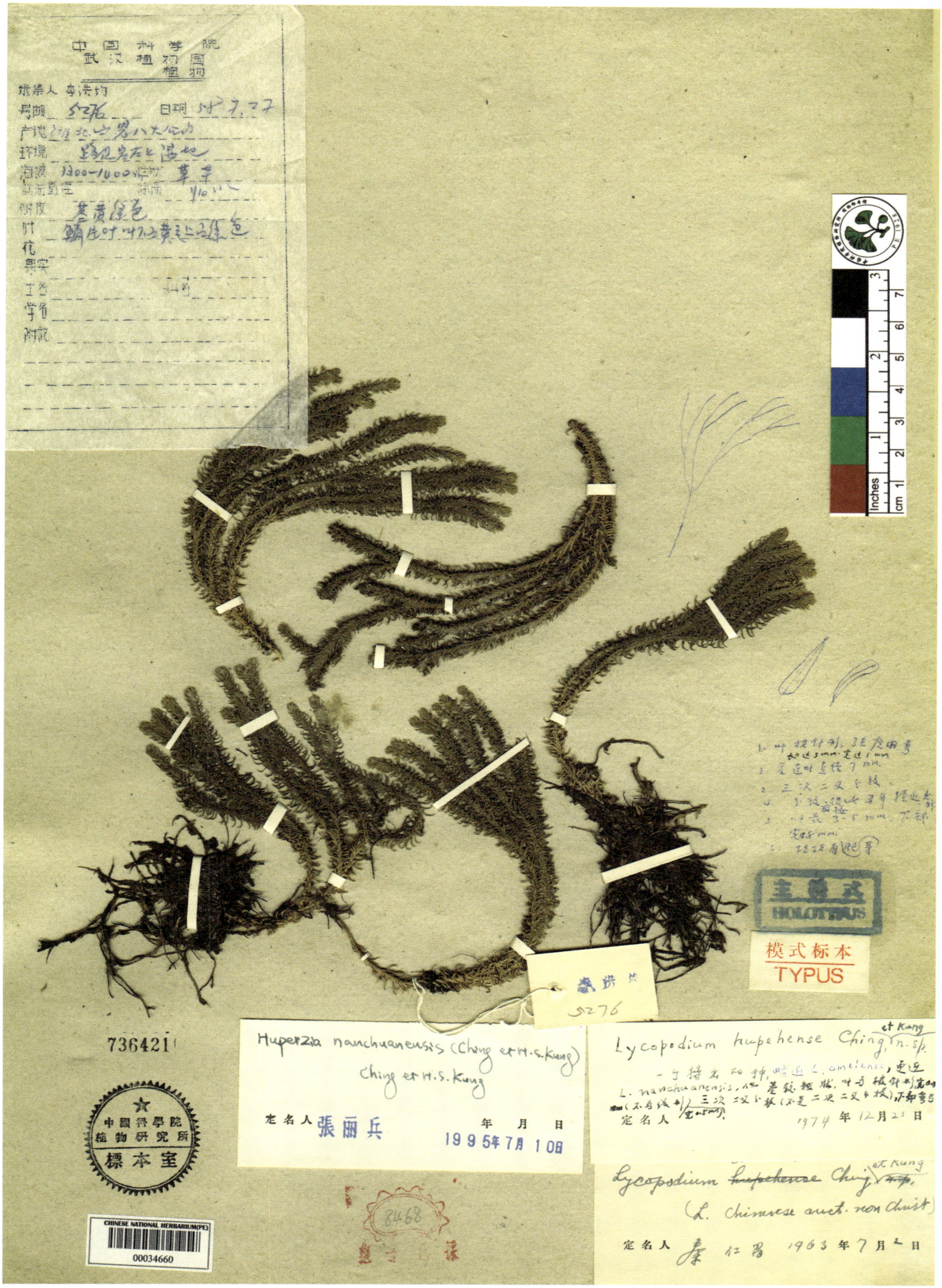

湖北石杉 ***Huperzia hupehensis*** Ching in Acta Bot. Yunnan. 3(3): 301. 1981. **Holotype:** China. Hubei: Xiuanen, Badagongshan. alt. 1300~1400 m, 1958-07-27, H. C. Li 5276.

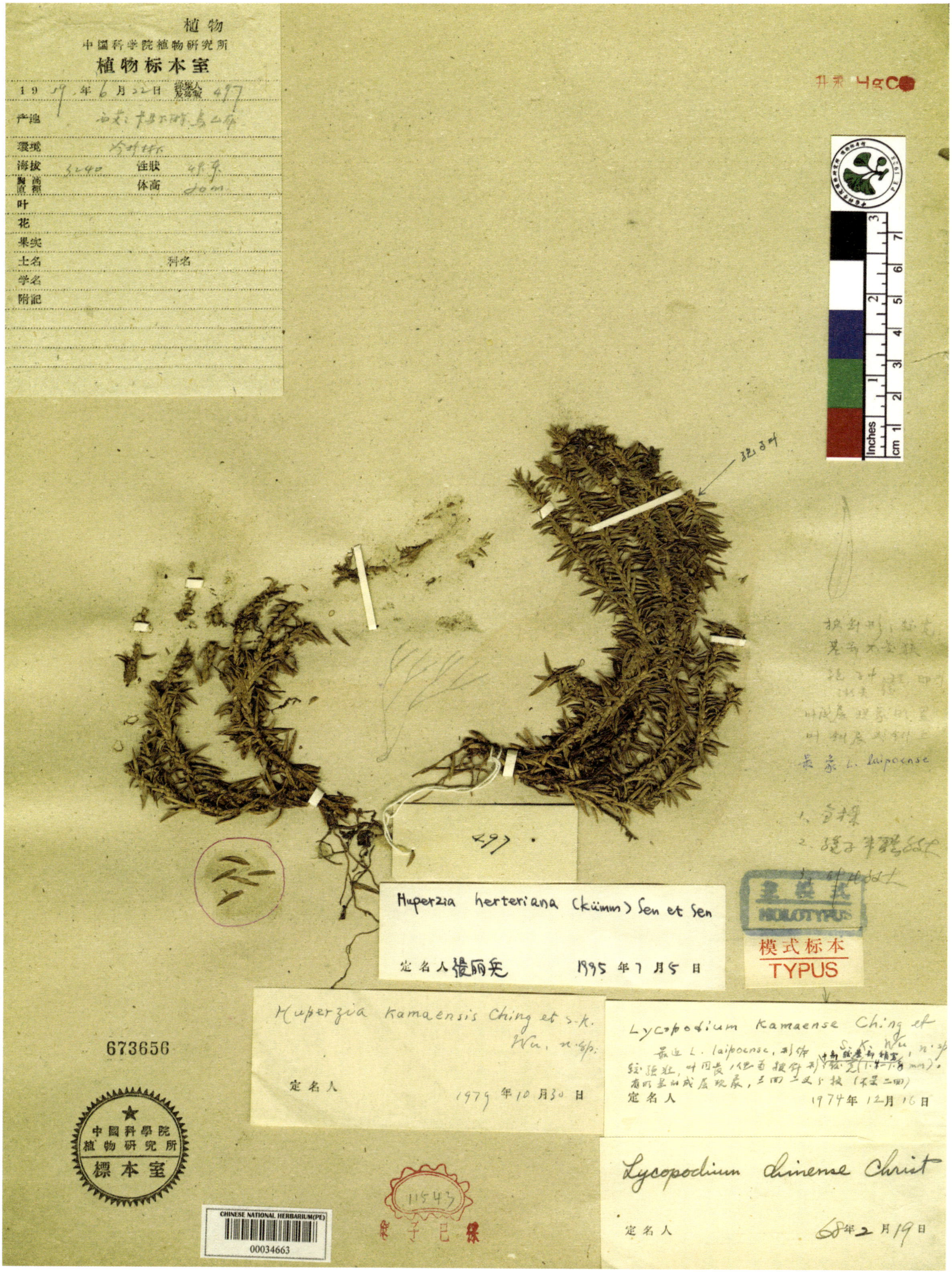

卡马石杉 ***Huperzia kamaensis*** Ching & S. K. Wu in Acta Bot. Yunnan. 3(3): 300. 1981. **Holotype:** China. Xizang: Kama, alt. 3240 m, 1959-06-22, J. W. Zhang 497.

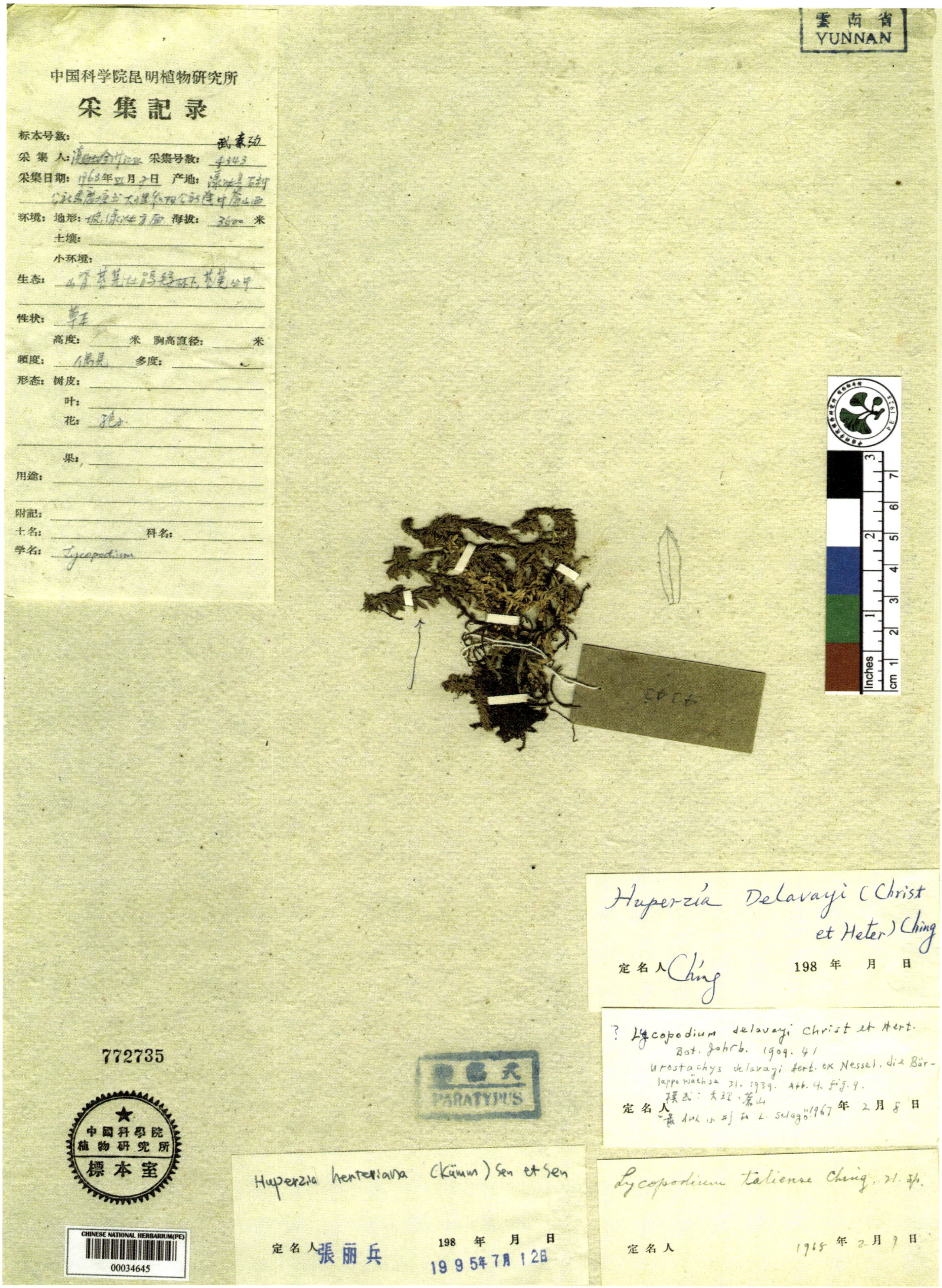

昆明石杉 ***Huperzia kunmingensis*** Ching in Acta Bot. Yunnan. 3(3): 297. 1981. **Paratype:** China. Yunnan: Yangbi, alt. 3600 m, 1963-06-07, S. G. Wu 4343.

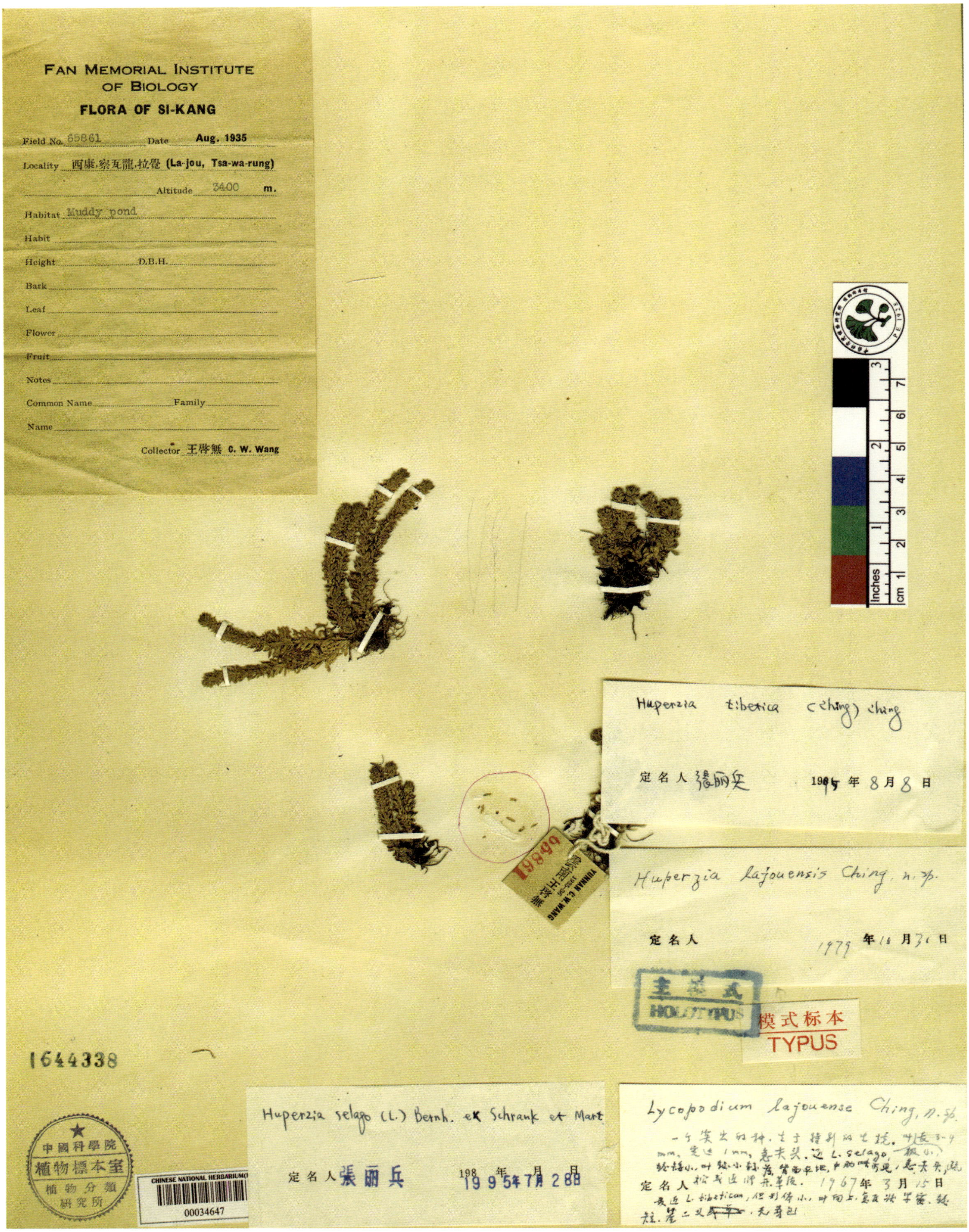

拉觉石杉 ***Huperzia lajouensis*** Ching in Acta Bot. Yunnan. 3(3): 305. 1981. **Holotype:** China. Xizang: Lajou (=Zayü), alt. 3400 m, 1935-08-??, C. W. Wang 65861.

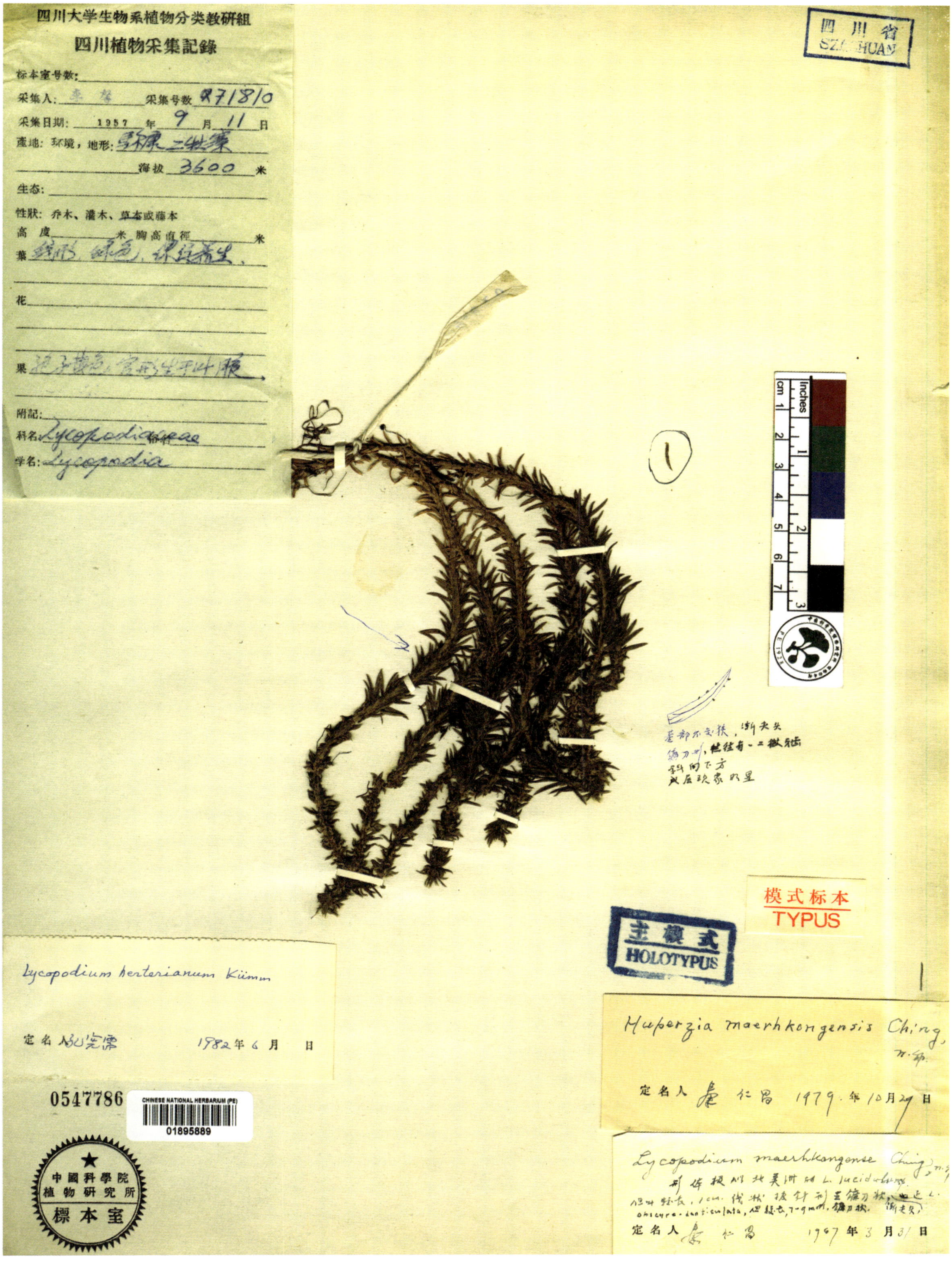

马尔康石杉 ***Huperzia maerhkangensis*** Ching in Acta Bot. Yunnan. 3(3): 295. 1981. **Isotype:** China. Sichuan: Markam, alt. 3600 m, 1957-09-11, S. Li 71810.

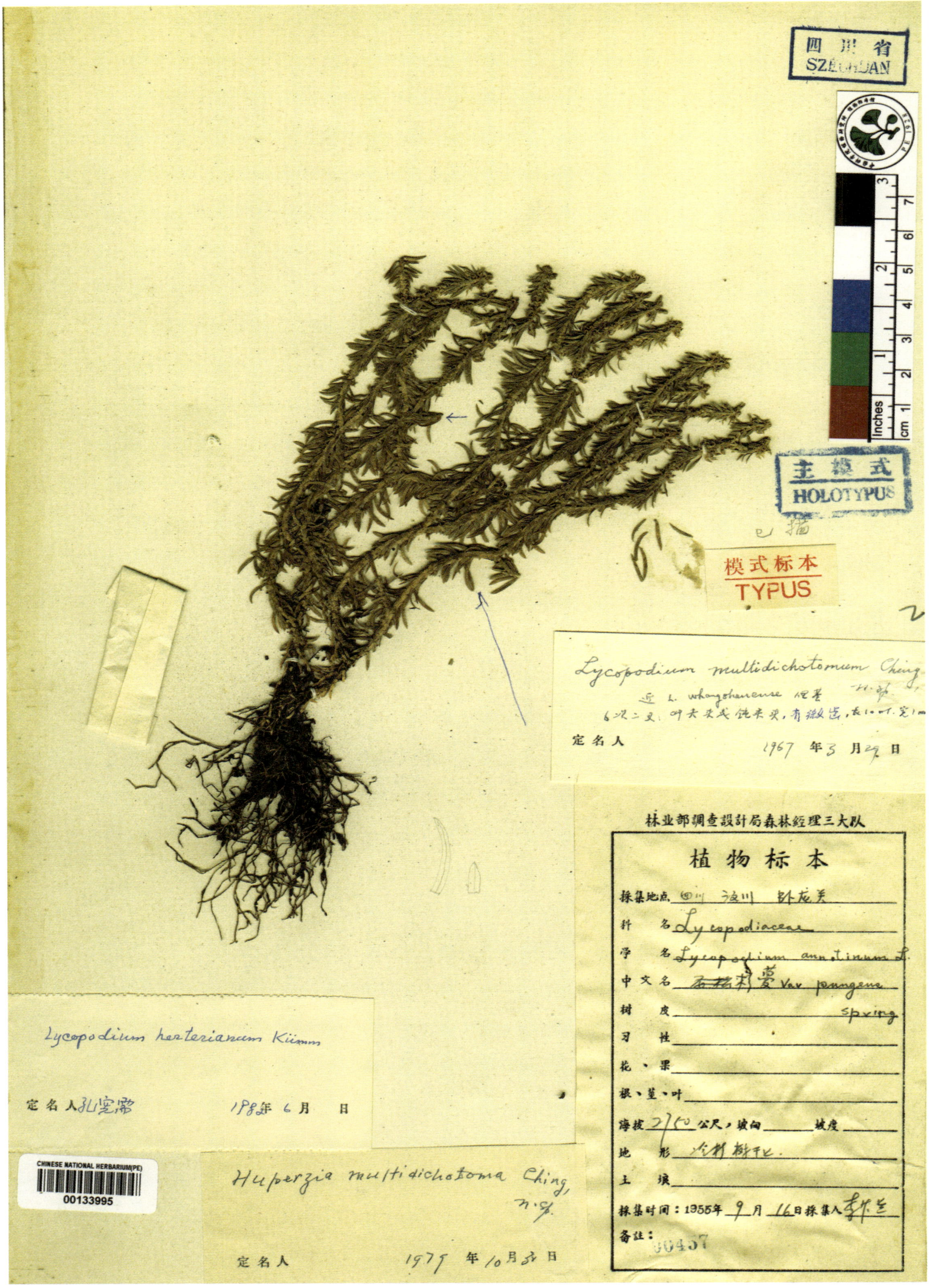

多岐石杉 ***Huperzia multidichotoma*** Ching in Acta Bot. Yunnan. 3(3): 295. 1981. **Holotype:** China. Sichuan: Wenchuan, alt. 2750 m, 1956-09-16, S. L. Li 457.

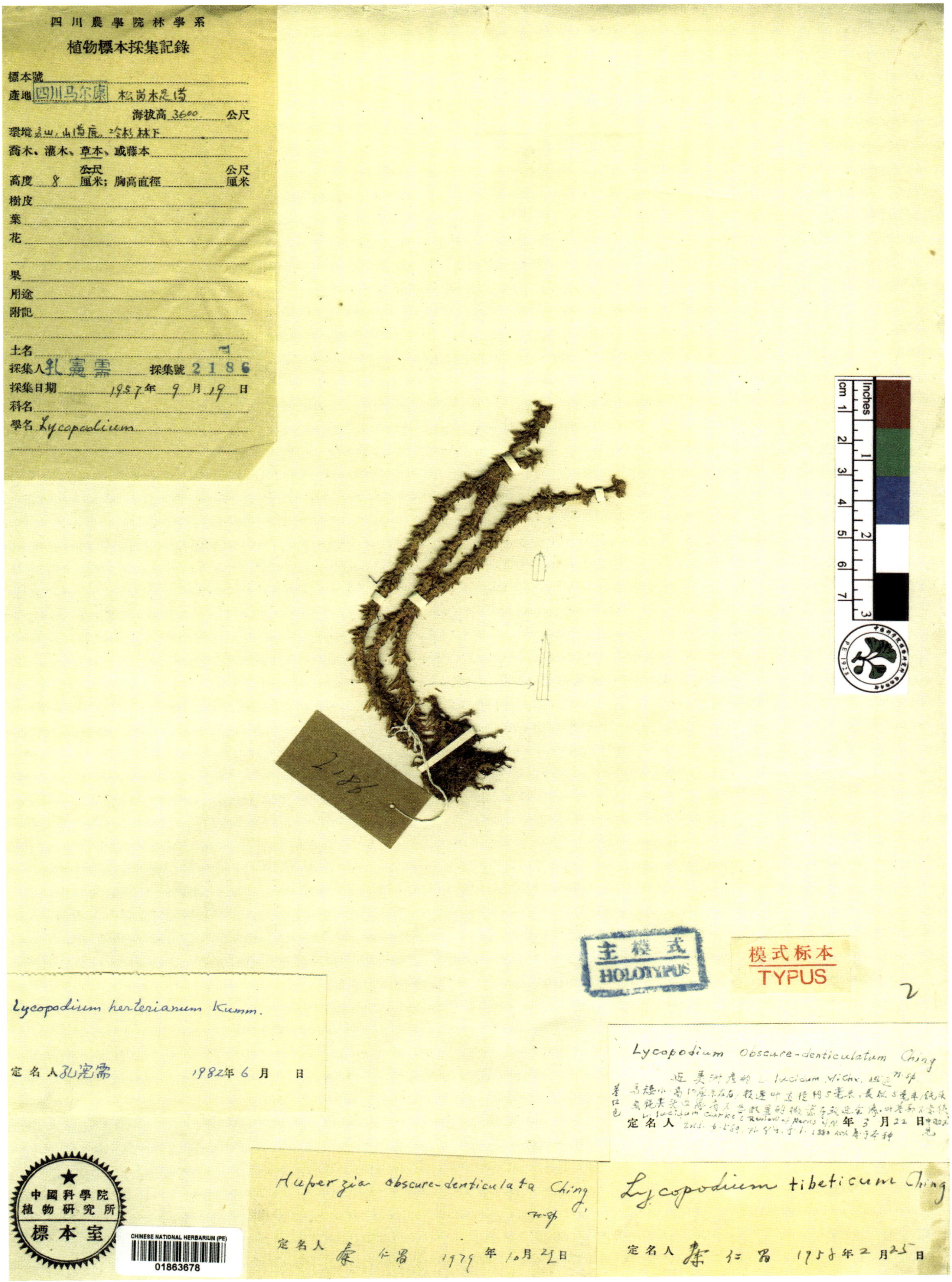

微齿石杉 ***Huperzia obscure-denticulata*** Ching in Acta Bot. Yunnan. 3(3): 295. 1981. **Holotype:** China. Sichuan: Markam, alt. 3600 m, 1957-09-19, H. S. Kung 2186.

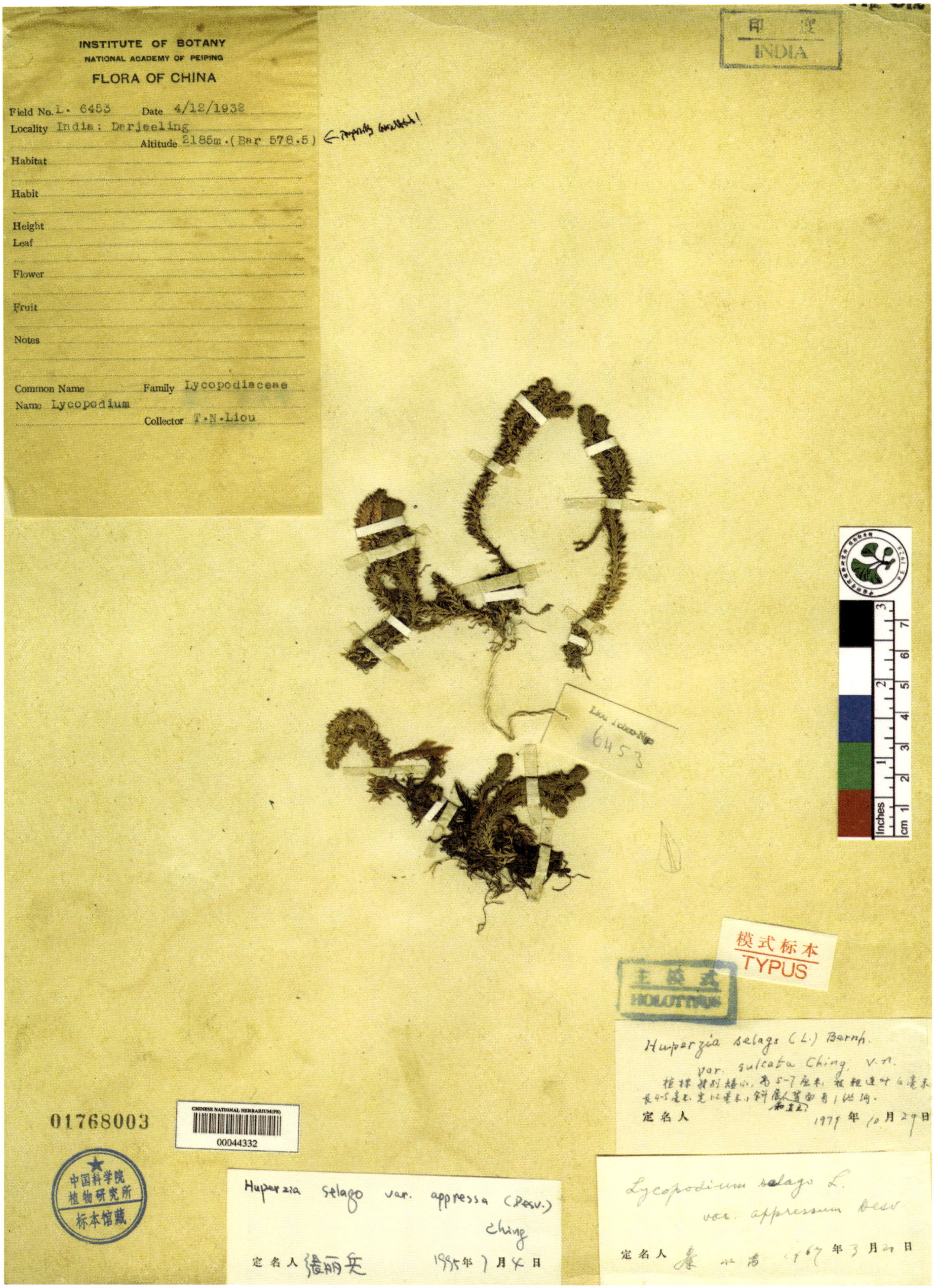

大吉岭石杉 ***Huperzia selago*** (Linn.) Bernt. ex Schrank & Mart. var. ***sulcata*** Ching in Acta Bot. Yunnan. 3(3): 303. 1981. **Holotype:** India: Darjeeling, alt. 2185 m, 1932-04-12, T. N. Liou 6453.

大关石杉 ***Huperzia tahkuanensis*** Ching in Acta Bot. Yunnan. 3(3): 297. 1981. **Holotype:** China. Yunnan: Daguan, alt. 1350 m, 1973-06-16, W. M. Chu 5121.

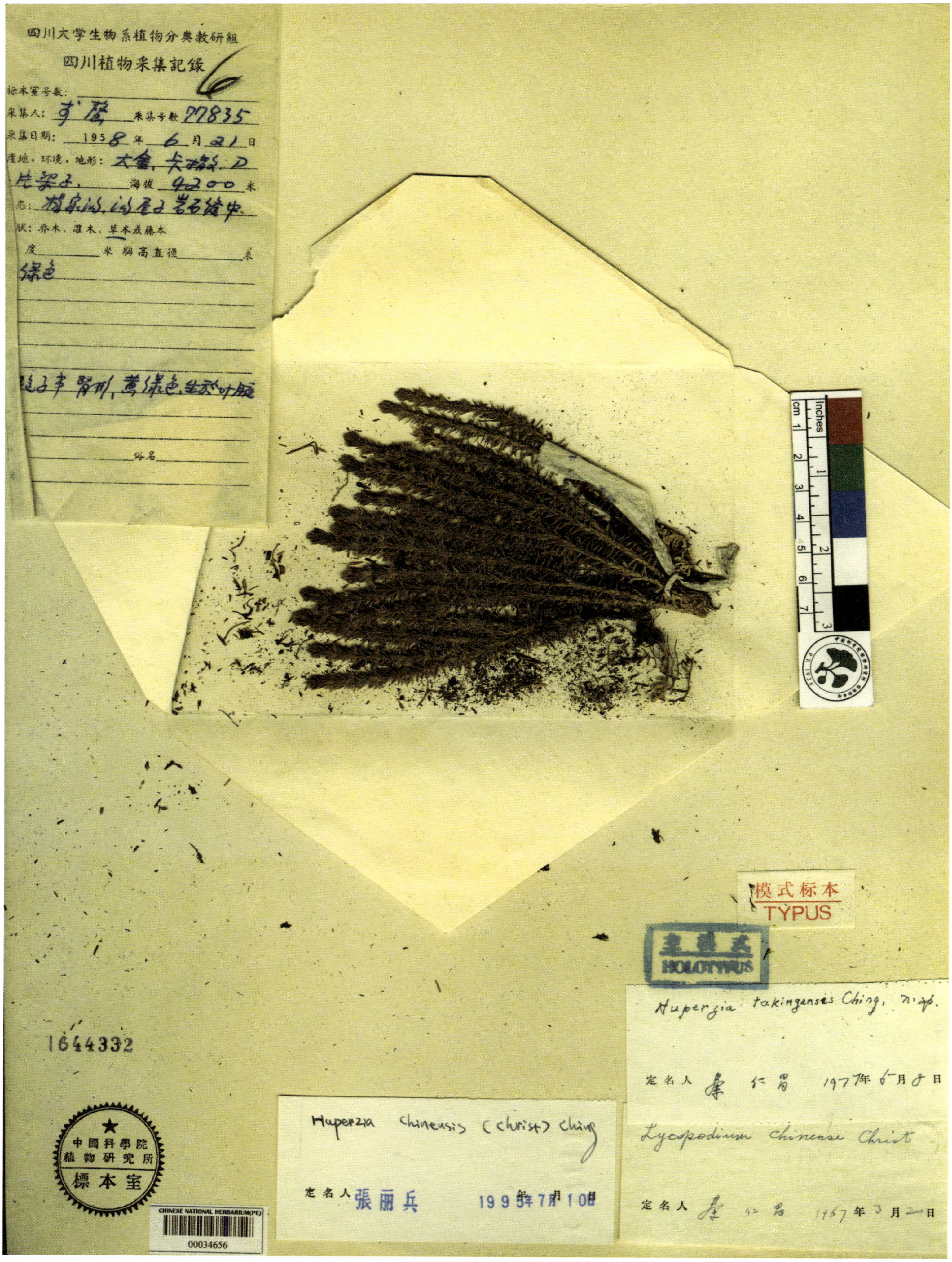

大金石杉 ***Huperzia takingensis*** Ching in Acta Bot. Yunnan. 3(3): 300. 1981. **Holotype:** China. Sichuan: Dajing, alt. 4200 m, 1958-06-21, S. Li 77835.

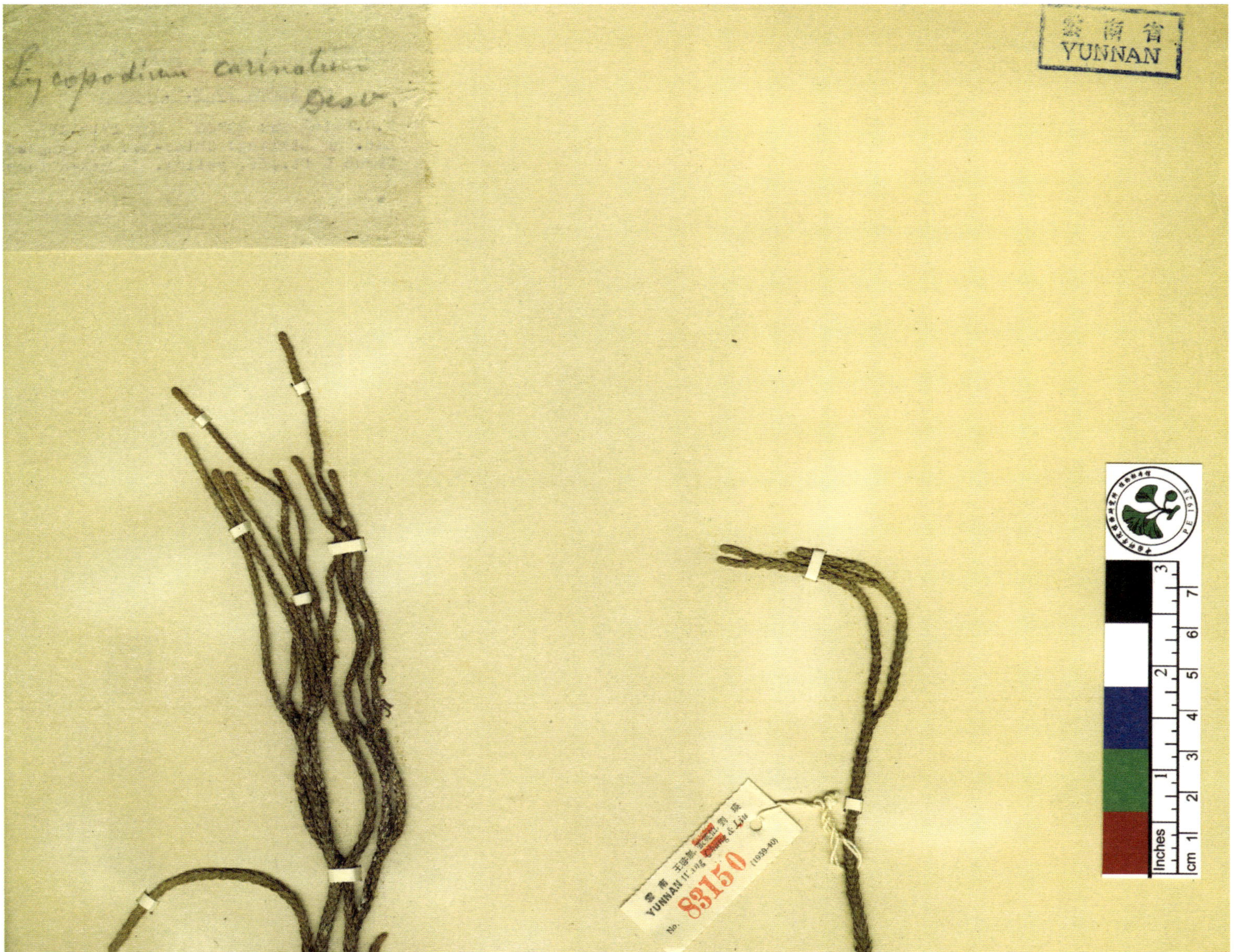

直立马尾杉 ***Phlegmariurus cancellatus*** (Spring) Ching var. ***minor*** Ching in Acta Bot. Yunnan. 4(2): 122. 1982. **Holotype:** China. Yunnan: SE Yunnan, Precise locality not known, (1939-1940)-??-??, C. W. Wang & Y. Liu 83150.

闽浙马尾杉 ***Phlegmariurus mingcheensis*** Ching in Acta Bot. Yunnan. 4(2): 125. 1982. **Holotype:** China. Zhejiang: Jiangshan, 1958-05-29, P. S. Chiu 2105.

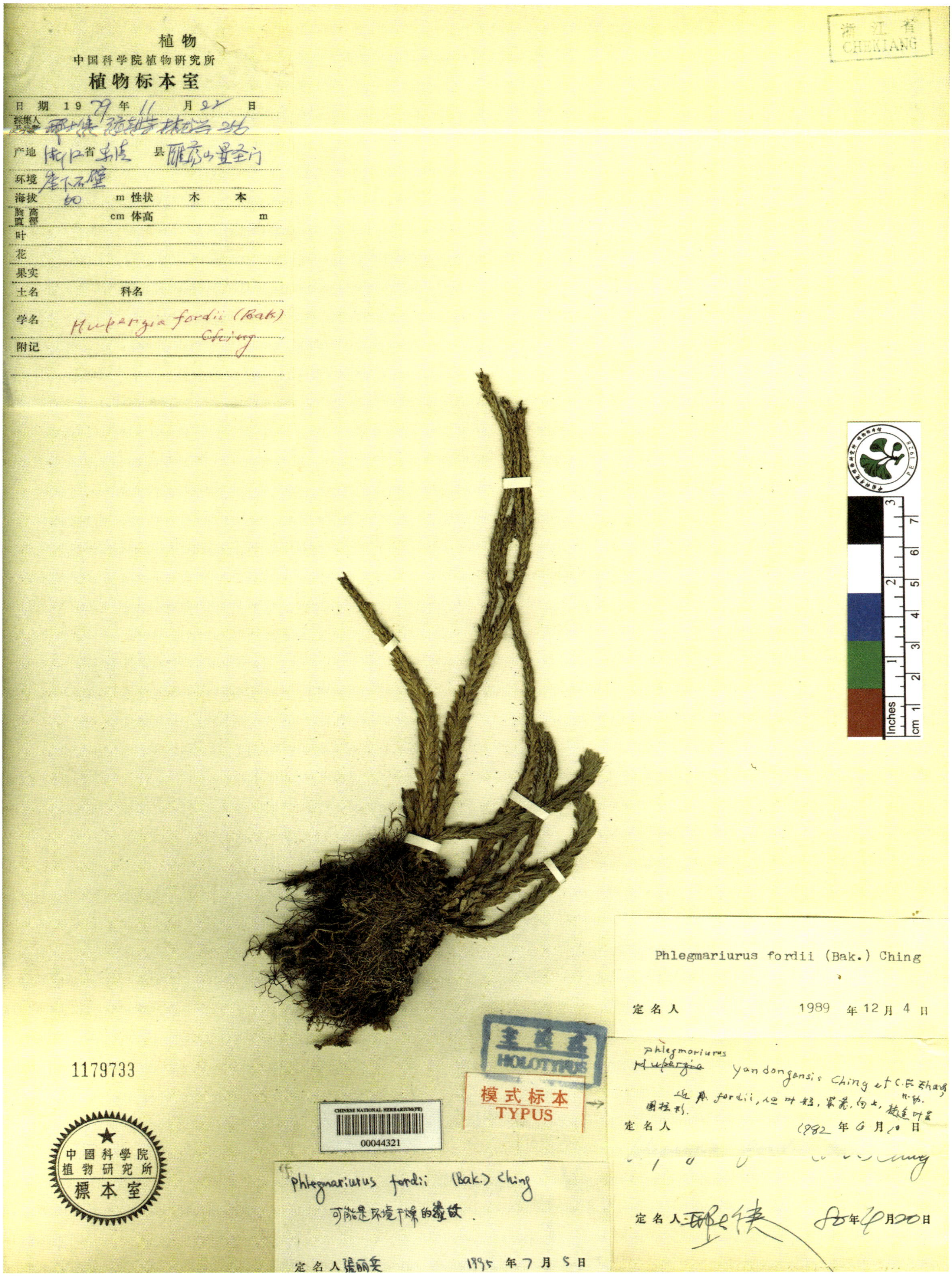

雁荡马尾杉 ***Phlegmariurus yandongensis*** Ching & C. F. Zhang in Bull. Bot. Res., Harbin 3(3): 2, photo. 1. 1983.
Holotype: China. Zhejiang: Leqing, Yandangshan, alt. 60 m, 1979-11-22, K. H. Shing & al. 256.

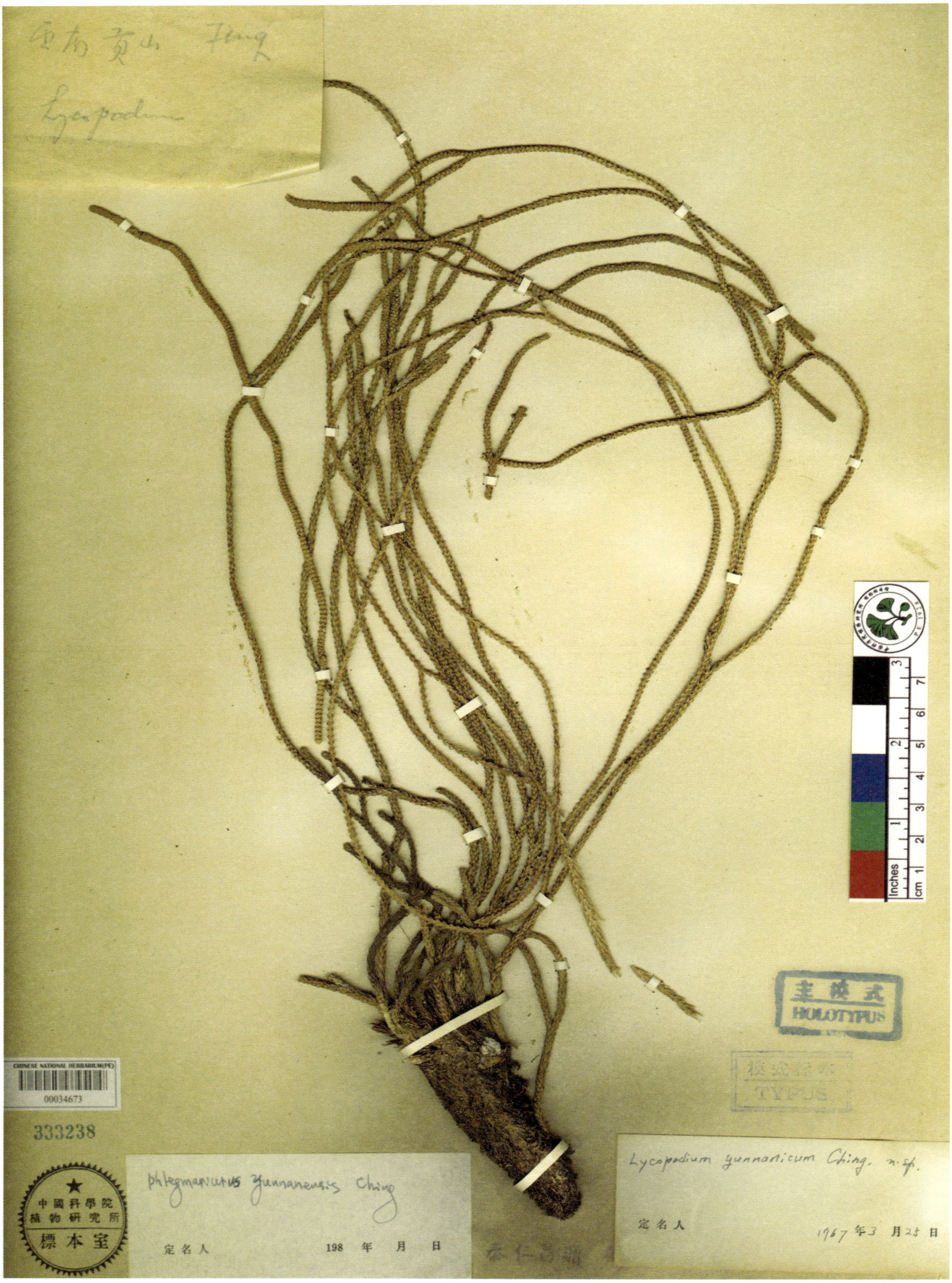

云南马尾杉 ***Phlegmariurus yunnanensis*** Ching in Acta Bot. Yunnan. 4(2): 121. 1982. **Holotype:** China. Yunnan: Gongshan, alt. 2300~2600 m, 1940-09-17, K. M. Feng 7274.

Lycopodiaceae

石松科

shisongke

灰白扁枝石松 ***Diphasiastrum complanatum*** (Linn.) Holub var. ***glaucum*** Ching in Acta Bot. Yunnan. 4(2): 128. 1982. **Holotype:** China. Yunnan: Pingbian, alt. 5000 m, 1954-02-23, W. M. Chu 17.

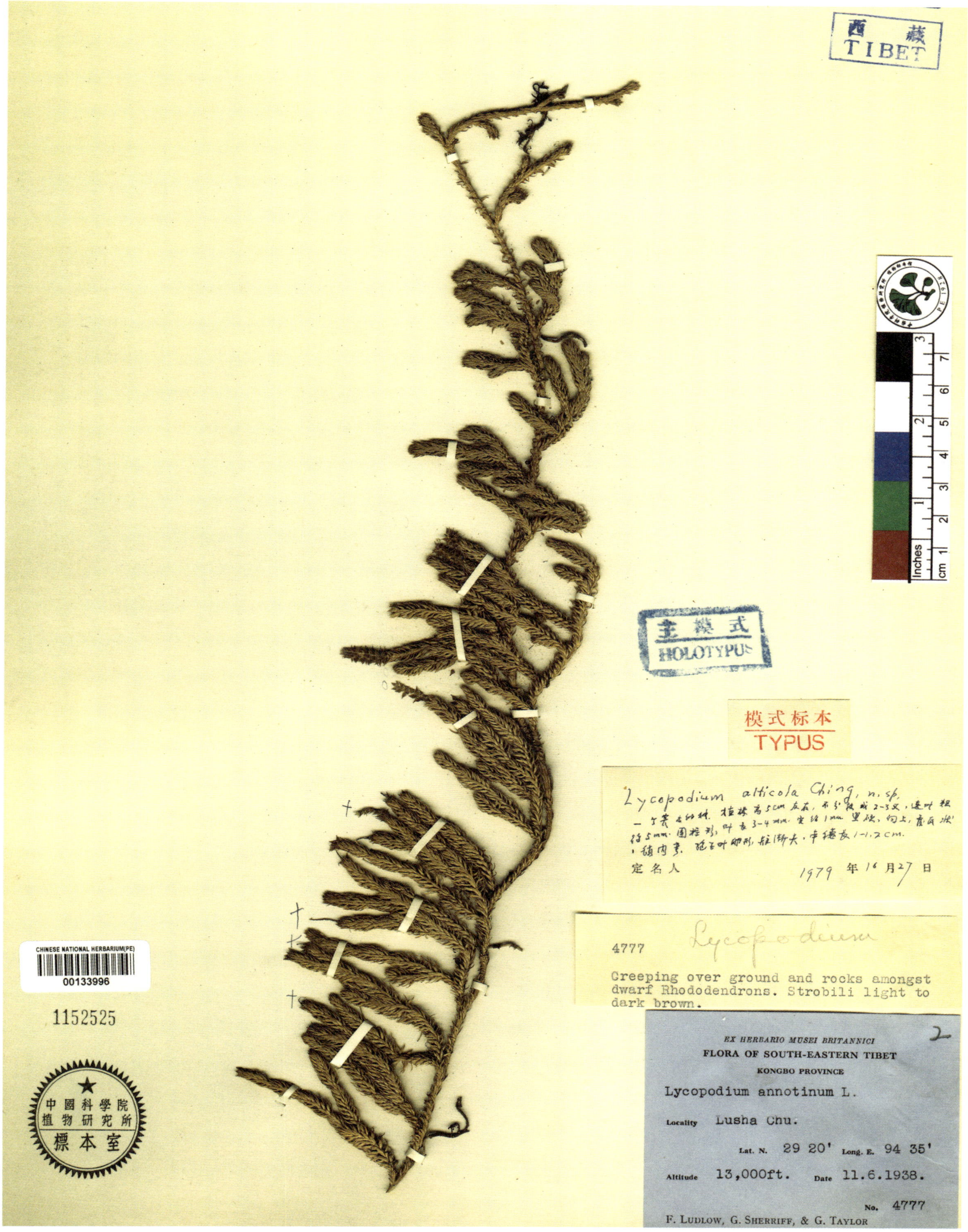

矮石松 ***Lycopodium alticola*** Ching in Acta Bot. Yunnan. 4(3): 219. 1982. **Holotype:** China. Xizang: Gongbo’gyamda, alt. 3962 m, 1938-06-11, F. Ludlow & al. 4777.

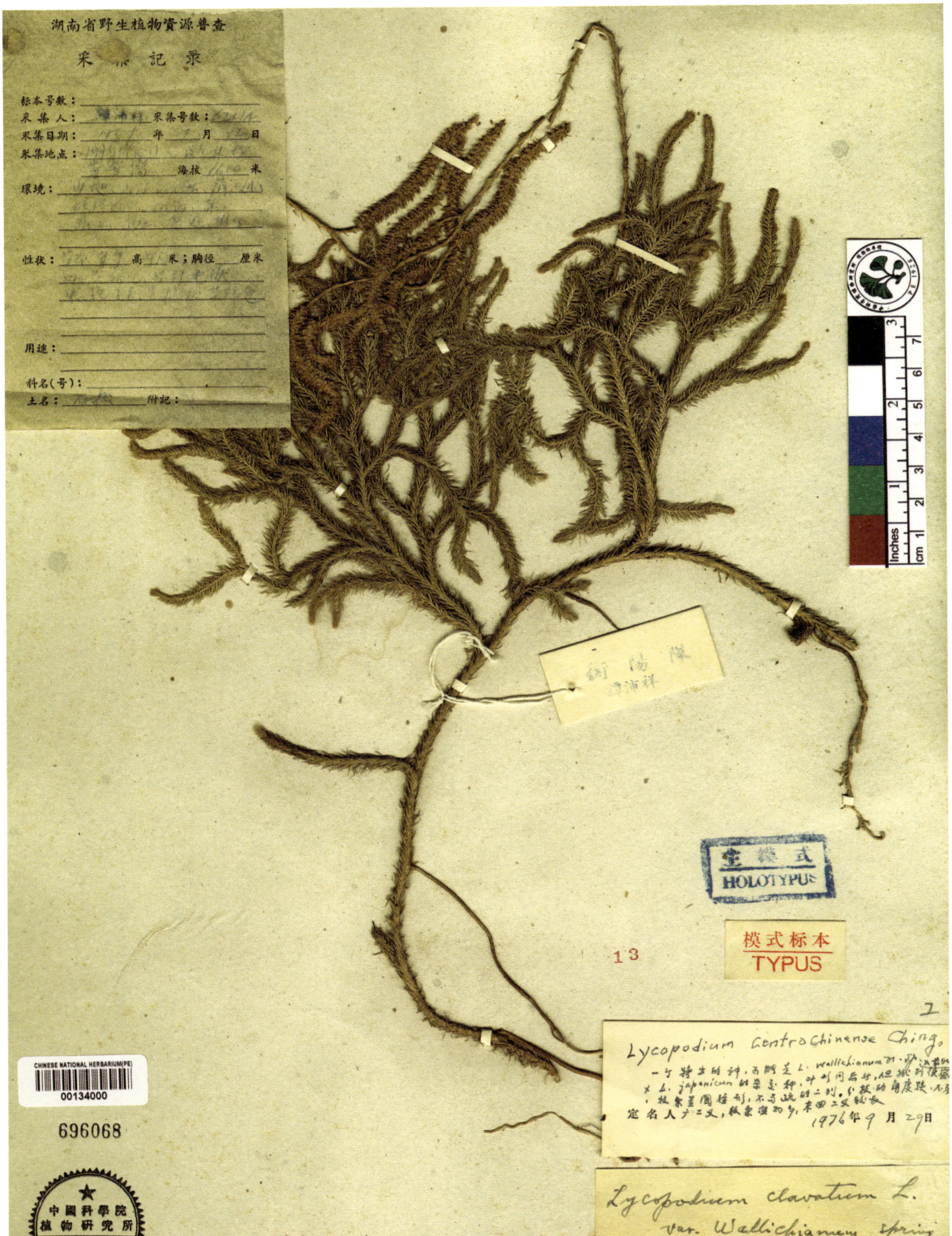

华中石松 ***Lycopodium centro-chinense*** Ching in Acta Bot. Yunnan. 4(3): 224. 1982. **Holotype:** China. Hunan: Ningxiang, alt. 1600 m, 1957-07-12, P. C. Tam 62414.

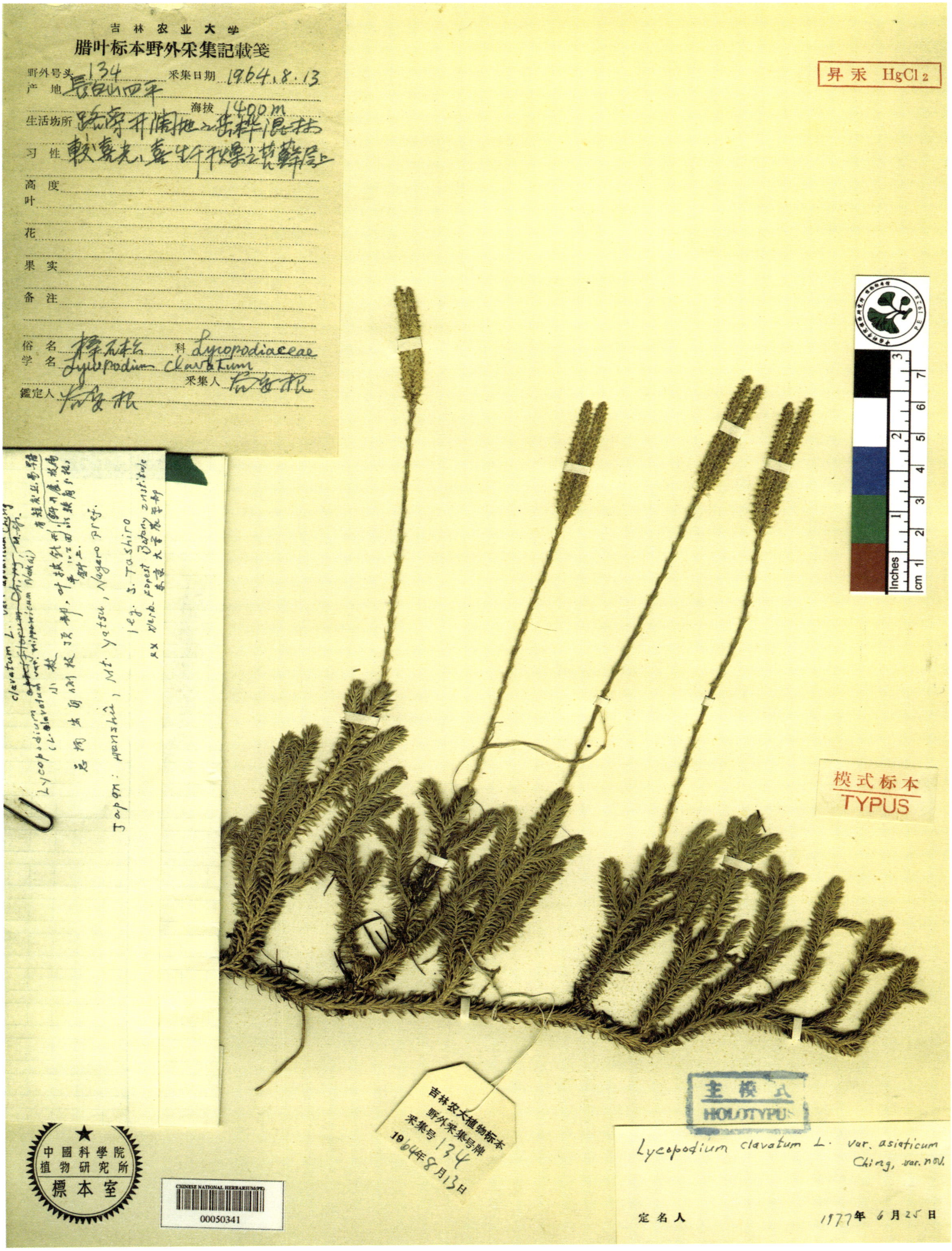

亚洲石松 ***Lycopodium clavatum*** Linn. var. ***asiaticum*** Ching in Acta Bot. Yunnan. 4(3): 224. 1982. **Holotype:** China. Jilin: Changbaishan, alt. 1400 m, 1964-08-13, A. K. Ko 134.

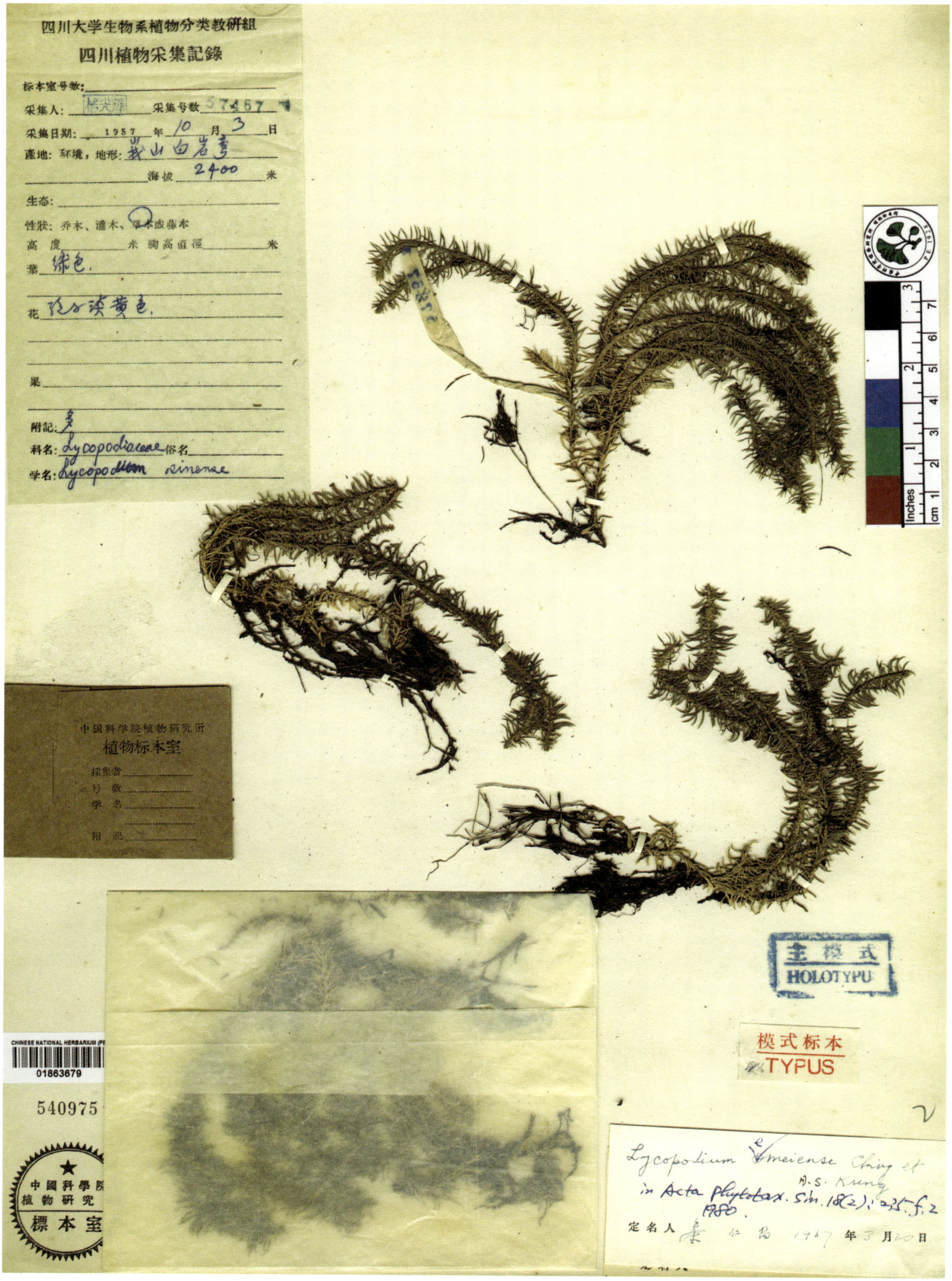

峨眉石松 ***Lycopodium emeiense*** Ching & H. S. Kung in Acta Phytotax. Sin. 18(2): 235, f. 1: 2. 1980. **Holotype:** China. Sichuan: Emei, Emeishan, alt. 2400 m, 1957-10-03, G. H. Yang 57467.

中间石松 ***Lycopodium interjectum*** Ching & H. S. Kung in Acta Bot. Yunnan. 4(3): 221. 1982. **Holotype:** China. Sichuan: Emei, Emeishan, alt. 1650 m, 1964-09-28, K. C. Kuan & al. 1888.

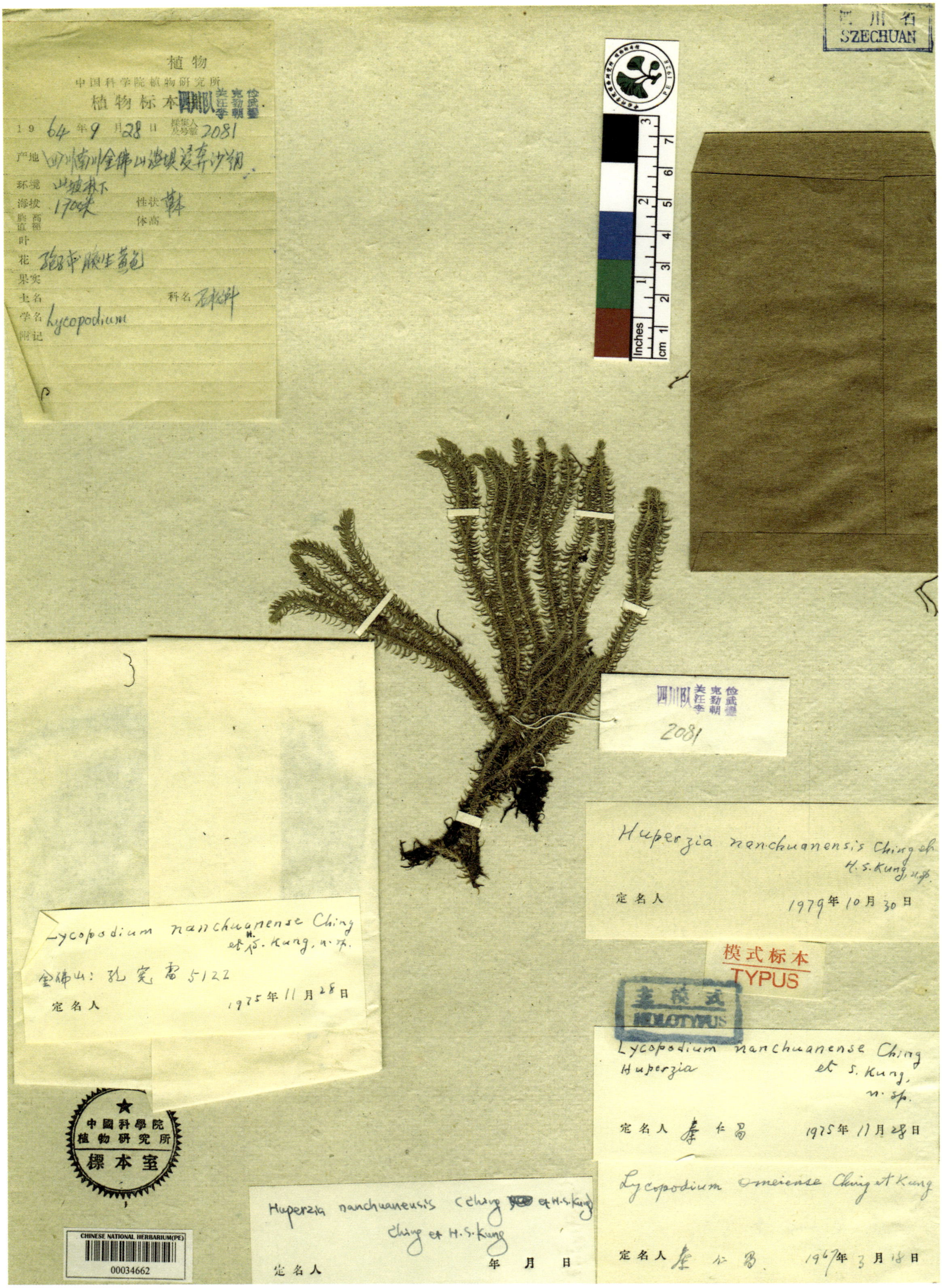

南川石松 ***Lycopodium nanchuanensis*** Ching & H. S. Kung in Acta Phytotax. Sin. 18(2): 235, pl. 6: 2, f. 1: 5. 1980.
Holotype: China. Chongqing: Nanchuan, Jingfoshan, alt. 1700 m, 1964-09-28, K. C. Guan & al. 2081.

喜马拉雅石松 ***Lycopodium pseudoclavatum*** Ching in Acta Bot. Yunnan. 4(3): 222. 1982. **Holotype:** China. Xizang: Mêdog, alt. 2700 m, 1974-08-03, Qinghai-Xizang Exped. 74-3967.

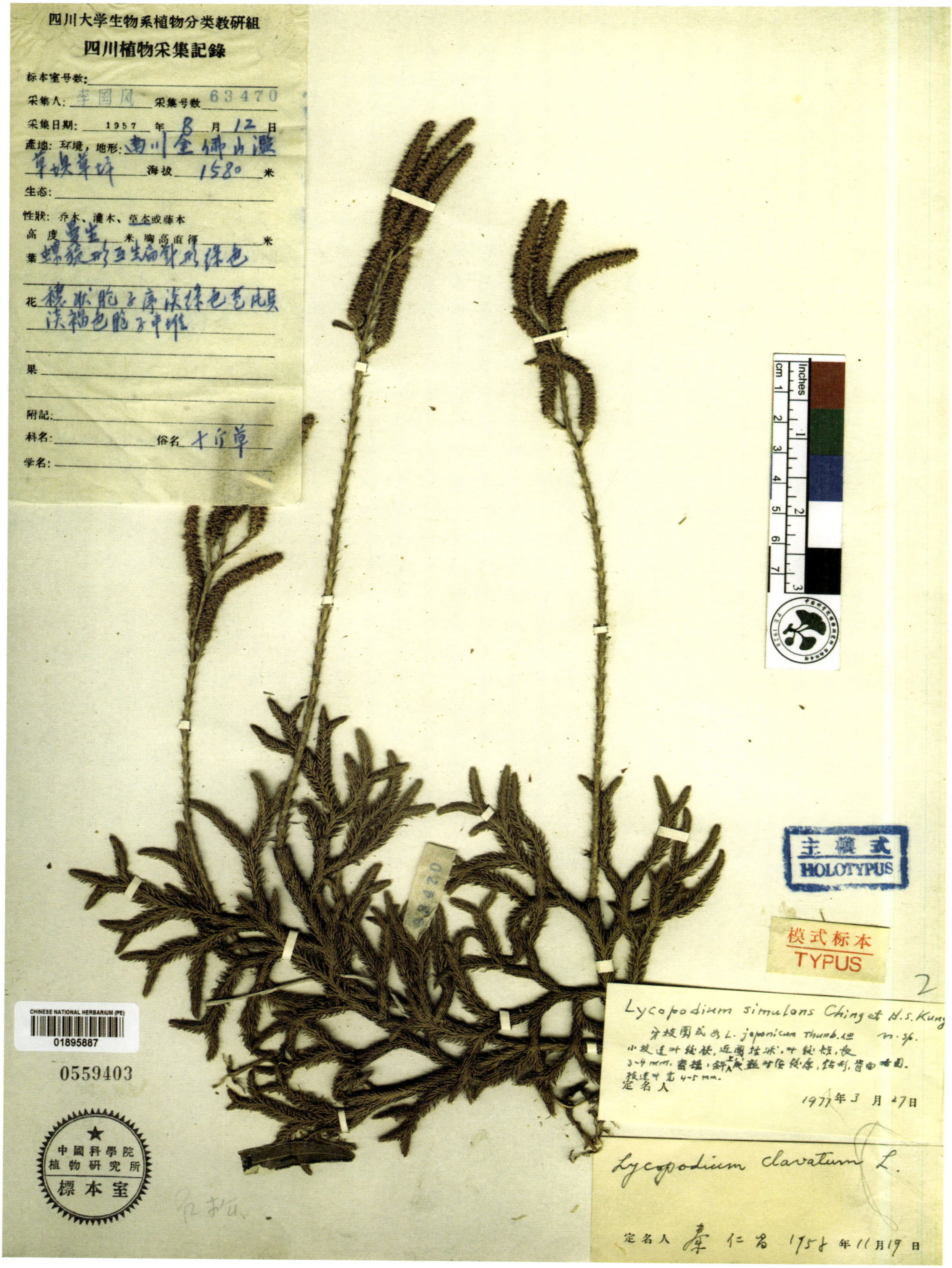

密叶石松 ***Lycopodium simulans*** Ching & H. S. Kung in Acta Bot. Yunnan. 4(3): 220. 1982. **Holotype:** China. Chongqing: Nanchuan, alt. 1580 m, 1957-08-21, K. F. Li 63470.

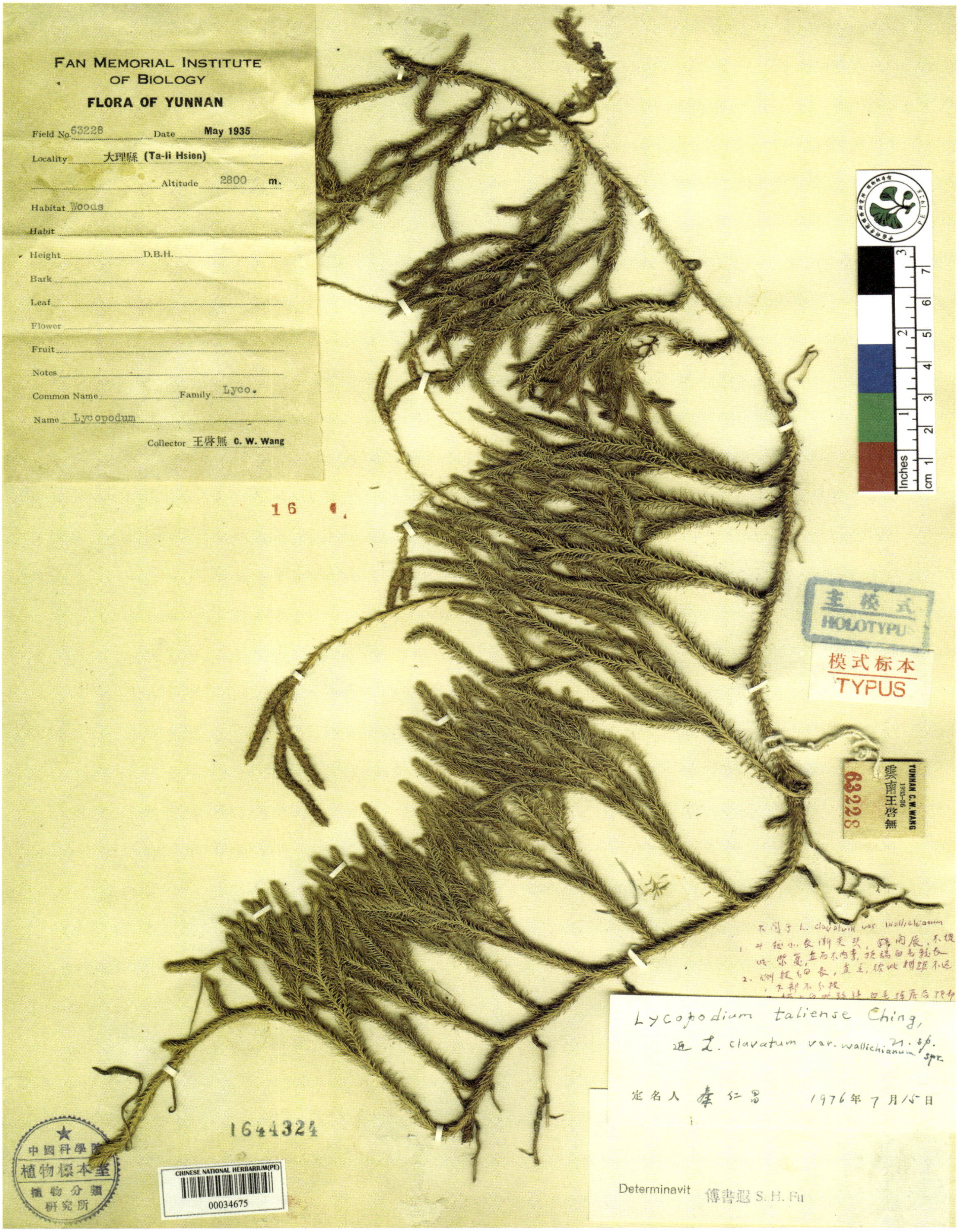

苍山石松 ***Lycopodium taliense*** Ching in Acta Bot. Yunnan. 4(3): 221. 1982. **Holotype:** China. Yunnan: Dali, alt. 2800 m, 1935-05-??, C. W. Wang 63228.

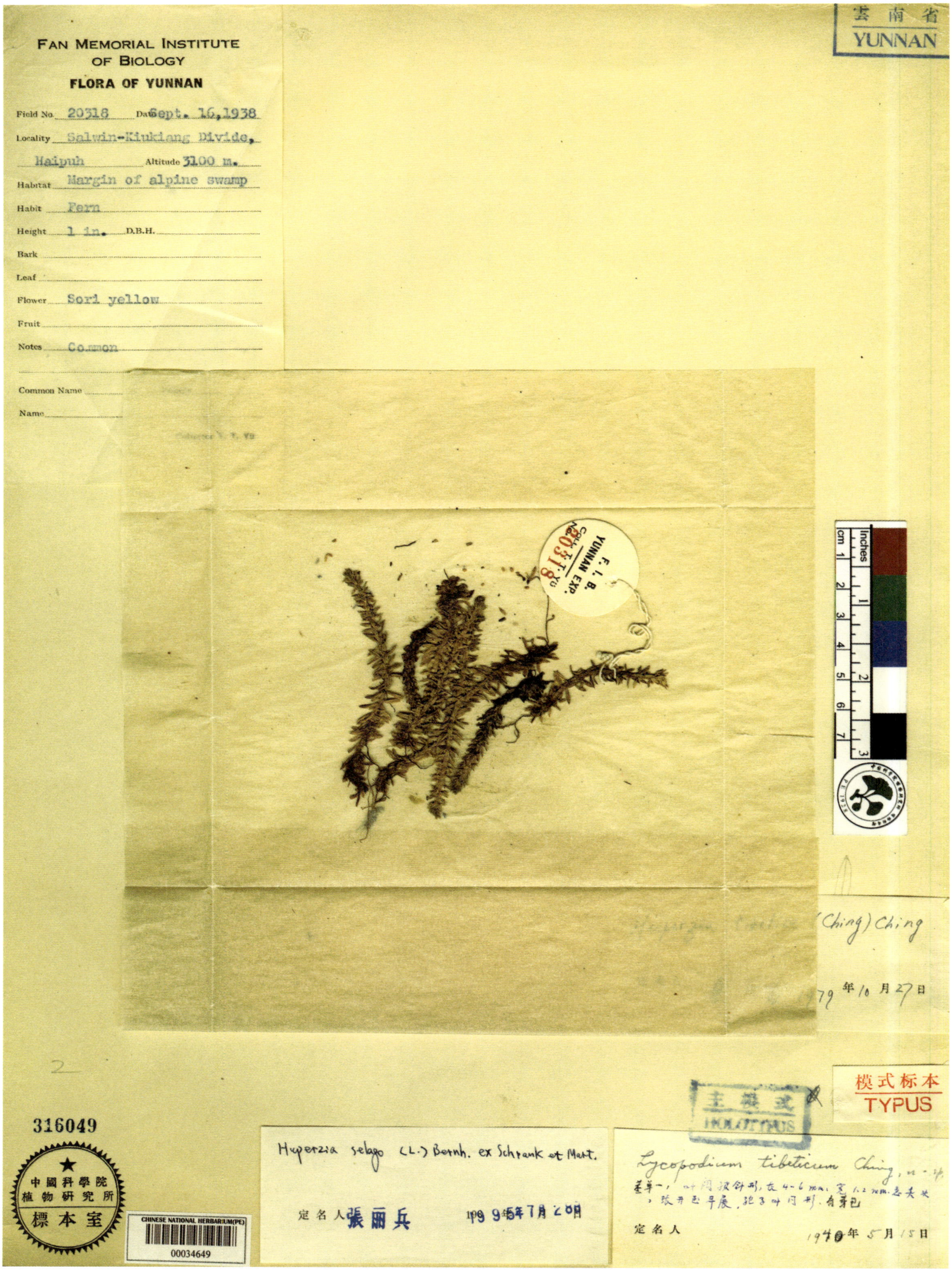

西藏石松 ***Lycopodium tibeticum*** Ching in Bull. Fan Mem. Inst. Biol., Bot. Ser. 10(1): 17. 1940. **Holotype:** China. Yunnan: Salwin-Kiukiang Divide, Haipuh, alt. 3100 m, 1938-09-16, T. T. Yu 20318.

成层石松 ***Lycopodium zonatum*** Ching in Acta Bot. Yunnan. 4(3): 218. 1982. **Holotype:** China. Xizang: Bomi, alt., 3700 m, 1965-08-15, T. S. Yin & D. Y. Hong 65-1155.

海南灯笼石松 ***Palhinhaea hainanensis*** C. Y. Yang in Bull. Bot. Res., Harbin 2(4): 141, f. 1. 1982. **Holotype:** China. Hainan: Jianfengling, alt. 800 m, 1981-07-21, C. Y. Yang 4120.

Selaginellaceae

卷柏科

juanbaike

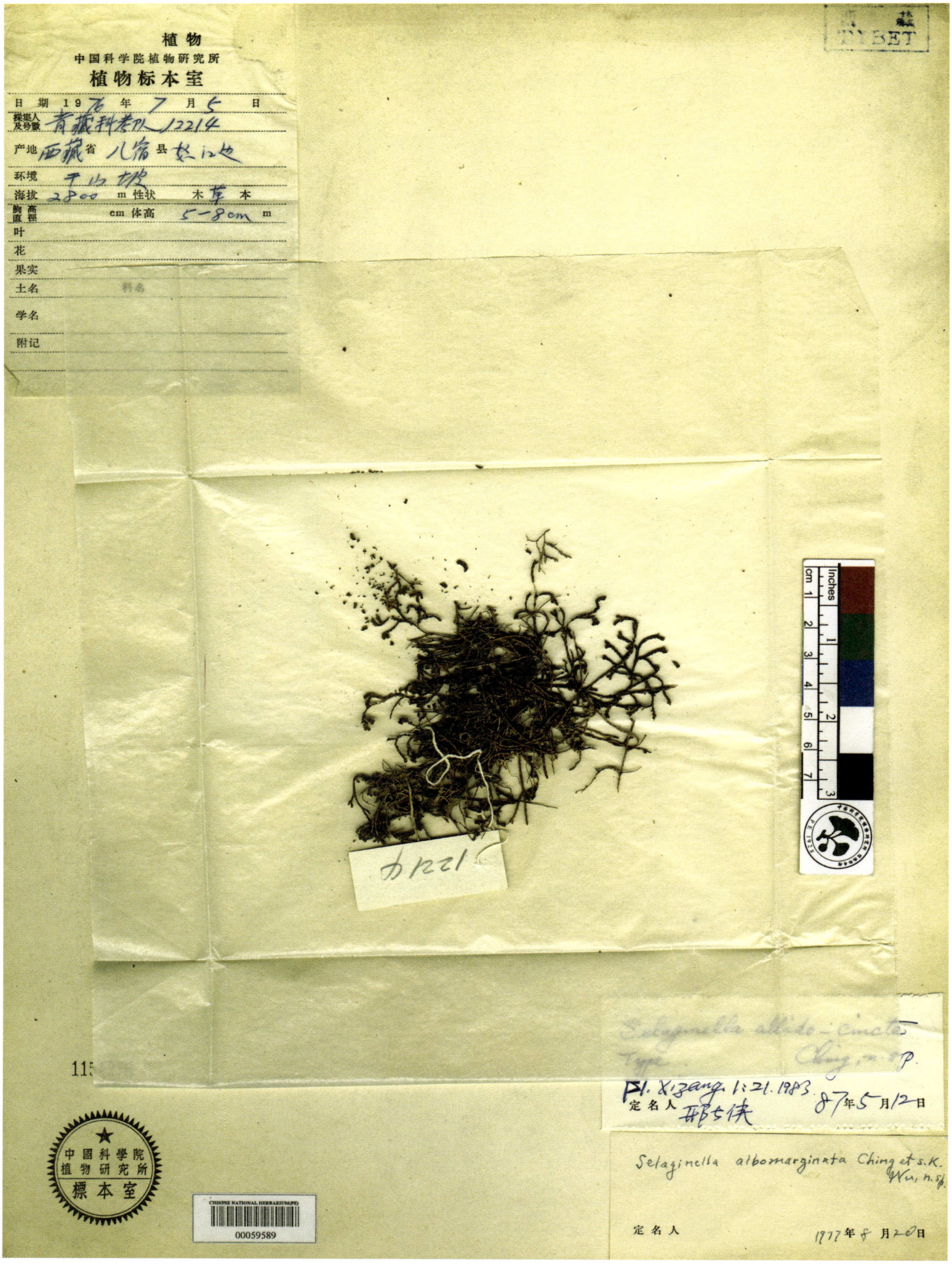

白边卷柏 ***Selaginella albido-cincta*** Ching, Fl. Xizang. 1: 21. 1983. **Holotype:** China. Xizang: Baxoi, alt. 2800 m, 1976-07-05, Qinghai-Xizang Exped. 12214.

Cyatheaceae

桫椤科

suoluoke

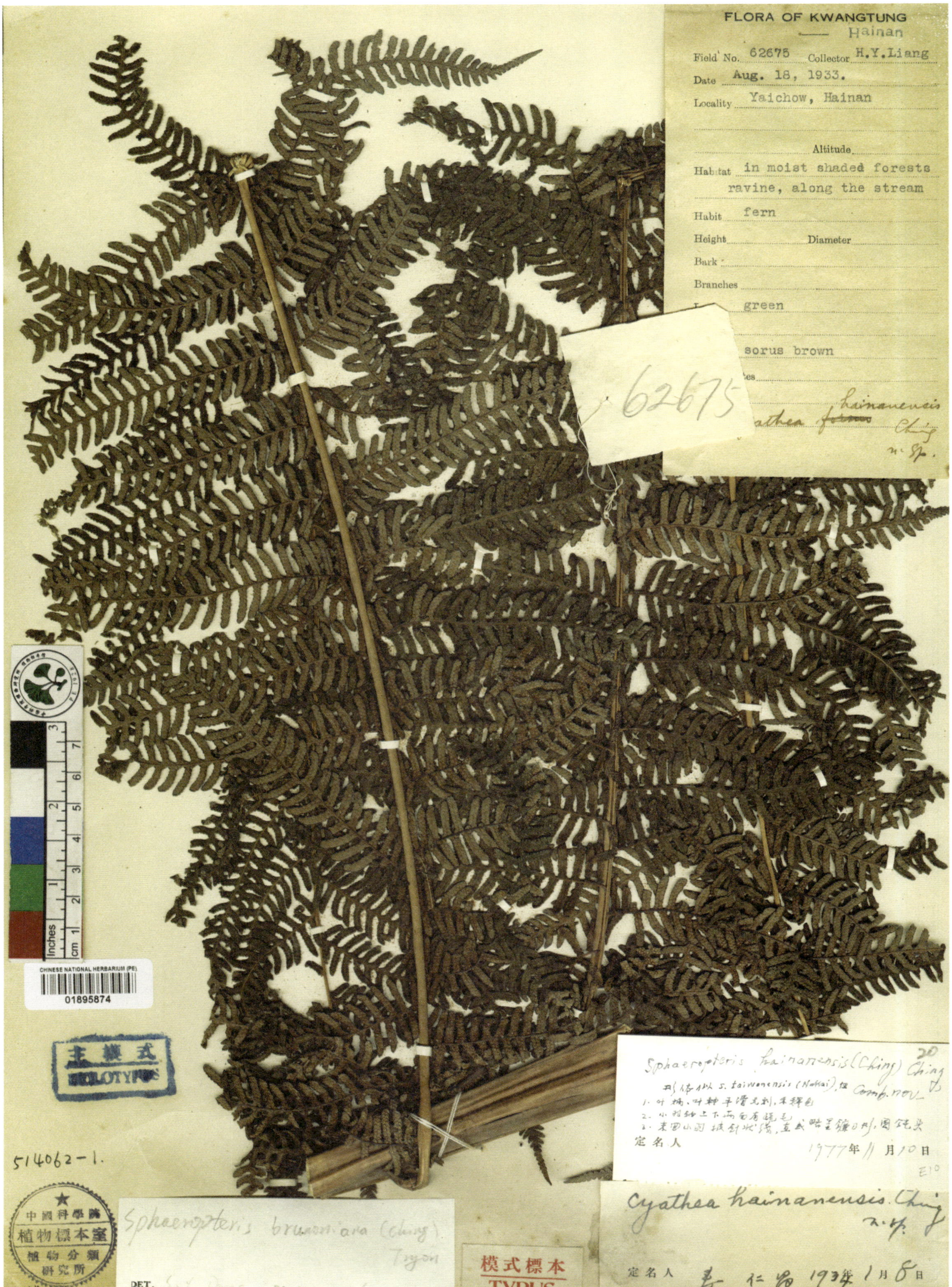

海南桫椤 ***Cyathea hainanensis*** Ching in Acta Phytotax. Sin. 8(2): 168, pl. 21: 23. 1959. **Holotype:** China. Hainan: Yaxian (=Sanya), 1933-08-18, H.Y. Liang 62675.

狭羽桫椤 ***Cyathea tinganensis*** Ching & S. H. Wu in Acta Phytotax. Sin. 9(4): 366. 1964. **Holotype:** China. Hainan: Dingan, 1934-01-09, H. Y. Liang 64353.

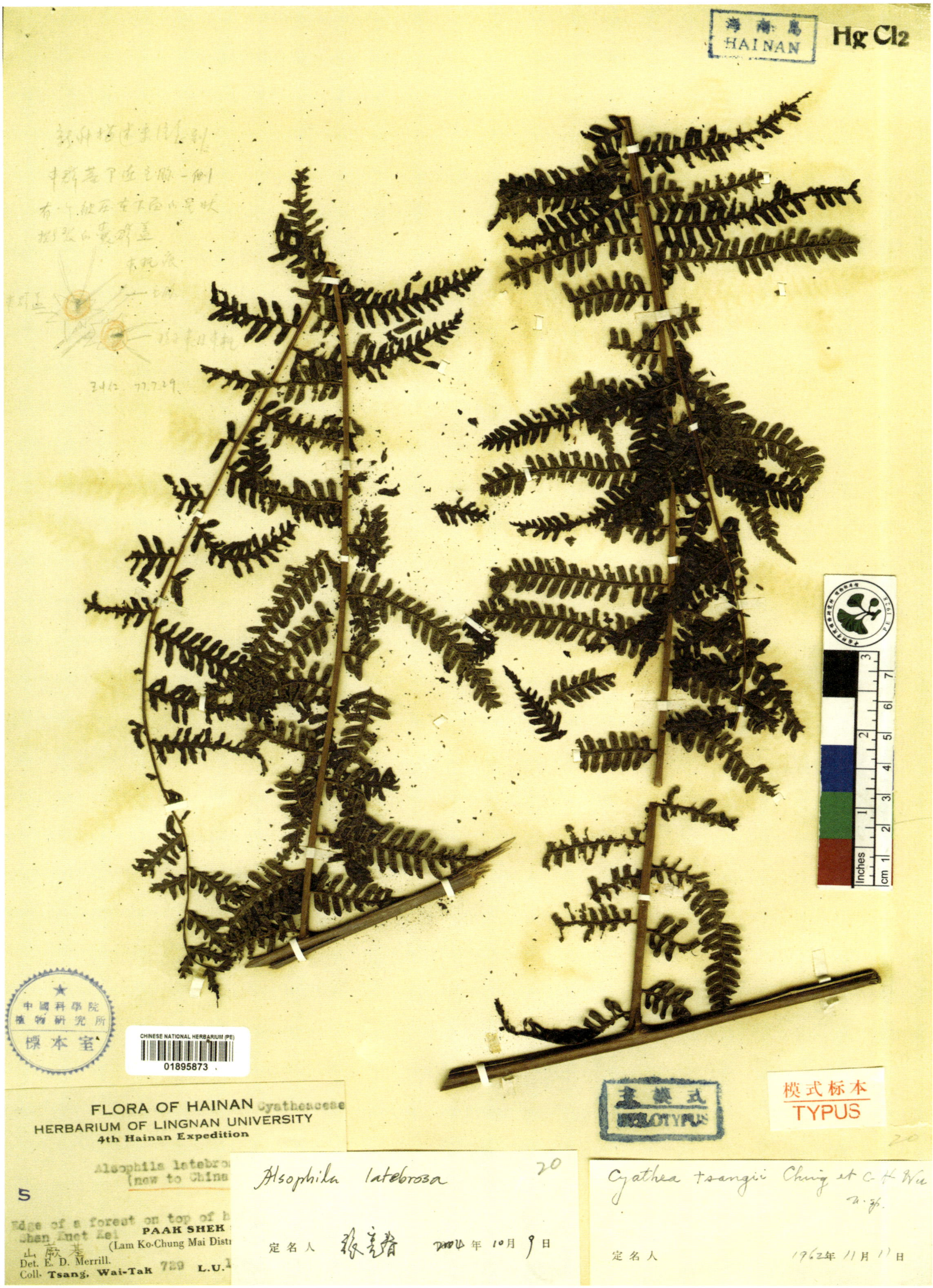

小羽桫椤 ***Cyathea tsangii*** Ching & S. H. Wu in Acta Phytotax. Sin. 9(4): 366. 1964. **Holotype:** China. Hainan: Chengmai, Baishishan, 1928-06-16, W. T. Tsang 729.

Gymnospermae

裸子植物门

luozizhiwumen

Cycadaceae

苏铁科

sutieke

把关河苏铁 ***Cycas baguanheensis*** L. K. Fu & S. Z. Cheng in Acta Phytotax. Sin. 19(3): 337, pl. 10: 7, pl. 11: 11-13. 1981. **Holotype:** China. Sichuan: Dukou, alt. 1100 m, 1979-09-??, S. Y. Yang & B. Wu 13.

德保苏铁 ***Cycas debaoensis*** Y. C. Zhong & C. J. Chen in Acta Phytotax. Sin. 35(6): 571. 1997. **Holotype:** China. Guangxi: Debao, alt. 850 m, 1997-08-27, Y. C. Zhong 8762.

贵州苏铁 *Cycas guizhouensis* K. M. Lan & R. F. Zou in Acta Phytotax. Sin. 21(2): 209, f. 1. 1983. **Isotype:** China. Guizhou: Xingyi, 1981-08-07, K. M. Lan & R. F. Zou 81-8-0001.

海南苏铁 ***Cycas hainanensis*** C. J. Chen in Acta Phytotax. Sin. 13(4): 82, f. 2: 5-6. 1975. **Holotype:** China. Hainan: Wanning, 1961-10-16, I. Chung 4706.

多歧苏铁 ***Cycas multipinnata*** C. J. Chen & S. Y. Yang in Acta Phytotax. Sin. 32(3): 239. 1994. **Holotype:** China. Yunnan: Jianshui, alt. 1100 m, 1992-04-??, S. Y. Yang & G. X. Mei 9202.

攀枝花苏铁 ***Cycas panzhihuaensis*** L. Zhou & S. Y. Yang in Acta Phytotax. Sin. 19(3): 335, pl. 10: 1-6, pl. 11: 1-10. 1981. **Holotype:** China. Sichuan: Dukou, alt. 1000 m, 1979-09-25, S. Y. Yang 10.

元江苏铁 ***Cycas parvulus*** S. L. Yang ex D. Y. Wang, Cycads China 93. 1996. **Isotype:** China. Yunnan: Honghe, alt. 700 m, 1993-11-??, S. L. Yang 317.

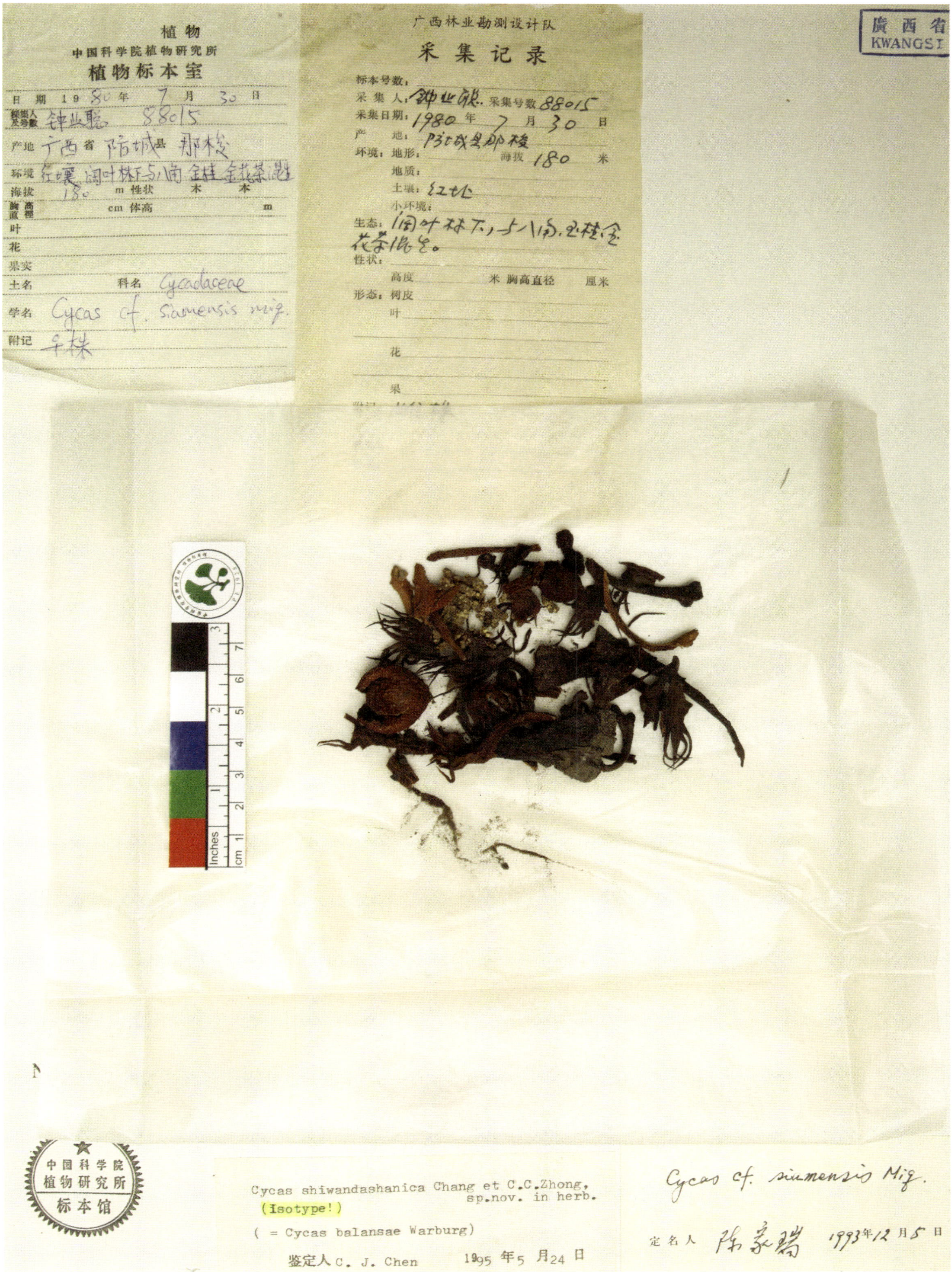

十万大山苏铁 ***Cycas shiwandashanica*** H. T. Chang & Y. C. Zhong in Acta Sci. Nat. Univ. Sunyatsenia 36(3): 67, f. 1: 1-4. 1997. **Isotype:** China. Guangxi: Fangcheng, alt. 180 m, 1980-07-30, Y. C. Zhong 88015.

四川苏铁 ***Cycas szechuanensis*** W. C. Cheng & L. K. Fu in Acta Phytotax. Sin. 13(4): 81, f. 1:7-8. 1975. **Holotype:** China. Sichuan: Emei, Emeishan, 1952-10-15, J. H. Xiong & al. 33221.

台东苏铁 ***Cycas taitungensis*** C. F. Shen, K. D. Hill, C. H. Tsou & C. J. Chen in Bot. Bull. Acad. Sin. 35(2): 135, f. 1. 1994. **Isotype:** China. Taiwan: Taitung, alt. 500 m, 1993-06-28, C. H. Tsou 825.

Pinaceae

松科

songke

百山祖冷杉 ***Abies beshanzuensis*** M. H. Wu in Acta Phytotax. Sin. 14(2): 16, pl. 1. 1976. **Holotype:** China. Zhejiang: Qingyuan, alt. 1700 m, 1975-11-15, M. H. Wu 7511.

察隅冷杉 ***Abies chayuensis*** W. C. Cheng & L. K. Fu in Acta Phytotax. Sin. 13(4): 83. 1975. **Holotype:** China. Xizang: Zayü, alt. 3880 m, 1973-06-29, Qinghai-Xizang Exped. 73-491.

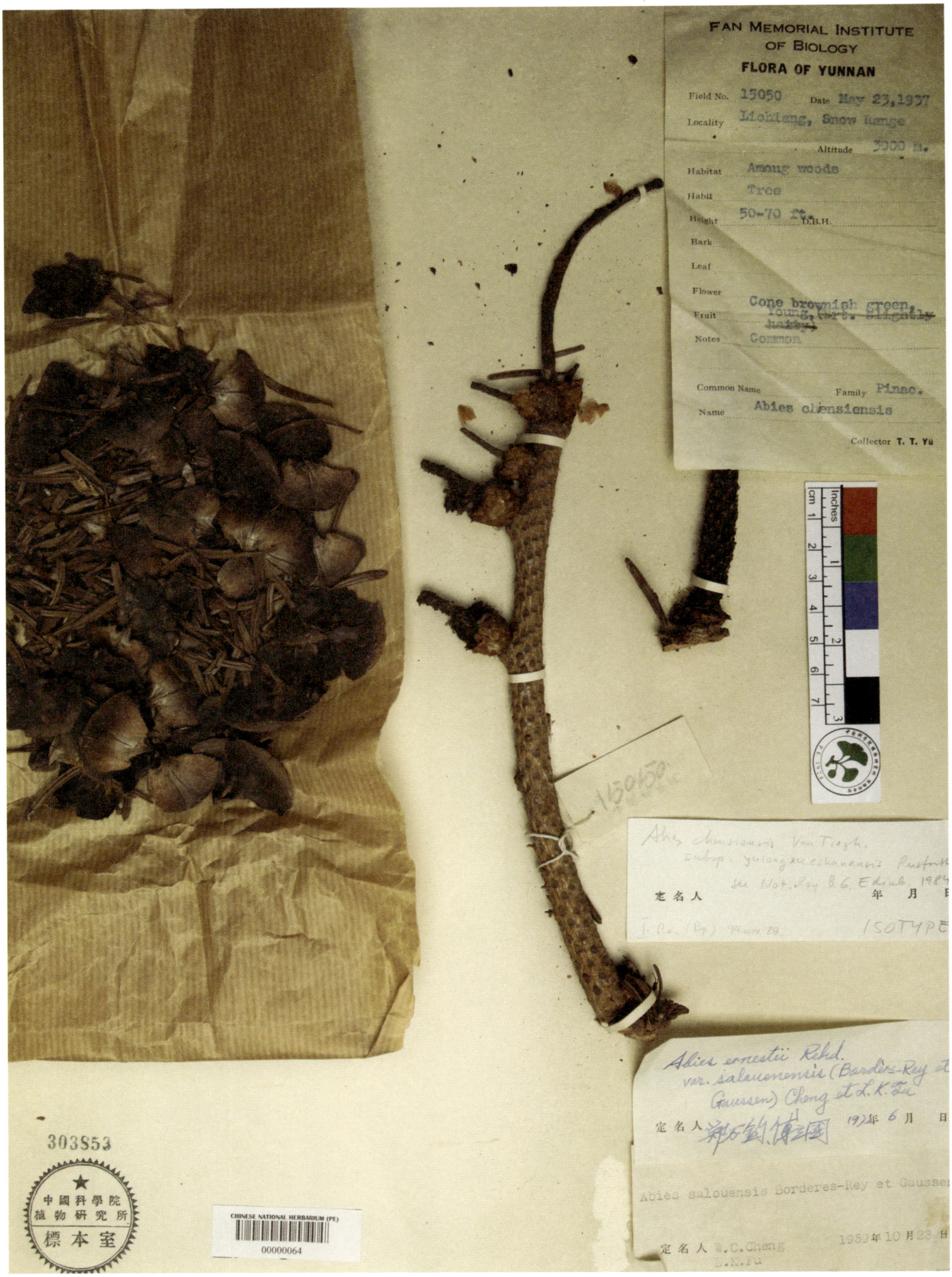

玉龙雪山冷杉 ***Abies chensiensis*** Tieghem subsp. ***yulongxueshanensis*** Rushforth in Notes Roy. Bot. Gard., Edinburgh 41(3): 539. 1984. **Isotype:** China. Yunnan: Lijiang, alt. 3000 m, 1937-05-23, T. T. Yu 15050.

墨脱冷杉 ***Abies delavayi*** Franch. var. ***motuoensis*** W. C. Cheng & L. K. Fu in Acta Phytotax. Sin. 13(4): 83. 1975.
Holotype: China. Xizang: Mêdog, alt. 3200 m, 1974-09-13, Qinghai-Xizang Exped. 1011.

梵净山冷杉 ***Abies fanjingshanensis*** W. L. Huang, Y. L. Tu & S. Z. Fang in Acta Phytotax. Sin. 22(2): 154, f. 1. 1984.
Isotype: China. Guizhou: Jiangkou, Fanjingshan, alt. 2300 m, 1983-11-02, L. Yang 83-427.

越南冷杉 ***Abies fansipanensis*** Q. P. Xiang, L. K. Fu & Nan Li in Acta Phytotax. Sin. 35(4): 356, f. 1. 1997. **Holotype:** Vietnam. Fan Si Pan Peak, Hoang Lien Son, alt. 2900~3100 m, 1964-12-??, Sino-Vietnam Exped. s. n.

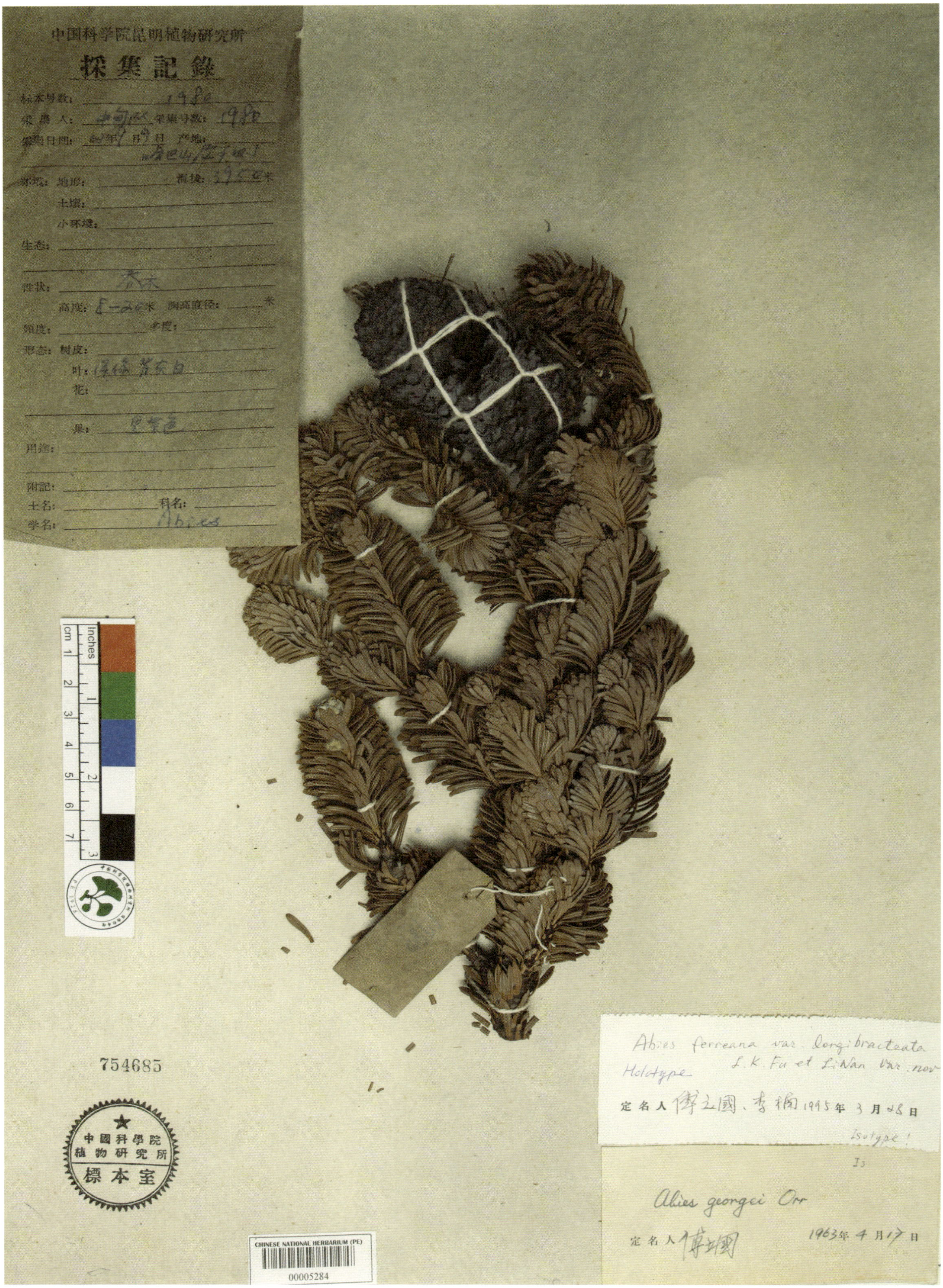

长苞冷杉 ***Abies ferreana*** Bord. & Gauss. var. ***longibracteata*** L. K. Fu & Nan Li in Novon 7: 261. 1997. **Holotype:** China. Yunnan: Zhongdian, alt. 3950 m, 1962-09-09, Zhongdian Exped. 1980.

怒江冷杉 ***Abies nukiangensis*** W. C. Cheng & L. K. Fu in Acta Phytotax. Sin. 13(4): 83, f. 13： 1-7. 1975. **Holotype:** China. Yunnan: Gongshan, alt. 2500~2700 m, 1940-09-20, K. M. Feng 8025.

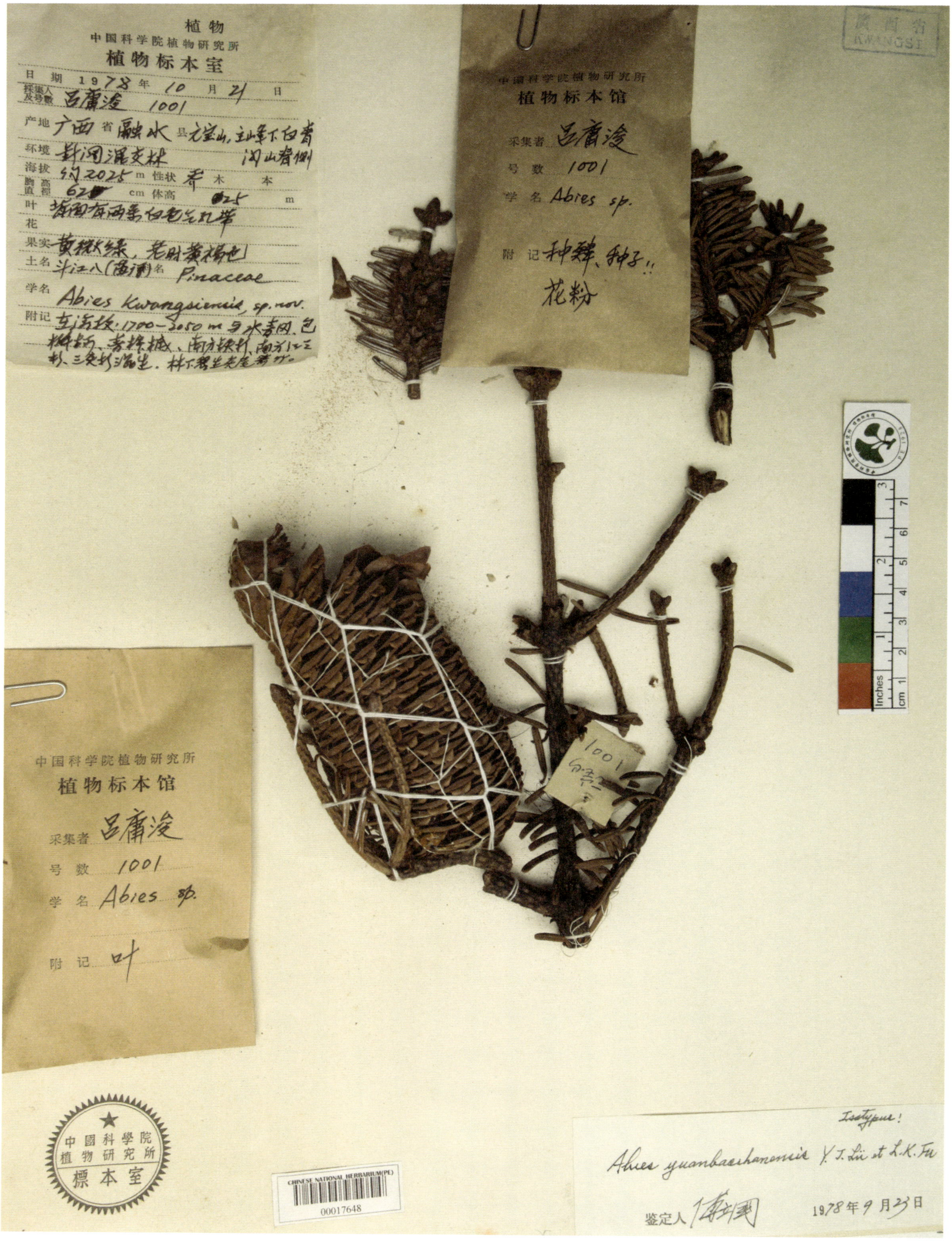

元宝山冷杉 ***Abies yuanbaoshanensis*** Y. J. Lu & L. K. Fu in Acta Phytotax. Sin. 18(2): 206, f. 1. 1980. **Isotype:** China. Guangxi: Rongshui, alt. 2025 m, 1978-10-21, Y. J. Lu 1001.

银杉 ***Cathaya argyrophylla*** Chun & Kuang in Bat. Zhurn. 43(4): 462, 465, t. 1-5, 7(1-8), 8-10. 1958. **Isotype:** China. Guangxi: Longsheng, alt. 1400 m, 1955-05-16, Guangfu For. Exped. 198.

南川银杉 ***Cathaya nanchuanensis*** Chun & Kuang in Bot. Zhurn. 43(4): 463, 466, t. 6, 7(9-10). 1958. **Holotype:** China. Chongqing: Nanchuan, Jinfoshan, Y. C. Yang 3163.

黄枝油杉 ***Keteleeria calcarea*** W. C. Cheng & L. K. Fu in Acta Phytotax. Sin. 13(4): 82, f. 9. 1975. **Holotype:** China. Guangxi: Lingui, 1954-10-30, X. F. Deng 241.

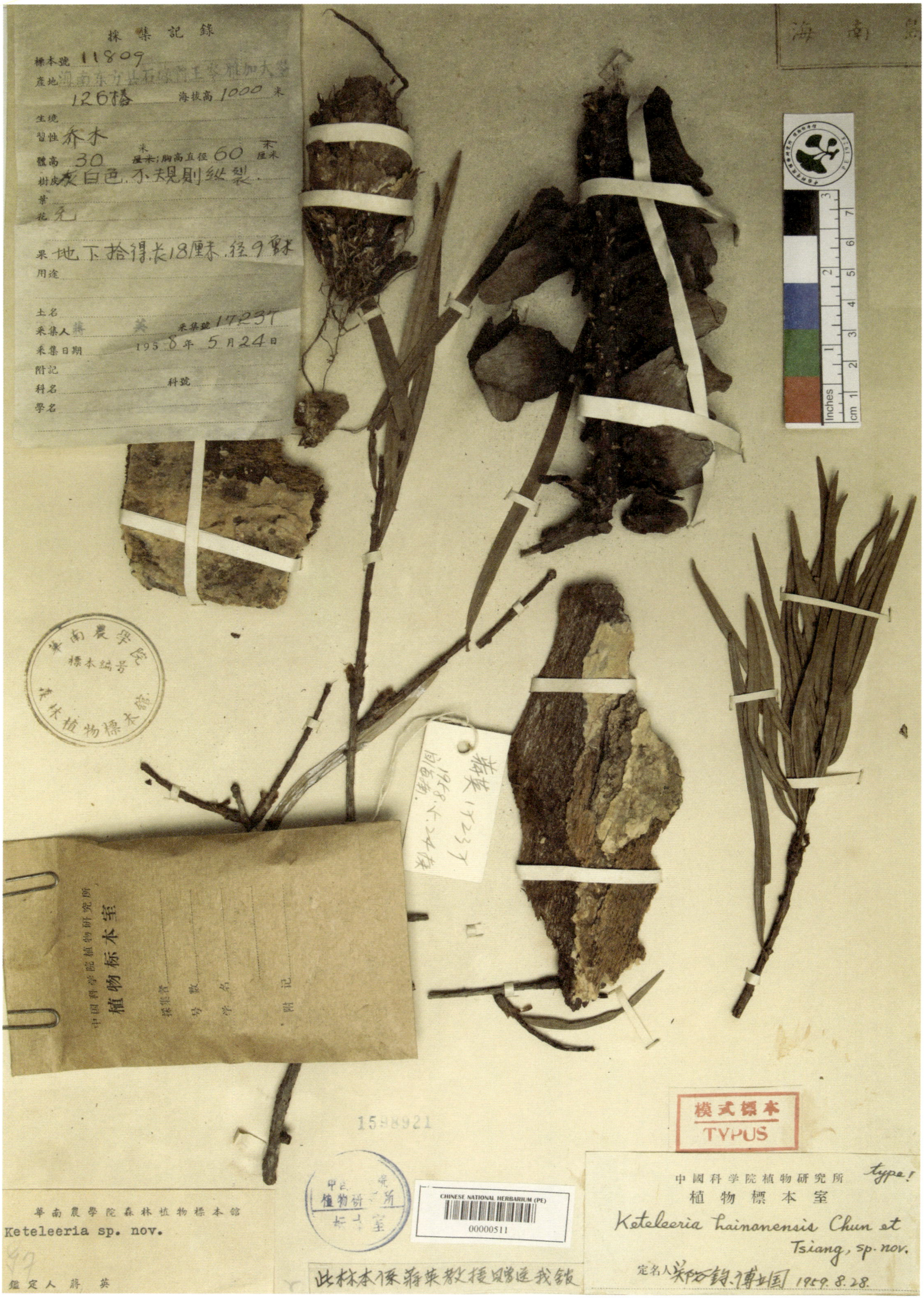

海南油杉 ***Keteleeria hainanensis*** Chun & Tsiang in Acta Phytotax. Sin. 8(3): 259. 1963. **Holotype:** China. Hainan: Dongfang, alt. 1000 m, 1958-05-24, Y. Tsiang 17237.

矩鳞油杉 ***Keteleeria oblonga*** W. C. Cheng & L. K. Fu in Acta Phytotax. Sin. 13(4): 82, f. 8: 1-7. 1975. **Holotype:** China. Guangxi: Tianyang, 1964-04-16, Z. Z. Chen 54163.

柔毛油杉 ***Keteleeria pubescens*** W. C. Cheng & L. K. Fu in Acta Phytotax. Sin. 13(4): 82, f. 8：8-14. 1975. **Holotype:** China. Guangxi: Luocheng, alt. 1230 m, 1928-06-10, R. C. Ching 6187.

齿果兴安落叶松 ***Larix dahurica*** Turcz. f. ***denticulata*** Liou & C. Wang, Ill. Fl. Lign. Plan. NE China 548. 1955.
Isotype: China. Nei Mongol: Arshan, 1950-06-14, M. Moda & al. 293.

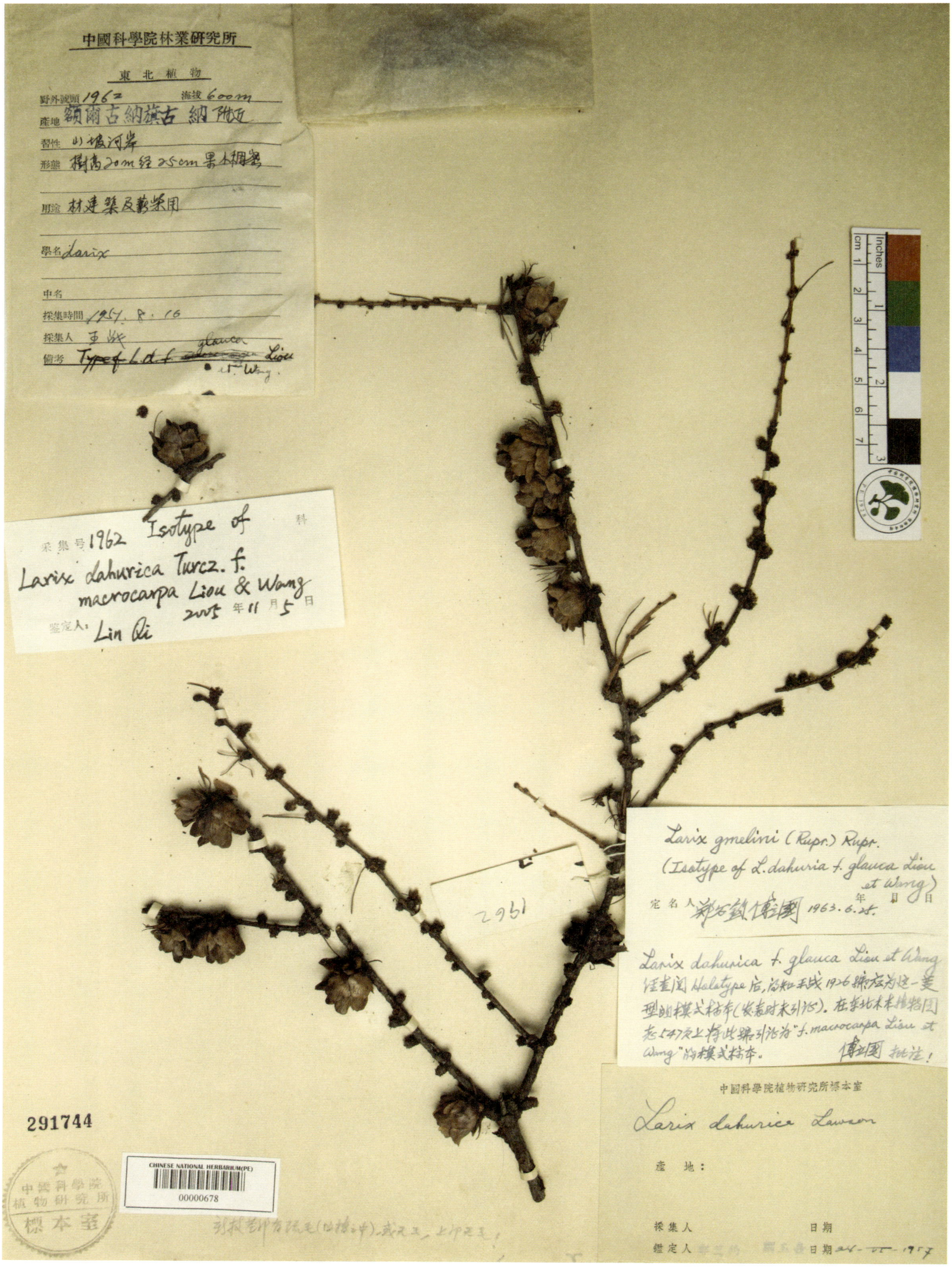

大果兴安落叶松 ***Larix dahurica*** Turcz. f. ***macrocarpa*** Liou & C. Wang, Ill. Fl. Lign. Plan. NE China 547. 1955. **Isotype:** China. Nei Mongol: Ergun, alt. 600 m, 1951-08-16, C. Wang 1962.

喜马拉雅落叶松 ***Larix himalaica*** W. C. Cheng & L. K. Fu in Acta Phytotax. Sin. 13(4): 84, f. 26：1-6. 1975. **Holotype:** China. Xizang: Qomolangma, alt. 3000~3500 m, 1959-07-??, Dengshan Exped. 80A.

四川落叶松 ***Larix mastersiana*** Rehd. & Wils. in Sarg. Pl. Wilson. 2 (1): 19. 1914. **Isotype:** China. Sichuan: Kuan Hsien (=Dujiangyan), alt. 2700~3300 m, 1908-06-21, E. H. Wilson 906.

怒江落叶松 ***Larix speciosa*** W. C. Cheng & Y. W. Law in Acta Phytotax. Sin. 13(4): 84, f. 25： 1-6. 1975. **Holotype:** China. Yunnan: Weixi, alt. 2600~3200 m, 1955-09-06, K. M. Feng 20914.

雾灵山落叶松 ***Larix wulingschanensis*** Liou & C. Wang, Ill. Fl. Lign. Plan. NE China 547. 1955. **Isotype:** China. Hebei: Wulingshan, alt.1900 m, 1952-09-06, T. N. Liou & al. 4808.

川西云杉 ***Picea balfouriana*** Rehd. & Wils. in Sarg. Pl. Wilson. 2: 30. 1914. **Paratype:** China. Sichuan: Tachien-lu, alt. 3300~4000 m, 1908-07-??, E. H. Wilson 2055.

青海云杉 ***Picea crassifolia*** Kom. in Not. Syst. Herb. Hort. Bot. Petrop. 4: 177. 1923. **Paratype:** China. Qinghai: Karagaj-ula, alt. 3400~4700 m, 1895-05-17, P. K. Kozlov s. n.

密毛云杉 ***Picea gemmata*** Rehd. & Wils. in Sarg. Pl. Wilson. 2(1): 24. 1914. **Isotype:** China. Sichuan: Tachien-lu, Tapao-shan, alt. 3300~3700 m, 1908-10-??, E. H. Wilson 2067.

茂县云杉 ***Picea heterolepis*** Rehd. & Wils. in Sarg. Pl. Wilson. 2(1): 24. 1914. **Isotype:** China. Sichuan: Maoxian, alt. 1600~2500 m, 1910-10-??, E. H. Wilson 4064.

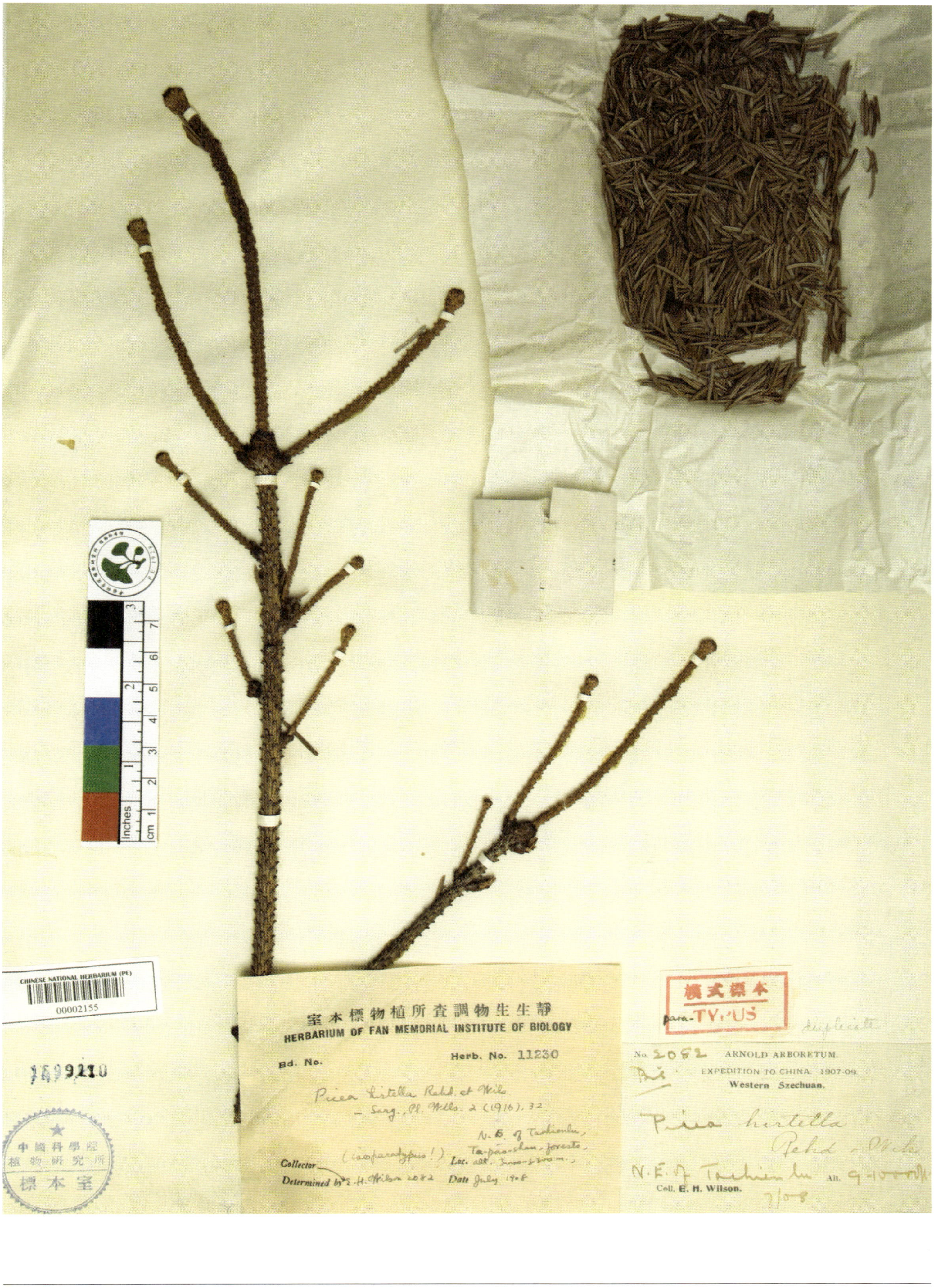

黄果云杉 ***Picea hirtella*** Rehd. & Wils. in Sarg. Pl. Wilson. 2(1): 32. 1914. **Paratype:** China. Sichuan: Tachien-lu, Tapao-shan, alt. 3000~3300 m, 1908-07-??, E. H. Wilson 2082.

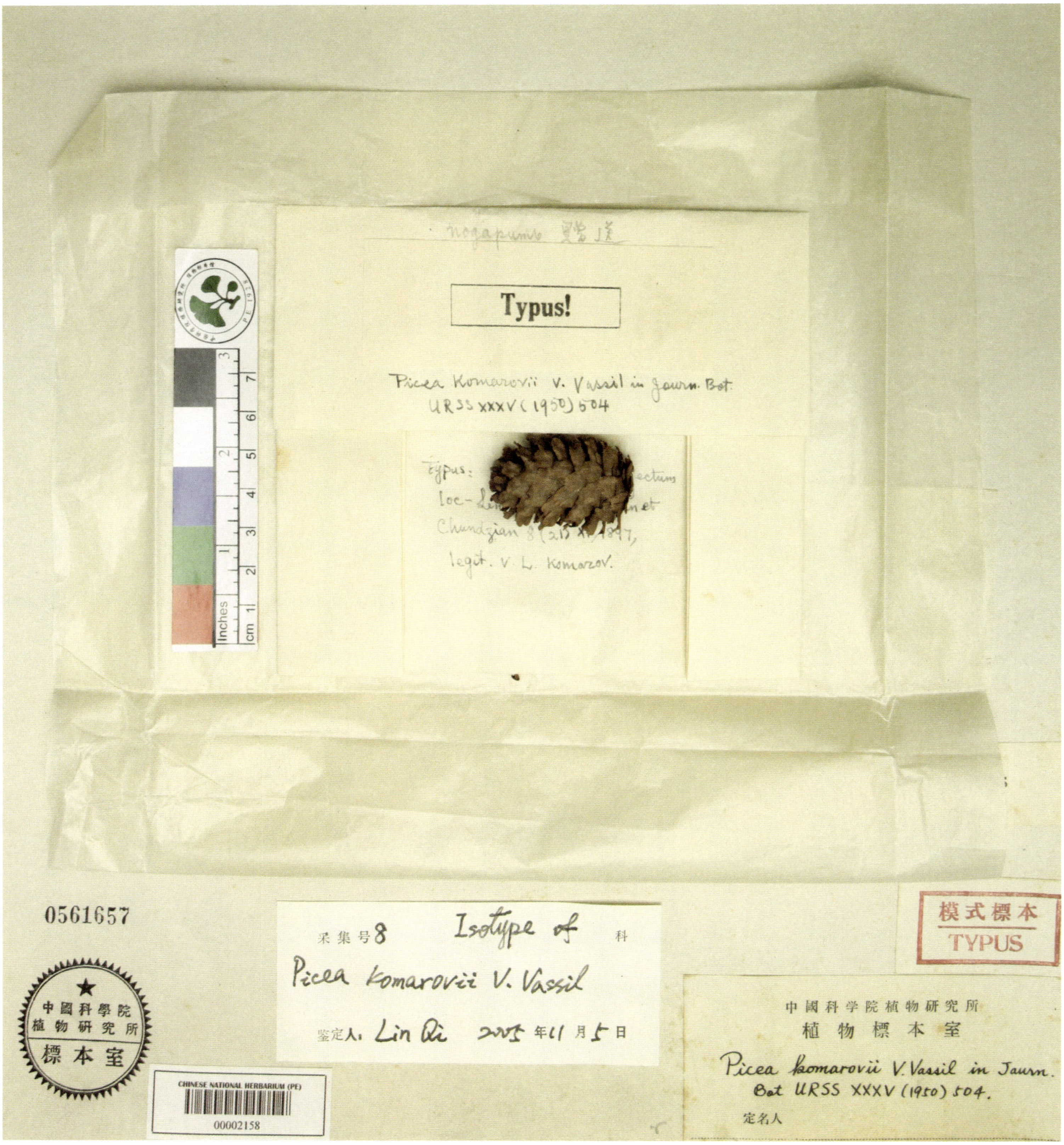

长白鱼鳞云杉 ***Picea komarovii*** V. Vassil. in Journ. Bot., URSS 35(5): 504, f. 5. 1950. **Isotype:** China. Jilin: Manshuria, 1897-11-??, V. L. Komarov 8.

林芝云杉 ***Picea likiangensis*** (Franch.) Pritz. var. ***linzhiensis*** W. C. Cheng & L. K. Fu in Acta Phytotax. Sin. 13(4): 83. 1975. **Holotype:** China. Xizang: Nyingchi, alt. 3100 m, 1960-10-13, K. H. Fu 676.

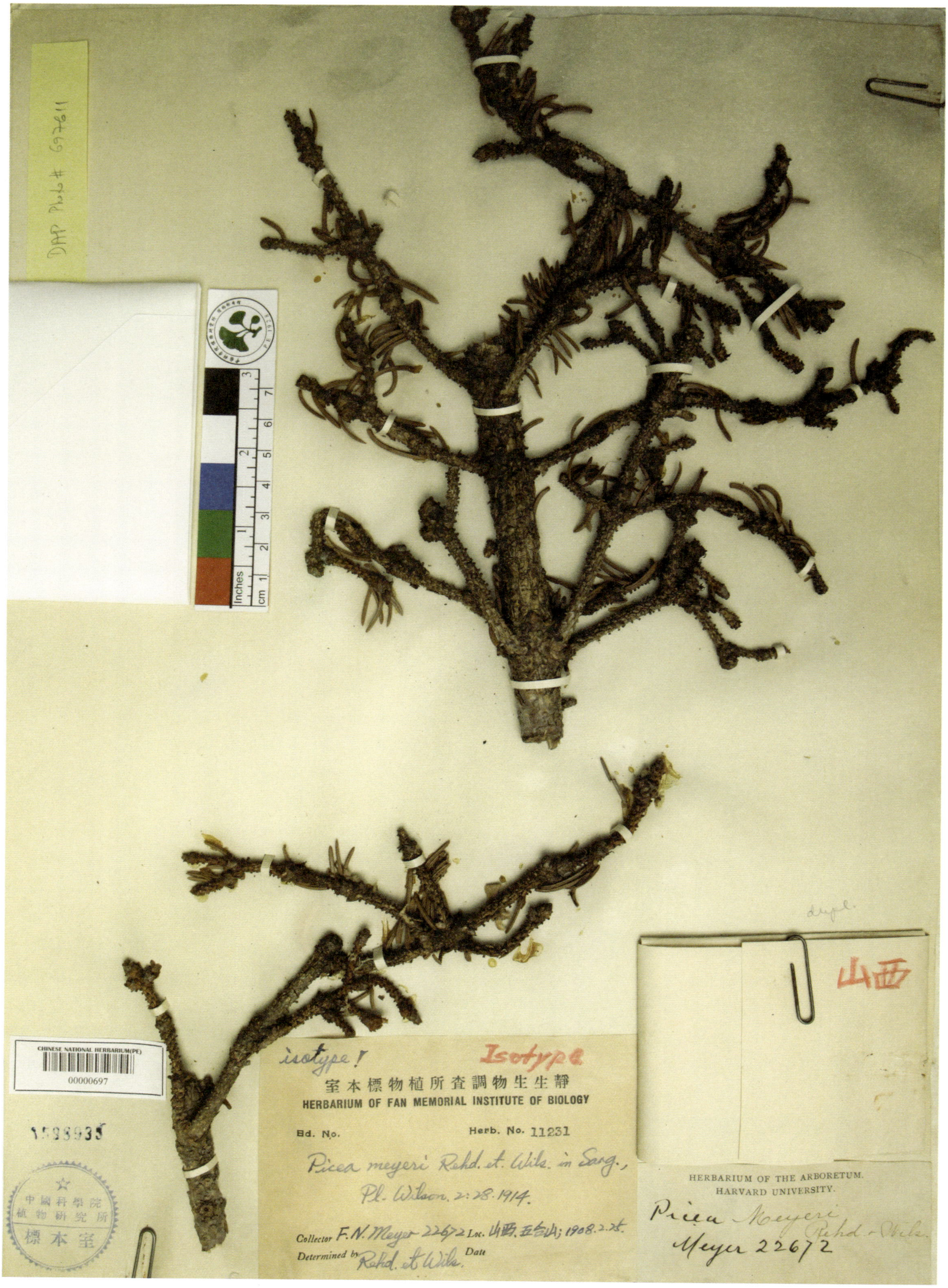

白扦 ***Picea meyeri*** Rehd. & Wils. in Sarg. Pl. Wilson. 2(1): 28. 1914. **Isotype:** China. Shanxi: Wutaishan, 1908-02-25, F. N. Meyer 22672.

麦吊云杉 ***Picea sargentiana*** Rehd. & Wils. in Sarg. Pl. Wilson. 2(1): 35. 1914. **Paratype:** China. Sichuan: Kuan Hsien (=Dujiangyan), alt. 2700~3300 m, 1908-06-??, E. H. Wilson 2070.

西康云杉 ***Picea sikangensis*** W. C. Cheng in Contr. Biol. Lab. Sci. Soc. China, Bot. Ser. 6(4): 33, pl. 1-2. 1931. **Holotype:** China. Sichuan: Muji, alt. 3700~3800 m, 1930-08-24, W. C. Cheng 1820.

大别山五针松 ***Pinus dabeshanensis*** W. C. Cheng & Y. W. Law in Acta Phytotax. Sin. 13(4): 85, f. 29: 6-10. 1975.
Holotype: China. Anhui: Yuexi, alt. 900~1400 m, 1956-12-25, C. Q. Zhang 1.

地盘松 ***Pinus densata*** Mast. var. ***pygmaea*** Hsueh in Acta Phytotax. Sin. 13(4): 85. 1975. **Holotype:** China. Yunnan: Bingchuan, alt. 2400 m, 1959-07-17, Y. C. Hsu 156.

辽东赤松 ***Pinus densiflora*** Sieb. & Zucc. var. ***liaotungensis*** Liou & C. Wang, Ill. Fl. Lign. Plan. NE China 548. 1955.
Isotype: China. Liaoning: Gaolimen, 1950-05-05, M. Moda & al. 249.

黄山松 ***Pinus hwangshanensis*** W. Y. Hsia in Contr. Inst. Bot., Nat. Acad. Peiping 4: 155. April 1936. **Holotype:** China. Anhui: Huangshan, alt. 1700 m, 1935-08-28, T. N. Liou & P. C. Tsoong 3111.

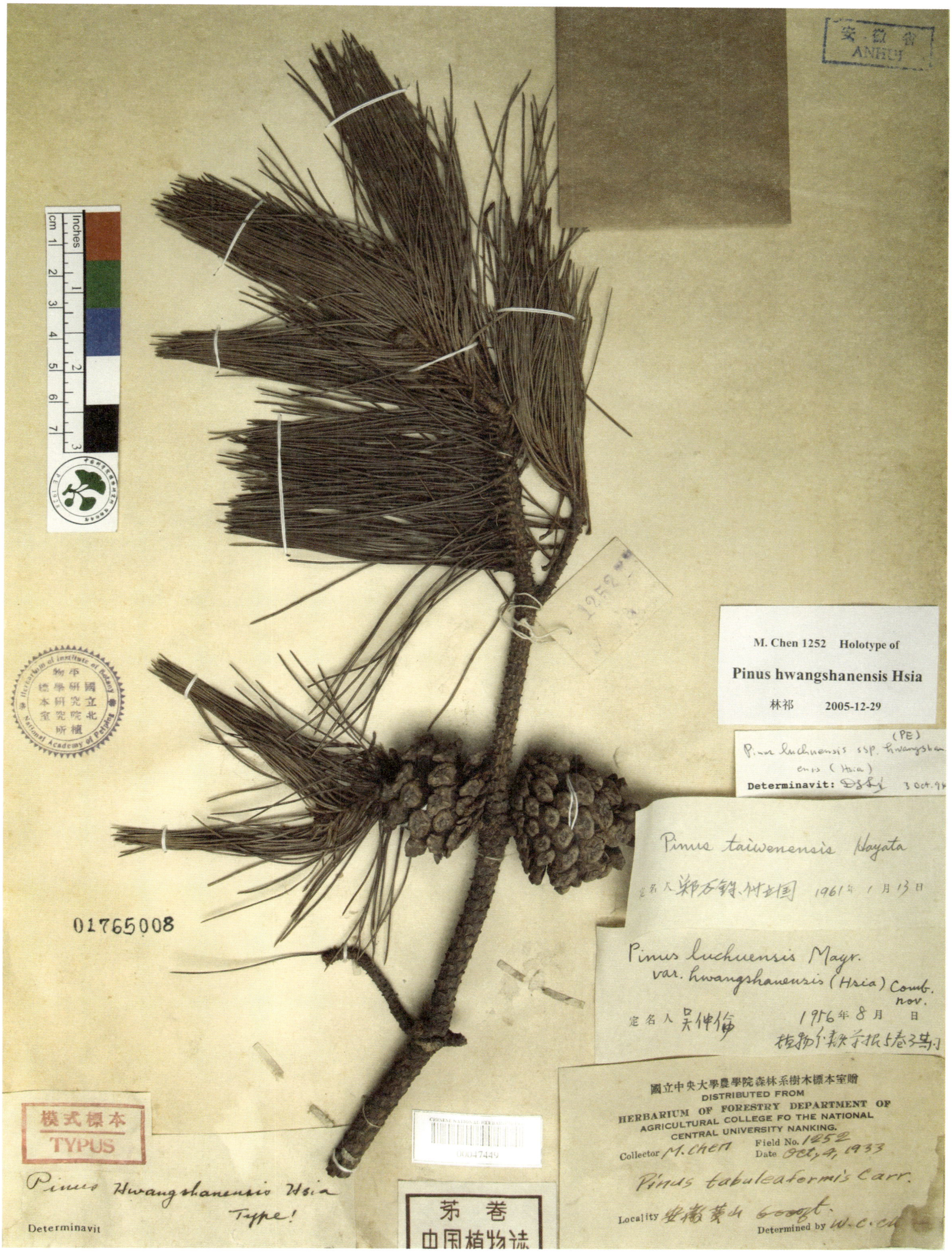

黄山松 ***Pinus hwangshanensis*** W. Y. Hsia in Chinese Journ. Bot. 1(1): 17, pl. 6, f. 1. July 1936. **Holotype:** China. Anhui: Huangshan, alt. 1830 m, 1933-10-04, M. Chen 1252.

华南五针松 ***Pinus kwangtungensis*** Chun ex Tsiang in Sunyatsenia. 7(1-2): 113. 1948. **Paratype:** China. Guangdong: Lechang, 1931-01-16, S. P. Ko 51137.

细枝松 ***Pinus lawsonii*** Roezl var. ***gracilis*** Debreczy & Racz in Phytologia 78(4): 238. 1995. **Isotype:** Mexico. Oaxaca: Oaxaca, 1994-03-24, alt. 1650 m, Debreczy & al. 38542a.

白籽松 ***Pinus leucosperma*** Maxim. in Bull. Acad. Sci. St. Petersb. 17: 558. 1881. **Lectotype** (designated by Yun Lin & al. in Bull. Bot. Res., Harbin 35:5. 2015.) China. Gansu: Tangut, 1880-07-25, Przewalski s. n.

武陵松 ***Pinus massoniana*** Lamb. var. ***wulingensis*** C. J. Qi & Q. Z. Lin in Bull. Bot. Res., Harbin 8(3): 143, pl. 1. 1988. **Isotype:** China. Hunan: Cili, alt. 1050 m, 1985-09-03, C. L. Peng 120357.

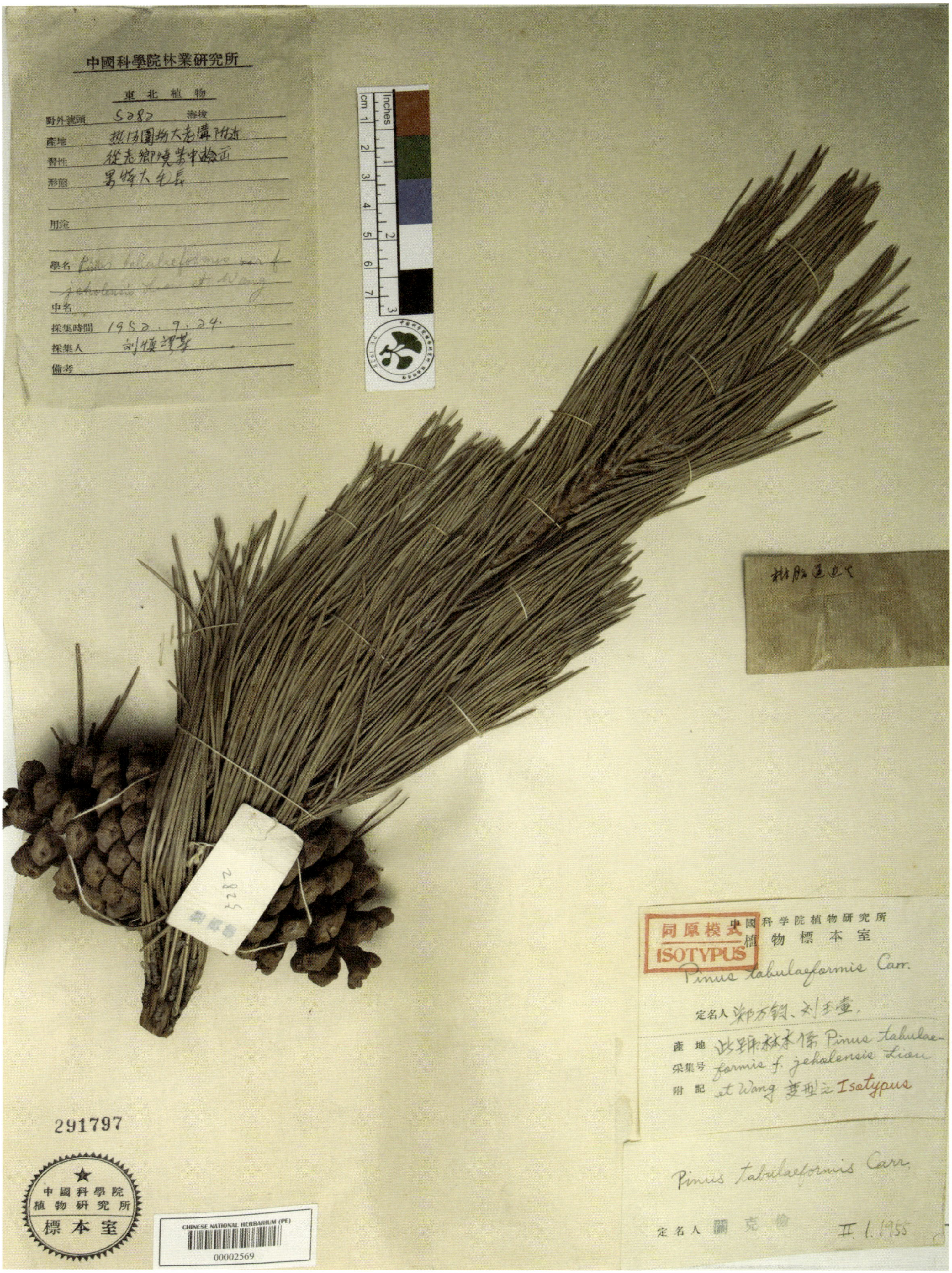

大果油松 ***Pinus tabulaeformis*** Carr. f. ***jeholensis*** Liou & C. Wang, Ill. Fl. Lign. Plan. NE China 548. 1955. **Isotype:** China. Hebei: Weichang, 1952-09-24, T. N. Liou 5282.

扫帚油松 ***Pinus tabulaeformis*** Carr. var. ***umbraculifera*** Liou & C. Wang, Ill. Fl. Lign. Plan. NE China 548. 1955.
Isotype: China. Liaoning: Qianshan, alt. 200 m, 1950-05-27, T. N. Liou 521.

太行松 ***Pinus taihangshanensis*** Hu & Yao in Bull. Fan Mem. Inst. Biol., Bot. 6(4): 167. 1935. **Holotype:** China. Henan: Taihangshan, alt. 2700~3000 m, T. Y. Yao 4811.

毛枝五针松 ***Pinus wangii*** Hu & W. C. Cheng in Bull. Fan Mem. Inst. Biol., New Ser. 1(2): 191. 1948. **Lectotype** ［designated by Q. Lin & Z. Y. Cao in Acta Bot. Yunnan. 29(3): 291. 2007.］：Yunnan: Xichou, Fadou, alt. 1400 m, 1940-06-02, C. W. Wang 85830.

细叶云南松 ***Pinus yunnanensis*** Franch. var. ***tenuifolia*** W. C. Cheng & Y. W. Law in Acta Phytotax. Sin. 13(4): 85. 1975. **Holotype:** China. Guizhou: Ceheng, 1958-10-16, Z. Y. Cao 1038.

短鳞铁杉 ***Tsuga chinensis*** (Franch.) Pritz. var. ***oblongisquamata*** W. C. Cheng & L. K. Fu in Acta Phytotax. Sin. 13(4): 83, f. 18: 16-20. 1975. **Holotype:** China. Hubei: Badong, 1934-07-26, H. C. Chow 950.

大果铁杉 ***Tsuga chinensis*** (Franch.) Pritz. var. ***robusta*** W. C. Cheng & L. K. Fu in Acta Phytotax. Sin. 13(4): 83, f. 18: 11-15. 1975. **Holotype:** China. Hubei: Badong, 1952-10-09, Q. L. Chen & al. Hubei-2000.

长苞铁杉 ***Tsuga longibracteata*** W. C. Cheng in Contr. Biol. Lab. Sci. Soc. China, Bot. Ser. 7: 1, f. 1. 1932. **Holotype:** China. Guizhou: Yinjiang, alt. 400~500 m, 1930-12-19, Y. Tsiang 7712.

Taxodiaceae

杉科

shanke

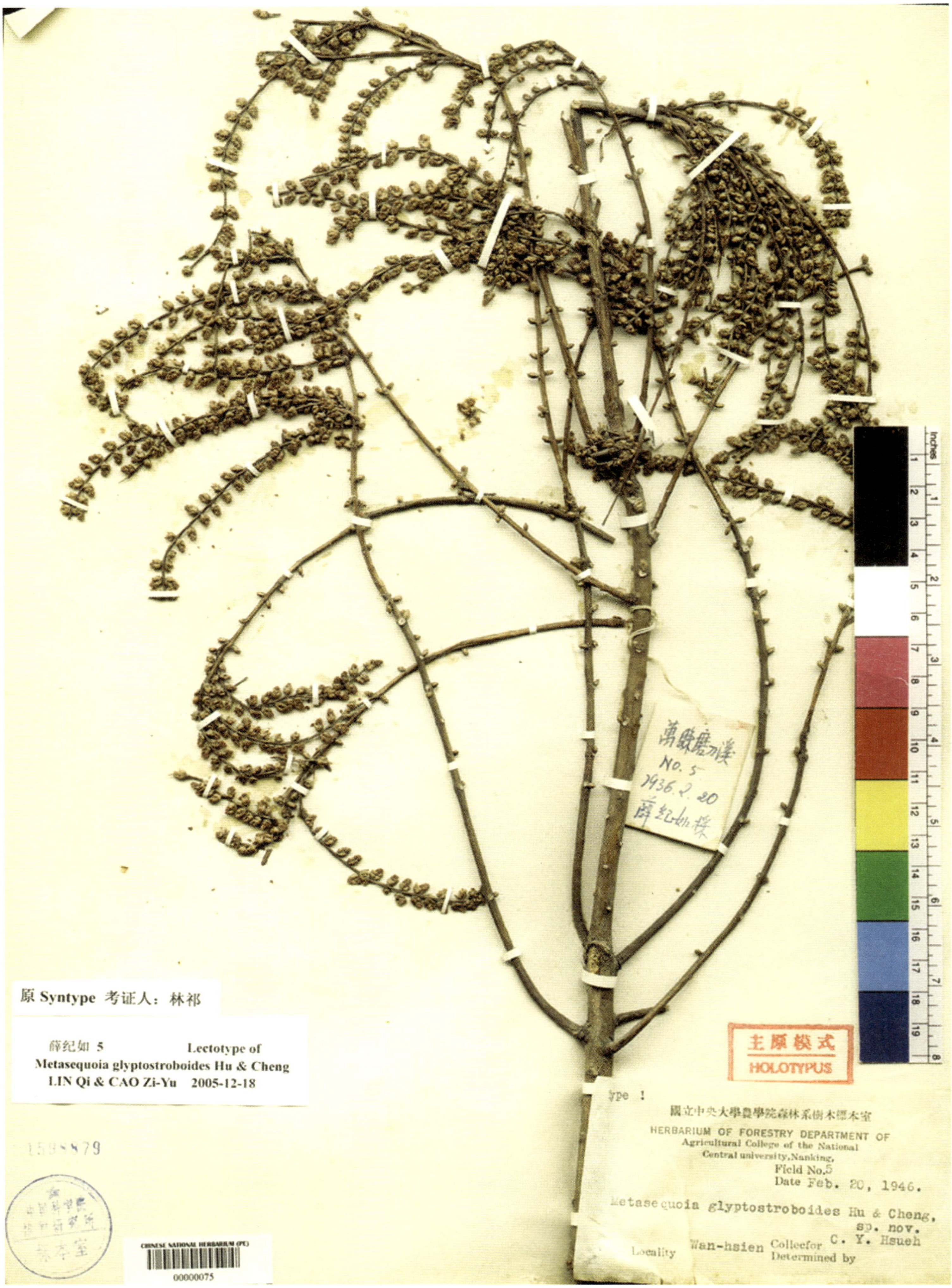

水杉 ***Metasequoia glyptostroboides*** Hu & W. C. Cheng in Bull. Fan Mem. Inst. Biol., New Ser. 1(2): 154, pl. 1. 1948. **Lectotype** ［designated by Q. Lin & Z. Y. Cao in Acta Bot. Yunnan. 29(3): 291. 2007. ］: China. Hubei: Lichuan, Modaoxi, alt. 1100 m, 1946-02-20, C. J. Hsueh 5.

Cupressaceae

柏科

baike

加州柏木 ***Cupressus bakeri*** subsp. ***matthewsii*** C. B. Wolf in Aliso 1: 83, f. 22. 1948. **Isotype:** United States. California: Siskiyou, alt. 1300 m, 1934-10-09, C. B. Wolf & E. R. Johnson 6169.

岷江柏木 ***Cupressus chengiana*** S. Y. Hu in Taiwania 10: 57. 1964. **Paratype:** China. Sichuan: Precise locality not known, 1930-??-??, F. T. Wang 21700.

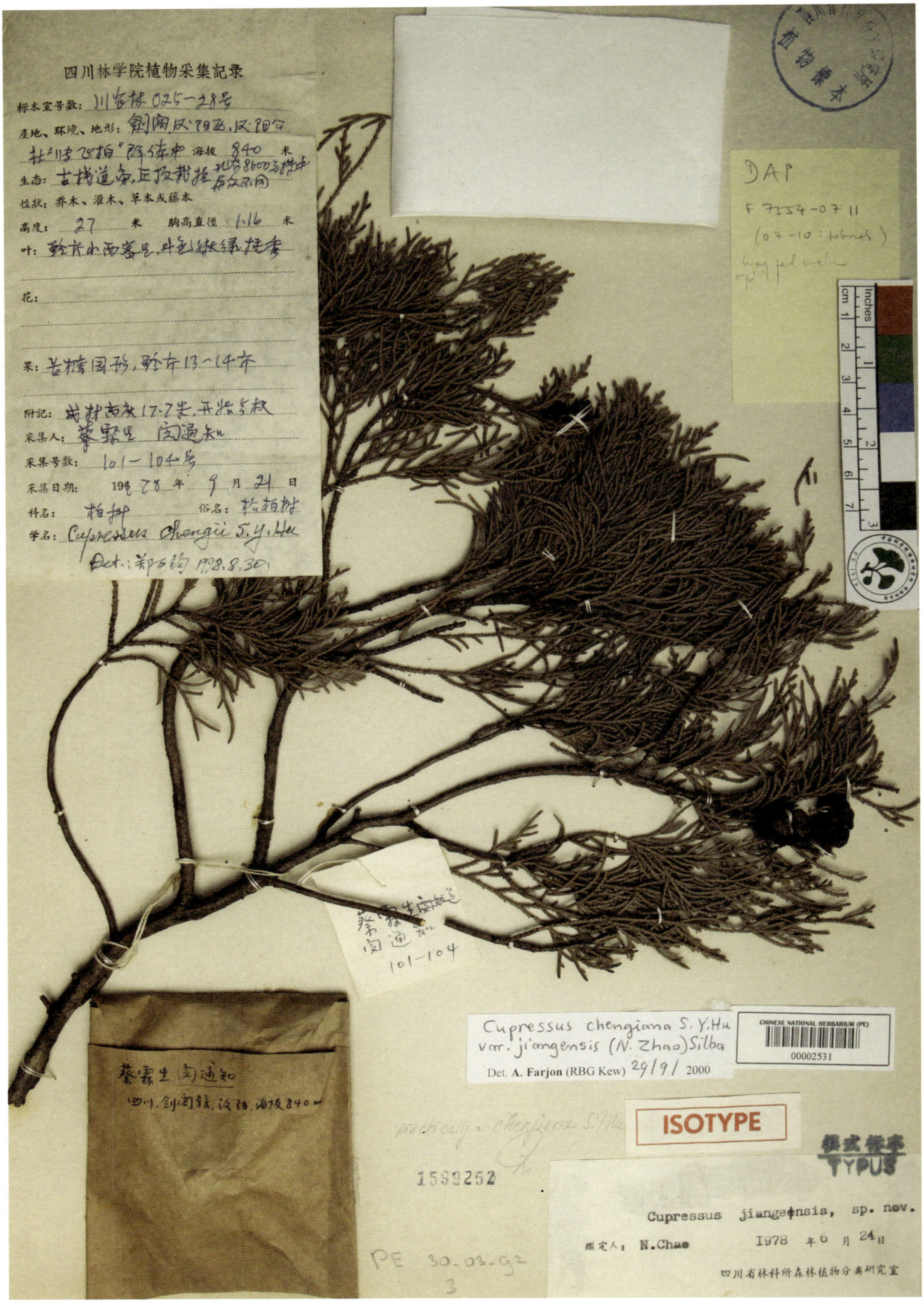

剑阁柏木 ***Cupressus jiangeensis*** N. Zhao in Acta Phytotax. Sin. 18(2): 210, f. 1. 1980. **Isotype:** China. Sichuan: Jiange, alt. 840 m, 1978-09-21, L. S. Cai & T. Z. Min 101-104.

美国柏木 ***Cupressus stephensonii*** C. B. Wolf in Aliso 1: 125, f. 26. 1948. **Isotype:** United States. California: San Diego, alt. 1330 m, 1938-12-01, C. B. Wolf 9467.

广柏 ***Fokienia maclurei*** Merr. in Philipp. Journ. Sci. Bot. 21(5): 492, f. 1: a. 1922. **Isotype:** China. Guangdong: Tai Yeung Shan, alt. 600 m, 1921-07-19, F. A. McClure 6572.

德钦柏 ***Juniperus baimashanensis*** Y. F. Yu & L. K. Fu in Novon 7(4): 443. 1998. **Holotype:** China. Yunnan: Dêqên, alt. 3400 m, 1937-08-09, T. T.Yu 9462.

万钧柏 ***Juniperus chengii*** Y. F. Yu & L. K. Fu in Novon 7(4): 443. 1998. **Holotype:** China. Yunnan: Zhongdian, alt. 3150 m, 1937-11-15, T. T.Yu 10960.

蒙古圆柏 ***Juniperus przewalskii*** Kom. in Not. Syst. Herb. Hort. Bot. Reip. Ross. 5: 28. 1924. **Lectotype**(designated by Yun Lin & al. in Bull. Bot. Res., Harbin 35: 5. 2015.): Mongolia. Da-tung-che, alt. 3400 m, 1872-06-20, N. M. Przewalaki 318.

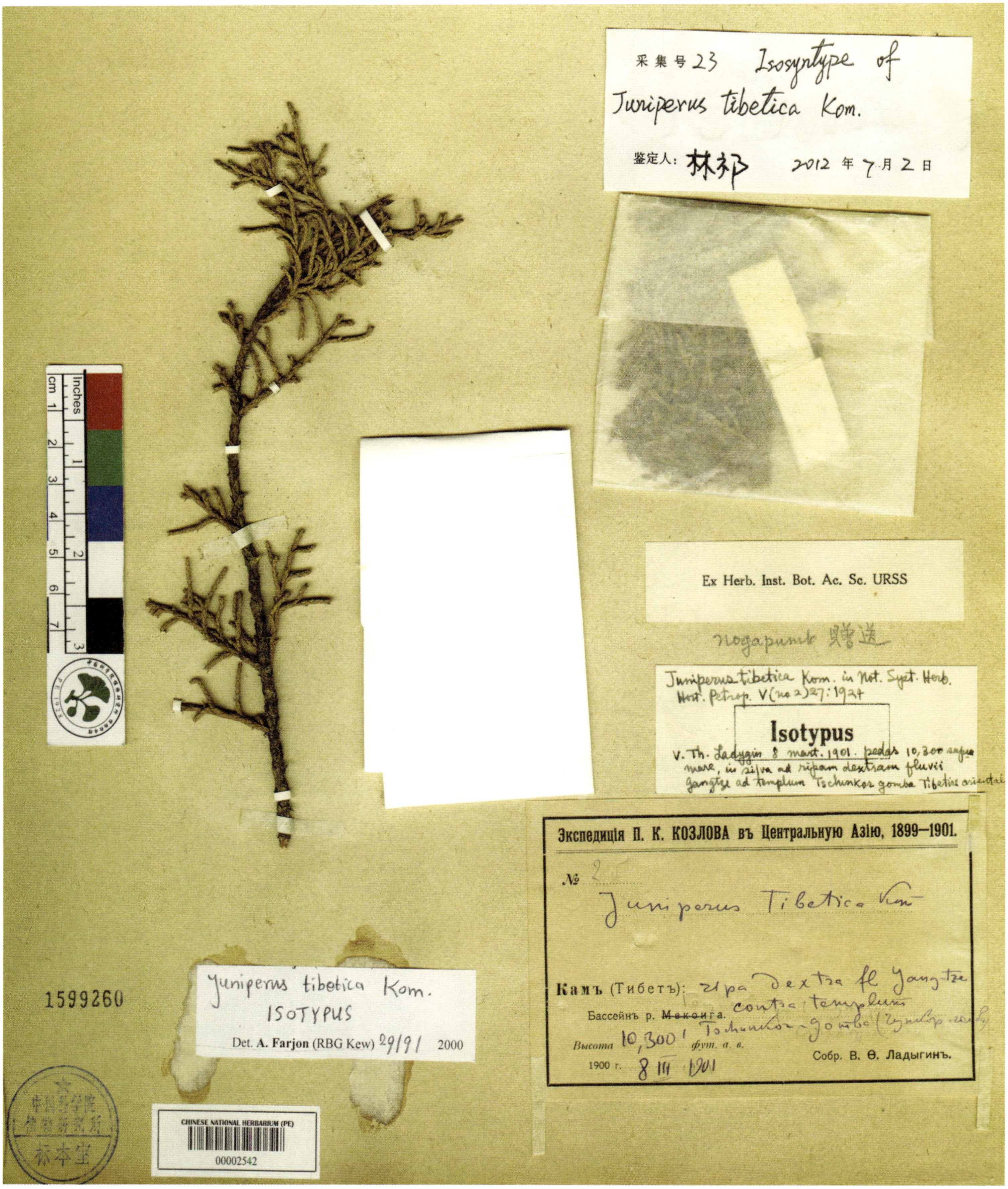

大果圆柏 ***Juniperus tibetica*** Kom. in Not. Syst. Herb. Hort. Bot. Reip. Ross. 5: 27. 1924. **Isosyntype:** China. Xizang: Precise locality not known, alt. 4300 m, 1901-03-08, V. T. Ladygin 23.

粗糙柴达木圆柏 ***Juniperus zaidamensis*** Kom. f. ***squarrosa*** Kom. in Not. Syst. Herb. Hort. Bot. Reip. Ross. 5: 29. 1924. **Lectotype** (designated by Yun Lin & al. in Bull. Bot. Res., Harbin 35: 5. 2015.): China. Qinghai: Qaidam Pendi, alt. 4000 m, 1895-04-??, W. I. Roborowski 32.

台湾翠柏 ***Libocedrus formosana*** Florin in Svensk Bot. Tidskr. 24: 126, t. 2: 1-5. 1930. **Lectotype** (designated by Yun Lin & al. in Bull. Bot. Res., Harbin 35:5. 2015.): China. Taiwan: Taihoku, 1918-05-31, E. H. Wilson 10267.

小籽密枝圆柏 ***Sabina convallium*** (Rehd. & Wils.) W. C. Cheng & W. T. Wang var. ***microsperma*** W. C. Cheng & L. K. Fu in Acta Phytotax. Sin. 13(4): 86. 1975. **Holotype:** China. Xizang: Sumzom, 1961-10-26, Forestry Exped. 10019.

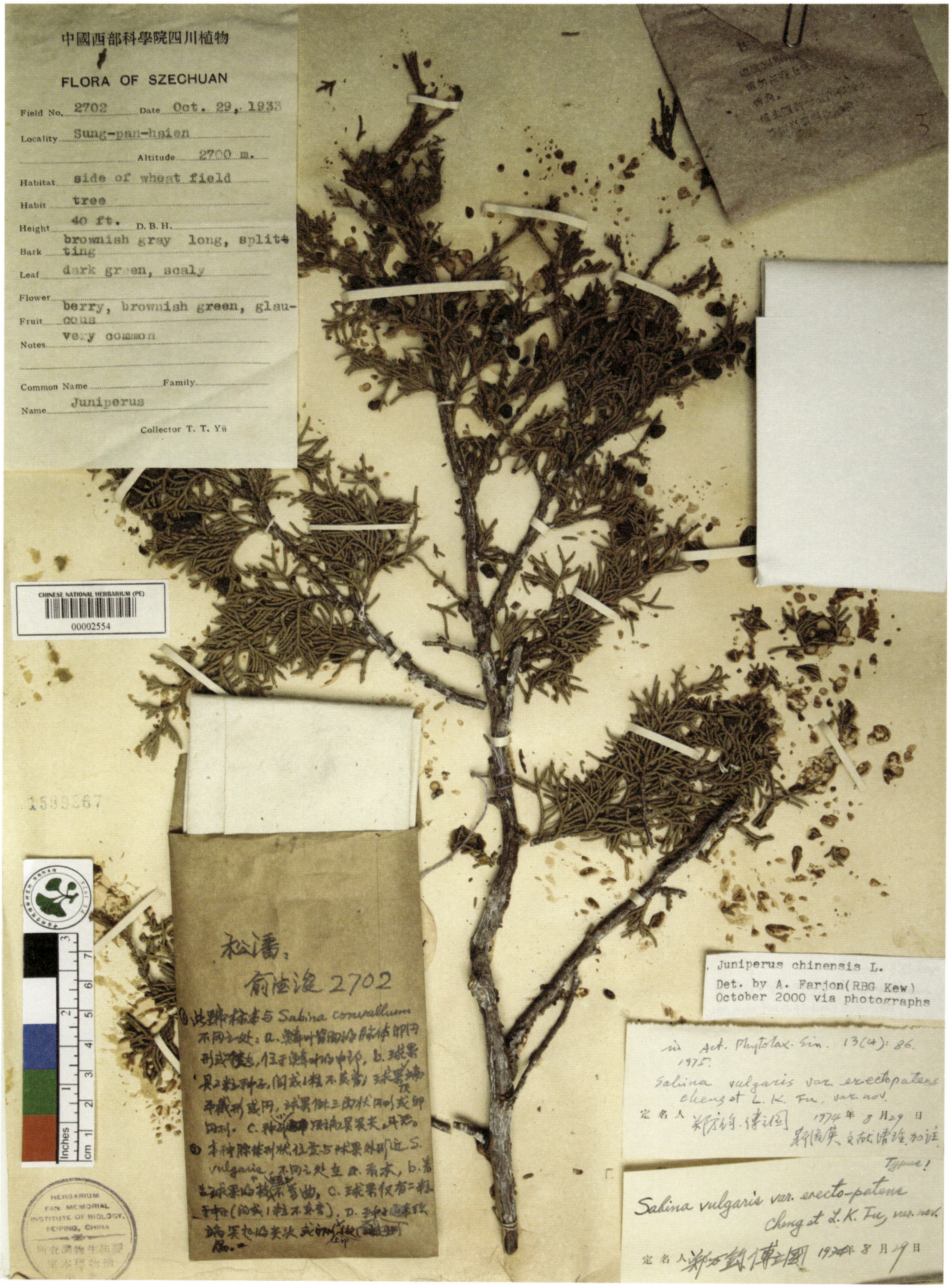

松潘叉子圆柏 ***Sabina vulgaris*** Ant. var. ***erectopatens*** W. C. Cheng & L. K. Fu in Acta Phytotax. Sin. 13(4): 86. 1975. **Holotype:** China. Sichuan: Songpan, alt. 2700 m, 1933-10-29, T. T. Yu 2702.

Podocarpaceae

罗汉松科

luohansongke

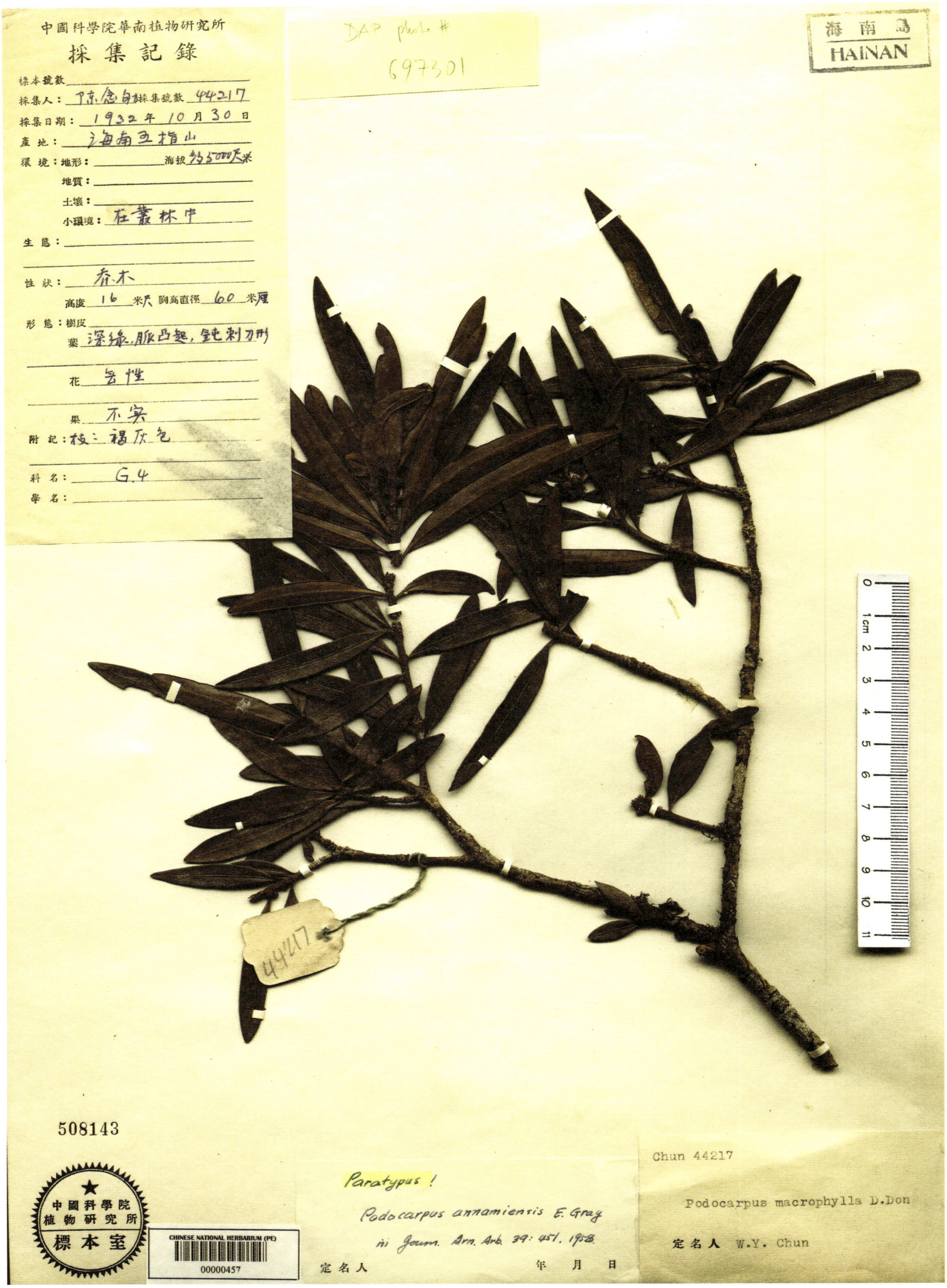

海南罗汉松 ***Podocarpus annamiensis*** N. E. Gray in Journ. Arn. Arb. 39: 451. 1958. **Isoparatype:** China. Hainan: Wuzhishan, alt. 1600 m, 1932-10-30, N. K. Chun 44217.

Cephalotaxaceae

三尖杉科

sanjianshanke

圆桃杉 ***Cephalotaxus fortunei*** Hook. f. var. ***globosa*** S. Y. Hu in Taiwania 10: 28. 1964. **Isoparatype:** China. Sichuan: Hongya, alt. 500~700 m, 1928-08-31, W. P. Fang 3404.

宽叶粗榧 ***Cephalotaxus latifolia*** W. C. Cheng & L. K. Fu ex L. K. Fu & R. R. Mill in Novon 9: 185. 1999. **Holotype:** China. Chongqing: Nanchuan, alt. 2100 m, 1964-05-23, X. Q. Chen & K. Y. Liang 2463.

Taxaceae

红豆杉科

hongdoushanke

云南穗花杉 ***Amentotaxus yunnanensis*** Li in Journ. Arn. Arb. 33: 197. 1952. **Isotype:** China. Yunnan: Maguan, 1932-03-02, H. T. Tsai 51887.

白豆杉 ***Taxus chienii*** W. C. Cheng in Contr. Bio. Lab. Sci. Soc. China, Bot. Ser. 9(3): 240, f. 23. 1934. **Lectotype** [designated by Q. Lin & Z. Y. Cao in Acta Bot. Yunnan. 29(3): 292. 2007.] : China. Zhejiang: Longquan, Maoshan, alt. 1000 m, 1933-05-14, S. Chen 1384.

密叶红豆杉 ***Taxus fuana*** Nan Li & R. R. Mill in Novon 7(3): 263. 1997. **Holotype:** China. Xizang: Gyirong, alt. 3000 m, 1975-07-20, Qinghai-Xizang Exped. 7032.

南方红豆杉 ***Taxus speciosa*** Florin in Acta Hort. Berg 14(8): 382, pl. 6. 1948. **Isotype:** China. Guizhou, Van-ching-shan (=Fanjingshan), alt. 450 m, 1930-12-08, Y. Tsiang 7525.

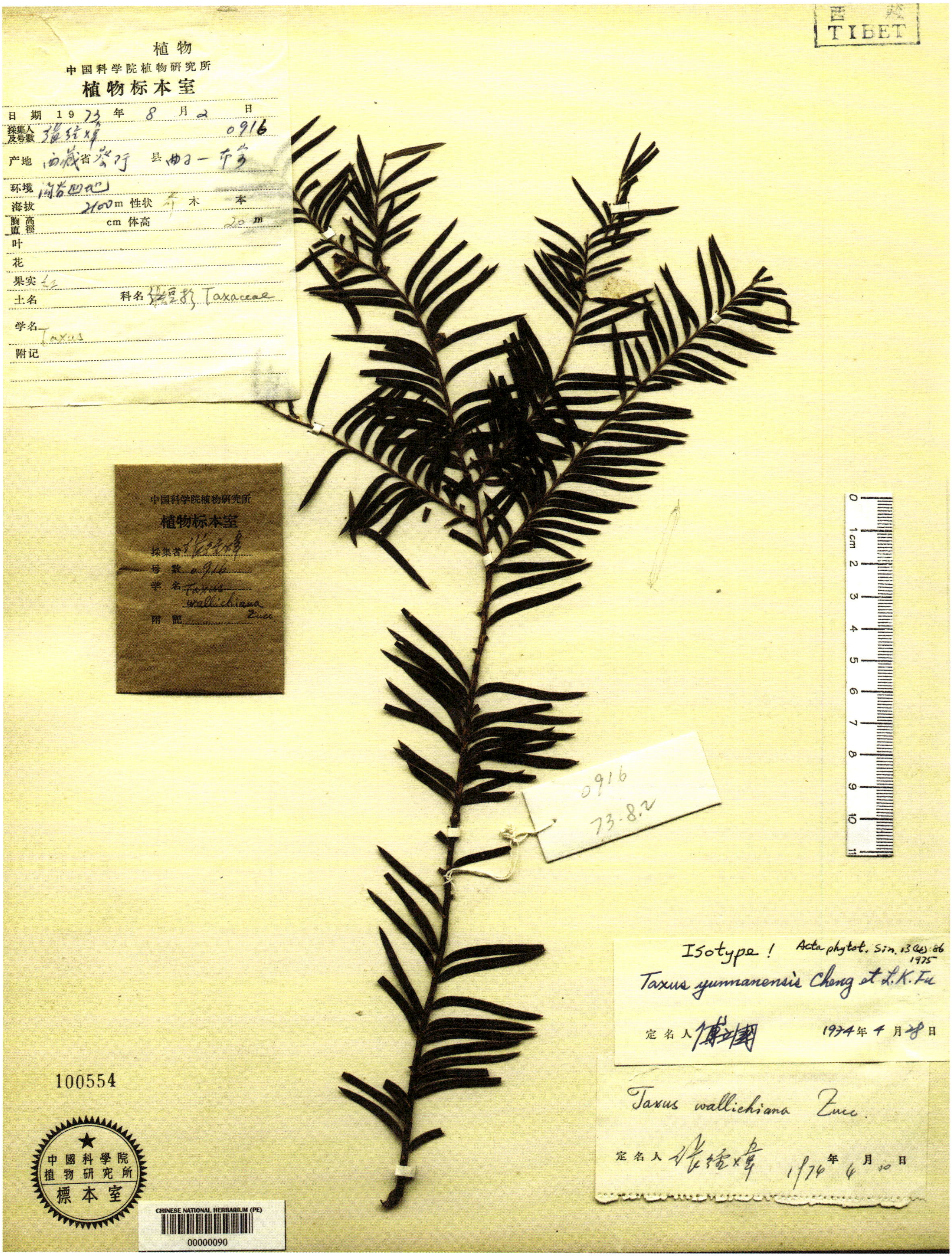

云南红豆杉 ***Taxus yunnanensis*** W. C. Cheng & L. K. Fu in Acta Phytotax. Sin. 13(4): 86, f. 52:4-7. 1975. **Isotype:** China. Xizang: Zayü, alt. 2100 m, 1973-08-02, J. W. Zhang 916.

大果榧树 ***Torreya grandis*** Fort. ex Lindl. f. ***majus*** Hu in Contr. Biol. Lab. Sci. Soc. China 3(5): 6, pl. 9. 1927.
Holotype: China. Zhejiang: Zhuji, alt. 366 m, 1927-10-09, R. C. Ching 3678.

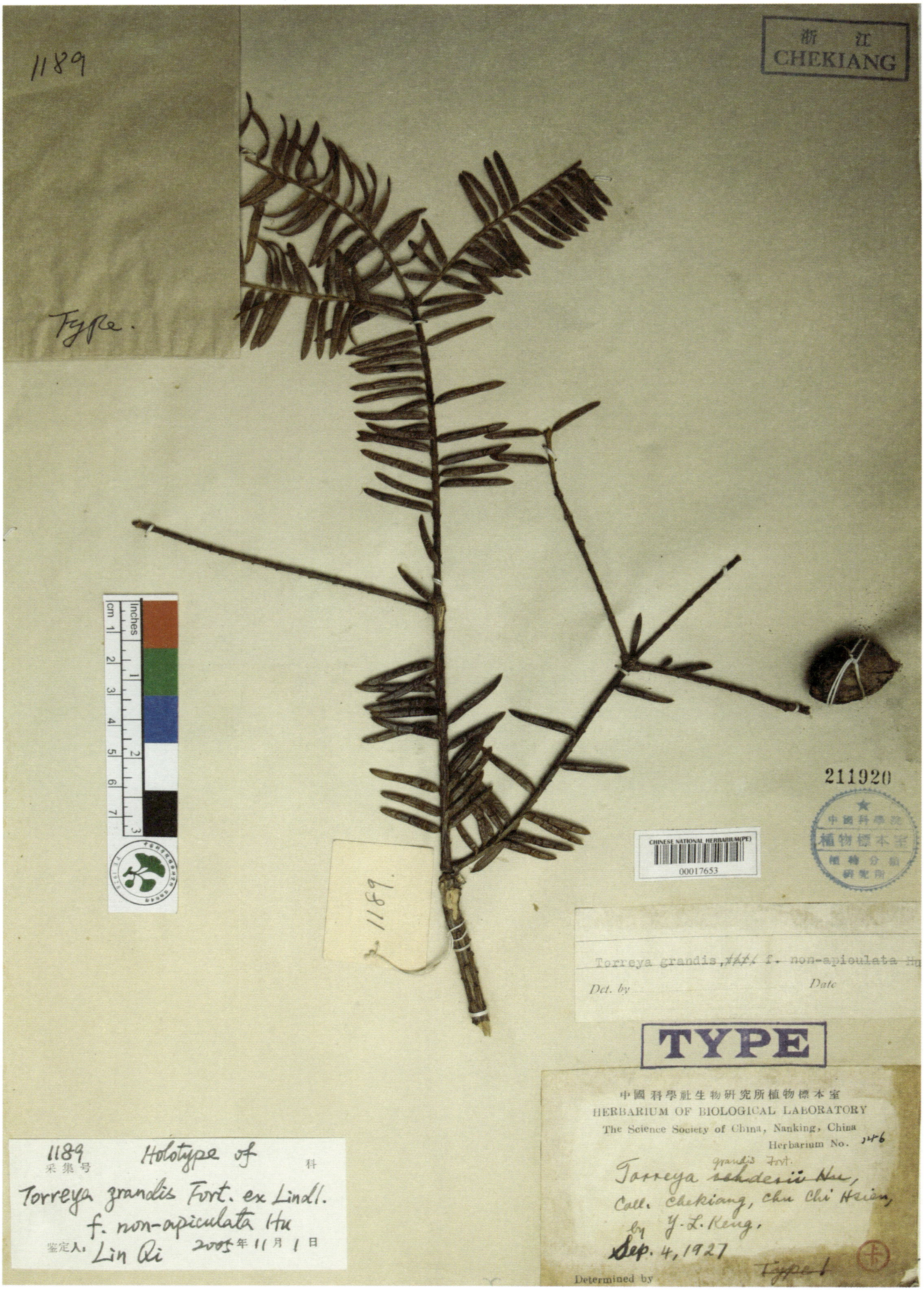

钝叶榧树 ***Torreya grandis*** Fort. ex Lindl. f. ***non-apiculata*** Hu in Contr. Biol. Lab. Sci. Soc. China 3(5): 6, pl. 10. 1927. **Holotype:** China. Zhejiang: Zhuji, 1927-09-04, Y. L. Keng 1189.

仁昌榧树 ***Torreya grandis*** Fort. ex Lindl. var. ***chingii*** Hu in Contr. Biol. Lab. Sci. Soc. China 3(5): 8, pl. 8. 1927. **Holotype:** China. Zhejiang: Zhuji, alt. 366 m, 1927-10-09, Y. L. Keng & R. C. Ching 3680.

德氏榧树 ***Torreya grandis*** Fort. ex Lindl. var. ***dielsii*** Hu in Contr. Biol. Lab. Sci. Soc. China 3(5): 7, pl. 4. 1927. **Holotype:** China. Zhejiang: Zhuji, 1927-09-04, Y. L. Keng 1190.

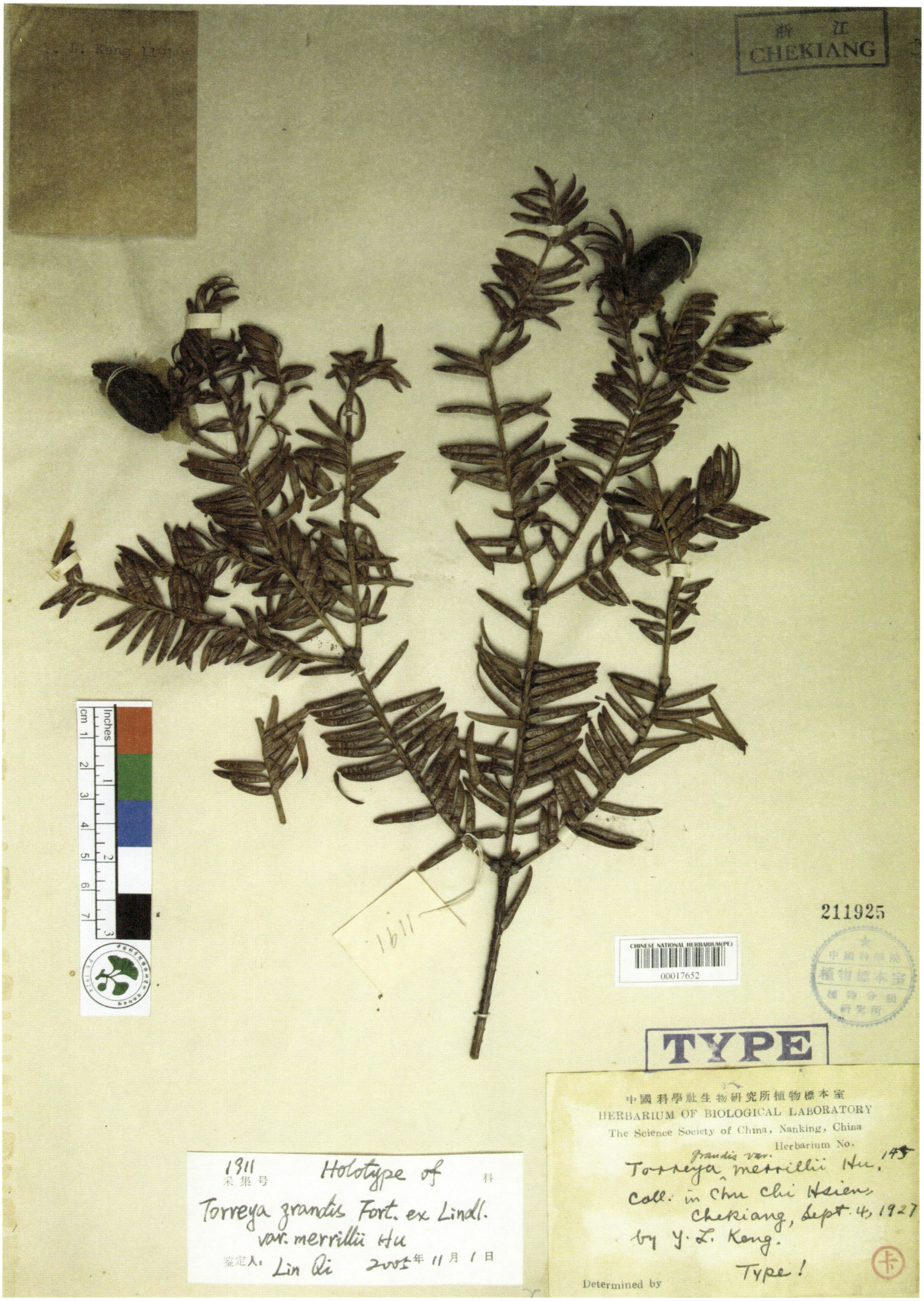

香榧 ***Torreya grandis*** Fort. ex Lindl. var. ***merrillii*** Hu in Contr. Biol. Lab. Sci. Soc. China 3(5): 9, pl. 6. 1927. **Holotype:** China. Zhejiang: Zhuji, 1927-09-04, Y. L. Keng 1911.

萨氏榧树 ***Torreya grandis*** Fort. ex Lindl. var. ***sargentii*** Hu in Contr. Biol. Lab. Sci. Soc. China 3(5): 7, pl. 7. 1927.
Holotype: China. Anhui: Xiuning, 1925-08-16, R. C. Ching 3214a.

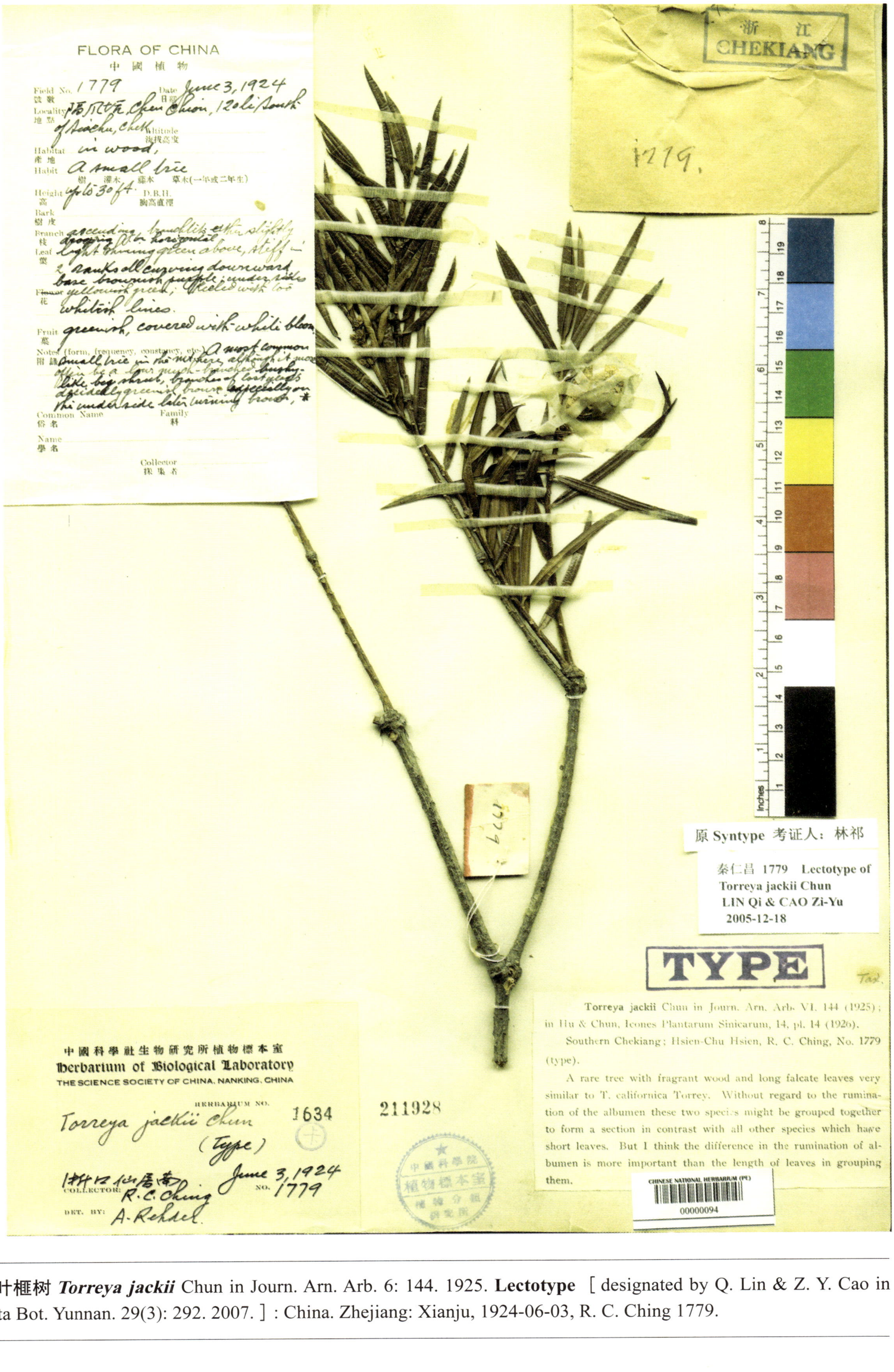

长叶榧树 ***Torreya jackii*** Chun in Journ. Arn. Arb. 6: 144. 1925. **Lectotype** ［designated by Q. Lin & Z. Y. Cao in Acta Bot. Yunnan. 29(3): 292. 2007.］: China. Zhejiang: Xianju, 1924-06-03, R. C. Ching 1779.

云南榧树 ***Torreya yunnanensis*** W. C. Cheng & L. K. Fu in Acta Phytotax. Sin. 13(4): 87, f. 55. 1975. **Holotype:** China. Yunnan: Lijiang, alt. 2200~2600 m, 1955-09-12, K. M. Feng 20946.

Ephedraceae

麻黄科

mahuangke

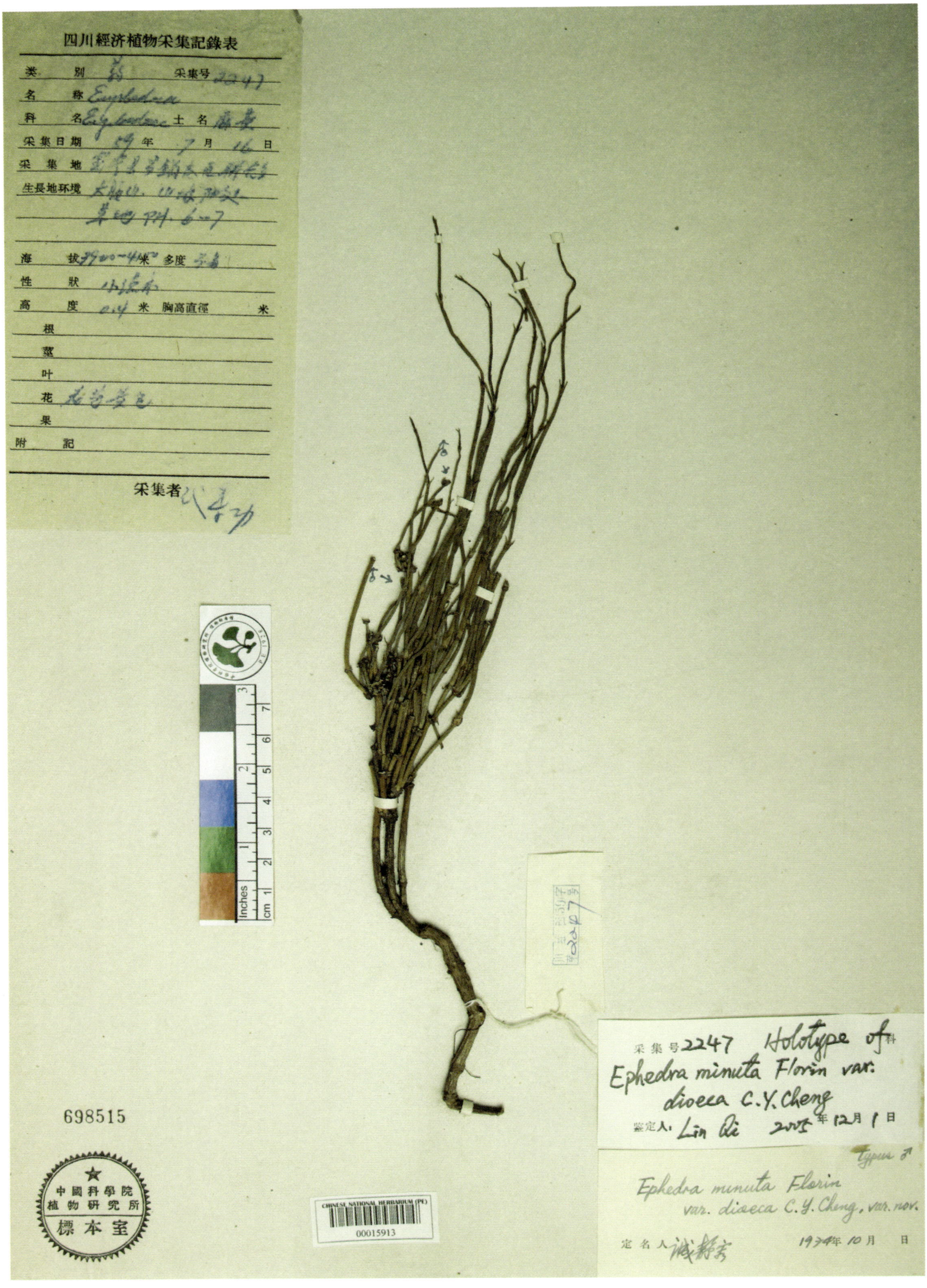

异株矮麻黄 ***Ephedra minuta*** Florin var. ***dioeca*** C. Y. Cheng in Acta Phytotax. Sin. 13(4): 88. 1975. **Holotype:** China. Sichuan: Mianning, alt. 3900~4100 m, 1957-07-17, S. K. Wu 2247.

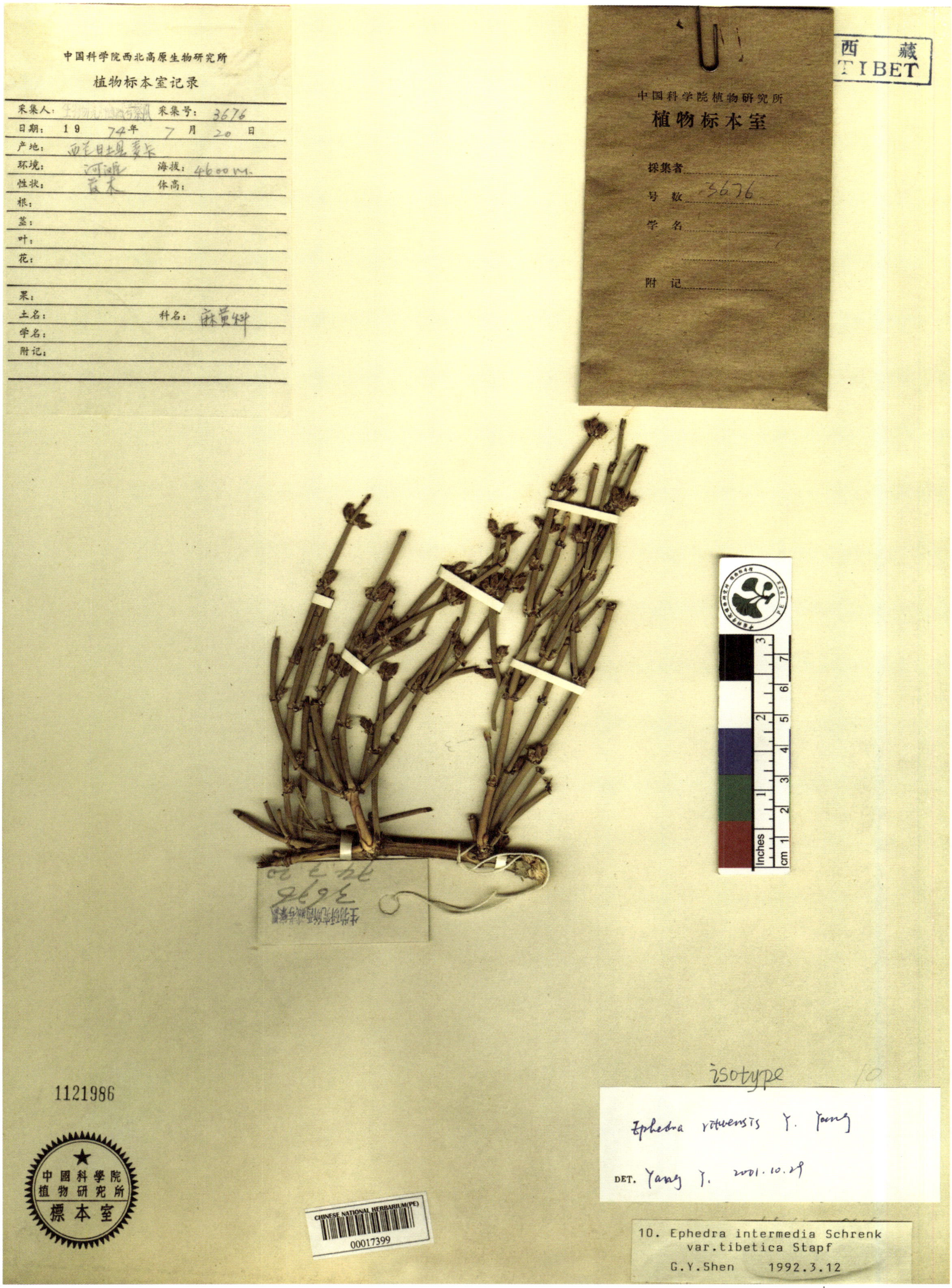

日土麻黄 ***Ephedra rituensis*** Y. Yang, D. Z. Fu & G. H. Zhu in Novon 13(1): 153, f. 1. 2003. **Isotype:** China. Xizang: Rutog, alt. 4600 m, 1974-07-20, Xizang Exped. 3676.

Gnetaceae

买麻藤科

maimatengke

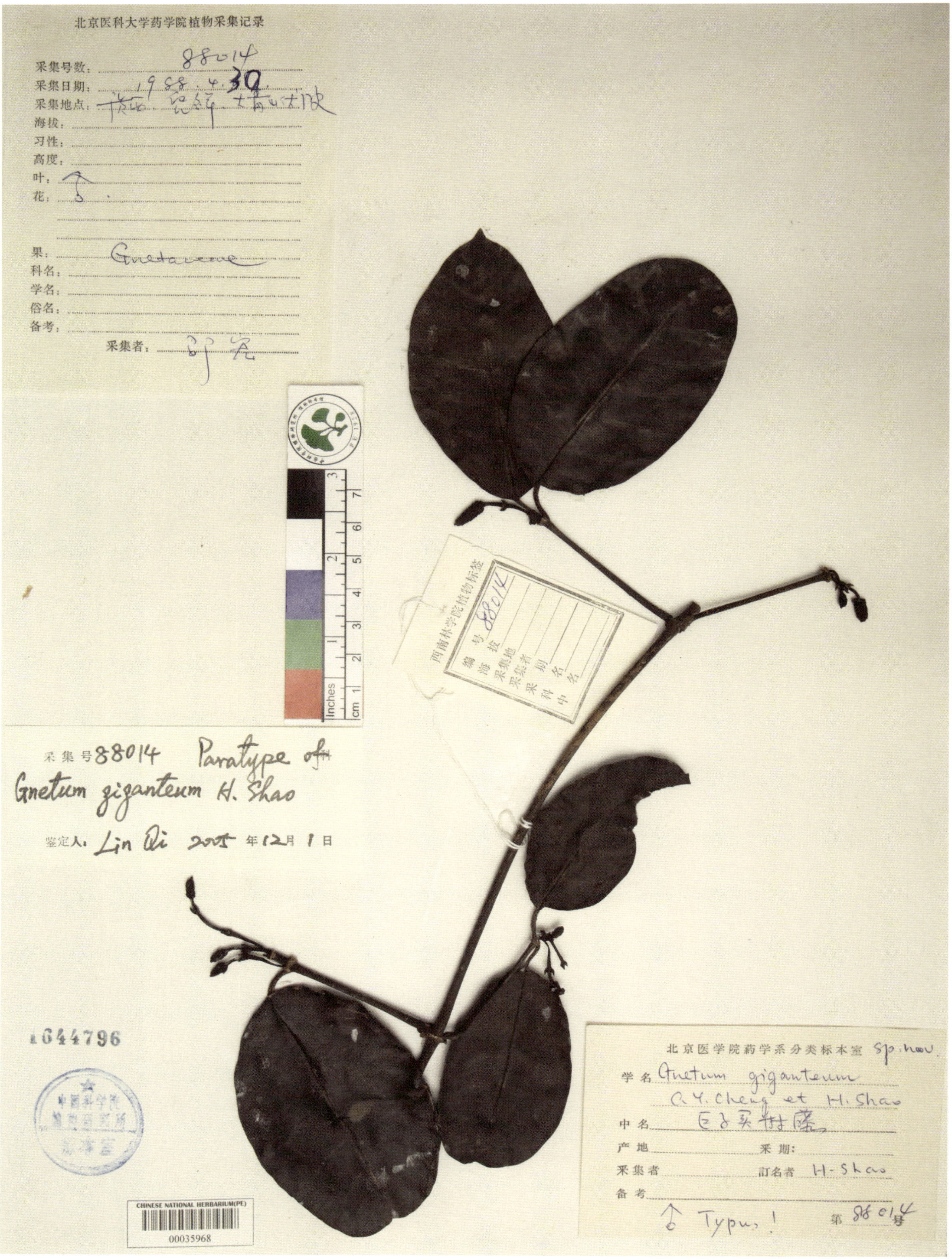

巨子买麻藤***Gnetum giganteum*** H. Shao in Guihaia 14(4): 298, f. 2. 1994. **Paratype:** China. Guangxi: Pingxiang.Daqingshan. 1988-04-03, H. Shao 88014.

细柄买麻藤 ***Gnetum gracilipes*** C. Y. Cheng in Acta Phytotax. Sin. 13(4): 88, f. 64: 1-3. 1975. **Holotype:** China. Guangxi: Shiwandashan, 1937-07-23, X. R. Liang 69847.

海南买麻藤 ***Gnetum hainanense*** C. Y. Cheng ex L. K. Fu & al. in Novon 9(2): 187, f. 1-2. 1999. **Holotype:** China. Hainan: Hongmaoshan, 1929-07-22, W. T. Tsang & Q. Fung 554.

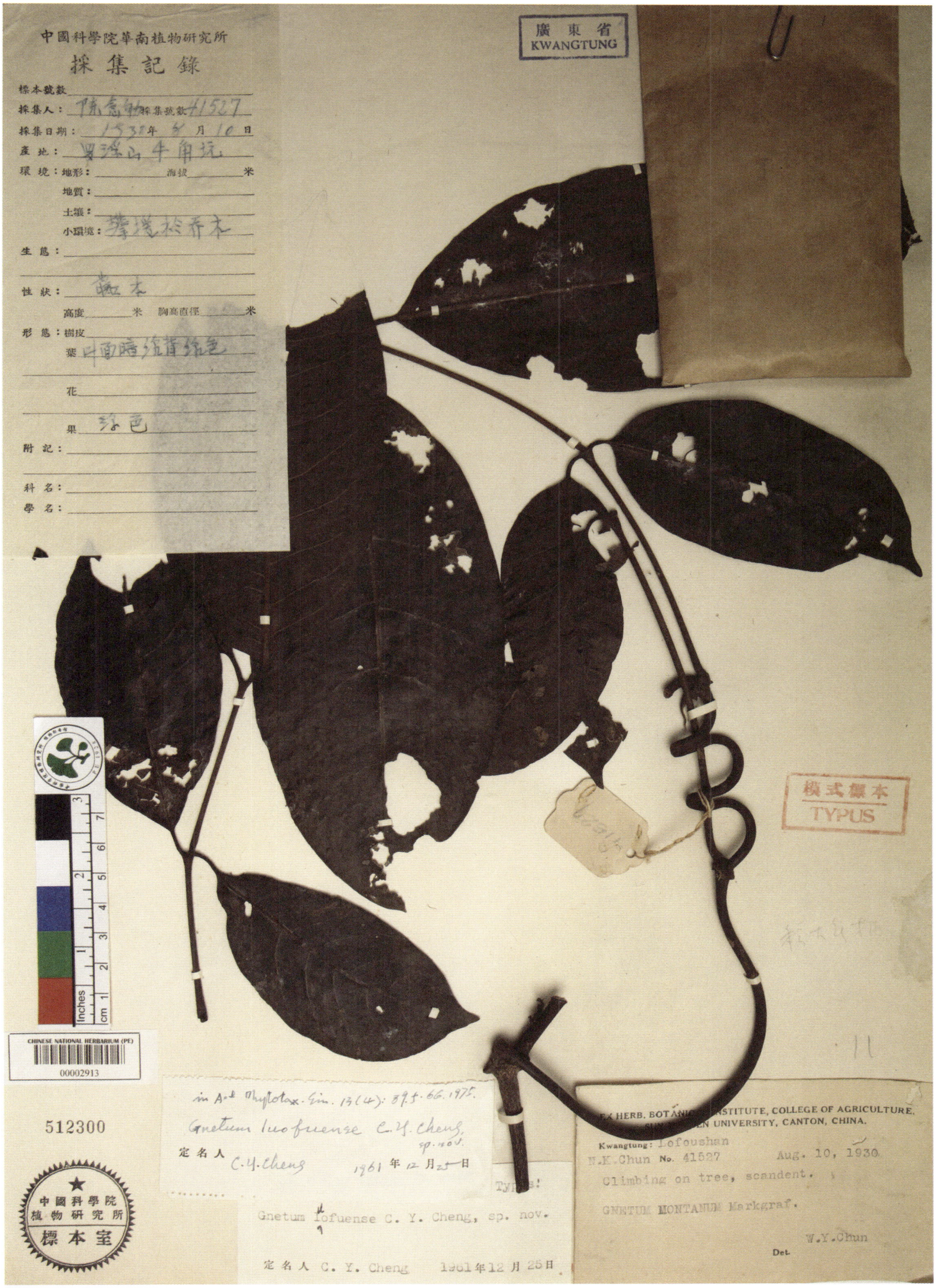

罗浮买麻藤 ***Gnetum luofuense*** C. Y. Cheng in Acta Phytotax. Sin. 13(4): 89. f. 66. 1975. **Holotype:** China. Guangdong: Boluo, Luofushan, 1930-08-10, N. K. Chun 41527.

垂子买麻藤 ***Gnetum pendulum*** C. Y. Cheng in Acta Phytotax. Sin. 13(4): 88. f. 63: 1-2. 1975. **Holotype:** China. Yunnan: Lincang, alt. 1800 m, T. T. Yu 17755.

Index to Scientific Names / 拉丁学名索引

Index to Chinese Names /中名索引

2 画

3 画

4 画

5 画

6 画

7 画

8 画

9 画

10 画

11 画

Authors and Addresses ／作者及工作单位地址

BAN Qin, CAO Ziyu, CHEN Shurong, DU Yufen, LIN Qi, MA Xintang, TIAN Xiya, WANG Zhongtao, YANG Zhirong
China National Herbarium (PE), Institute of Botany, Chinese Academy of Sciences, Xiangshan, Beijing 100093, Beijing.

HE Dongdong, SONG Li
Department of Biology, Taiyuan Normal University, Taiyuan 030031, Shanxi.

LIN Yun
Hunan Medication Vestibule School, Changsha 410208, Hunan.

班　勤　曹子余　陈淑荣　杜玉芬　林　祁　马欣堂　田希娅　王忠涛　杨志荣
邮政编码：100093，北京市，香山，中国科学院植物研究所 国家植物标本馆（PE）

何东东　宋　莉
邮政编码：030031，山西省，太原市，太原师范学院 生物系

林　云
邮政编码：410208，湖南省，长沙市，湖南省医药技工学校